Excel之光

高效工作的Excel完全手册

冯注龙　丘荣茂◎著

電子工業出版社
Publishing House of Electronics Industry
北京•BEIJING

内容简介

本书涵盖HR、行政、销售、财务等岗位的工作情境，适合Excel小白、入门初学者，书中没有过多深奥的技术，一切以实际问题为引导，注重培养科学规范的制表习惯以及系统运用知识和技法的能力，除了介绍Excel核心的技巧，还适当延伸知识点，以期让读者能够更全面地掌握这门技术。

这是一本新手入门到进阶的书，它算不上一桌满汉全席，但是它可以满足多数普通人的口味需求。

图书在版编目（CIP）数据

Excel之光：高效工作的Excel完全手册 / 冯注龙，丘荣茂著. —北京：电子工业出版社，2019.5
ISBN 978-7-121-36094-7

Ⅰ. ①E… Ⅱ. ①冯… ②丘… Ⅲ. ①表处理软件－手册 Ⅳ. ①TP391.13-62

中国版本图书馆CIP数据核字（2019）第040660号

策划编辑：张月萍
责任编辑：张　慧
印　　刷：中国电影出版社印刷厂
装　　订：三河市良远印务有限公司
出版发行：电子工业出版社
北京市海淀区万寿路173信箱　　邮编：100036
开　　本：720×1000　　1/16　　印张：19.50　　字数：450千字
版　　次：2019年5月第1版
印　　次：2020年4月第6次印刷
印　　数：80001~90000册　　定价：89.00元

凡所购买电子工业出版社图书有缺损问题，请向购买书店调换。若书店售缺，请与本社发行部联系，联系及邮购电话：（010）88254888，88258888。
质量投诉请发邮件至zlts@phei.com.cn，盗版侵权举报请发邮件至dbqq@phei.com.cn。
本书咨询联系方式：（010）51260888-819，faq@phei.com.cn。

序言

“大毛，你喷的香水真好闻！”“^-^，谢谢……”

“那我们要抓紧把《Excel之光：高效工作的Excel完全手册》写出来哦！”

“什么！！！”

……

这是一个不太严肃的序，不过，这绝对是一本严肃的书。

规范、技巧、函数、图表、数据透视表……

你可以把这本书看作一次充满美食的聚会，鸡鸭鱼肉，山珍海味该有的都有，

你也可以把它作为茶余饭后的甜点，丰俭由人，给你多一点点补充，

当然，你还可以把它当作一份快餐，想要的时候就点，快速便捷，不给你增加负担，

还有……

总之，这是一本新手从入门到进阶的书，

它算不上一桌满汉全席，

但是它可以满足多数普通人的需求。

本书涵盖HR、行政、销售、财务等岗位的工作情境，适合Excel小白、入门初学者，书中没有过多深奥的技术，一切以实际问题为引导，注重培养科学规范的制表习惯，以及系统运用知识和技法的能力，除介绍Excel核心的技巧外，还适当延伸知识点，以期让大家能够更全面地掌握这门技术。

本书能够顺利出版要特别感谢我们向天歌团队的陈宇、王玮、吴沛文在设计排版上付出的努力，是他们让这本书变得更加生动易懂。更要感谢的是姚新军老师，是他的信任才促成了本书的出版发行。

最后感谢大家选择本书，我相信很多人打开一本书的时候，一定是来寻求解决方法的。写书不易，我视它如“亲生”，希望此书对大家都有所帮助，请允许我再介绍一下本书的特点：

①穿插了幽默风趣的对话，希望大家轻松地学习；

②简化了操作步骤的介绍文字，一步一图，流程更加清晰；

③录制了操作视频供大家观看，等于附赠一套视频课；

④课后思考题有助于巩固学习效果，有问题可以在微博@向天歌大毛，@冯注龙，老师会跟你互动沟通哟！

这本书并不是大家学习的终点，希望以此书开启大家的表格之门，技术之道在于反复地在实践运用中升华。

大礼包与配套视频获取方式

本书使用软件版本为微软 Office 2016

微信扫描关注二维码，回复：Excel之光

查看视频讲解、素材下载与思考题答案等全书配套素材

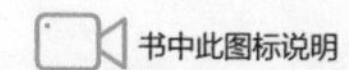

此处搭配视频讲解

具体操作步骤

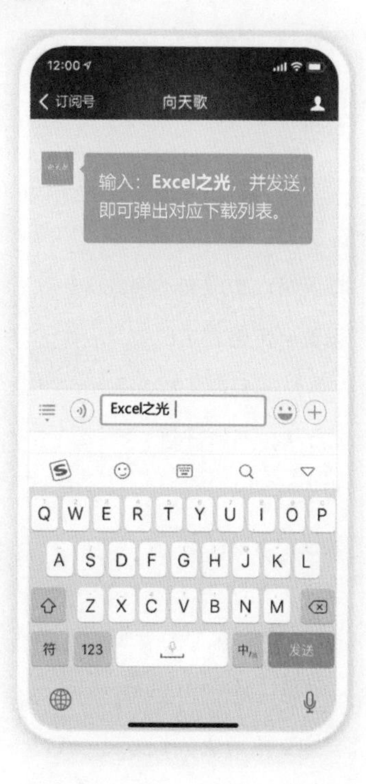

目 录

第1章

搞定你的小问题：你其实可以不辛苦

第2章

小函数解决大烦恼：一学就会、一步到位

第3章

制作规范的表格：内功塑习惯

第4章

数据录入整理的技巧：外功硬技能

第5章

函数：数据统计的“重型武器”

第6章

数据透视表：数据分析的“终极武器”

第7章

可视化图表：数据呈现的“轻型武器”

第8章

效率倍增的五个操作：让你不再抓狂

第1章

搞定你的小问题：你其实可以不辛苦

天涯何处无芳草，解决问题才是好！其实学习Excel也很类似，很多时候等不到我们充分准备好，拿起书本，大多数人希望立竿见影地解决工作中的问题。 所以，我将一些工作中常见的“疑难杂症”放到了第1章。

1.1 快速分离数字、文本

有个做销售的朋友最近非常痛苦，他说最近在整理公司数据，但是从销售系统里导出的表格都是下面这样的（下方左图），三个不同的字段都堆集在A列里，他也清楚，应该把A列拆分成3列，但令他烦恼的是，他只会从A列复制，然后粘贴到B列和C列，工作量非常巨大。所以他向我诉苦，问我有没有什么好办法。

我知道整理后的规范表格应该像下方右图那样，至少有三种方法可以做到，它们分别是分列、快速填充、文本函数，下面逐一介绍（建议使用微软Office 2013以上版本）。

	A
1	城市 销售额 日期
2	北京 82456 2017-09-01
3	北京 56870 2017-09-03
4	上海 68542 2017-09-07
5	广州 187456 2017-09-16
6	昆明 65426 2017-08-21
7	成都 235246 2017-09-03
8	西宁 12345 2017-07-06
9	兰州 35246 2017-08-15
10	广州 36524 2017-08-29

	A	B	C
1	城市	销售额	日期
2	北京	82456	2017/9/1
3	北京	56870	2017/9/3
4	上海	68542	2017/9/7
5	广州	187456	2017/9/16
6	昆明	65426	2017/8/21
7	成都	235246	2017/9/3
8	西宁	12345	2017/7/6
9	兰州	35246	2017/8/15
10	广州	36524	2017/8/29

1.1.1 分列

做数据整理时经常会用到“分列”，对于有规律的数据特别好用，具体操作如下。

Step1：

如下图所示，选择A列，单击【数据】选项卡→【分列】→【分隔符号】→【下一步】按钮。

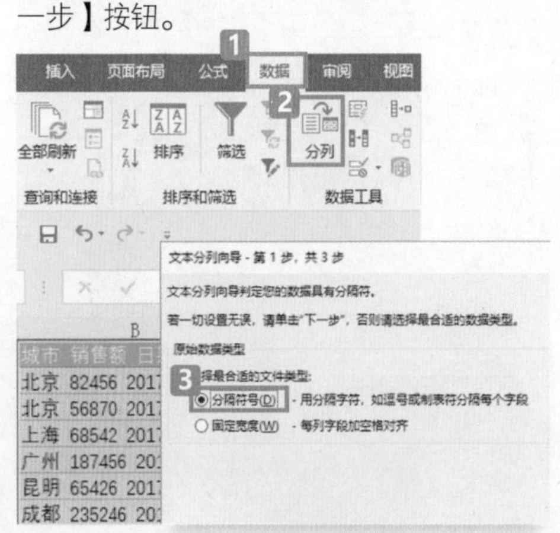

Step2：

如下图所示，勾选【空格】（通过观察，发现A列中不同字段间是用空格隔开的），单击【下一步】按钮。

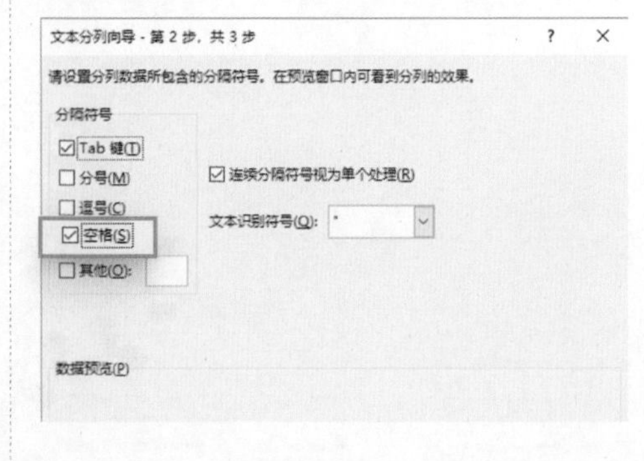

Step3：

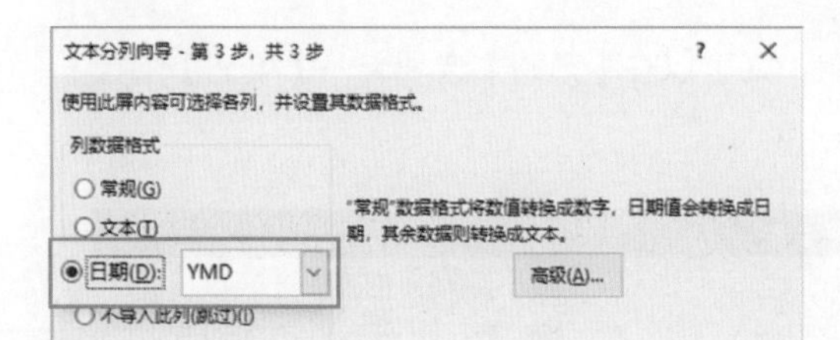

如左图所示，在【列数据格式】列表框中选择【日期】，默认【YMD】格式，最后单击【完成】按钮就可以了 。

知识补充

顾名思义，分列就是把列分开，如果要分割的字段的宽度是有规律的，那么也可在第一步时选择【固定宽度】选项，后面的步骤如前所述。

1.1.2 快速填充

	A	B
1	城市 销售额 日期	城市
2	北京 82456 2017-09-01	北京
3	北京 56870 2017-09-03	按 Ctrl + E
4	上海 68542 2017-09-07	
5	广州 187456 2017-09-16	
6	昆明 65426 2017-08-21	
7	成都 235246 2017-09-03	
8	西宁 12345 2017-07-06	
9	兰州 35246 2017-08-15	
10	广州 36524 2017-08-29	

我个人认为“快速填充”（常用的填充叫作“自动填充”，请不要搞混）是Excel 2013/2016新增加的最好用的功能之一，使用起来极为方便。如左图所示，例如，提取“城市”这一列，只要复制A2单元格的“北京”到B2单元格，然后在B3单元格按下快捷键 Ctrl + E ，就可以了。

销售额和日期的提取也可如法炮制（提取日期时，若复制A2单元格日期到D2单元格，提取不成功，则可以再复制A3日期到D3单元格，然后按快捷键 Ctrl + E 继续提取）。

知识补充

如果计算机的快捷键无法正常使用，则可以在【开始】选项卡→【填充】下拉列表里找到【快速填充】，如下图所示。

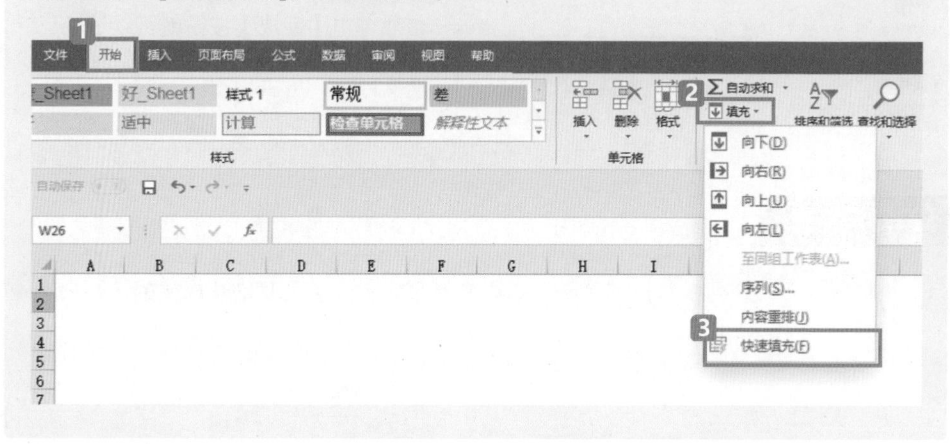

1.1.3 函数

“函数”是所有Office版本中的通用方法，虽然有了“分列”和“快速填充”，暂时用不到它，但是在更复杂的情况下，“函数”更为高效，它仍然不可替代。具体的操作将在本书第5章中进行讲解。

通过本节的学习，大家是不是发现Excel其实很简单呢，如果仅看文字对操作步骤还不理解的话，那么可以扫描右侧的二维码**关注公众号“向天歌”**，回复“**Excel之光**”，我录好了视频，等你一起来学哦！

1.2 号码中的 0 怎么消失了

当在员工信息表中录入工号时，有些工号前面带有几个数字“0”，如“0001”“0018”，输入时，Excel自动省略了工号前面的“0”，如右图所示。

	A	B
1	工号	姓名
2	1	阿蒂仙
3	2	阿贤
4	3	北辰
5	4	毕云

这是因为，在Excel看来“0018”不就是等于“18”嘛，干嘛还费劲地加几个“0”呢！为了避免出现这种情况，需要采取一些措施保留数字“0”，本书教给大家两种方法。

1.2.1 单元格设置成文本格式

Step1：

如下图所示，选择工号所在的单元格，右击单元格，从弹出的快捷菜单中选择【设置单元格格式】(快捷键 Ctrl + 1)。

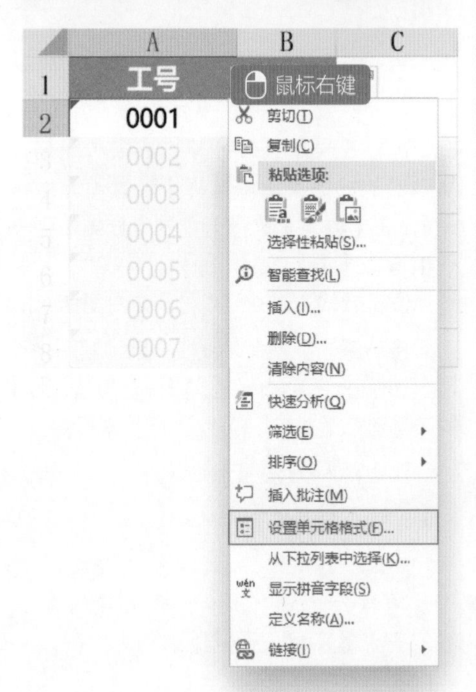

Step2：

如下图所示，在【数字】选项卡中的【分类】列表框中选择【文本】即可。

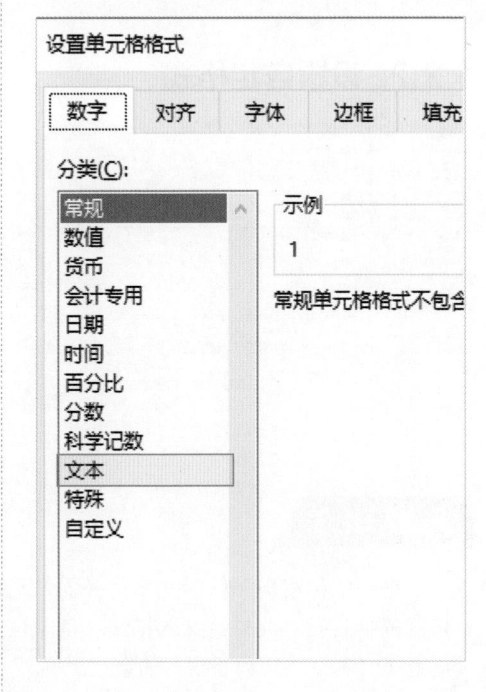

在【开始】选项卡下，也可快速调用单元格格式。

如下图所示，将数字格式变成文本格式，再重新输入工号，就变成想要的结果了。虽然用这种方法输入后看起来是数字，但实际上无法进行相加减运算。这种方法在输入电话区号、序列号时都非常适用。

	A	B
1	工号	姓名
2	0001	阿蒂仙
3	0002	阿贤
4	0003	北辰
5	0004	毕云
6	0005	陈慈荣
7	0006	陈宇
8	0007	春娇
9	0008	聪哥
10	0009	大毛
11	0010	董格
12	0011	杜琦
13	0012	杜腾
14	0013	张三三

1.2.2 设置自定格式

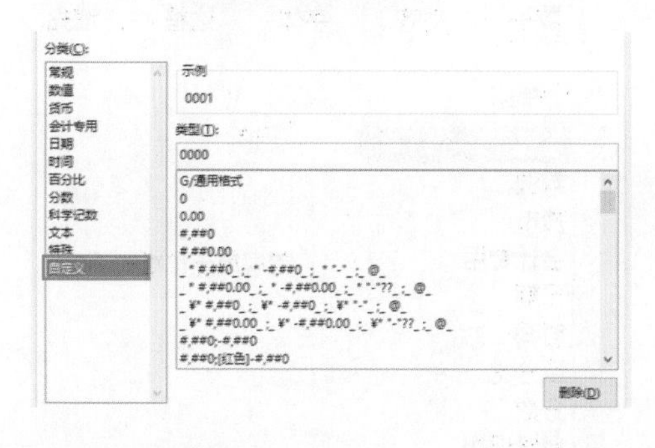

选择工号所在单元格，右击单元格，从弹出的快捷菜单中选择【设置单元格格式】，在【数字】选择卡中的【分类】列表框中选择【自定义】，输入“0000”（工号是几位，就输入几个“0”），如左图所示。

接下来，只需输入“1”至“18”，不足4位时Excel会自动在前面补“0”，此时的工号仍然是数字，可以进行数学运算。

以上两种方法虽然看起来效果一样，但是实际上是有区别的。

知识补充

细心的你发现了吗？文本格式的单元格左上角有一个绿色的小三角，这是文本格式的标记哦。此外，文本格式通常默认为左对齐，数字格式通常默认为右对齐，这也是文本格式和数字格式的直观区别。

1.3 完整输入身份证号码

录入员工信息的小伙伴又遇到麻烦了，输入身份证号或银行卡的时候，号码变成了350583E+17，他都快急哭了……

其实这还是数字格式惹的祸，解决的方法和上一节如出一辙，就是将单元格格式设置为文本，具体操作不再赘述。

这里再教给大家一个快速输入文本的方法：输入前加上一个单引号（'）即可。请注意，必须是英文输入法或半角状态下的单引号，如下图所示。

A	B
姓名	身份证
阿蒂仙	'350000009505280071

知识补充

（1）Excel中默认数值显示11位，如果超过11位，则以科学计数法显示，如下图所示。

超过11位显示	超过15位显示
2.56436E+11	2.36582E+15

（2）通常，单元格默认的都是常规格式，如果输入的数值前面带“0”，则系统自动忽略，解决方法同上。

（3）文本格式的单元格一般显示为左对齐，左上角有一个绿色小三角形，数值格式的单元格一般显示为右对齐，如下图所示。

快速输入文本的方法是，首先输入一个英文（半角）状态下的单引号，再输入数字。

文本格式显示	数值格式显示
100	100

1.4 我的数字为什么不能计算

在1.2节中介绍了输入带“0”的工号的两种方法，其中一种方法就是将单元格格式设置成文本格式，这种方法的弊端是输入的数字不能用于计算。

工作中会遇到很多类似的情况，很多公司都有自己开发的ERP、CRM或销售软件等，从这些软件中导出来的数据并不会乖乖地按照Excel的套路来。例如，这张鞋类销售数据表格（如下图所示），从销售软件中导出来后，单元格左上角的绿色三角说明它们是文本格式，做数据分析前必须首先将它们转换为数值格式。

	A	B	C	D	E	F	G
1	日期	货品编码	货品名称	单位	数量	单价	金额
2	2005/5/2	2097	跑鞋	双	50	90	4500
3	2005/5/2	2108	跑鞋	双	60	88	5280
4	2005/5/2	5160	休闲鞋	双	20	70	1400
5	2005/5/2	2139	休闲鞋	双	20	120	2400
6	2005/5/2	2137	休闲鞋	双	20	120	2400
7	2005/5/2	5181	休闲鞋	双	18	800	14400

告诉大家几个文本转数值的正确方法，大家可以根据实际情况选择相应的方法。

1.4.1 常规法

右击单元格，在快捷菜单中选择【单元格格式】→【常规】或【数字】格式，如下图所示，或者在【开始】选项卡中快速调用格式（见1.2.1节）。

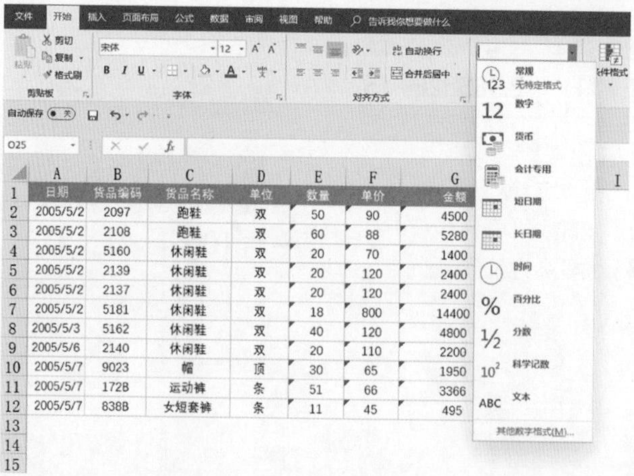

	A	B	C	D	E	F	G
1	日期	货品编码	货品名称	单位	数量	单价	金额
2	2005/5/2	2097	跑鞋	双	50	90	4500
3	2005/5/2	2108	跑鞋	双	60	88	5280
4	2005/5/2	5160	休闲鞋	双	20	70	1400
5	2005/5/2	2139	休闲鞋	双	20	120	2400
6	2005/5/2	2137	休闲鞋	双	20	120	2400
7	2005/5/2	5181	休闲鞋	双	18	800	14400
8	2005/5/3	5162	休闲鞋	双	40	120	4800
9	2005/5/6	2140	休闲鞋	双	20	110	2200
10	2005/5/7	9023	帽	顶	30	65	1950
11	2005/5/7	172B	运动裤	条	51	66	3366
12	2005/5/7	838B	女短套裤	条	11	45	495
13							
14							
15							

1.4.2 直接修改法

选择要转换的文本，单击【错误追踪按钮】(就是旁边的感叹号)，再单击【转换为数字】，如左图所示。

有时用这两种常规操作仍然无法解决问题，绿色三角符号还是纹丝不动，或者表面上看起来没有了绿色三角符号，但实际仍是文本格式所以无法计算，这怎么能难倒见多识广的Excel“老司机”呢，所以再给大家支两招。

1.4.3 选择性粘贴法

选择任意一个空单元格→Ctrl+C【复制】→选择要设置的文本区域，右击单元格，在弹出的快捷菜单中选择【选择性粘贴】→选择【加】或【减】，如下图所示，单击单元格，在弹出的快捷菜单中选择【确定】按钮，即可完成。此法的原理是将文本经过一次值不变的运算(加上或减去“0”)，变成数字格式，当然乘以“1”也可以达到同样效果。

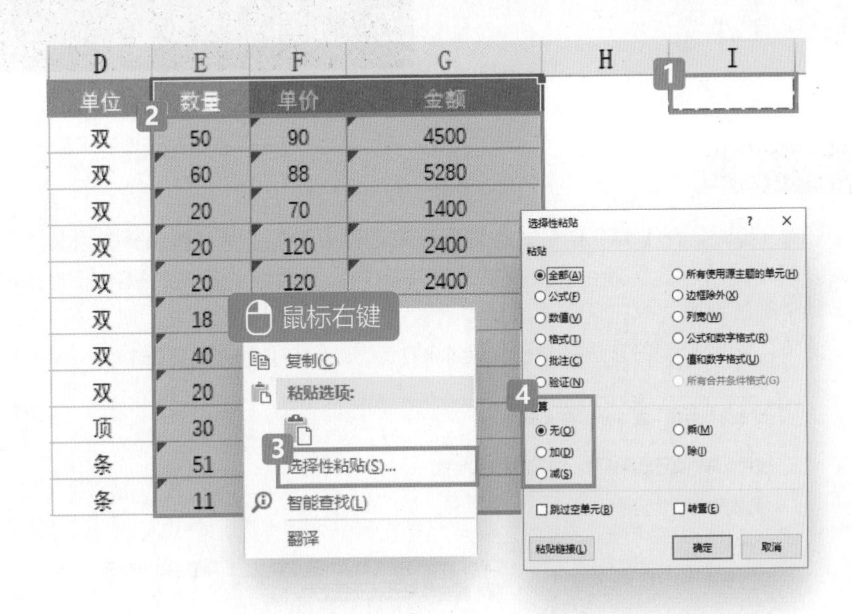

1.4.4 分列法

如下图所示，选择数据列（**注意是选择整列，而且只能一列一列地选择**）→单击【数据】选项卡→【分列】→【文本分列向导】，共3步，无须更改，点点点，全部选择默认设置，最后单击【完成】按钮，即可完成。此方法方便快捷，易于上手。

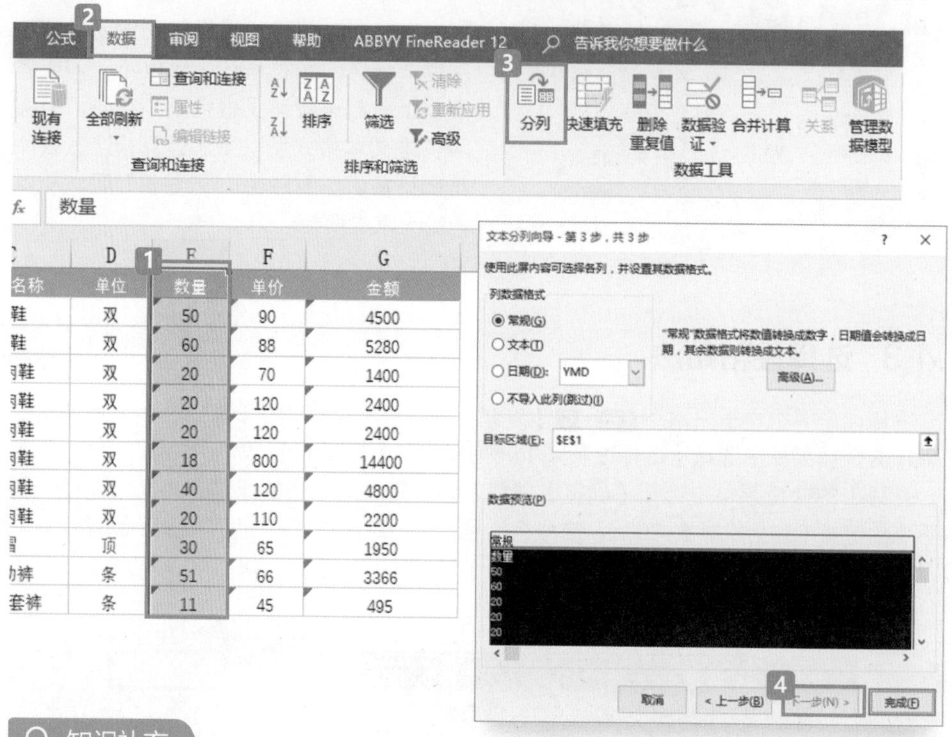

C	D	E	F	G
名称	单位	数量	单价	金额
鞋	双	50	90	4500
鞋	双	60	88	5280
鞋	双	20	70	1400
鞋	双	20	120	2400
鞋	双	20	120	2400
鞋	双	18	800	14400
鞋	双	40	120	4800
鞋	双	20	110	2200
帽	顶	30	65	1950
动裤	条	51	66	3366
套裤	条	11	45	495

知识补充

在第3步时，在【列数据格式】列表框中选择【常规】可将数值转换为其应有的格式，如下图所示。例如，将数值转成数字，再将不标准的日期转换成标准日期格式，其余则转换为文本，这个隐藏操作常被用来矫正不规范的格式。以上4种方法视情况使用，能用简单的方法绝对不用复杂的，常规操作不行再用特殊操作！

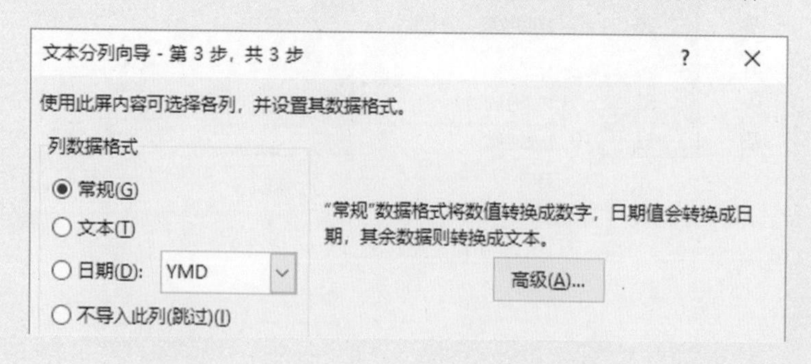

1.5 快速输入性别、单位

在行政或人力资源表格中，经常要批量录入性别，虽说输入男女性别就是一个字的事，但量大了也很烦恼。

不必纠结于用 Ctrl + C / Ctrl + V 快一点，还是手动输入快一点，其实都没有下面讲解的这些方法快。

	A	B	C	D
1	工号	姓名	身高	性别
2	0001	阿蒂仙	167	
3	0002	阿贤	176	
4	0003	北辰	177	
5	0004	毕云	180	
6	0005	陈慈荣	177	
7	0006	陈宇	187	
8	0007	春娇	190	

1.5.1 自定义格式法

如下图所示，右击性别所在列→【设置单元格格式】→【数字】→【自定义】，输入 [=1]"男";[=0]"女" 。设置完成后，在单元格里输入“1”自动显示为“男”，输入“0”自动显示为“女”。

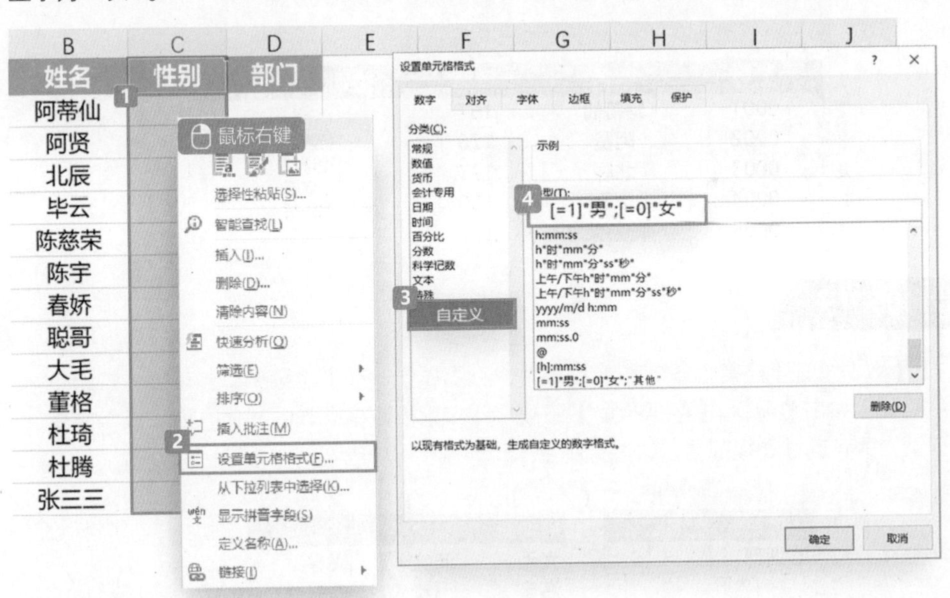

这种方法最多只能设置3个类别。例如，在【自定义】中设置为 [=1]"男";[=0]"女";"其他" ，此时输入“1”显示为“男”，输入“0”显示为“女”，输入“0”和“1”之外的数字，都显示为“其他”。这样设置后，可以极大地提高录入的速度。如果要输入更多的类别，怎么办呢？接着往下看。

1.5.2 数据验证法

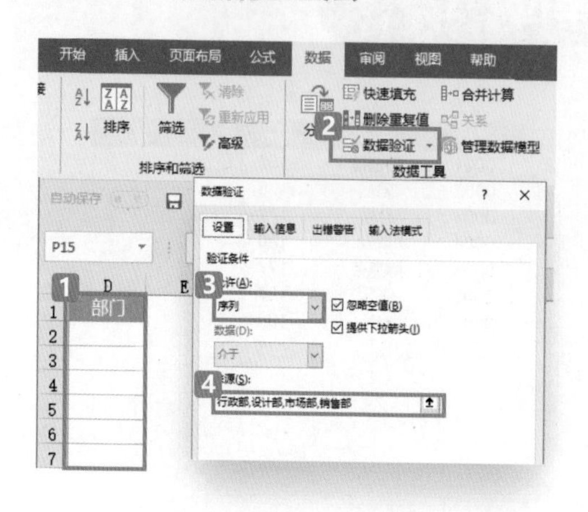

在【数据】选项卡下可找到【数据验证】选项，在Excel 2010版本之前的版本中【数据验证】又称为【数据有效性】。例如，输入“部门”字段，有4个部门可供选择，行政部、设计部、市场部和销售部，如左图所示，操作如下。

选择“部门”列→【数据验证】选项→【设置】选项卡→【允许】下拉列表，从中选择【序列】→【来源】中输入 行政部,设计部,市场部,销售部 ，请注意：每个输入的类别（部门）之间要用逗号“,”隔开，为英文输入法下或半角的逗号。

设置完成之后，选择“部门”这一列的任意单元格时，旁边出现下拉按钮，单击下拉按钮可在弹出的下拉菜单中选择已设置好的部门，如下图所示。

	A	B	C	D	E	F
1	工号	姓名	身高	性别	部门	
2	0001	阿蒂仙	167			
3	0002	阿贤	176		行政部	
4	0003	北辰	177		设计部	
5	0004	毕云	180		市场部 销售部	
6	0005	陈慈荣	177			

知识补充

【数据验证】经常用于制作下拉菜单，上图属于一级下拉菜单，还可制作二级下拉菜单，如下图所示。【数据验证】还被广泛应用于数据录入的其他方面，以用来保证录入的正确性和规范性，这些都将在3.5节中为大家介绍。

	A	B	C	D	E	F	G
1	部门	姓名		培训部	设计部	剪辑部	
2	培训部			大毛	沛文	兴兴	
3		大毛		海宝	小顽	旗升	
4		海宝 冯彦祖		冯彦祖	陈宇	天总	

除“性别”和“部门”外，“单位”在录入的时候也经常用到。每录入一个数据都输入一次单位是比较低效的做法，更致命的是，手动输入单位时，单元格的数值将变成文本格式，无法用于计算，这种做法既费力且不规范，如果一定要加上单位，则应该像下面这样。

1.5.3　用自定义格式批量输入单位

以输入身高为例，给每个单元格的身高数据后面加上单位“cm”。如下图所示，右击“身高”列→【设置单元格格式】→【数字】→选择【自定义】。

原来默认的格式为“G/通用格式”，只要将其改成 G/通用格式"cm" 或 #"cm" 就可以了，请注意：cm要用英文或用半角输入法下的双引号括起来。此时，每个数字后都会加上单位“cm”，且都可进行运算。

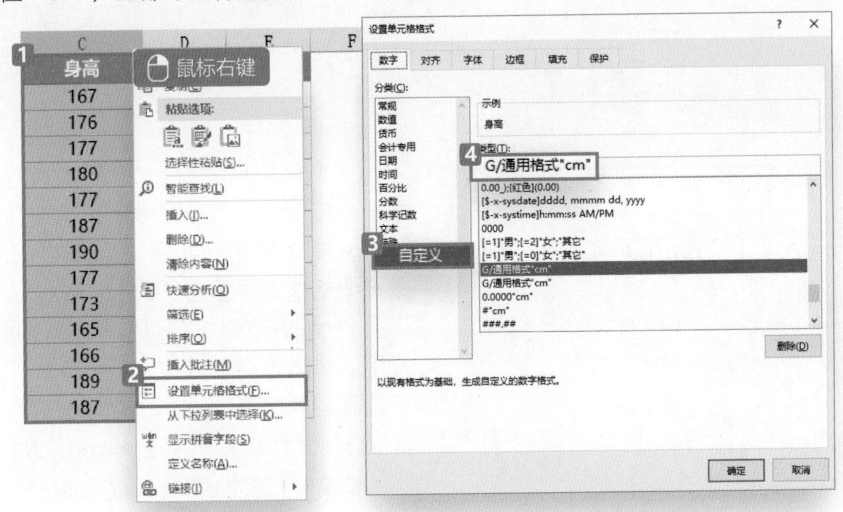

如果要保留小数点后四位该怎么设置呢？把自定义格式改为 0.0000 "cm"，如下图所示。

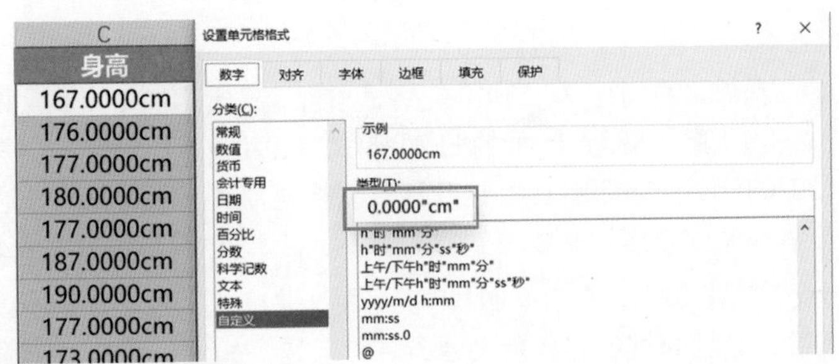

知识补充

（1）“#”只显示有意义的零而不显示无意义的零，小数点后数字如多于“#”的数量，则按“#”的数量显示。例如，代码“###.##”，23.40显示为23.4，而234.567显示为234.56。

（2）“0”表示如果单元格的内容多于占位符，则显示实际数字，如果少于占位符的数量，则用“0”补足。例如，代码“0000”，234567显示为234567，23则显示为0023。

1.6 纠正错误日期格式

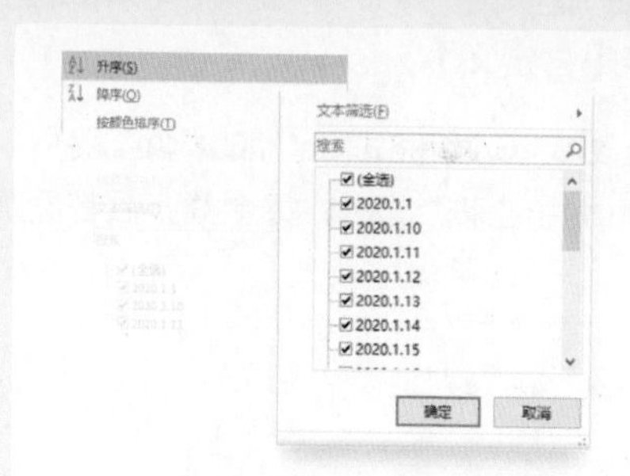

上个月有个小伙伴跟我说，对一列日期进行筛选，出现的是【文本筛选】的选项而不是【日期筛选】，如左图所示，表格中明明有日期，为啥Excel认不出来呢？

B1	=A1+1	
	A	B
1	2020/1/1	2020/1/2
2		
3		
4		
5		

（1）日期格式是Excel最基本的格式之一，日期的本质就是数字，日期和数字可以互相转换格式。例如，数字“1”改成日期格式则显示为“1900-1-1”，这是因为Excel里默认日期从1900年1月1日开始。既然日期是数字，那么自然可以进行运算。如左图所示，A1单元格输入日期2020/1/1，然后输入公式 =A1+1 ，最后得到的结果就是2020/1/2，如左图所示。

（2）Excel有自己默认的日期格式，像“2020-1-1”或“2020/1/1”是两种最常见的可被Excel识别的日期格式（Excel会把这两种格式视为日期），除此之外，可识别的日期格式还有“2020年1月1日”“2020年1月”“1-Jan”等，不过这几种日期格式的使用率不高。

现在大家应该明白了，问题出在格式上。乱七八糟的日期格式是Excel最常见的问题之一，请仔细看上面的日期格式“2020.1.1”，相信很多人习惯使用“2020.1.1”“20200101”“2020\1\1”这几种日期格式，又不可避免地把这种习惯带到了Excel里，甚至在有些文档里还可以看到“2020.1。1”这种四不像的格式。

但是，Excel“认死理”，在它“眼里”，上面这些格式只是文本，所以用函数、筛选或数据透视表进行数据处理的时候就会遇到各种问题。如果日期格式错误，则可以用下面讲解的两个通用的招数快速纠错。

1.6.1 查找替换法

对于“2020.1.1”“2020\1\1”这两类格式可以采用查找替换法，其原理就是用“/”或“-”把“.”“\”这些符号替换掉，详细操作步骤如下。

“/”读作“正斜杠”
“\”读作“反斜杠”

请注意“/”和“\”的区别，它们就像“八”字的一撇一捺。

正确的日期格式使用的是正斜杠，可以采用联想记忆法：一左一右，一正一反，正确的就用正斜杠。

Step1：

如下图所示，选择错误日期格式所在单元格→【开始】选项卡→【查找和选择】→【替换】，或者使用快捷键Ctrl+H，这是必记的快捷键之一。

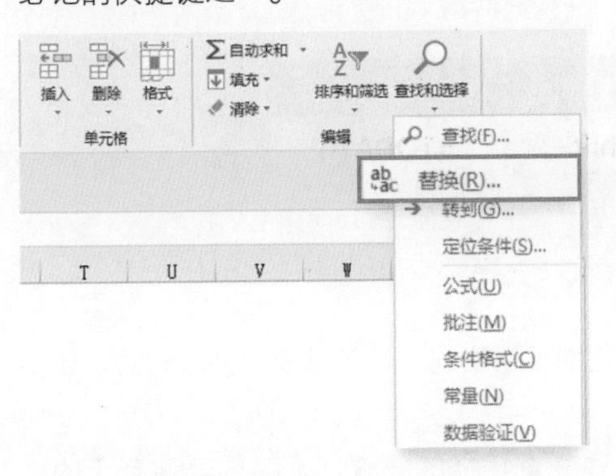

Step2：

如下图所示，在【查找内容】和【替换为】里分别输入“.”和“/”，单击【全部替换】按钮，所有日期瞬间规范。

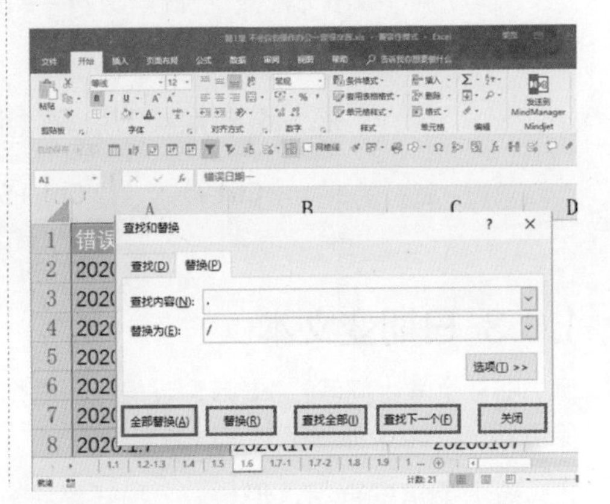

1.6.2　分列法

类似“20200101”这种日期格式无法使用查找替换法，此时可选择分列法。

如下图所示，选择要修改的列→【数据】→【分列】→【文本分列向导】，选择默认设置，两次单击【下一步】按钮，第3步时选择【日期】，选择“YMD”格式→单击【完成】按钮，一气呵成。“YMD”是年月日的缩写，在这里代表常规的日期格式。

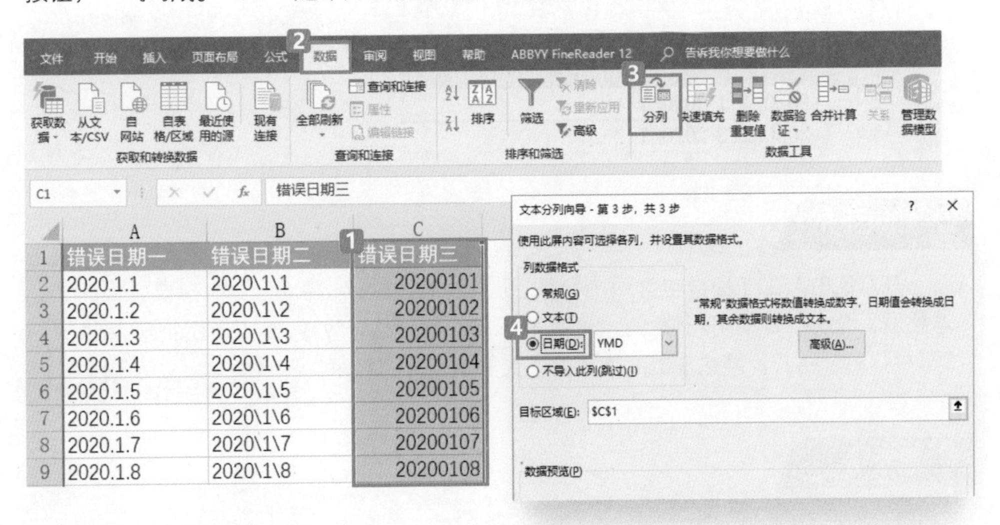

知识补充

（1）快捷键 Ctrl + ; 可快速输入当前日期，Ctrl + Shift + ; 可快速输入当前时间。

（2）顺手“安利”一个日期函数——TODAY，输入 =TODAY() 可以快速返回当前日期。

输入当前日期	输入当前时间	返回当前日期
Ctrl +;	Ctrl +Shift+;	=TODAY()

1.6.3 日期变文本

有一个学生问我：“老师，我想把标准规范的日期格式一口气都变成文本格式，还要保留2010/1/1这种样子，可以做到吗?”

这个要求好奇特，但是……我好喜欢这种奇奇怪怪的要求，是时候表演真正的技术了！

如果直接把单元格格式设置为文本，那么日期将全变为数字（不信的小伙伴可以试试），此路不通。这时可借助文本函数TEXT来实现。例如，在G2单元格输入 =TEXT (F2," yyyy/m/d ")，然后拖曳填充，结果如下图所示，原来的日期都是右对齐（数值格式），转换后变成了左对齐（文本格式）。

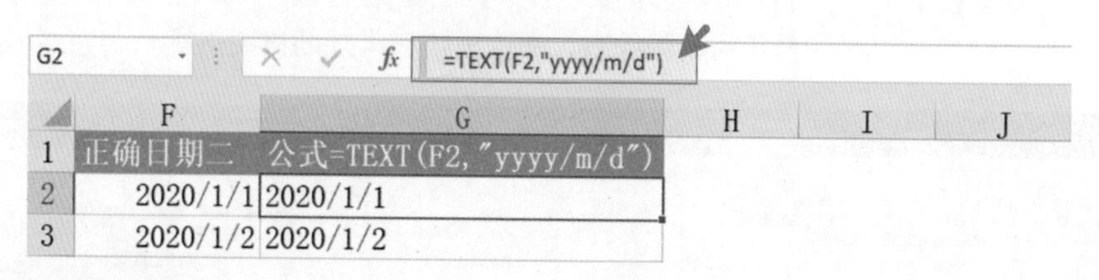

知识补充

TEXT(A,B)：TEXT函数包含两个参数，A为数值或单元格引用；B为想要转换的文本格式。例如，上面那个案例，F2就是引用的单元格，"yyyy/m/d"表示把F2转换成“年/月/日”格式，函数中的文本要用英文的双引号引起来。

思考题

如果将上面案例中的函数改为 =TEXT(F2,"dddd")，会是什么效果呢？大家可以试一下。

1.7 表格那么长，如何固定表头

表格有“高”有“低”、有“胖”有“瘦”，有一种表格很多人看到了都会有点怵，那就是长表格（如下图所示）。且不说海量数据的处理问题，就说翻阅浏览都很麻烦。Kate刚毕业就进入一家不错的企业，令她头痛的是，她经常要面对动辄几百行的长表，翻到下面的时候，经常忘记对应了什么标题字段，往上翻找到了标题，结果又忘记刚才看到了哪一行，每次处理表格都是一脸无奈。下面讲解的方法可以瞬间消除“长表恐惧症”。

	A	B	C	D	E	F
1	订单编号	日期	书店名称	图书编号	销量（本）	小计
631	BTW-08630	2012年10月25日	博达书店	BK-83022	16	
632	BTW-08631	2012年10月26日	鼎盛书店	BK-83023	7	
633	BTW-08632	2012年10月29日	博达书店	BK-83032	20	
634	BTW-08633	2012年10月30日	博达书店	BK-83036	49	
635	BTW-08634	2012年10月31日	鼎盛书店	BK-83024	36	

1.7.1 冻结窗格

下面这张表格有600多行，当Kate打开的时候都惊呆了，一望无际的表格，以前哪里见过呀！

	A	B	C	D	E	F
1	订单编号	日期	书店名称	图书编号	销量（本）	小计
631	BTW-08630	2012年10月25日	博达书店	BK-83022	16	
632	BTW-08631	2012年10月26日	鼎盛书店	BK-83023	7	
633	BTW-08632	2012年10月29日	博达书店	BK-83032	20	
634	BTW-08633	2012年10月30日	博达书店	BK-83036	49	
635	BTW-08634	2012年10月31日	鼎盛书店	BK-83024	36	

其实，只要将第1行标题固定住，无论往下翻多少行，都不会困扰了。方法如下：单击【视图】选项卡→【冻结窗格】选项→【冻结首行】即可，哎哟，感觉瞬间轻松了。

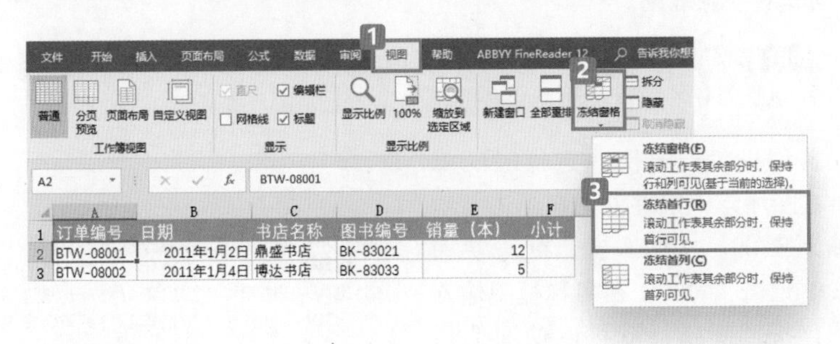

同样，也可使用【冻结首列】功能来固定第1列，如果不再需要固定，则按照相同的操作步骤，选择【取消冻结窗格】就可让行列恢复自由。

1.7.2 冻结拆分窗格

冻结首行只能固定第1行，如果表格比较复杂，那么可不可以任意固定行/列呢？使用【冻结拆分窗格】功能即可。

例如，还是上表，欲冻结第1行和A列、B列：将鼠标定位在C2单元格，也就是B列和第1行交叉右下角的位置，在【冻结窗格】选项，选择【冻结窗格】(低版本为【冻结拆分窗格】)，第1行和A列、B列就被冻结住啦，如右图所示，学会这招想怎么“冻”就怎么“冻”！

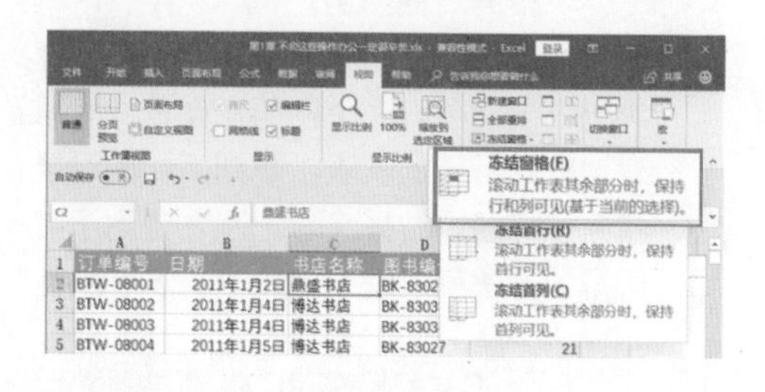

如果觉得定位单元格位置不好记，则可采用形象记忆法：行/列交叉右下角“胳肢窝”的位置，是不是一下子记住了！

1.7.3 快速选表

长表格的困扰不仅是行/列固定的问题，单元格的选择、数据的定位也时常让人“捉急”，它就像后背上蚊子咬的包一样，想抓抓不到，不抓又着实影响工作效率和心情。下面介绍几个快捷操作，一定会是你想要的。

1. 按住Ctrl键可以选取不连续的表格或区域

2. 快速选定某一单元格/区域

(1)选择整表：使用快捷键 Ctrl + A ，或者按住 Ctrl + Shift ，然后按键盘上的→和↓键，可选择整张表格。

(2) Shift 键：以选择A1:D10为例，可以先选择A1单元格→按住 Shift 键→再选择D10单元格，A1:D10区域就已落入你的掌控。

(3)名称框：若要快速定位B100单元格，如右图所示，则在左上角的【名称框】中输入B100，按回车键，就可快速定位到该单元格。同样，在名称框中输入“A1:D10”，按回车键，就可以快速选择A1:D10区域。

B100 | 2011/4/13

	A	B	C	D
99	BTW-08098	2011年4月13日	鼎盛书店	BK-830
100	BTW-08099	2011年4月13日	博达书店	BK-830
101	BTW-08100	2011年4月17日	博达书店	BK-830
102	BTW-08101	2011年4月19日	鼎盛书店	BK-830

3. 快速扩展选取选定区域

选择某一单元格或单元格区域后，按 Shift + ↑↓←→ 可按指定的方向逐步扩展或缩减选择区域；按 Ctrl + Shift + 8 组合键，系统将会自动把选择的区域扩展到周围的所有非空单元格。

4. 单元格跳转

按住 Ctrl + ↑↓←→ ，以当前选择的单元格为标准，若单元格中有数据，则可快速跳转到表格行列的另一端，若同一行（列）中有空单元格，则可依次跳转到最近的有数据的单元格。

据说国外有个男子想测试Excel表格到底有多少行，经过他不间断历时9小时36分的测试，终于测算出来，测试方法很简单，按住向下的方向键不松手，小伙子你是有多闲啊？大家要是有时间，也可以试着找找Excel一共有多少行和多少列。灵活运用快捷键，绝对可以提升你的工作中的效率哦！

Excel就是要

想方设法地"偷懒"

1.8 制作下拉菜单

我刚工作时就职于某企业HR部门，招聘主管给员工办理入职手续时，我很清楚地记得她在录入性别、部门、岗位时，只要点开一个下拉按钮从列表里选择就可以了（如下图所示），原来Excel还能这么玩啊，这得多厉害才能做出这样的表格（崇拜崇拜）！！

	A	B	C	D	E	F
1	培训部	设计部	剪辑部		部门	姓名
2	大毛	沛文	兴兴			
3	海宝	小顽	旗升			
4	冯彦祖	陈宇	天总			

培训部
设计部
剪辑部

咳，自从笔者专心地研习了Excel之后，才发现这个功能原来非常易学，那就是使用【数据验证】功能。当然，这个功能的威力还没完全发挥，在这一节大家一起来学习如何制作高大上的二级下拉菜单。

Before

如下图所示，这是一张原始表格，一共有3个部门，每个部门下面分别有若干个员工。

	D	E	F
1	培训部	设计部	剪辑部
2	大毛	沛文	兴兴
3	海宝	小顽	旗升
4	冯彦祖	陈宇	天总

具体操作步骤如下。

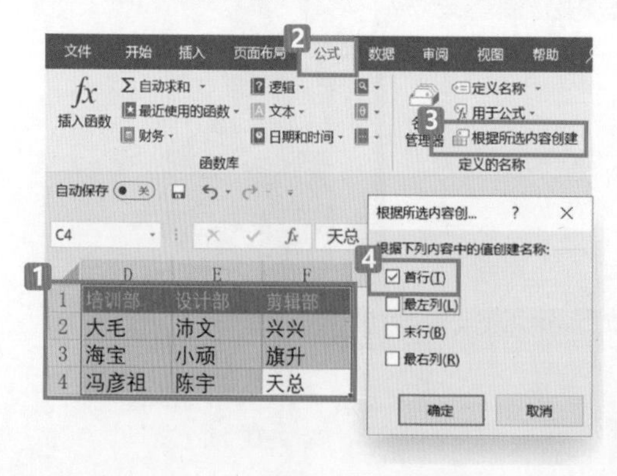

After

做成二级下拉菜单之后，部门（一级）和员工（二级）都可以用下拉菜单来进行选择，如下图所示。

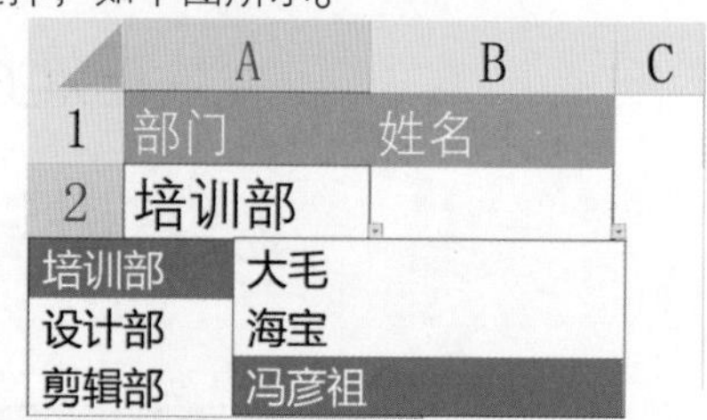

Step1：给原始表格定义名称

选择左图中的表格区域，单击【公式】→【根据所选内容创建】→【首行】（把默认【最左列】前的钩去掉）→单击【确定】按钮，如左图所示。

这一步的作用是用“培训部、设计部、剪辑部”作为“名称”分别定义了该部门下属的人名，在单元格汇总时若选择部门，则可对应出现该部门的人员。

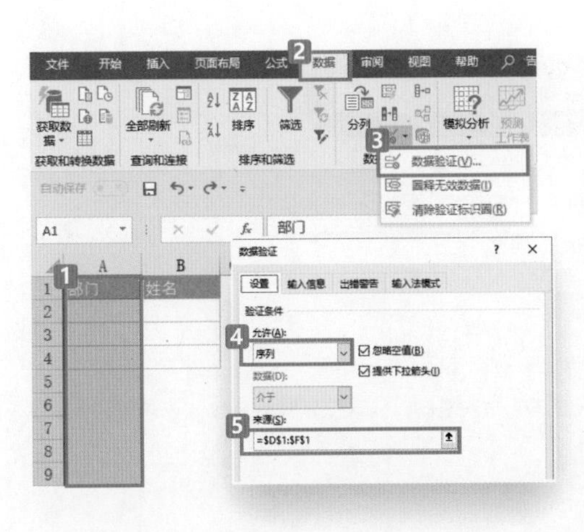

Step2：制作一级下拉菜单

一级下拉菜单是“部门”，如左图所示，选择“部门”列（A列），单击【数据】→【数据验证】→【设置】→在【允许】下拉列表框中选择【序列】，在【来源】文本框中直接拖选D1:F1区域，单击【确定】按钮。

此时，在A列中就可以随意下拉菜单选择部门了，制作二级下拉菜单之前，A2单元格必须先选好一个部门，因为制作二级下拉菜单时需要利用函数引用A2单元格，如果A2单元格为空则会出错。

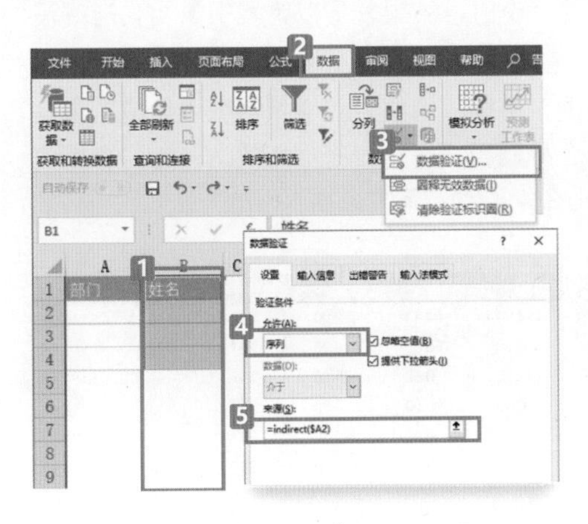

Step3：制作二级下拉菜单

二级下拉菜单是“姓名”，如左图所示，选择B2:B4区域，单击【数据】→【数据验证】→【设置】→在【允许】下拉列表框中选择【序列】，在【来源】文本框中输入函数 =indirect($A2) 。

函数 =indirect($A2) 表示的是引用A2单元格，而A2的部门名称又包括了下属人员，所以环环相套，二级下拉菜单就这样制作出来了。

关于二级下拉菜单就介绍到这里，给大家布置一个小任务：想想自己的工作中有没有什么表单是可以制作二级下拉菜单的，把它做出来，可以在微博@向天歌大毛，一起交流噢！

1.9 批量制作工资条 

曾经有个小伙伴在“向天歌”公众号上问过下面这个问题（顺便做个广告：该公众号里还有PPT、Word、PS、PR各种教程哦）。

Excel可以在每一行上同时插入一样的标题吗？最近在做考试座位表，需要在每个人信息上面注释序号，姓名，考号几个字，每天点击无数次复制，插入已复制单元格…求教

感谢这位小伙伴提出这么犀利的问题，笔者还是新手时也是一行一行地插入空行，再复制、粘贴标题，20秒能做完的事情做了2个小时，结果领导以为我很努力，还好没让我遇到几千行的数据。

言归正传，如下图所示，这是一张常见的工资表，有些企业会把这张表做成工资条打印出来，这就需要在每一行上面都插入一个标题行。一行一行插入的话，光这个操作就要耗掉半天时间，不是每个人都有时间，那么来了解一下批量插入行的方法。

	A	B	C	D	E	F	G	H	I	J	K	L
1	姓名	所属部门	职位	基本工资	岗位工资	补贴	加班	请假	迟到	社保	个税	实际工资
2	张三	营业管理科	总经理	1800.00	8000.00	300.00	168.00	84.44	60.00	257.3	718.25	9148.01
3	张思	销售一部	经理	1800.00	4000.00	300.00	0.00	168.88	0.00	257.3	112.38	5561.44
4	张武	营业管理科	助理	1800.00	3500.00	300.00	233.00	0.00	80.00	257.3	94.57	5401.13
5	张璐	营业管理科	主管	1800.00	2000.00	300.00	0.00	0.00	0.00	257.3	10.28	3832.42
6	张琦	销售一部	主管	1800.00	2000.00	300.00	0.00	0.00	40.00	257.3	9.08	3793.62
7	张芭	销售一部	专员	1800.00	2000.00	300.00	68.00	0.00	0.00	257.3	12.32	3898.38

Step1：

如下图所示，在表格右边插入一列辅助列，填充排序。

K	L	M
个税	实际工资	辅助列
718.25	9148.01	1
112.38	5561.44	2
94.57	5401.13	3
10.28	3832.42	4
9.08	3793.62	5
12.32	3898.38	6
18.68	4104.02	7
12.59	3907.11	8
11.99	3887.71	9

Step2：

复制这个排序一次，粘贴到刚才序列的后面，如下图所示。

I	J	K	L	M	N
迟到	社保	个税	实际工资	辅助列	
60.00	257.3	718.25	9148.01	1	
0.00	257.3	112.38	5561.44	2	
80.00	257.3	94.57	5401.13	3	
0.00	257.3	10.28	3832.42	4	
40.00	257.3	9.08	3793.62	5	
0.00	257.3	12.32	3898.38	6	
20.00	257.3	18.68	4104.02	7	
40.00	140.3	12.59	3907.11	8	
100.00	140.3	11.99	3887.71	9	
				1	
				2	
				3	
				4	
				5	
				6	
				7	
				8	

Step3：

复制标题行，全选刚才序列对应的空白区域，粘贴标题行，效果如下图所示。

	A	B	C	D	E	F	G	H	I	J	K	L	M
1	姓名	所属部门	职位	基本工资	岗位工资	补贴	加班	请假	迟到	社保	个税	实际工资	辅助列
2	张三	营业管理科	总经理	1800.00	8000.00	300.00	168.00	84.44	60.00	257.3	718.25	9148.01	1
3	张思	销售一部	经理	1800.00	4000.00	300.00	0.00	168.88	0.00	257.3	112.38	5561.44	2
4	张武	营业管理科	助理	1800.00	3500.00	300.00	233.00	0.00	80.00	257.3	94.57	5401.13	3
5	张璐	营业管理科	主管	1800.00	2000.00	300.00	0.00	0.00	0.00	257.3	10.28	3832.42	4
6	张琦	销售一部	主管	1800.00	2000.00	300.00	0.00	0.00	40.00	257.3	9.08	3793.62	5
7	张芭	销售一部	专员	1800.00	2000.00	300.00	68.00	0.00	0.00	257.3	12.32	3898.38	6
8	张玖	销售一部	专员	1800.00	2300.00	300.00	0.00	0.00	20.00	257.3	18.68	4104.02	7
9	张诗	营业管理科	主管	1800.00	2000.00	300.00	0.00	0.00	40.00	140.3	12.59	3907.11	8
10	李斯	营业管理科	专员	1800.00	2000.00	300.00	40.00	0.00	100.00	140.3	11.99	3887.71	9
11	姓名	所属部门	职位	基本工资	岗位工资	补贴	加班	请假	迟到	社保	个税	实际工资	1
12	姓名	所属部门	职位	基本工资	岗位工资	补贴	加班	请假	迟到	社保	个税	实际工资	2
13	姓名	所属部门	职位	基本工资	岗位工资	补贴	加班	请假	迟到	社保	个税	实际工资	3
14	姓名	所属部门	职位	基本工资	岗位工资	补贴	加班	请假	迟到	社保	个税	实际工资	4
15	姓名	所属部门	职位	基本工资	岗位工资	补贴	加班	请假	迟到	社保	个税	实际工资	5
16	姓名	所属部门	职位	基本工资	岗位工资	补贴	加班	请假	迟到	社保	个税	实际工资	6
17	姓名	所属部门	职位	基本工资	岗位工资	补贴	加班	请假	迟到	社保	个税	实际工资	7
18	姓名	所属部门	职位	基本工资	岗位工资	补贴	加班	请假	迟到	社保	个税	实际工资	8
19	姓名	所属部门	职位	基本工资	岗位工资	补贴	加班	请假	迟到	社保	个税	实际工资	9

Step4：

如下图所示，选择辅助列，单击【开始】→【排序和筛选】→【升序】，选择【扩展选定区域】，单击【排序】按钮完成工作。

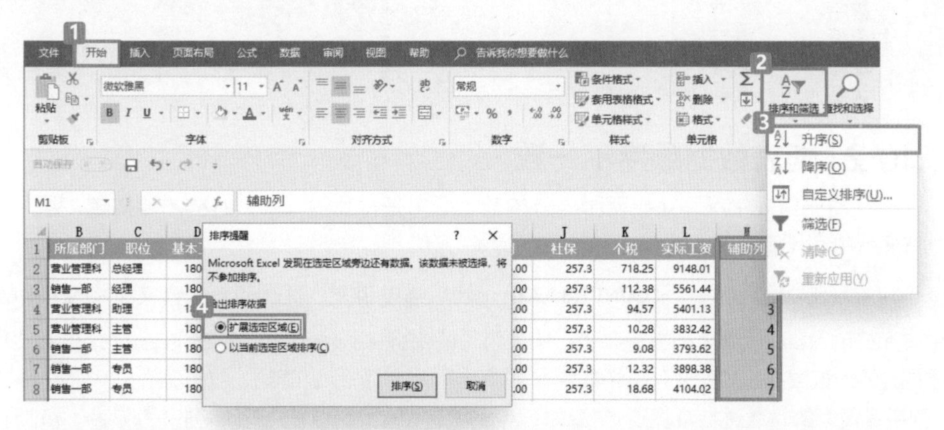

最终效果如下图所示，这里是利用了【排序】的方法巧妙地插入了空行。

	B	C	D	E	F	G	H	I	J	K
1	所属部门	职位	基本工资	岗位工资	补贴	加班	请假	迟到	社保	个税
2	营业管理科	总经理	1800.00	8000.00	300.00	168.00	84.44	60.00	257.3	718.25
3	所属部门	职位	基本工资	岗位工资	补贴	加班	请假	迟到	社保	个税
4	销售一部	经理	1800.00	4000.00	300.00	0.00	168.88	0.00	257.3	112.38

思考题

隔两行插入一个空行或隔一行插入两个空行该怎么操作呢？

1.10 一键对比数据

那天，财务部的小王问我："大毛，我要核对表格数据，经常都是手动，哦不，眼动对比，一天下来都快瞎了，有没有什么自动对比的好方法呀？"

问我就对了，本节就来畅谈快速对比数据的方法。根据表格的不同（如下图所示），采取的方法也略有差异，一起来了解一下。

姓名	英语	会计学原理	高等数学	计算机
张三三	87	85	78	81
房飞扬	90	82	78	84
冯彦祖	76	81	56	87
海宝	85	91	74	78
华诗	67	78	79	79
黄菲玉	80	76	87	56
黄海	82	76	78	76
黄辉	56	77	74	77

姓名	英语	会计学原理	高等数学	计算机
张三三	87	85	80	81
房飞扬	90	82	78	84
冯彦祖	76	81	56	87
海宝	82	91	74	78
华诗	67	78	79	79
黄菲玉	80	76	87	60
黄海	82	76	78	76
黄辉	56	77	74	77

1.10.1 两表数据顺序一致

1	姓名	姓名
2	阿蒂仙	阿蒂仙
3	阿贤	阿贤
4	陈宇	陈 宇
5	春娇	春春
6	聪哥	聪哥
7	大毛	大毛

如左图所示，同时选择两列数据，按下快捷键 Ctrl + \ ，就可以快速找到不一致的地方了，一键搞定!!!

注：后选择哪一列，不同的单元格就显示在后选择的那一列。

1.10.2 两表数据顺序不一致

上面属于常规情况，如果两张表格的数据顺序是打乱的，那么怎样才能知道A列的数据在B列中有没有呢？

可在C列中输入公式 =COUNTIF(B:B,A2) ，然后拖曳填充。这个函数的含义是将A2~An每个单元格的数据分别跟B列进行比较，结果为"1"说明A列的该数据在B列中有，结果为"0"说明A列的该数据在B列没有。最后结果如下图所示："陈宇、春娇、张三三"这3个姓名在B列中是没有的，通过检查发现："春娇"在B列中写成了"春春"，而B列中"陈宇"和"张三三"的名字中间都加了空格，在Excel中字符之间加上空格会被视为不同的两个数据。

	A	B
1	姓名	姓名打乱了
2	阿蒂仙	阿蒂仙
3	阿贤	张 三三
4	陈宇	子腾
5	春娇	大毛
6	聪哥	聪哥
7	大毛	春春
8	子腾	陈 宇
9	张三三	阿贤

	A	B	C
1	姓名	姓名打乱了	对比
2	阿蒂仙	阿蒂仙	1
3	阿贤	张 三三	1
4	陈宇	子腾	0
5	春娇	大毛	0
6	聪哥	聪哥	1
7	大毛	春春	1
8	子腾	陈 宇	1
9	张三三	阿贤	0

1.10.3 大量数据的对比

还有一种情况是对比数据量大的表格，如下图所示。

	A	B	C	D	E	F	G	H	I	J	K
1	姓名	英语	会计学原理	高等数学	计算机		姓名	英语	会计学原理	高等数学	计算机
2	张三三	87	85	78	81		张三三	87	85	80	81
3	房飞扬	90	82	78	84		房飞扬	90	82	78	84
4	冯彦祖	76	81	56	87		冯彦祖	76	81	56	87
5	海宝	85	91	74	78		海宝	82	91	74	78
6	华诗	67	78	79	79		华诗	67	78	79	79
7	黄菲玉	80	76	87	56		黄菲玉	80	76	87	60
8	黄海	82	76	78	76		黄海	82	76	78	76
9	黄辉	56	77	74	77		黄辉	56	77	74	77
10	李四	88	78	78	66		李四	88	79	78	66
11	王五	63	79	80	73		王五	63	79	80	73

此时，上面两种方法都不太“灵光”，可采用【选择性粘贴】法。以上图为例，操作步骤如下。

Step1：

选择左表的数据区域，按下快捷键 Ctrl + C 进行复制。

	A	B	C	D	E
1	姓名	英语	会计学原理	高等数学	计算机
2	张三三	87	85	78	81
3	房飞扬	90	82	78	84
4	冯彦祖	76	81	56	87
5	海宝	85	91	74	78
6	华诗	67	78	79	79
7	黄菲玉	80	76	87	56
8	黄海	82	76	78	76
9	黄辉	56	77	74	77
10	李四	88	78	78	66
11	王五	63	79	80	73
12	金真善	66	79	77	68
13	李建	82	52	79	68
14	李九日	66	86	76	94
15	李燕	50	64	87	64
16	李云来	84	51	74	74
17	林巧	45	76	56	84

Step2：

如下图所示，右击右表的数据区域→【选择性粘贴】→选择【减】→单击【确定】按钮。

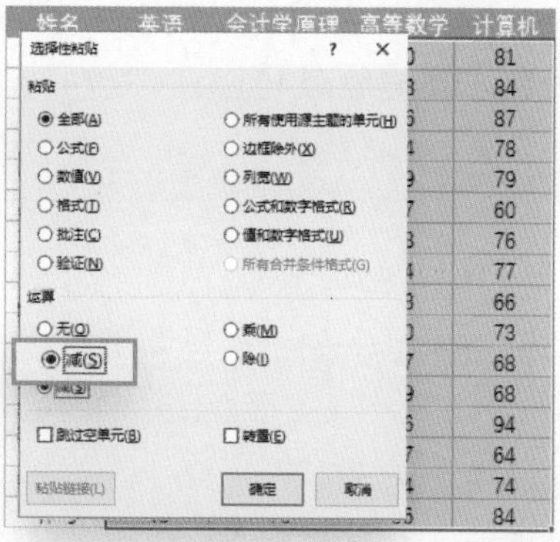

选择性粘贴
粘贴
全部(A)　所有使用源主题的单元(H)
公式(F)　边框除外(X)
数值(V)　列宽(W)
格式(T)　公式和数字格式(R)
批注(C)　值和数字格式(U)
验证(N)　所有合并条件格式(G)
运算
无(O)　乘(M)
减(S)　除(I)
跳过空单元(B)　转置(E)
粘贴链接(L)　确定　取消

结果如下图所示，如果B表的单元格显示“0”，则说明两张表格中该单元格的数据相同，如果数据是正数或负数，则说明该单元的数据不同。操作之前记得给两张表格备份哦！

1	姓名	英语	会计学原理	高等数学	计算机
2	张三三	87	85	78	81
3	房飞扬	90	82	78	84
4	冯彦祖	76	81	56	87
5	海宝	85	91	74	78
6	华诗	67	78	79	79
7	黄菲玉	80	76	87	56
8	黄海	82	76	78	76
9	黄辉	56	77	74	77
10	李四	88	78	78	66
11	王五	63	79	80	73

姓名	英语	会计学原理	高等数学	计算机
张三三	0	0	2	0
房飞扬	0	0	0	0
冯彦祖	0	0	0	0
海宝	-3	0	0	0
华诗	0	0	0	0
黄菲玉	0	0	0	4
黄海	0	0	0	0
黄辉	0	0	0	0
李四	0	1	0	0
王五	0	0	0	0

第2章

小函数解决大烦恼：一学就会、一步到位

同一张表格，别人操作仅用几分钟，而你要花一个小时；别人不用加班，而你要熬通宵。这时候你是不是在咬牙切齿？Excel函数你用好了吗？1000条合同记录如何快速核对到期日？一个函数设置提醒就可以让你放心去睡觉。

2.1 身份证提取出生日期

有一个忠实的粉丝在公众号给我提出了下面这个问题，本来我是拒绝回答的，作为向天歌的老师，我竟然被冯彦祖（冯注龙）老师抢了风头，冯老师是讲PPT的，讲Excel的是大毛老师，好嘛！！想学PPT的可以观看冯老师的《PPT之光》。

李越
冯彦祖，再讲一下从身份证中提取出来生日吧！

继续回答粉丝的问题，如何从“身份证号码”列里批量提取出生日期呢？在Excel里一般涉及“批量”这个词，不是函数就是VBA，解决这个问题仍然离不开函数。

目前，二代身份证号码已经升级为18位，从第七位开始（含）往后数8位，这段数字代表出生日期，如“000000199001015020”这个身份证号码的出生日期就是“19900101”，也就是1990年1月1日。

身份证号码	提取出生日期
000000199001015020	19900101

有没有什么函数可以从身份证中间位置开始，固定提取8位数字？

当然有，MID函数就可以从字符中间直接抓出文本。

来看一下关于这个函数的参数说明。

Excel中按F1，搜索关键词，就可以找到相应的使用说明。

fx 函数说明

MID(截取的字符，左起第几位开始截取，截取的位数)

在D2输入公式 =MID（C2,7,8），表示将C2字符从第7位（含）开始提取8位字符，这样出生日期就被乖乖地拎出来了，如右图所示。

D2   fx   =MID(C2,7,8)

	C	D
1	身份证号码	出生日期
2	000000199001015020	19900101
3	000000198703146010	
4	000000199508195076	

细心的小伙伴就问啦：咦，老师，你上一章讲到了日期格式要规范，可是提取出来的不是19xx-x-x或19xx/x/x这样的日期格式哦！该怎么办呢？

以下两步可将其转换为正确的日期格式。

Step1：

选择日期。

按快捷键Ctrl+C进行复制操作。

右击要进行操作的列→【粘贴选项】→【选择性粘贴】为数值，如左图所示。这一步是在将公式转换为纯数字格式，只有这样才可以进行下一步的分列操作。

Step2：

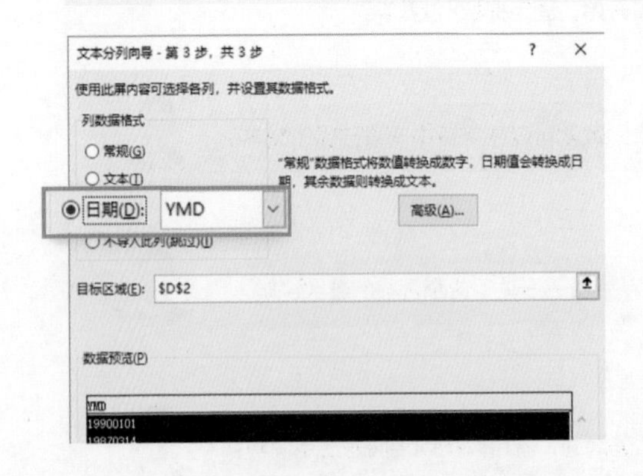

如左图所示，用1.1.1节中所学的方法，选择“出生日期”列，在【数据】选项卡下选择【分列】，一直单击【下一步】按钮，第3步时在【日期】后的下拉列表框中选择【YMD】，将数据转换为日期格式。

最终结果如下图所示。

	A	B	C	D
1	姓名	性别	身份证号码	出生日期
2	张三	男	000000199001015020	1990/1/1
3	李四	女	000000198703146010	1987/3/14
4	王五	男	000000199508195076	1995/8/19

知识补充

转换日期格式还可以结合DATE函数来实现 `=DATE(MID(C2,7,4),MID(C2,11,2),MID(C2,13,2))`

身份证：7~10位　11~12位　13~14位

fx DATE(year,month,day)的3个参数分别指年、月、日，可输入0~9999的任意数字。

学会Excel　你可以比别人快一倍

学好函数　你可以比别人快一辈子

2.2 一劳永逸自动计算周岁

HR的同事在制作员工信息表格时，需要录入员工的年龄（周岁），但周岁是动态变化的，每个月甚至每一天都可能有员工长了一岁。怎样才能让表格在每次打开的时候自动更新周岁呢？以下图中已经提取出生日期的表格为例，来讲讲如何动态计算周岁。

姓名	性别	身份证号码	出生日期	周岁
张三	男	000000199001015020	1990/1/1	29
李四	女	000000198703146010	1987/3/14	
王五	男	000000199508195076	1995/8/19	

函数并不复杂，只要在E2单元格输入 =DATEDIF(D2,TODAY(), "Y") 就可以完成周岁的动态计算。

fx 函数说明

必须在1900年之后　　必须大于起始日期　　可用Y或M或D显示，Y表示年，M表示月，D表示日

DATEDIF包含3个参数（起始日期，结束日期，信息的返回类型）

它的作用是结束日期减去起始日期，得到（返回）一个信息/值

=DATEDIF(D2,TODAY(), "Y") 这个函数的含义是：用实时的日期（TODAY()），减去D2的日期，最后以年（Y）的形式显示出来。需要注意的是：Y必须用英文输入法的双引号括起来，在函数中文本参数都要遵循此规则。

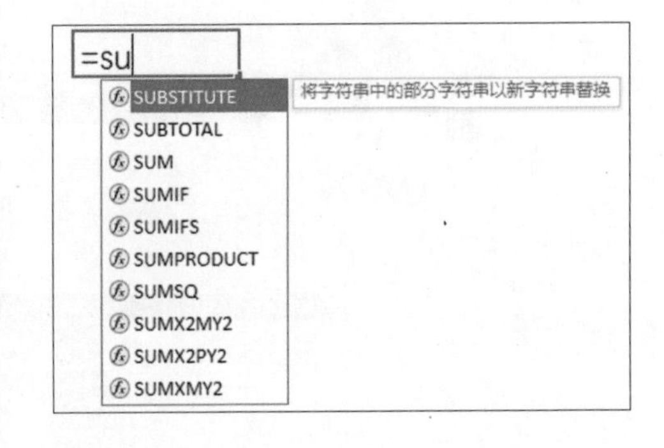

DATEDIF是一个隐藏函数，在Excel中，当输入某个函数的前几个字母时，就会弹出完整的函数提示（如右图所示），而输入DATEDIF函数时不会弹出提示，所以整个DATEDIF函数必须手动输入。

知识补充

DATEDIF函数是如何做到动态计算周岁的呢？这就是TODAY函数的功劳了，TODAY函数的作用是获取系统当前日期，每次打开Excel表格时它都会实时更新。因此 =DATEDIF(D2,TODAY(), "Y") 就会根据TODAY函数的更新重新计算一次，最终得到当前的周岁数据。

2.3 合同到期自动提醒

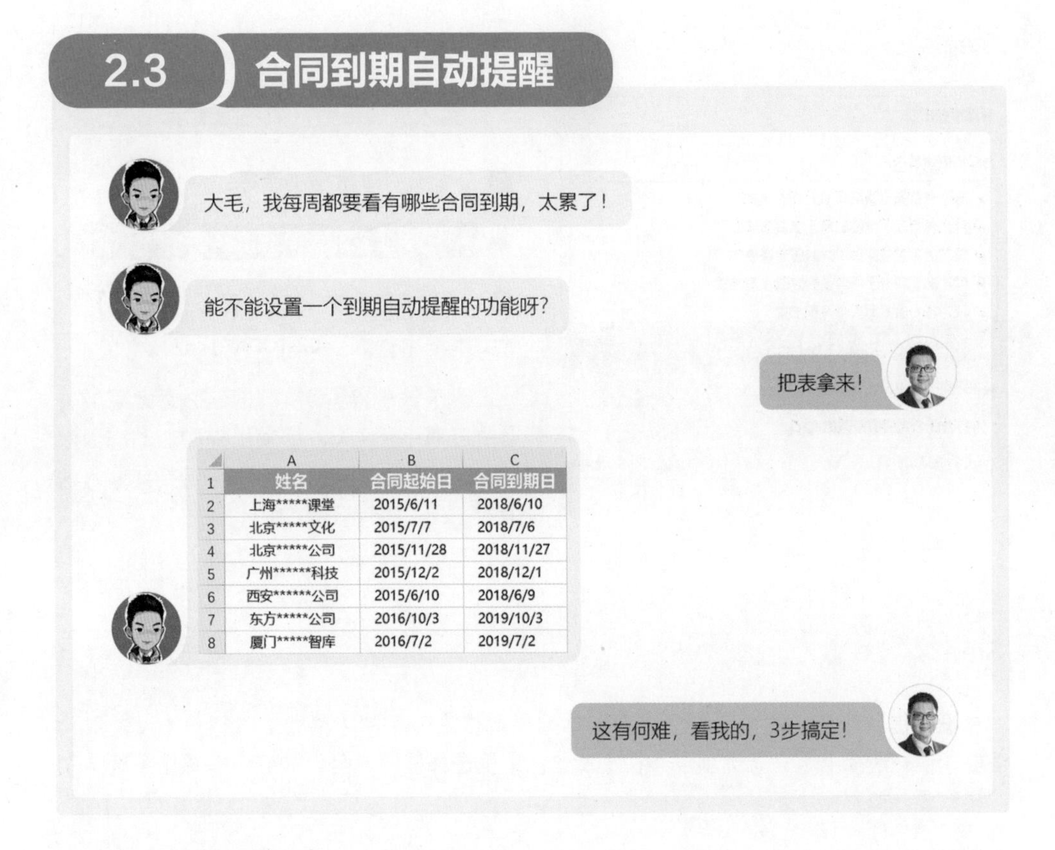

	A	B	C
1	姓名	合同起始日	合同到期日
2	上海*****课堂	2015/6/11	2018/6/10
3	北京*****文化	2015/7/7	2018/7/6
4	北京*****公司	2015/11/28	2018/11/27
5	广州******科技	2015/12/2	2018/12/1
6	西安******公司	2015/6/10	2018/6/9
7	东方*****公司	2016/10/3	2019/10/3
8	厦门*****智库	2016/7/2	2019/7/2

Step1：

设置条件格式，如下图所示，选择合同到期日所在单元格（C2:C8），请注意不要选择标题，单击【开始】→【条件格式】→【新建规则】。

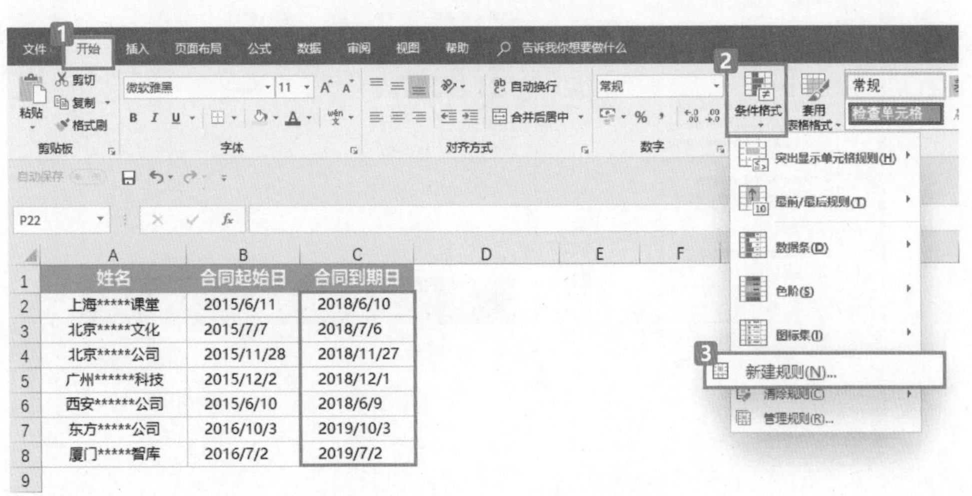

	A	B	C
1	姓名	合同起始日	合同到期日
2	上海*****课堂	2015/6/11	2018/6/10
3	北京*****文化	2015/7/7	2018/7/6
4	北京*****公司	2015/11/28	2018/11/27
5	广州******科技	2015/12/2	2018/12/1
6	西安******公司	2015/6/10	2018/6/9
7	东方*****公司	2016/10/3	2019/10/3
8	厦门*****智库	2016/7/2	2019/7/2
9			

Step2：

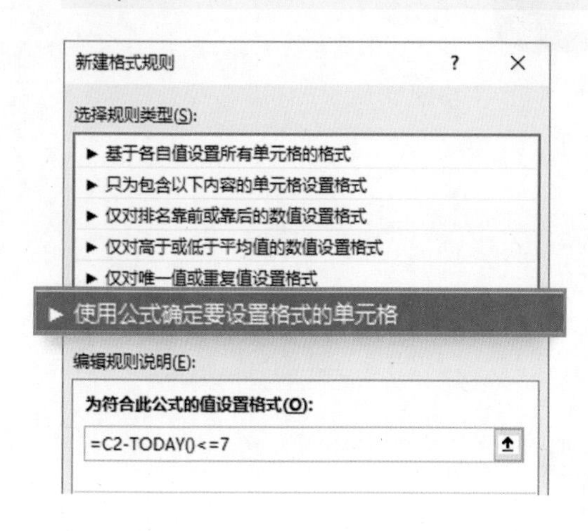

输入提醒函数，如左图所示。

❶ 在弹出的对话框中选择：

▶ 使用公式确定要设置格式的单元格

❷ 在【为符合此公式的值设置格式】下的文本框中输入 =C2-TODAY()<=7 。

该函数的意思是：如果C2的日期减去当前日期小于7天，就发出提醒。动态函数TODAY又派上用场了，请注意用英文输入法输入“<=”，而不是“《”。

Step3：

设置提醒颜色，紧接上一步，在对话框中单击右下角的【格式】按钮→【设置单元格格式】→选择【填充】选项卡→在【背景色】里选择提醒颜色，如红色→单击【确定】按钮完成，如下图所示。

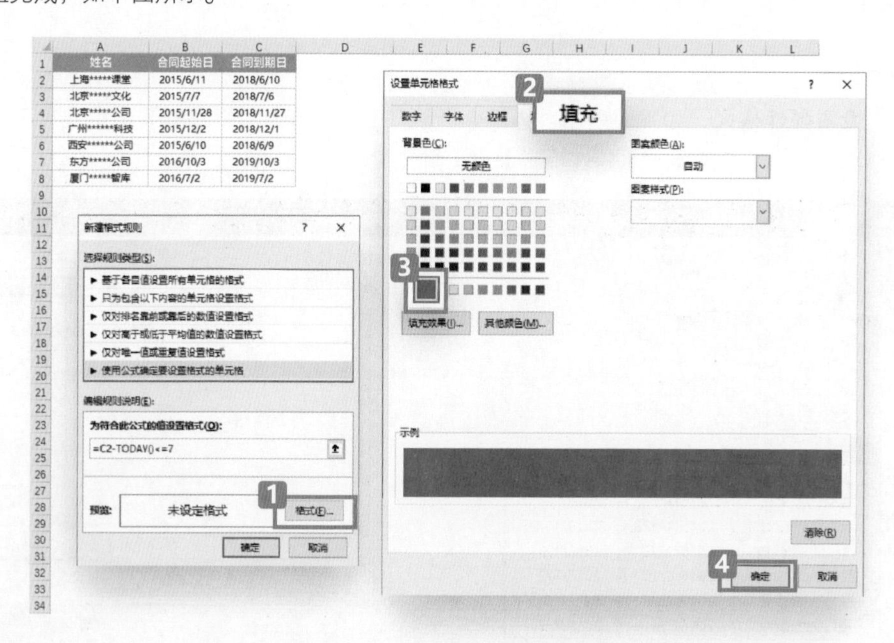

如下图所示，当前日期为2018/6/15，所以2018/6/10和2018/6/9这两个临近合同到期日7日内的合同的“合同到期日”单元格都显示为红色，由于动态函数TODAY的存在，所以每次打开表格，数据都可自动刷新。一个函数将后面所有的工作都解决了，难怪别人在加班，我却可以回家了。

	A	B	C	D	E	F
1	姓名	合同起始日	合同到期日			
2	上海*****课堂	2015/6/11	2018/6/10	当前日期：2018/6/15		
3	北京*****文化	2015/7/7	2018/7/6			
4	北京*****公司	2015/11/28	2018/11/27			
5	广州******科技	2015/12/2	2018/12/1			
6	西安******公司	2015/6/10	2018/6/9			
7	东方*****公司	2016/10/3	2019/10/3			
8	厦门*****智库	2016/7/2	2019/7/2			

思考题

用DATEDIF函数也可以设置合同到期提醒，大家可以试试哟，如有疑问可以到微博@向天歌大毛，哈哈哈！（为什么要笑？我也不知道）

2.4 统计人员出现次数

	A	B	C	D	E	F
1	日期	姓名	用章事项		姓名	用章次数
2	2018/1/5	大毛	****合同		大毛	
3	2018/1/8	董格	****协议		董格	
4	2018/1/11	杜琦	****发票		杜琦	
5	2018/1/14	杜腾	****合同		杜腾	
6	2018/1/17	大毛	****发票		总次数	
7	2018/1/20	董格	****协议			
8	2018/1/23	杜腾	****申请			
9	2018/1/26	董格	****合同			
10	2018/1/29	杜琦	****申请			
11	2018/2/1	杜腾	****合同			
12	2018/2/4	杜琦	****申请			
13	2018/2/7	大毛	****协议			
14	2018/2/10	杜腾	****合同			

工作中除计算求和、求平均值外，计数也是常用的一种统计形式。3月份的时候，负责行政的小吴问我，她有一份使用公章的记录表，如左图所示，共有4个员工用过公章，要统计每个员工分别用了几次公章，问我能不能给她设计一个公式。

简单，在F2输入公式 =COUNTIF($B$2:$B$20,E2) ，往下拖曳填充即可完成计算，计算出来的总次数与左表格吻合，如下图所示。

F2 =COUNTIF($B$2:$B$20,E2)

	A	B	C	D	E	F
1	日期	姓名	用章事项		姓名	用章次数
2	2018/1/5	大毛	****合同		大毛	4
3	2018/1/8	董格	****协议		董格	5
4	2018/1/11	杜琦	****发票		杜琦	3
5	2018/1/14	杜腾	****合同		杜腾	7
6	2018/1/17	大毛	****发票		总次数	19

fx 函数说明

fx COUNTIF(计数区域，计数条件)

COUNTIF函数用于计数，它包含2个参数（计数区域，计数条件）。

“计数区域”：用于计算非空单元格数目的区域，在本表中用于计数的区域是B2:B20。

“计数条件”：以数字、表达式或文本形式定义的条件，在本表中的区域是“姓名”列，也就是E2:E5中的任意一个单元格。

因此，可直接输入 =COUNTIF($B$2:$B$20,"大毛") ，请注意“**大毛**”是文本，所以用双引号括起来。引用单元格的方式更方便一些，在F2中输入完公式后直接拖曳填充可计算出其他人的用章次数。

还有一点需要注意：如果只是计算某个人的用章次数，则函数可以直接输入为 =COUNTIF(B2:B20,E2) ，而如果需要拖曳填充，则要对B2:B20区域“绝对引用”，也就是我们看到的$B$2:$B$20（在行列前面都要加上美元符号），关于“**绝对引用**”本书将在函数章节做更详细的介绍。

2.5 合并计算销售数据

有一类表格数据是重复记录的，如月度销售表，一季度3张表，一年12张表。下图为某卫浴公司一季度销售表，为了方便大家浏览，我将3张表格合并到1张工作表中展示，实际上，它们分别在3个工作表里。大家都知道可以用SUM函数在同一张工作表里求和，但如果在3个工作表中，那么如何快速求和呢？

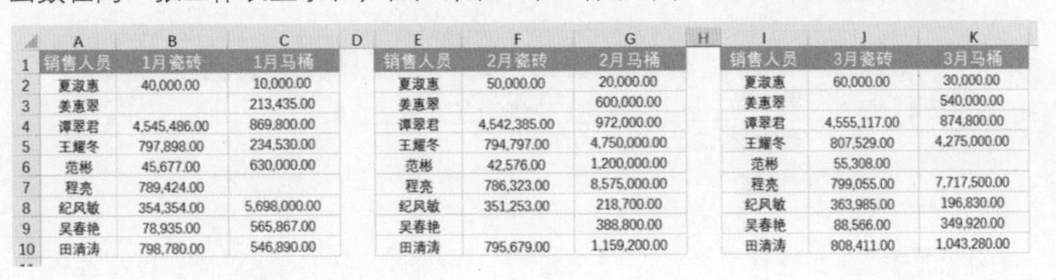

	A	B	C	D	E	F	G	H	I	J	K
1	销售人员	1月瓷砖	1月马桶		销售人员	2月瓷砖	2月马桶		销售人员	3月瓷砖	3月马桶
2	夏淑惠	40,000.00	10,000.00		夏淑惠	50,000.00	20,000.00		夏淑惠	60,000.00	30,000.00
3	姜惠翠		213,435.00		美惠翠		600,000.00		美惠翠		540,000.00
4	谭翠君	4,545,486.00	869,800.00		谭翠君	4,542,385.00	972,000.00		谭翠君	4,555,117.00	874,800.00
5	王耀冬	797,898.00	234,530.00		王耀冬	794,797.00	4,750,000.00		王耀冬	807,529.00	4,275,000.00
6	范彬	45,677.00	630,000.00		范彬	42,576.00	1,200,000.00		范彬	55,308.00	
7	程亮	789,424.00			程亮	786,323.00	8,575,000.00		程亮	799,055.00	7,717,500.00
8	纪风敏	354,354.00	5,698,000.00		纪风敏	351,253.00	218,700.00		纪风敏	363,985.00	196,830.00
9	吴春艳	78,935.00	565,867.00		吴春艳		388,800.00		吴春艳	88,566.00	349,920.00
10	田清涛	798,780.00	546,890.00		田清涛	795,679.00	1,159,200.00		田清涛	808,411.00	1,043,280.00

SUM函数可以执行跨表求和功能，操作步骤如下。

Step1：

如下图所示，新建一张工作表，将销售表格复制一份，标题改为“一季度瓷砖”和“一季度马桶”，删除数据，此表作为“一季度汇总表”。

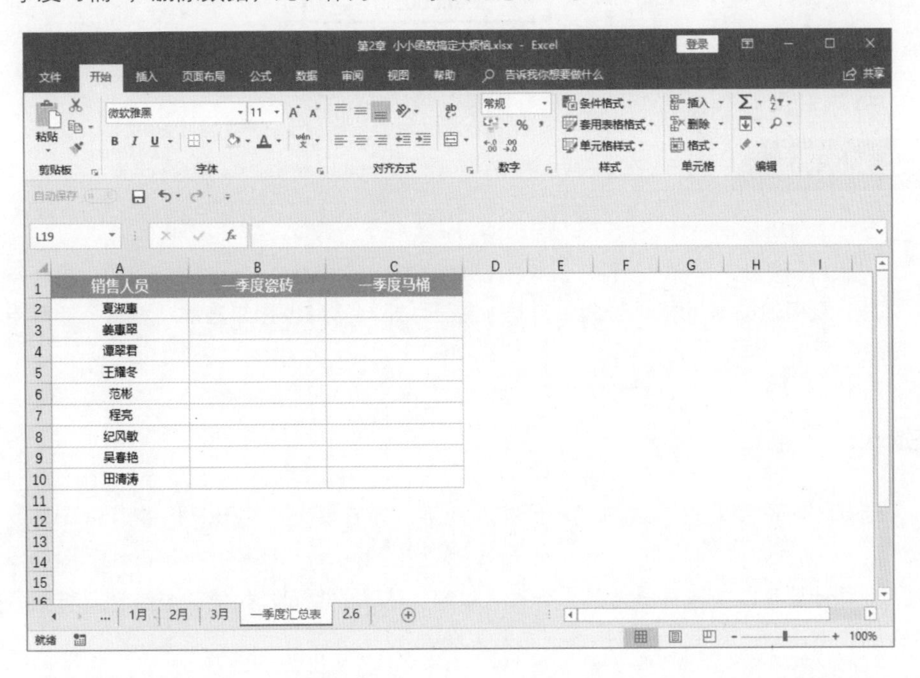

	A	B	C
1	销售人员	一季度瓷砖	一季度马桶
2	夏淑惠		
3	姜惠翠		
4	谭翠君		
5	王耀冬		
6	范彬		
7	程亮		
8	纪风敏		
9	吴春艳		
10	田清涛		

Step2：

如下图所示，选择B2单元格，输入 =SUM('1月:3月'!B2)，输入该函数时按住Shift键，可同时选择底部的连续3个工作表标签 1月 | 2月 | 3月，然后单击B2单元格或手动输入B2，即可实现公式的快速输入。

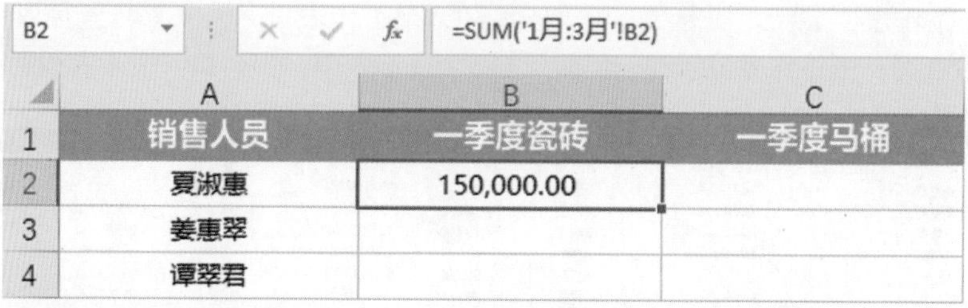

B2 =SUM('1月:3月'!B2)

	A	B	C
1	销售人员	一季度瓷砖	一季度马桶
2	夏淑惠	150,000.00	
3	姜惠翠		
4	谭翠君		

按住Shift键选择表格的前提是“选取的工作表必须是连续的”，如果是非连续的工作表，则只能分别选择每个表，输入 =SUM('1月'!B2,'2月'!B2,'3月'!B2)，每个参数都用“,”隔开，如下图所示。

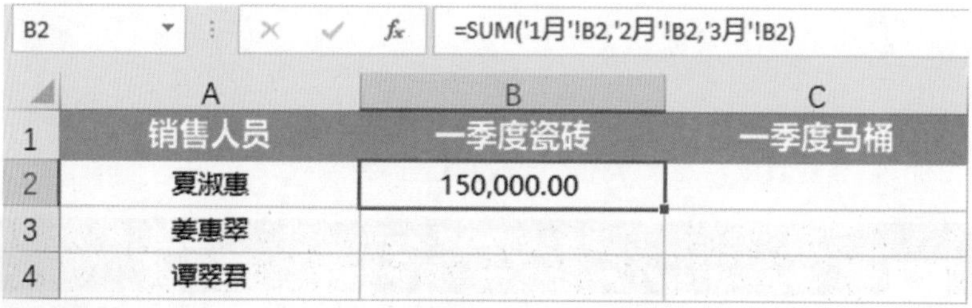

B2 =SUM('1月'!B2,'2月'!B2,'3月'!B2)

	A	B	C
1	销售人员	一季度瓷砖	一季度马桶
2	夏淑惠	150,000.00	
3	姜惠翠		
4	谭翠君		

知识补充

对于新手来说，可能有点不太明白如何输入这3个参数，现详述如下。

第1个参数，选择“1月”表格的B2单元格，公式中自动生成'1月'!B2，再选择“2月”表格的B2单元格，公式中自动生成'2月'!B2，3月也是如法炮制，每个参数用逗号隔开。

Step3：

选择“一季度汇总”表的B2单元格，向下、向右填充，整张表格的汇总计算就完成了。

合并计算可以快速得出结果，节省了复制、粘贴的时间，如果需要统计分析更多更复杂的数据，则还需要通过数据透视表来实现。

2.6 Excel也能随机抽奖

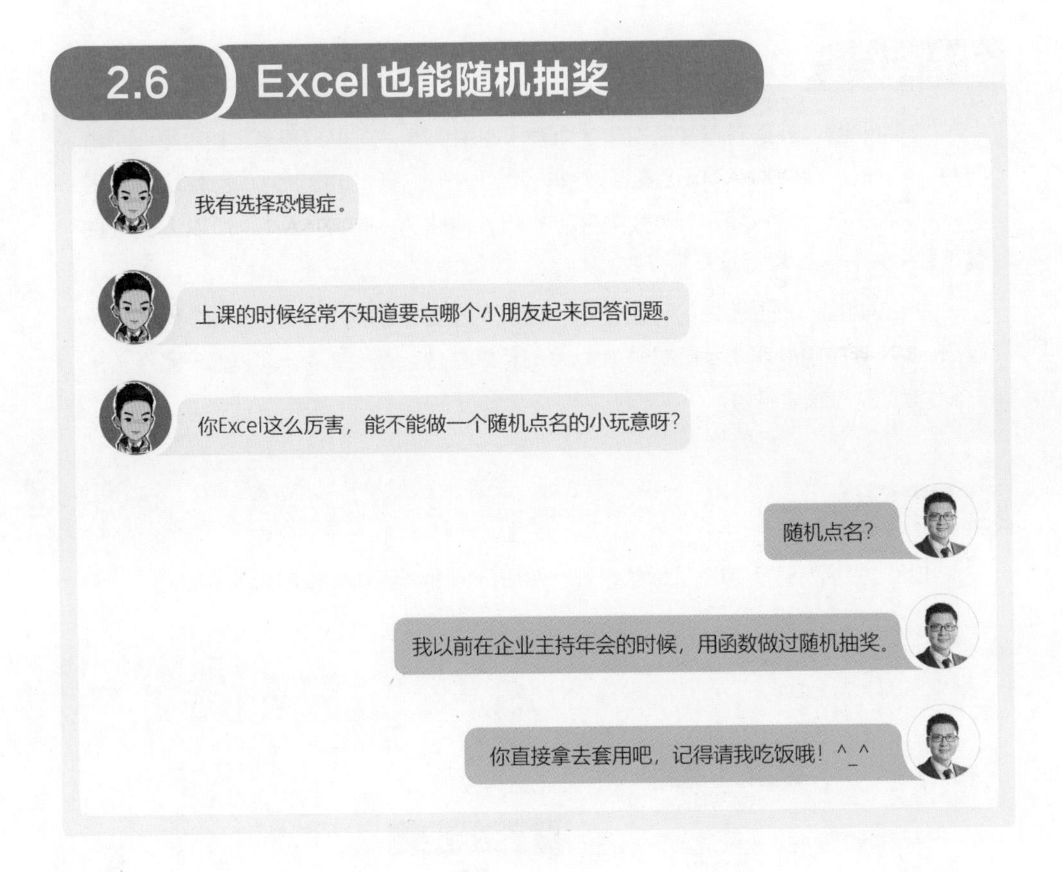

如下图所示，准备一张表格，在A列中输入所有待抽奖/点名人员的姓名，然后在空单元格里输入函数 =INDEX(A:A,RANDBETWEEN(1,8))，抽奖/点名时按F9键一次就可以刷新一次，有没有感受到函数的神奇力量！

知识补充

（1）INDEX函数通常用来返回指定内容所在的位置，这里用于确定抽中哪一个单元格。例如，=INDEX(A:A,2,1)代表返回A:A区域（A列）第2行第1列，也就是A2，因为A:A只有一列，所以第3个参数列号可省略，简化为=INDEX(A:A,2)，所以上面的抽奖函数中只有区域和行号两个参数。

（2）RANDBETWEEN函数的作用是输入随机的整数。例如，A列中有8个姓名，所以用=RANDBETWEEN(1,8)表示随机输入1~8的任意整数，整个函数在INDXE中充当了第2个参数，用于确定行号。

思考题

如果"姓名"这列加上了标题，如下图所示，那么函数应该怎么输入呢？

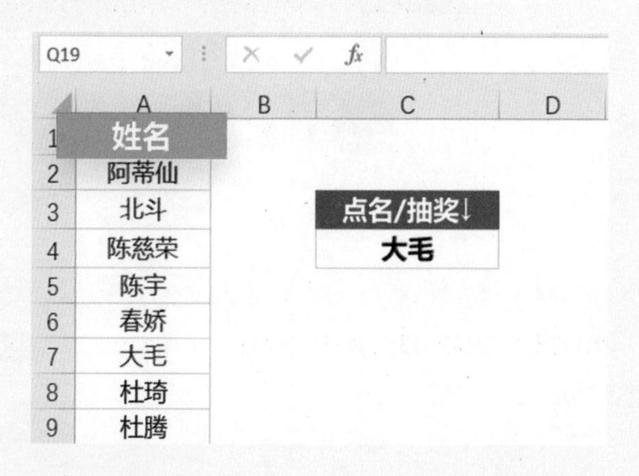

第3章

制作规范的表格：内功塑习惯

“你看过中国的国庆阅兵吗？受阅部队徒步通过天安门东西华表间96米的时间规定为1分06秒，必须不多不少踢出128步，每分钟116步，每一步步长75厘米、距地面25厘米……”

做好一件事就要符合其规则，并掌握科学的方法。制作一张专业的Excel表格好比盖一幢高楼大厦，首先要打好地基，建好框架。

3.1 做表第一步：搞懂数字格式

在第1、2章中，我们学习了快速解决问题的技法，其中1.2~1.6节都跟数字格式有关，因为数字格式是新手经常遇到，也必须搞懂的问题。这就好比打篮球要先学运球一样，是基础中的基础！搞不懂数字格式，就输在了起跑线上，只有熟知各种格式，并掌握科学的输入方法和技巧，才能让表格为你所用。

3.1.1 输入与显示：真实与外表

在漫威的英雄电影中，英雄通常都有两面：平时他们显现出的是作为普通人的一面，一旦危险降临，他们就会展现作为英雄的另一面。

在Excel中，数据也有两面，它们有普通真实的一面，也有华丽光鲜的一面。例如，录入数字“9527”，却发现变成了“9527.00”。又如，表面上看到的是数字“1834”，双击单元格看到的却是 =SUM(A1:A2)。

输入	显示
9527	9527.00
1834	=SUM(A1:A2)

再如，输入数字“1”，它可以变成右对齐的“1”“1900/1/1”“1900年1月1日”“0001”或带着绿色三角的左对齐的“1”，如下图所示，其实它们只是“1”的不同外表而已。

常规	短日期	长日期	特殊	文本
1	1900/1/1	1900年1月1日	0001	1

同样的数字，可以设置不同的外表，以不同的外观呈现。至于显示出什么外表，则取决于实际需要。例如，输入身份证号、银行卡号、工号的时候，经常采用文本格式（参考1.2节、1.3节）。又如，在进行金额计算的时候，我们经常保留小数点后两位并加上货币符号……下面来了解一下数字有哪些常见的外表吧！

在单元格中可以输入和保存的数据一般分为数值、文本、逻辑值、错误值这四类。如果按照数据的生成方式也可以只将其分成两大类：常量和公式值，下面逐一介绍。

1. 数值

简而言之，数值就是指可用于运算的数字形式，这也是它区别于文本的重要特征。由于Excel软件自身的原因，所以数值在Excel中无法做到无穷无尽，在1.3节中我们也提到了数值的几个特征。

(1)　Excel默认数值显示11位，如果超过11位，则以科学计数法显示，如输入“123456789987654321”，会显示为“1.235E+17”，意思就是“1.235×10^17”。

(2)　日期和时间属于数值的特殊形式。在Excel中，默认“1900年1月1日”为数值“1”，即该天为基准日，往后数值多增加“1”，日期也相应增加1天，如“1900/2/1”可以转换成数值“32”，这也是日期相加减的数学基础。

相应地，1小时相当于1/24天，1分钟相当于1/（24×60）天，所以一天中每一个时间点都可以用一个数字来表示。例如，将1.5转换成“日期+时间”的格式，则会显示为“1900/1/1 12:00”。

2. 文本

最具代表性的文本就是中文字符，如果精确描述的话，那么文本就是指非数值性的文字或符号等，如姓名、公司名称、身份证号、工号等都要以文本形式来呈现。在Excel中，某些文本和数值可以互相转换。

知识补充

你知道文本和数值哪一个更大吗？

文本虽然不能用于计算，但是可以用于比较大小。

Excel中规定：文本型数据>数值型数据。

3. 逻辑值

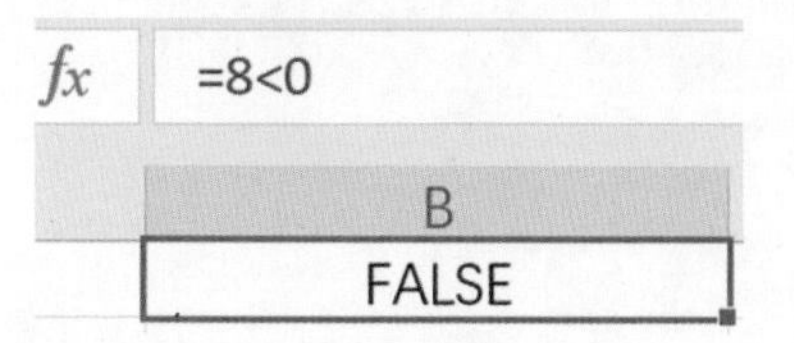

逻辑值比较特殊，它只有TRUE（真）和FALSE（假）两种值，所以特别好记。例如，在单元格输入“=8<0”，这明显是一个错误的逻辑，所以返回值为FALSE（如左图所示），如果改为“=8>0”呢？则逻辑正确，返回值为TRUE。

4. 错误值

错误值有8种，都是以#开头，它们分别是#####、#DIV/0!、#NUM!、#VALUE!、#REF!、#NULL!、#NAME?、#N/A。顾名思义，错误值的作用就是在出现错误的时候给予提示，具体含义可参照下表。

类型	说明
#####	字符长度超出单元格宽度；日期时间公式产生了负值
#VALUE!	当在公式或函数中使用的参数或操作数类型错误时，出现该错误，这种错误值极常见，例如，需要数字时，却输入了文本
#NAME?	当 Excel 无法识别公式中的文本时，产生该错误值。例如，函数名称拼写错误，公式输入文本时没有使用双引号等
#N/A	函数或公式没有可用数值时，产生该错误值
#DIV/0!	当数字除 0 时，产生该错误值
#NUM!	如果公式或函数中某个数字有问题时，则产生该错误值
#REF!	当单元格引用无效时，产生该错误值
#NULL!	如果给两个并不相交的区域指定交点，则会产生该错误值

5. 常量和公式值

使用快捷键F5或Ctrl+G弹出【定位】对话框，单击对话框左下角的【定位条件】按钮，打开【定位条件】对话框，可以看到其中有两个条件分别是“常量”和“公式”，如下图所示。

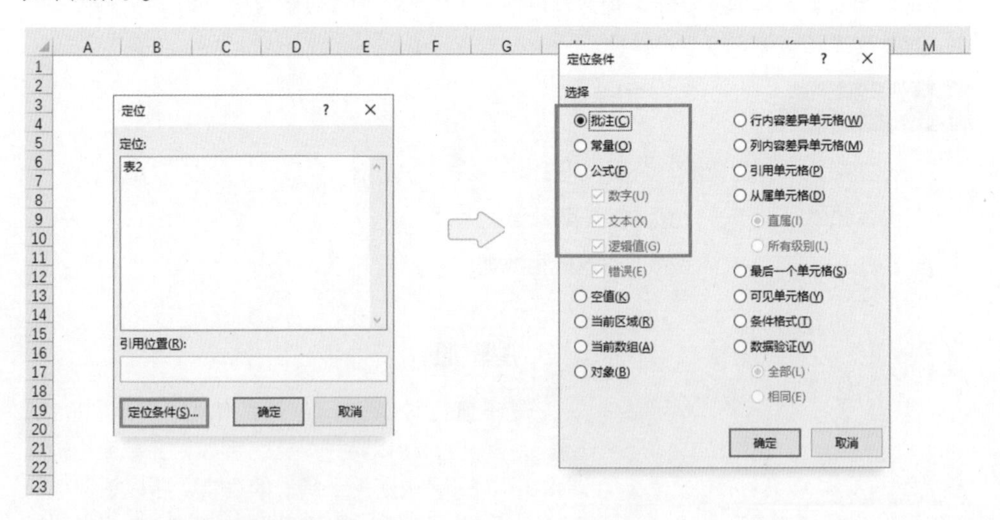

不同于前面四种数据类型，“常量”和“公式”是按照数据的生成方式来划分的。可以这么理解：公式值指的就是一切由公式、函数生成的数值，而除公式值外的数值都是常量。

公式以“=”号开头，它既可以是简单的数学公式，也可以是复杂的函数。例如，=C33 就是一个公式。又如，在A1单元格输入“100”，在A2单元格输入“=100”。虽然“100”和“=100”在单元格中显示一样，但实际上，A1属于常量，A2属于公式值，如右图所示。

fx =100

	A	B
1	100	常量
2	100	公式

3.1.2 设置数字格式

1. 数字格式类型

如下图所示，打开【设置单元格格式】对话框，【数字】选项卡中【分类】下的列表框中罗列了Excel中所有的数字格式类型。设置数字格式类型可以改变数据的外观，如“20”设置成日期后变成了“1900/1/20”。

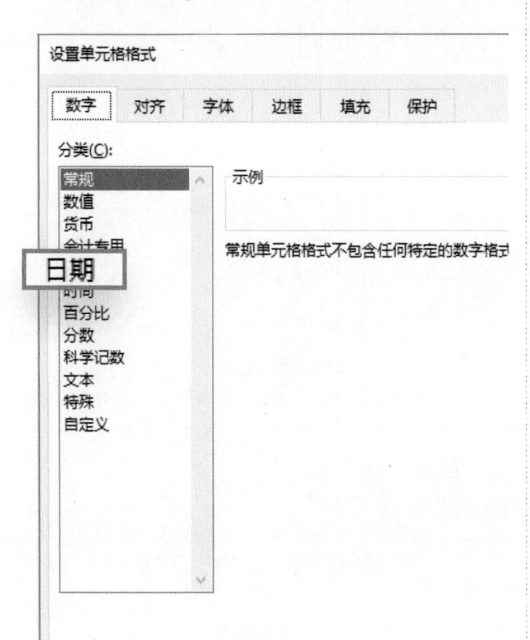

调用【设置单元格格式】有三种方法

Ⓐ 右击【设置单元格格式】。

Ⓑ 按快捷键 Ctrl + 1。

Ⓒ 找到【开始】选项卡下的【数字】命令组，单击右下角的小按钮，如下图所示，这个按钮有个很“霸气”的名字“命令启动器”，很多设置对话框都可以用这种方法打开。

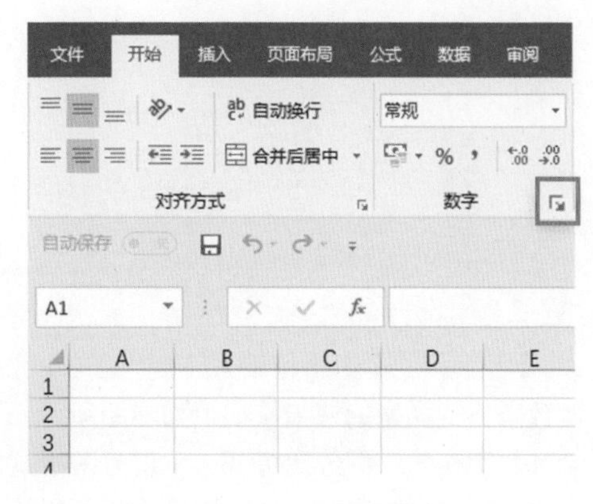

通过设置不同的数字格式类型，可以提高数据的可读性。例如，利用“百分比”格式类型显示34.17%明显比0.3417要直观易懂。下图可以形象地说明各种不同格式的类型特点（自定义格式将在本书3.3节详细介绍）。

	A	B	C
1	格式类型	原始数据	格式化后的数据
2	数值	5201314	5,201,314.0000
3	货币	5201314	¥5,201,314.00
4	会计专用	5201314	¥ 5,201,314.00
5	日期	51314	2040/6/27
6	时间	0.5201314	12:28:59
7	百分比	0.5201314	52.0131%
8	分数	0.5201314	478/919
9	科学计数	5201314	5.201314E+06
10	特殊	5201314	伍佰贰拾万壹仟叁佰壹拾肆
11	自定义（以万为单位）	5201314	520.1万

通过【开始】选项卡下的【数字格式】组合框，可快速选择数字格式类型，该框中包含了常见的11种数字格式类选项及1个【其他数字格式】选项，如下图所示。

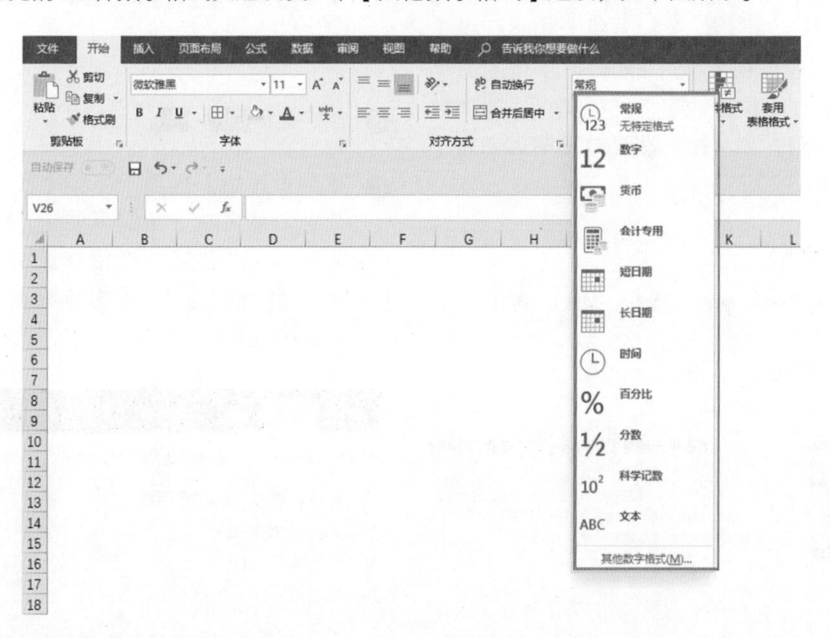

【数字格式】组合框下方还提供了5个比较常用的设置数字格式类型的快捷按钮，如右图所示，它们分别是会计数字格式、百分比样式、千位分隔样式、增加小数位数、减少小数位数，这些快捷按钮可以让你的输入蹭蹭地提速。

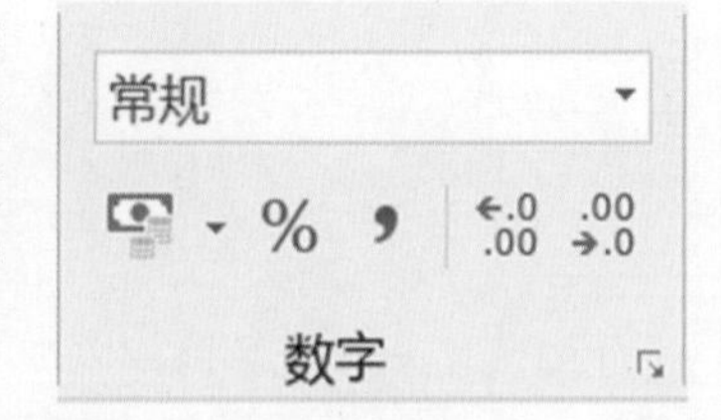

2. 特殊格式的录入

分数：真分数和带分数的输入方法是“0/整数+空格+分数”。例如，$1\frac{1}{3}$ 输入“1+空格+1/3”；设置单元格为“分数”格式后，可以直接输入“1/3”。不过，像 $\frac{4}{3}$ 这样的假分数，直接输入的话，Excel会自动修改为 $1\frac{1}{3}$，解决方法是将自定义格式设置为“?/?”。

☒和☑：将字体设置为Wingdings2，输入T可得到☒，输入R得到☑。

上标和下标：如右图所示，选择数字，按快捷键 Ctrl + 1 弹出【设置单元格格式】，选择对应选项就可以设置上标和下标了，此处还可设置删除线。再告诉大家一个更快的方法：快捷键 Alt + 178/179（必须是小键盘上的数字）可以快速输入上标的2和3哦！

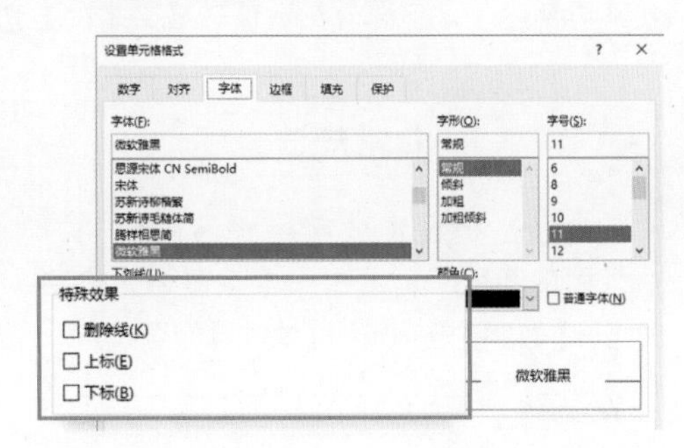

知识补充

快捷键	效果
Ctrl + Shift + ~（数字1的左边）	设置为“常规”数字格式类型
Ctrl + Shift + !（数字1）	设置为具有千位分隔符且负数用负号“-”表示
Ctrl + Shift + @（数字2）	设置为小时和分钟的“时间”格式类型
Ctrl + Shift + #（数字3）	设置为年月日的“日期”格式类型
Ctrl + Shift + $（数字4）	设置为带两个小数位的“货币”格式类型（货币符号与计算机默认的地区和语言有关）
Ctrl + Shift + %（数字5）	设置为不带小数位的“百分比”格式类型
Ctrl + Shift + ^（数字6）	设置为带两个小数位的“科学计数”数字格式类型

思考题

Ctrl + 1 ~ Ctrl + 5 分别设置单元格的什么格式呢？大家可以试一试。

3.1.3 数值和文本的互相转换

在笔者的教学经历中，关于数值和文本的问题被问及的次数可能排在第一位，大多数时候只要将文本转成数值或数值转成文本就可以解决，所以这一节来聊一聊数值和文本如何互相转换。

在1.4节中介绍了文本转成数值的三种方法，常规法、选择性粘贴法、分列法，这里就不再赘述了，下面介绍数值转成文本的方法。

1. 常规法

常规法是设置数字格式最通用的方法，如下图所示，右击→【设置单元格格式】→【数字】选项卡→【文本】即可搞定。

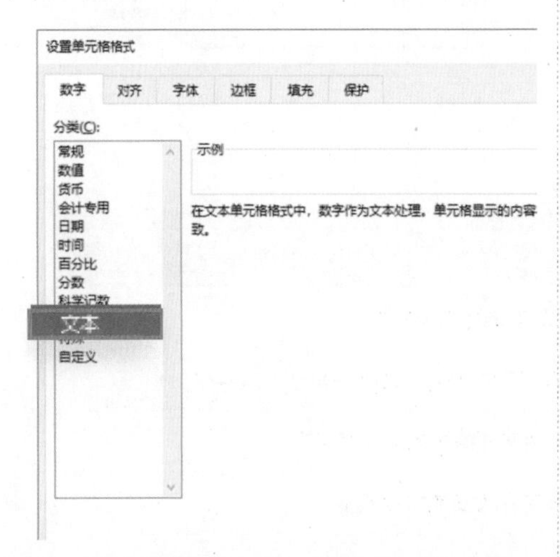

常规法的操作很简单，它解决问题的能力也有限，接下来介绍两种方法用来搞定非常规情况。

2. 分列法

如下图所示，选择“数量”列→【数据】→【分列】→一直单击【下一步】按钮，第3步时选择【列数据格式】下的【文本】，单击【完成】按钮即可。

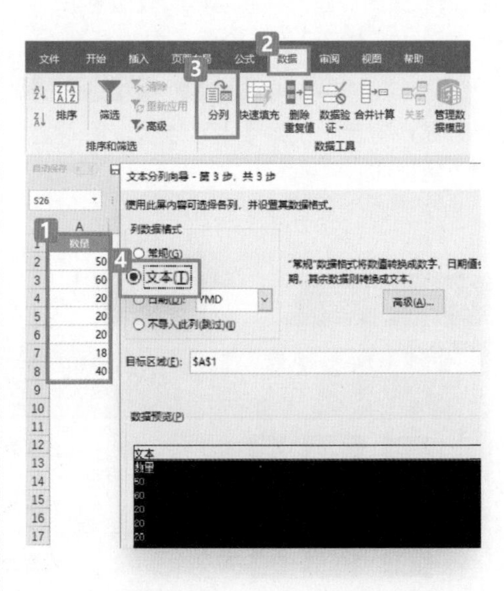

如下图所示，分列完成后的数据统一左对齐，而且单元格左上角出现了绿色三角图标，说明已经转换成文本格式。

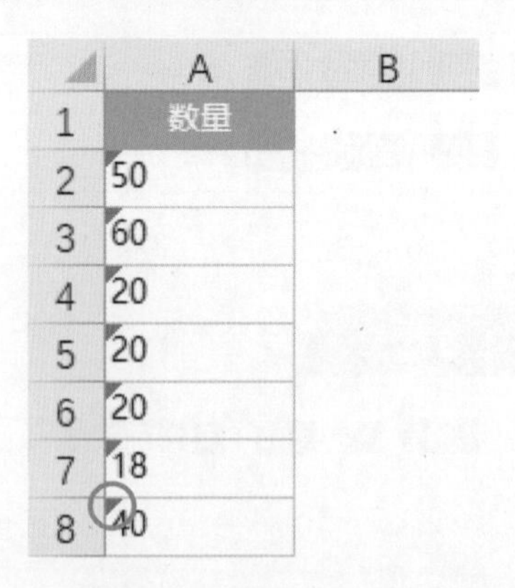

3. 函数法

如右图所示，在B2中输入函数 `=TEXT(A2,"#")`，也可以快速实现数字转成文本。

这是第二次用到TEXT函数了，这个函数好像就是为了文本格式而生，请记住它，并善用它。

=TEXT(A2,"#")

	A	B	C
1	数量		
2	50	=TEXT(A2,"#")	
3	60		
4	20		

数据规范化才能实现

操作批量化、工作轻松化

3.2 不懂日期时间，难怪手忙脚乱

在1.6节中我们学习了如何纠正错误日期，那么到底什么是日期呢？可以把日期格式看作一类特殊的数值格式，它的使用频率相当高，考勤表、销售数据、个人信息都需要记录日期，所以本书单列一节进行详细说明。

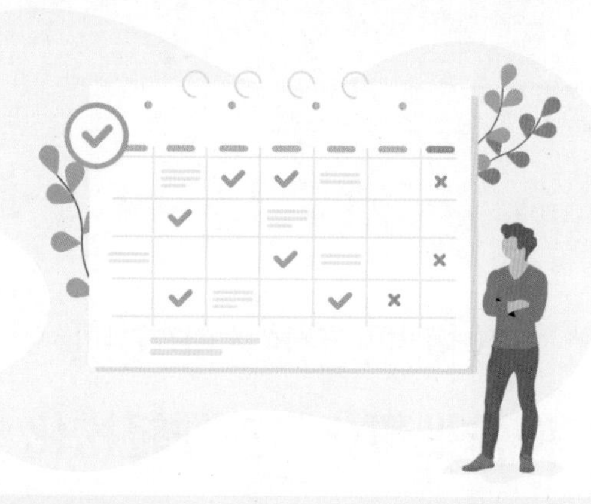

3.2.1 日期时间的来龙去脉

Windows操作系统下的Excel默认使用的是“1900年日期系统”，即以1900年1月1日作为日期计数第1天，将数字“1”设置为日期格式后显示结果为“1900/1/1”，数字“36526”则显示为“2000/1/1”，如右图所示。如果输入1900年以前的日期会怎么样呢？

数字输入	日期显示
1	1900/1/1
36526	2000/1/1

和日期一样，时间也可以换算成数字，如“2000/1/1 8:30:30”（请注意日期和时间由空格隔开）设置为数值格式后显示结果为“36526.354513 8889…”，其换算的关系为：1小时=1/24天；1分钟=1/60小时=1/1440天；1秒=1/60分=1/3600小时=1/86400天。

日期时间和数字可以互相转换，所以它们也具备了运算功能。例如，计算2017年5月20日与2017年6月6日之间隔多少天，只要将两个日期相减就可以得到，如右图所示。

IF　×　✓　fx　=B1-A1

	A	B
1	2017/5/20	2017/6/6
2		
3	=B1-A1	结果是17

Excel中内嵌了一些函数，专门用于时间和日期的计算，如获取时间和日期的YEAR、NOW、TODAY、HOUR函数，计算工作日的WORKDAY函数，计算时间差的DATEDIF函数等。

3.2.2 日期的格式

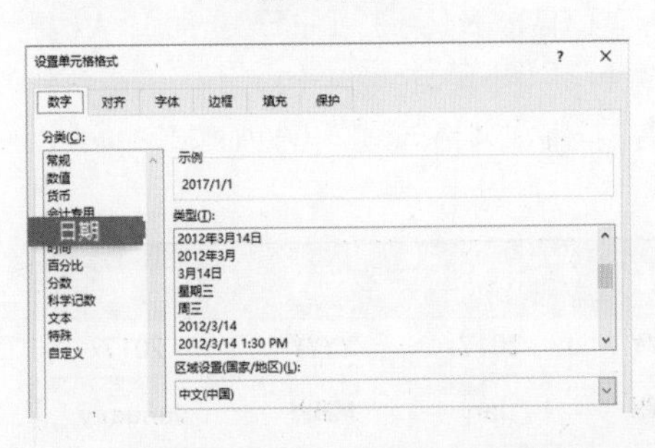

Excel中默认的日期格式是“yyyy/m/d”。例如，输入“2017-1-1”默认显示为“2017/1/1”。日期绝对不是只有这一种格式，通过单击【设置单元格格式】→【数字】→【日期】，可以将日期更改为“星期”“年月日”“月日”等不同的格式组合，如左图所示。

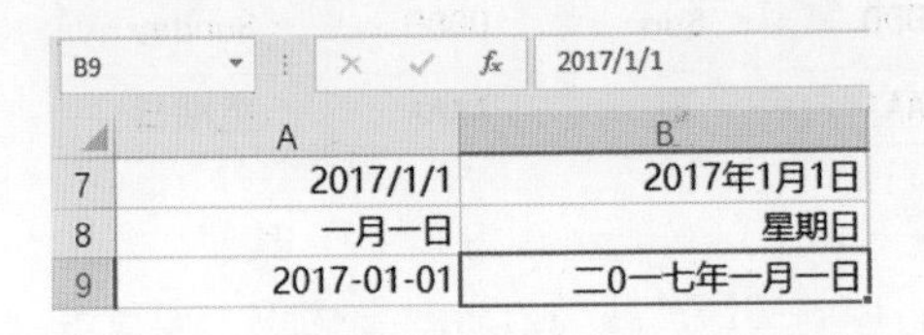

无论将“2017/1/1”改成哪种格式，其本质是不变的，所有单元格设置的改变都只是外观的改变，如左图所示。

以上日期时间格式的改变，可以直接套用Excel现成格式而获得，这些格式是有限的，并不能满足所有需求。如果要将“2017/1/1”设置为“20170101”，则可通过【自定义】把自定义格式设置为“yyyymmdd”即可获得，如下图所示。

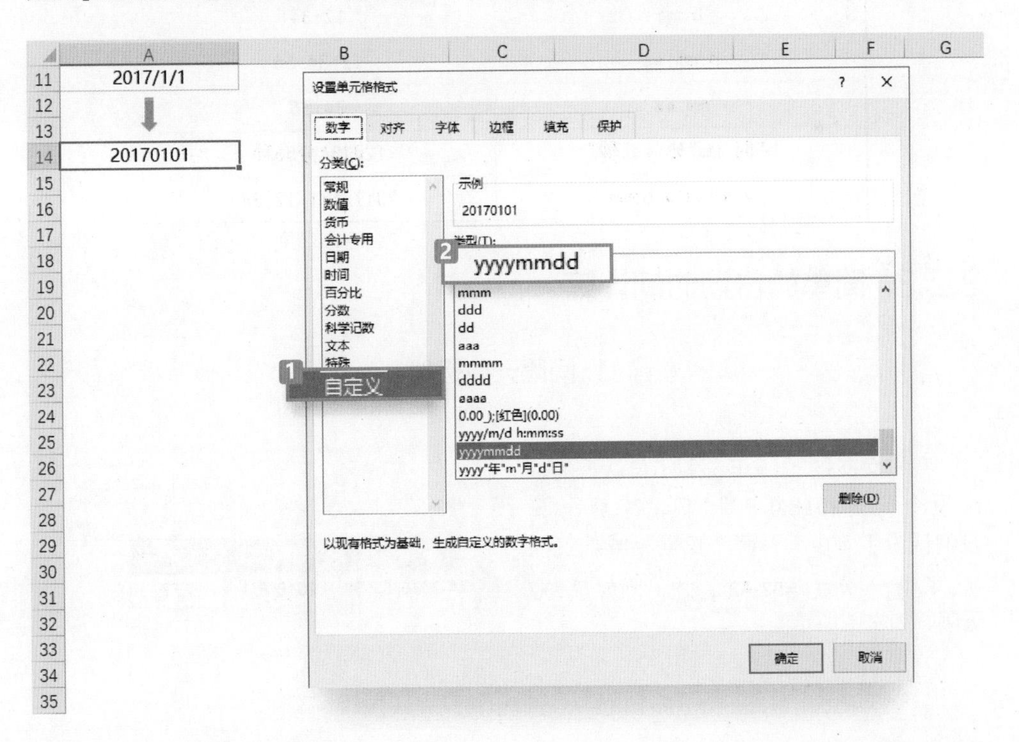

通过设置自定义格式得到的日期格式自由度更大，但需要掌握相应的代码，代码看起来好像很唬人，其实只包含了四种最基本类别：Y（年）、M（月）、D（日/星期）、A（星期）。笔者将日期代码汇总成下表以方便大家归类学习（不区分大小写）。不同的组合代表不同的日期格式，以“2017年1月1日”为例，如自定义格式为“yyyymmdd aaaa”，则日期就显示为“20170101 星期日”。

代码	示例	代码	示例	代码	示例	代码	示例
Y（年）	17	YY	17	YYY	2017	YYYY	2017
M（月）	1	MM	01	MMM	Jan	MMMM	January
D（日/星期）	1	DD	01	DDD	Sun	DDDD	Sunday
A（星期）	-	-	-	AAA	日	AAAA	星期日

同样，时间也有其相应的代码，它们分别是H（时）、M（分）、S（秒），其使用方法与日期代码类似，不同代码显示为不同的格式，以“2017/1/1 12:34:56”为例，如自定义格式为“h:mm”，则显示为“12:34”，如下表所示。

代码	示例
h:mm	12:34
h:mm:ss	12:34:56
mm:ss	34:56
h"时"mm"分"ss"秒"	12时34分56秒
yyyy/m/d h:mm	2017/1/1 12:34

3.2.3 简单的日期时间计算

1. 间隔天数运算

我和女友是2016年6月15日认识的，假设今天是2018年8月1日，想算一算我们认识了多少天？两个日期相减就可以了，C2输入公式 =B2-A2 ，哇，刚好是777天哦，如右图所示。

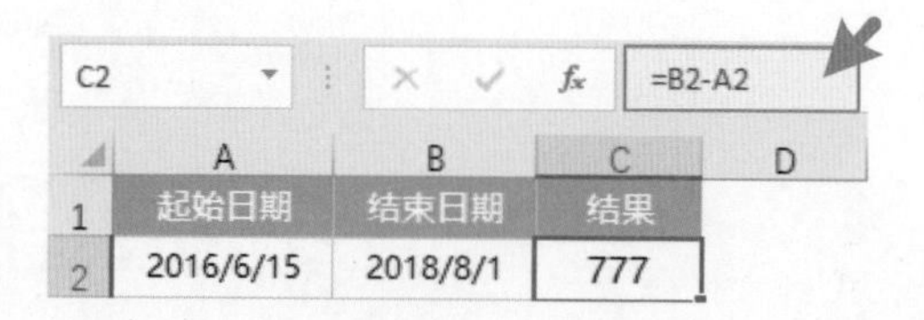

如果换算成小时怎么办？很简单，乘以24就可以啦，公式改为 =(B1-A1)*24 即可。

在2.2节中介绍了DATEDIF函数，这个函数同样可以用来计算时间差，参数A代表起始日期，参数B代表结束日期，比较特别的是参数C，它表示以何种方式显示计算结果。例如，"Y" 表示以年为单位显示，"M" 表示以月为单位显示，"D" 表示以日为单位显示，如下图所示（请注意，这个函数拼写是DATE+DIF）。

	A	B	C	D
1	起始日期	结束日期	公式	结果
2	2016/6/15	2018/8/1	=DATEDIF(A2,B2,"Y")	2
3	2016/6/15	2018/8/1	=DATEDIF(A2,B2,"M")	25
4	2016/6/15	2018/8/1	=DATEDIF(A2,B2,"D")	777

2. 提取年、月、日、时、分、秒

提取日期时间的函数特别好记，它们分别是YEAR（年）、MONTH（月）、DAY（日）、HOUR（时）、MINUTE（分）、SECOND（秒）。假设在A10单元格输入时间"2020/3/4 17:33:50"，如下图所示，来看看这几个函数的提取结果。

	A	B	C
9	时间	提取字段及函数	结果
10	2020/3/4 17:33:50	年=YEAR(A10)	2020
11	2020/3/4 17:33:50	月=MONTH(A10)	3
12	2020/3/4 17:33:50	日=DAY(A10)	4
13	2020/3/4 17:33:50	时=HOUR(A10)	17
14	2020/3/4 17:33:50	分=MINUTE(A10)	33
15	2020/3/4 17:33:50	秒=SECOND(A10)	50

星期要用哪个函数提取呢？ WEEKDAY函数，输入 =WEEKDAY(A10)，得到的结果是4，可是2020/3/4不是星期三吗？原来系统默认周日是每一周的第一天，如果希望按照中国人的习惯，将周一当作每周的开始，则可以输入 =WEEKDAY(A10,2)，参数"2"表示"周一~周日"分别对应"1~7"。

3. 组合日期

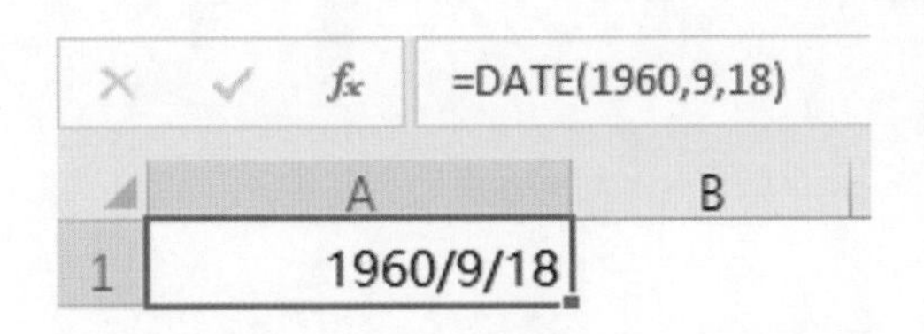

组合日期可以使用DATE函数，这个函数的作用刚好和上面讲解的两个函数相反，上面讲解的两个函数是化整为零，而它是化零为整。DATE函数包含三个参数（年,月,日）。例如，输入 =DATE(1960,9,18) 就可以生成日期"1960/9/18"，如左图所示。

4. 输入当前日期时间

输入当前日期和时间的快捷键如下表所示。

	快捷键	函数
当前日期	Ctrl+;	=TODAY()
当前时间	Ctrl+Shift+;	
当前日期和时间	Ctrl+; Ctrl+Shift+;	=NOW()

（1）输入当前日期和时间的快捷键中间有一个空格。

（2）用函数输入的当前日期和当前时间都会随着时间的变化而更新。

TODAY函数和NOW函数绝不仅是输入当前日期时间那么简单，它们经常与其他函数一起嵌套使用，以应对复杂的计算需求。例如，计算周岁时就嵌套了函数TODAY。

思考题

用 =TODAY() 可以获取当前日期，那么去年的今天，用动态函数该怎么获取呢？（提示：还要使用DATE函数哟）

3.3 万千格式自己定义

Excel内嵌了许多现成的格式，这些格式可以基本满足格式规范的要求。不过，现实工作中的情况总是多变的，所以Excel提供了“自定义格式”这个更加灵活的工具。

如果把不同的格式比喻成不同的衣服，那么现成的格式就好比是成衣，“自定义格式”就好比是Excel提供了各种衣服的布料和零件，使用者可根据需要自由裁剪和拼接，做出不同的款式。需要明确的是，更换格式只是给数值换上不同的显示方式，数值本身是不变的。

单元格格式看起来既基础又高深，同样的布料不同的裁剪，有些人只能做出几十元的成衣，有些人却能做出香奈儿这样的大牌，能不能做好就看裁剪水平。很多人也因为它“貌似”很难理解而放弃，实际上只要理解“四区段规则”和“占位符”就可以掌握“自定义格式”。在这里，我想颠覆一下传统的学习路径，首先通过一些实例来了解“自定义格式”有多么强大，如果大家觉得它真的是需要的，那么再继续学习其原理也不迟。

3.3.1 自定义格式应用实例

1. 以万元为单位显示

有些数字比较长，如百万、千万级别，在数据体量上后面的个十百位就显得无关轻重，此时常用“万”“万元”显示，如下表所示。

原数值	代码	显示为	代码说明
9,876,543	0!.0,"万"	987.7万	万为单位，保留一位小数，显示单位“万”
9,876,543	0!.0,	987.7	万为单位，保留一位小数，
9,876,543	0"万"0,	987万7	万为单位，保留一位小数，X万X
9,876,543	0!.0000"万元"	987.6543万元	万元为单位，保留四位小数

小数点的作用是将数值缩小1万倍，为了区别于真正的小数点，所以加上感叹号变成“!.”，代码末尾的“0”是代替被略去的“个”“十”“百”“千”四位数字，如果只有一个“0”，则四舍五入只显示千位数字，如果有多个“0”，则保留多位。

2. 手机号码分段

手机号码	代码	显示为
13911111111	000 0000 0000	139 1111 1111
13822222222	000 0000 0000	138 2222 2222
13733333333	000 0000 0000	137 3333 3333

手机号码大多以"139xxxxxxxx"的格式显示，为了方便浏览经常将号码改为"139 xxxx xxxx"这种格式，只需要将自定义格式设置为 000 0000 0000 即可，如左图所示。

3. "0"显示为"–"

姓名	1月	2月	3月
范统	832	310	497
房飞扬	719	-	124
冯彦祖	265	723	-

有些报表中会将"0"显示为"–"，方法是在【自定义】中将格式设置为 [=0]"-"，如左图所示。

4. 快速输入"√""×"

原数值	代码	显示为
1	[=1]"√";[=2]"×"	√
2		×
1		√
1		√
2		×

原数值	代码	显示为
66	[绿色][=1]"及格";[红色][=2]"不及格"	及格
98		及格
35		不及格
70		及格
59		不及格

（1）将自定义格式设置为 [=1]"√";[=2]"×"，输入"1"时就自动变为"√"，输入"2"时自动变为"×"，如左图所示。

（2）类似地，还可以利用自定义格式快速输入"及格"或"不及格"，并且同时使用颜色来突出标记，自定义格式代码为 [绿色][=1]"及格";[红色][=2]"不及格"。

输入"1"时显示为绿色的"及格"，输入"2"时显示为红色的"不及格"，如左图所示。

知识补充

（1）将单元格的字体设置为"Wingdings2"，输入大写的P显示为"√"，输入大写的"T"显示为"☒"。

（2）使用搜狗输入法，输入拼音"dui"选择"5"即可输入"√"，同理，输入拼音"cuo"选择"5"可输入"×"。

（3）Alt + 41420：快速输入"√"。

Alt + 41409：快速输入"×"。

5. 文本添加统一前后缀

录入公司或个人信息时，有些信息是重复录入的，如公司名称或部门名称，或者员工邮箱都统一带有“@qq.com”后缀，如果每次都输入一遍，那么效率简直太低了。通过自定义格式可以提供极大的便利，并可以统一增加前后缀，具体的代码和效果可参照下表。

原数值	代码	显示
小白白	"向天歌"@	向天歌小白白
冯彦祖	"向天歌"@	向天歌冯彦祖
1	"留级"@"班"	留级1班
2	"留级"@"班"	留级2班
54321	@"@qq.com"	54321@qq.com
67890	@"@qq.com"	67890@qq.com

日期也是经常会用到的自定义格式，这部分内容已经在3.2节中做了细致的讲解，本节不再赘述。

看完了上面的实例，不知道你是索然无味，还是兴致勃勃，如果索然无味，那么至少后面枯燥的原理你可以不用浪费时间看了，如果勾起了你的兴趣，那么我们继续！

3.3.2 自定义格式的“四区段规则”

看完上面的实例，相信大家都是一知半解、一脸茫然，接下来介绍“自定义格式”的运作机制。首先看一个例子，利用自定义格式隐藏单元格内容，既可输入自定义格式代码“;;;”，还可以对不同格式的内容设置隐藏，如下表所示。

<table>
<tr><th>类型</th><th>原数值</th><th>代码1</th><th>只显示正数</th><th>代码2</th><th>只显示文本</th><th>代码3</th><th>全部隐藏</th></tr>
<tr><td>正数</td><td>99</td><td rowspan="4">#;;;</td><td>99</td><td rowspan="4">;;;@</td><td></td><td rowspan="4">;;;</td><td></td></tr>
<tr><td>0</td><td>0</td><td></td><td></td><td></td></tr>
<tr><td>负数</td><td>-10</td><td></td><td></td><td></td></tr>
<tr><td>文本</td><td>向天歌</td><td></td><td>向天歌</td><td></td></tr>
</table>

仔细观察可以发现，上表中的三个代码都有一个共性：都有三个分号“;;;”。

Excel中规定：自定义格式代码共有四个区段，每个区段的代码作用于不同类型的数值，不同的区段都用分号（;）来分隔，所以四个区段就由三个“;”来分隔。

四个区段的完整格式代码的组成结构为 **"大于条件值"格式;"小于条件值"格式;"等于条件值"格式;文本格式**

还是一脸茫然有没有？没关系，看不懂就跳过。

通常，没有指定的情况下，默认的条件值为"0"，因此，格式代码也可以看作 **>0格式;<0格式;=0格式;文本格式** 进一步通俗化就是 **正数格式;负数格式;零值格式;文本格式**（这个能看懂了吧）。

在实际使用中，这四个区段可以使用一个或多个，具体作用如下表所示。

使用区段数	作用于
1	所有数值类型（不包括文本）
2	1区段作用于正数和0，2区段作用于负数
3	1区段作用于正数，2区段作用于负数，3区段作用于0
4	分别作用于正数、负数、0、文本

再用一张表加深对区段代码的理解，如下所示。

1区段代码：[蓝色]0。只作用于数值（不含文本），所有数值变为蓝色。

2区段代码：[蓝色]0;[红色]0。蓝色作用于"正数"和"0"，红色作用于"负数"。

3区段代码：[蓝色]0;[红色]0;[绿色]0。蓝色作用于"正数"，红色作用于"负数"，绿色作用于"0"。

4区段代码：[蓝色];[红色];[绿色];[洋红]。蓝色、红色、绿色、洋红色分别作用于"正数""负数""0"及"文本"。

原数值	1段代码	显示为	2段代码	显示为
99		99		99
-10		-10		10
0	[蓝色]0	0	[蓝色]0;[红色]0	0
向天歌		向天歌		向天歌
ABC		ABC		ABC
原数值	**3段代码**	**显示为**	**4段代码**	**显示为**
99		99		99
-10		10		10
0	[蓝色]0; [红色]0; [绿色]0	0	[蓝色];[红色];[绿色];[洋红]	0
向天歌		向天歌		向天歌
ABC		ABC		ABC

（注：Excel中自定义格式中有八种可选颜色：红色、黑色、黄色、绿色、白色、蓝色、青色和洋红色）

通过上表可直观地理解不同区段代码的作用效果，再回顾之前的表格，重新理解隐藏代码的含义。

“;;;”——三个分号，没有任何代码，说明所有内容都不显示。

“#;;;”——“#”是数字占位符，置于第1区段，说明只显示正数，其他都隐藏。

“;;;@”——“@”是文本占位符，置于第4区段，说明只显示文本，其他都隐藏。

“#”“@”这些占位符又是怎么回事呢？且看下回分解。

3.3.3 基础占位符介绍

四段式的代码结构好比是衣服的设计框架，而代码就是制作衣服的布料，这些布料有不同的属性，有的代表不同颜色，有的可以占用字符位置，根据需要将不同的代码组合到一起，就变成了各式各样的衣服。上一节涉及“#”“@”等占位符，都属于代码的范畴，通过下表来了解一下有哪些常见代码。

代码符号	符号的含义和作用
G/通用格式	输入什么就是什么，相当于“常规”格式
#	数字占位符，只显示有效数字不显示无意义的零值。小数点后的数字如果大于“#”的数量，则按“#”的位数四舍五入
0	数字占位符，当数字比代码的数量少时，显示无意义的“0”。 常见于工号或前面带“0”的数字格式，使用范例见1.2节
?	数字占位符，与“0”很相似，使用“？”时以空格代替“0”，可用于小数点对齐及分数显示。使用范例见3.1节
@	文本占位符，如果只使用单个“@”，则作用是引用原始文本，如果使用多个“@”，则可以重复文本
!	强制显示下一个文本字符，可用于分号(;)、点号(.)、问号(?)等特殊符号的显示
*	重复下一个字符来填充列宽
_	留出与下一个字符等宽的空格（利用这种格式可以实现"对齐"）
条件值	设置条件使用，一般由比较运算符和数值构成

光看文字描述比较抽象，可通过具体的使用范例来加深理解，如下表所示。

代码符号	原数值	代码	显示
#	56	###	56
	56.78	.#	56.8
0	5678	00.00	5678.00
	5.678		05.68
?	56.7	??.??	56.7
	-5.6		- 5.6
!	1314	#!@!@	1314@@
*	8888	*A#	AAAAAAAAA8888
[条件值]	5650717	[>9999999](0###) ### ####;#### ####	565 0717
	5925650717		(0592) 565 0717
	999	[红色][>1000]0;[蓝色]0	999
	1001		1001

以上是部分使用频率比较高的代码，未列出的代码还需要大家在实际使用中去继续发现，并做到融会贯通。

思考题

下表中，代码要如何设置才能像表格右侧那样显示呢？

原数值	代码	要求：小于“1”的以带两位小数的百分数显示； 大于“1”的以两位小数显示，且小数点对齐
1234.5	?	1234.50
0.67		67.00%
0.005		0.50%
7.8		7.80

3.4 利用 TEXT 函数转换格式

很多人看到“函数”就脑袋一紧，这么快就要学函数了！其实咱们前面接触过的函数还少吗？一路学过来，新兵迟早要上战场的，今天就先摸摸“枪”练习一下。

3.4.1 TEXT 函数介绍

在众多的Excel的函数里，有一个函数被称作“万能函数”，这个函数就是TEXT。在之前的……呃，哪一节来着，我回去看看啊，对“1.6.3 日期变文本”就是利用了TEXT函数。它的用法和看起来一样简单，只要掌握格式代码，几乎就等于掌握了TEXT函数，而这些格式代码在3.1~3.3节进行了详细的阐述。

TEXT函数的最大用途有两个：（1）将数值转换为特定格式；（2）用于一些特殊判定。

fx 函数说明

TEXT函数包含两个参数（数值，格式）。

它的作用就是把数据转换为各种格式，经TEXT函数转换后得到的都是文本。

3.4.2 转换数值为特定格式

1. 将数值转换为文本

C3　=TEXT(A3,"@")

	A	B	C
1	数值	函数	文本
2	123.00		123
3	456.00	=TEXT(A2,"@")	456
4	789.00		789

如左图所示，输入 =TEXT(A2,"@")，“@”是文本占位符，这个公式相当于将“单元格格式”设置为文本。需要注意的是，第二个参数是文本，所以用英文的双引号括起来。

2. 转换日期时间格式

只要熟悉日期代码（y/m/d）和时间代码（h/m/s），转换就毫无压力了。通过下表来看看都有哪些常用的日期时间格式，顺便复习一下代码。

单元格	原数值	函数	转换后
A2	2018/1/1	=TEXT(A2,"yyyy-m-d")	2018-1-1
A3	2018/1/1	=TEXT(A3,"yyyy/mm/dd")	2018/01/01
A4	2018/1/1	=TEXT(A4,"yyyy-mm-dd")	2018-01-01
A5	2018/1/1	=TEXT(A5,"yyyy年m月d日")	2018年1月1日
A6	2018/1/1	=TEXT(A6,"mmmm")	January
A7	2018/1/1	=TEXT(A7,"mmm")	Jan
A8	2018/1/1	=TEXT(A8,"dddd")	Monday
A9	2018/1/1	=TEXT(A9,"ddd")	Mon
A10	2018/1/1	=TEXT(A10,"aaaa")	星期一
A11	2018/1/1	=TEXT(A11,"aaa")	一
A12	12:34:56	=TEXT(A12,"h时mm分")	12时34分
A13	12:34:56	=TEXT(A13,"mm分ss秒")	34分56秒

3. 转换为其他特定格式

TEXT函数还可用来判定数值正负，如右图所示，输入公式 =TEXT(A3,"正数;负数;零")，第2个参数就是按照自定义格式的四区段来输入的，只不过忽略了文本而已。

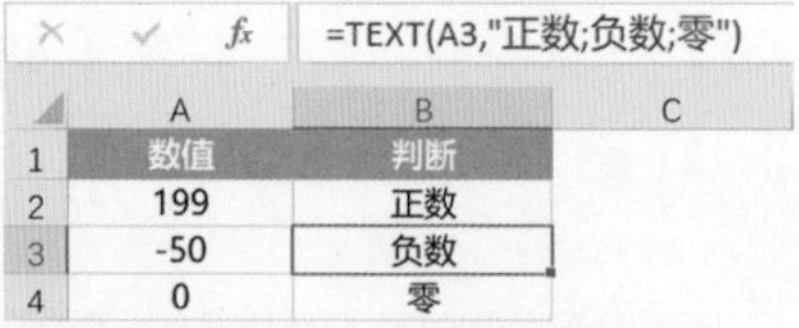

=TEXT(A3,"正数;负数;零")

	A	B	C
1	数值	判断	
2	199	正数	
3	-50	负数	
4	0	零	

此外，TEXT函数也能用于转换中文格式，不过，其代码输入比较烦琐，不如直接修改“单元格格式”来得方便，可操作性不强。

3.4.3 特殊判定

TEXT 函数还可用于设定不同的条件，显示不同的结果，该功能和 IF 函数有些类似。例如，用于分数的评价，输入公式 =TEXT(A1,"[>=90]优秀；[>=60]及格；不及格")，结果如下图所示。

分数	评价
90	优秀
77	及格
55	不及格

思考题

在 2.1 节中用函数 =MID(C2,7,8) 提取出“19900101”这种格式的日期，随后又通过【选择性粘贴】和【分列】两步转成了规范的“1900/1/1”格式。其实，学完文本函数可以一步到位转成“1900-01-01”（提示：用 TEXT 函数嵌套，你懂的！）最后的【分列】是必不可少的，你知道是为什么吗？

3.5 一招让你的输入不出错

十二星座中的处女座追求完美，注重细节，是一个老板“爱到死”的星座，处女座做表格绝对再合适不过了。

向天歌人事部的小叕（偷偷告诉你这个字念“zhuo”）就是处女座，这不，她发了一张个人信息表让大家填写，收回来的结果就像下图这样，身份证号码有长有短，日期格式五花八门，就连性别填写也不统一，简直要把她逼疯了。

	A	B	C	D
1	姓名	性别	身份证号码	出生日期
2	张三	男	000000199001015020	1990/1/1
3	李四	女	00000019930426010	1993.4.12
4	王五	男人	0000001995081950776	1995。8

在Excel中，为了方便数据筛选和统计分析，相同字段下内容的格式必须保持一致，如日期统一用1900-x-x或1900/x/x的格式。

最后的结果就是小叕让大家又重新填写了一次，表格模板发下去之前，大毛给她支了个招，设置好【数据验证】，这样大家填写的格式就统一了。

3.5.1 什么是数据验证

数据验证功能咱们一点都不陌生，在1.5.2节和1.8节中分别介绍了如何利用【数据验证】制作一级（输入性别）和二级下拉菜单。其实，“制作下拉菜单”只是它的副业，它的主业是“保证数据输入不出错”，换句话说就是“让数据按照设定输入”。

利用【数据验证】（如下图所示）既可以限制单元格填入的内容、格式和填入数字的长度，还可以设置输入提示，花样还真不少。

3.5.2 限制内容

“限制填入内容”已经在1.5.2节中介绍过，这里再补充说明一些。

限制填入性别：选择“性别”列，单击【数据】选项卡→【数据验证】→【允许】下拉列表框中选择【序列】→【来源】输入“男,女”→单击【确定】按钮即可。注意，“男,女”每个词之间用半角逗号隔开。

如果输入的内容较多，如输入“总经办、人力资源部、行政部、市场部、营销部、设计部、研发部、剪辑部、售后部、物流部”十个部门，则可在“A1”~“A10”单元格中输入这些内容备用，【来源】中直接框选区域即可，框选后，【来源】中会显示 =$A$1: $A$10 ，如下图所示。

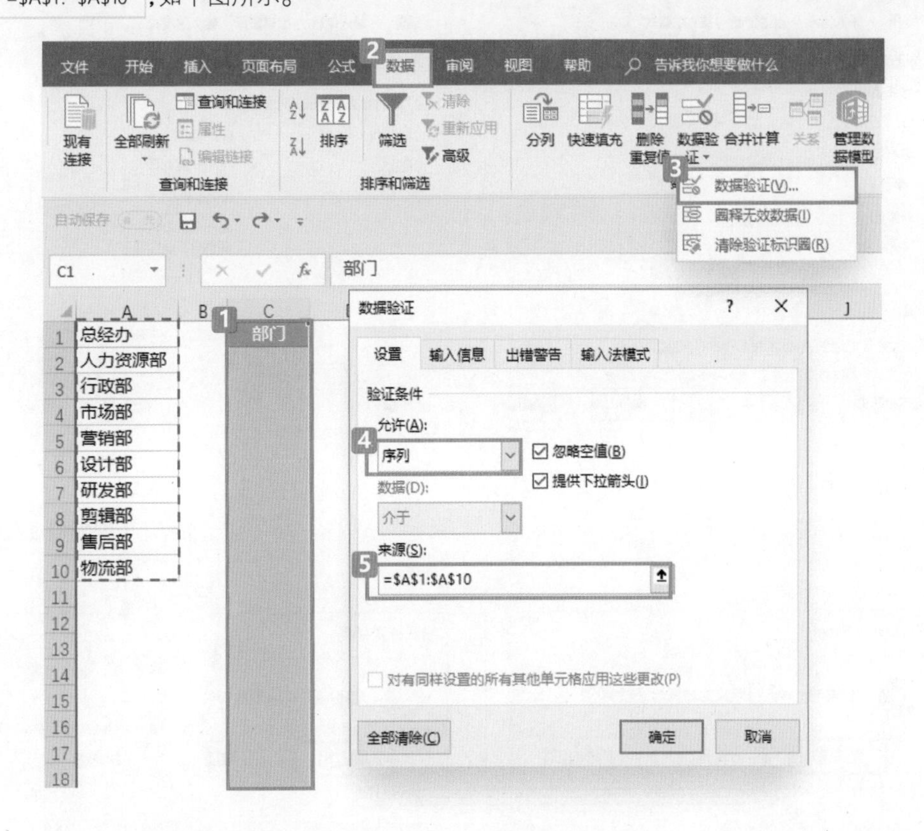

接下来，手动输入错误时就会弹出提示，让你想出错都不行，真是让处女座欲罢不能的好技巧!

3.5.3 限制长度

输入身份证号码的时候可能多输入几位或少输入几位，同样可以用【数据验证】来杜绝这种情况的发生。

具体操作步骤与上述类似。选择“身份证号码”列，选择【数据】选项卡下的【数据验证】→在【允许】下拉选项中选择【文本长度】，目前二代身份证号码是18位，所以在【数据】中选择【等于】→【长度】里输入“18”，单击【确定】按钮，如下图所示。

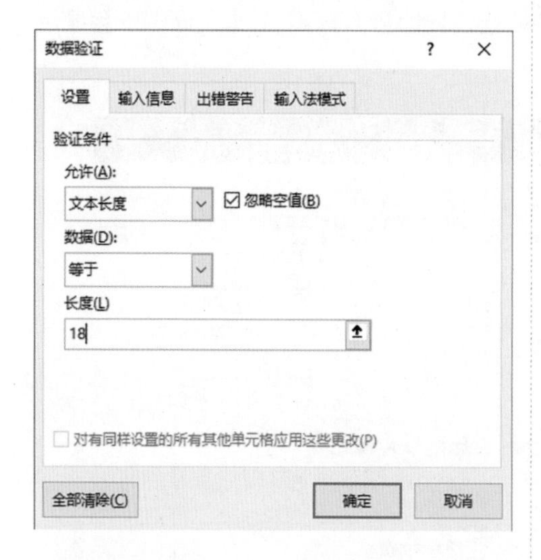

填写表格时，只要号码长度不等于18位则会弹出提示，如下图所示。

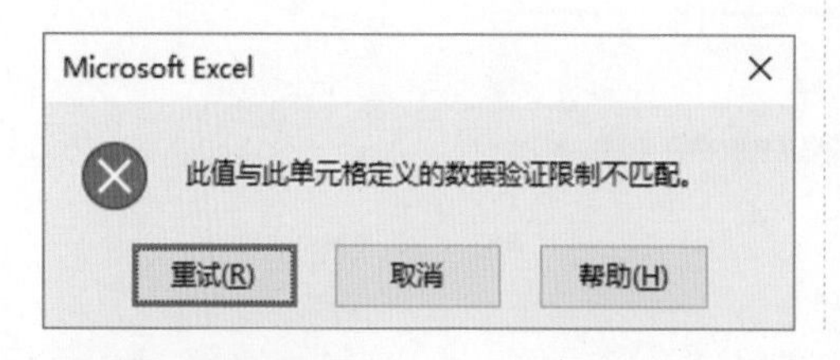

有时填写者也不知道错在哪里，所以可以贴心一点，设置【出错警告】用来提示错误原因。选择“身份证号码”列，选择【数据】选项卡的【数据验证】→【出错警告】→【标题】中输入“号码长度有误”→【错误信息】中输入“身份证号码必须是18位”。当然也可输入一些“可怕”的提示，如“输错老板请你喝茶”什么的……（如下图所示）。

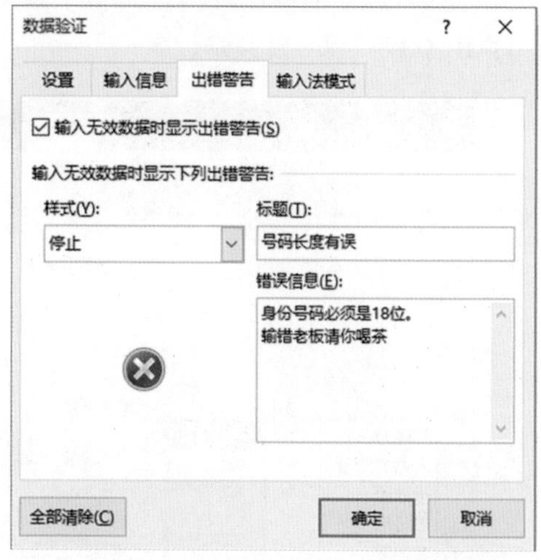

输入错误时就会弹出提示，如下图所示。这样，填写者也能快速理解并纠正错误。

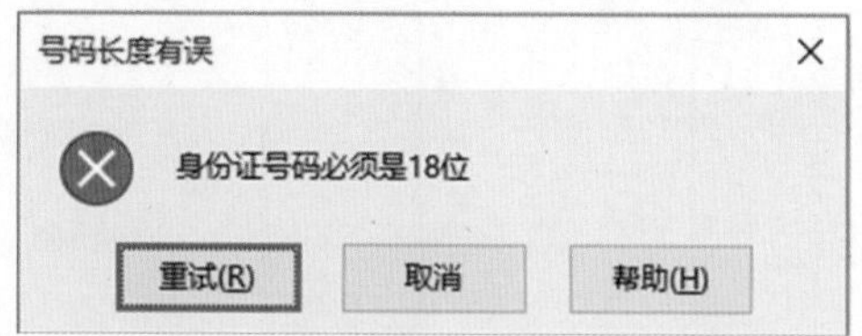

知识补充

有些地区可能存在15位和18位两种身份证格式，如果要限制长度为15位或18位，那该怎么办呢？只要在【允许】里选择【自定义】，在【公式】里输入公式 `=OR(LEN($A2)=15, LEN($A2)=18)` 即可。LEN是字符长度函数，OR是逻辑函数，表示多条件时其一成立即可，这些我们都会在函数这一章深入学习。

3.5.4 限制格式和区间

日期一直都是格式错误的“重灾区”，利用【数据验证】可以对日期格式和区间进行限定，以保证日期格式输入的规范化。具体操作步骤如下。

Step1：

限定区间，选择“出生日期”列，单击【数据】选项卡→在【数据验证】对话框中的【允许】下拉列表框中选择【日期】→在【数据】下拉列表中选择【大于】(可根据实际情况选择【小于】、【介于】等)→在【开始日期】里输入【1900/1/1】→单击【确定】按钮(表示填入的必须是1900年1月1日以后的日期)，如下图所示。

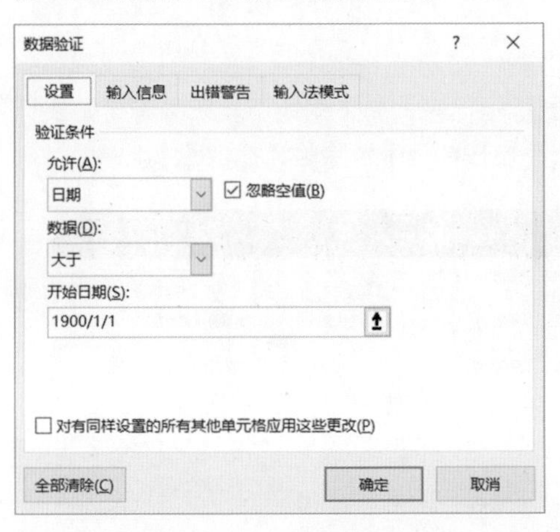

Step2：

设置“输入信息”提醒，选择“出生日期”列，单击【数据】选项卡→【数据验证】对话框→【输入信息】→【标题】输入【日期格式】→【输入信息】填写“19xx/x/x或者19xx-x-x”，如下图所示。

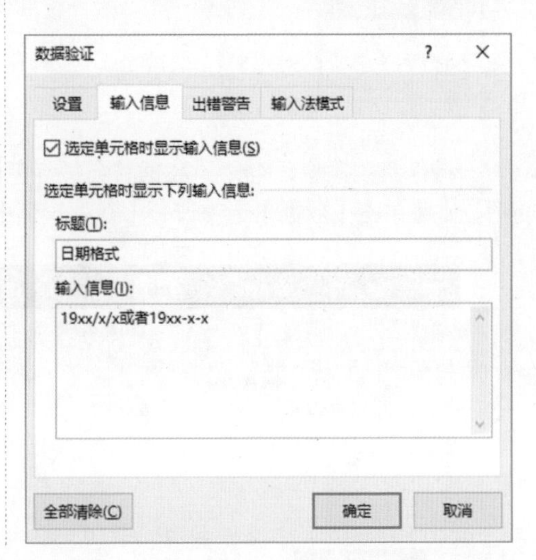

【输入信息】比【出错警告】更为人性，只要选择该列中任意一个单元格就会浮现提示(如下图所示)。它们的区别在于一个是“事前提示”，一个是“出错后警示”。

事前提示

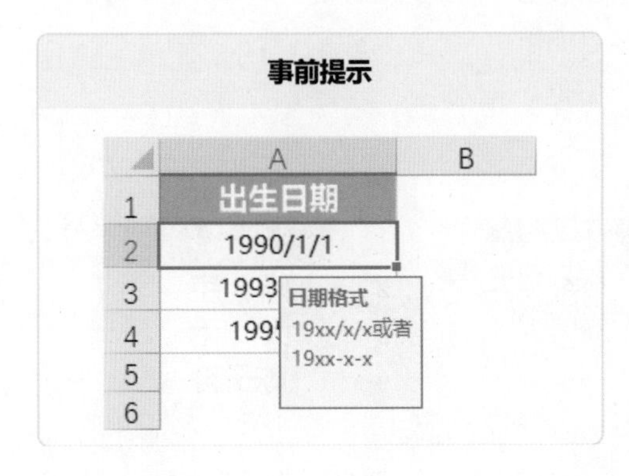

出错后警示

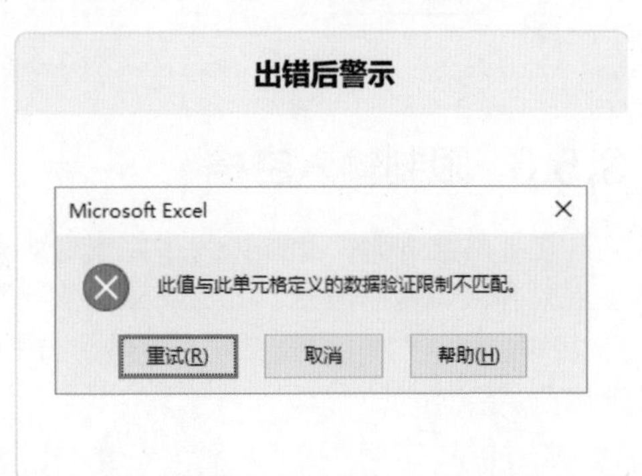

3.5.5 圈释无效数据

如果是在表格填写完成之后才设置数据验证，则不符合规范的数据并不会弹出提示，此时可以这么做：选择已经设置数据验证的区域，单击【数据】选项卡→【数据验证】下拉按钮→【圈释无效数据】，如下图所示。

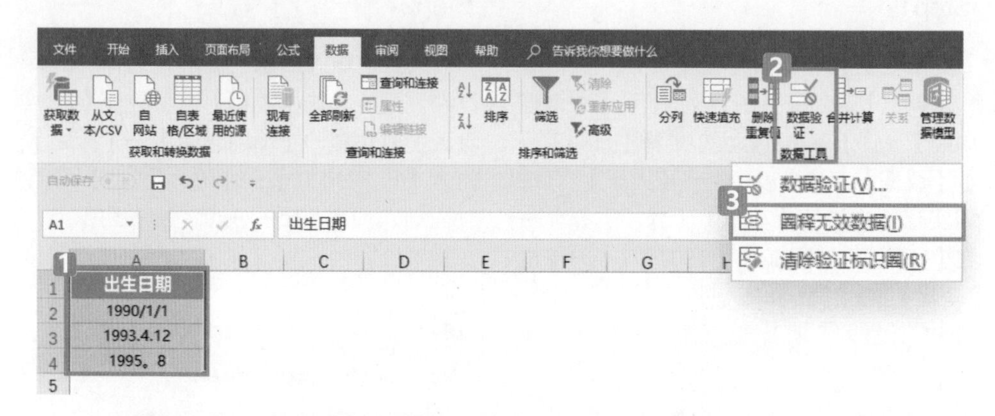

不符合数据验证条件的数据将会被红色圈标记出来，如下图所示。如果不再需要标记，则可单击【数据】选项卡→【数据验证】下拉按钮→【清除验证标识圈】。

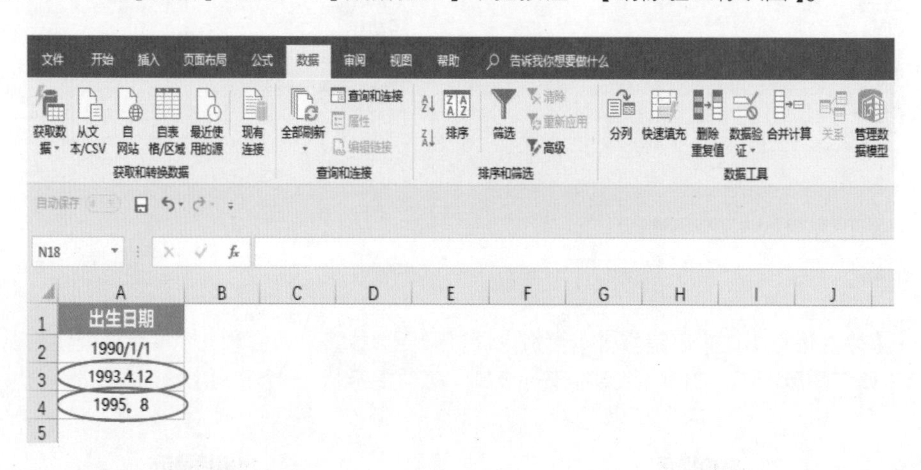

3.5.6 限制输入空格

在录入数据时，有些人为了好看会特意加上空格让文本对齐，如右图所示，本人有幸遇到过多次。但是在Excel中，“陈宇”和“陈　宇”会被视为不同的两个人，所以此法是不可取的。

1	姓名
2	陈　宇
3	大　毛
4	陈子腾

【数据验证】是一个不错的解决方式。选择数据区域，【数据验证】→【允许】下拉列表框中选择【自定义】，在【公式】里输入 =LEN(A2)=LEN(SUBSTITUTE(A2," ",)) ，如下图所示。

这个函数的意思是"A2的长度等于A2去掉空格后的长度"，请注意双引号里面有一个空格，即只有当A2不包含空格的时候限制条件才会成立，相当于限制了输入空格。

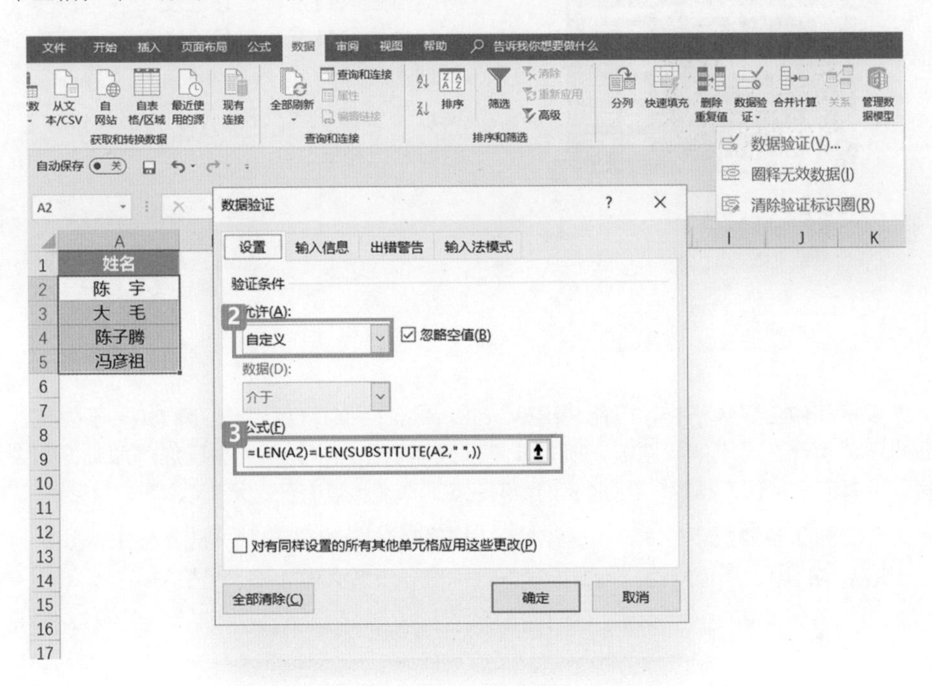

知识补充

【数据验证】只能保证不输入空格，可惜还是无法解决美观度的问题，如果一定要让"姓名"对齐，则可以在【设置单元格格式】→【对齐】选项卡中的【水平对齐】下拉列表框中选择【分散对齐（缩进）】，如下图所示。

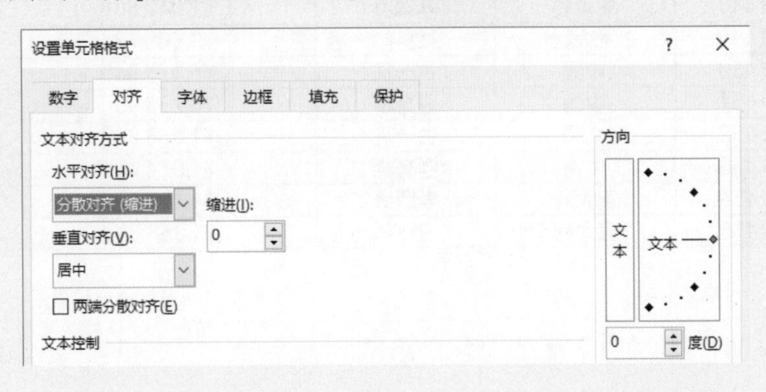

3.6 规范的表格清清爽爽

智能手机普及之后，微信、微博、抖音等自媒体迅速改变了我们的生活方式，甚至传统的纸质图书阅读领域也受到了强烈的冲击。手机APP促进了信息快速交流，比如我在抖音的粉丝已经破500万。

做表格和做自媒体一样，不能“出格”，Excel表格也有自己的规范。如果不规范，当然也不会有什么太大的问题啦，顶多就是别人睡觉你加班，别人去玩你还加班，别人涨薪你没有而已。认真想想，还是把表做好一点，毕竟也没有什么损失。

之前介绍了各种数字格式、自定格式，以及如何让录入不出错，究其根本，就是为了让表格结构清晰、严谨规范。下面再来好好探究一下怎么做才不“出格”！

3.6.1 规范的表格长啥样

到底啥样的表才规范呀？请看如下图所示的表格，不要吃惊！

	A	B	C	D	E
1	订单ID	国家/地区	销售人员	订单金额	订购日期
2	11448	意大利	李潇潇	¥1,047.60	2014/1/1
3	11449	意大利	刘洋	¥3,609.72	2014/1/1
4	11450	中国	古一凡	¥6,171.84	2014/1/1
5	11451	中国	潘高峰	¥8,733.96	2014/1/2
6	11452	中国	古一凡	¥1,663.20	2014/1/2
7	11453	中国	潘高峰	¥1,014.35	2014/1/3
8	11454	意大利	李潇潇	¥1,186.20	2014/1/4
9	11455	意大利	高兴	¥1,358.05	2014/1/5

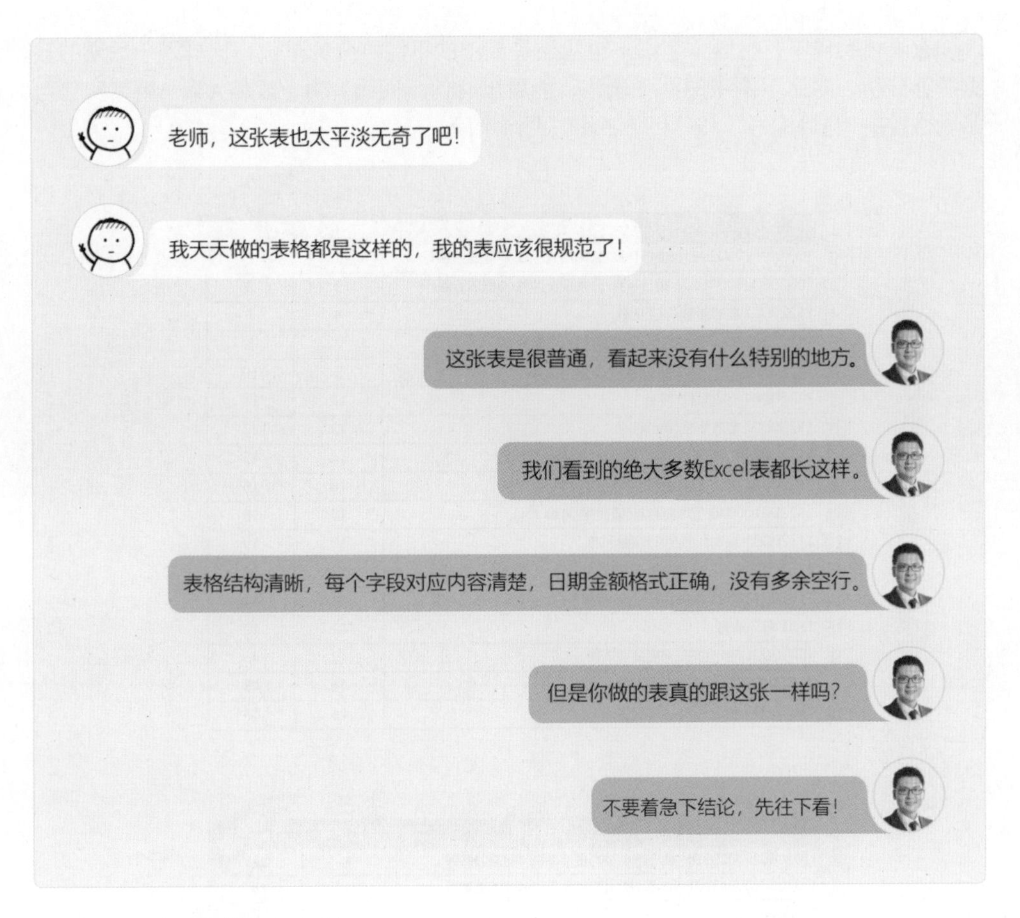

3.6.2　表格修正大法

制表的问题五花八门，出现的概率就像每天不知道要吃什么一样频繁，下面列举了一些常见的错误，结合实例来分析。

1. 字段设置的MECE原则

笔者刚开始进入培训行业的时候，学到了研发课程很重要的一个原则叫“MECE”，什么是“MECE(Mutually Exclusive Collectively Exhaustive)”原则呢？简单归纳就是“相互独立，完全穷尽”，也就是在研发课程框架时能够做到不重叠、不遗漏地分类。例如，将一天的吃饭时间分为“早餐”“午餐”“晚餐”“夜宵”四个时段，它们互不重叠，一般来说也不能再细分了。但是如果分成“上午茶”“下午茶”“甜点”，那么“甜点”可能与“上午茶”“下午茶”重叠，还漏了“晚餐”部分，既没有穷尽，也不相互独立，这样划分是不够准确的。

在表格制作中，标题（字段）也应当是最小的不能再分的单位，这样便于后期的数据统计分析，对比下图中的两张表格，能看出有何不同吗？对，表格A第一列其实包含了表格B中“科目编号”和“目录名称”两个字段。

表格A

	A	B	
1	目录名称	起始页号	终止
2	1002000200029918 银行存款/公司资金存款/中国建设银行	1	2
3	1002000200045001 银行存款/公司资金存款/中国农业银行	3	3
4	11220001 应收账款/职工借款	4	7
5	112200020001 应收账款/暂付款/暂付设备款	8	8
6	112200020002 应收账款/暂付款/暂付工程款	9	10
7	11220004 应收账款/押金	11	11
8	11220007 应收账款/单位往来	12	13
9	112200100001 应收账款/待摊费用/房屋租赁费	14	15
10	112200100005 应收账款/待摊费用/物业管理费	16	16
11	112200100010 应收账款/待摊费用/其他	18	18
12	11320001 应收利息/预计存款利息	19	19
13	115200020002 内部清算/公司清算资金/三方存管自有资金	35	40
14	115200130001 内部清算/三方存管客户/合格账户三方存管	41	41
15	1231 坏账准备	42	42
16	16010001 固定资产/房屋及建筑物	43	43
17	16010002 固定资产/电子设备	44	45
18	16010003 固定资产/运输设备	46	46

表格B

	E	F	G	
1	科目编号	目录名称	起始页号	终止
2	1002000200029918	银行存款/公司资金存款/中国建设银行	1	2
3	1002000200045001	银行存款/公司资金存款/中国农业银行	3	3
4	11220001	应收账款/职工借款	4	7
5	112200020001	应收账款/暂付款/暂付设备款	8	8
6	112200020002	应收账款/暂付款/暂付工程款	9	10
7	11220004	应收账款/押金	11	11
8	11220007	应收账款/单位往来	12	13
9	112200100001	应收账款/待摊费用/房屋租赁费	14	15
10	112200100005	应收账款/待摊费用/物业管理费	16	16
11	112200100010	应收账款/待摊费用/其他	18	18
12	11320001	应收利息/预计存款利息	19	19
13	115200020002	内部清算/公司清算资金/三方存管自有资金	35	40
14	115200130001	内部清算/三方存管客户/合格账户三方存管	41	41
15	1231	坏账准备	42	42
16	16010001	固定资产/房屋及建筑物	43	43
17	16010002	固定资产/电子设备	44	45
18	16010003	固定资产/运输设备	46	46

表格B的做法是正确的，为什么呢？假设需要利用“科目编号”进行【筛选】，表格A是无法实现的，而表格B则可以。如何将表格A变成表格B呢？观察表格A中的“目录名称”字段中间由“空格”隔开，所以可用【分列】进行拆分，操作步骤如下。

Step1：

将一列拆分成两列，新分出的一列会覆盖已有数据，所以首先选中B列，右键插入一列空列，如下图所示。

	A	B	C	D
1	目录名称		起始页号	终止页号
2	1002000200029918 银行存款/公司资金存款/中国建设银行		1	2
3	1002000200045001 银行存款/公司资金存款/中国农业银行		3	3
4	11220001 应收账款/职工借款		4	7
5	112200020001 应收账款/暂付款/暂付设备款		8	8
6	112200020002 应收账款/暂付款/暂付工程款		9	10
7	11220004 应收账款/押金		11	11

Step2：

选择A列，单击【数据】→【分列】→【文本分列向导】"第 1 步" 中选择【分隔符号】，如下图所示。

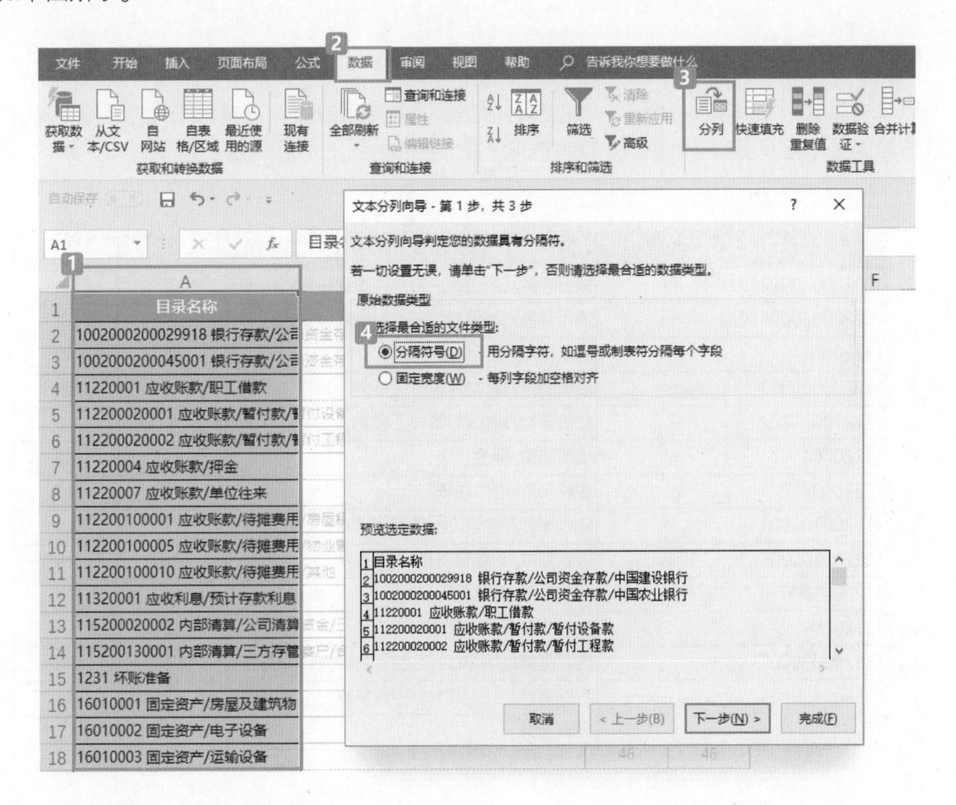

在“第2步”中勾选【空格】→在“第3步”中可以预览拆分后的两列，选择第1列→选择【文本】(因为拆分后的第一列数据较长，如果是数值格式可能会以科学计数法显示，所以选择文本格式)，如下图所示。

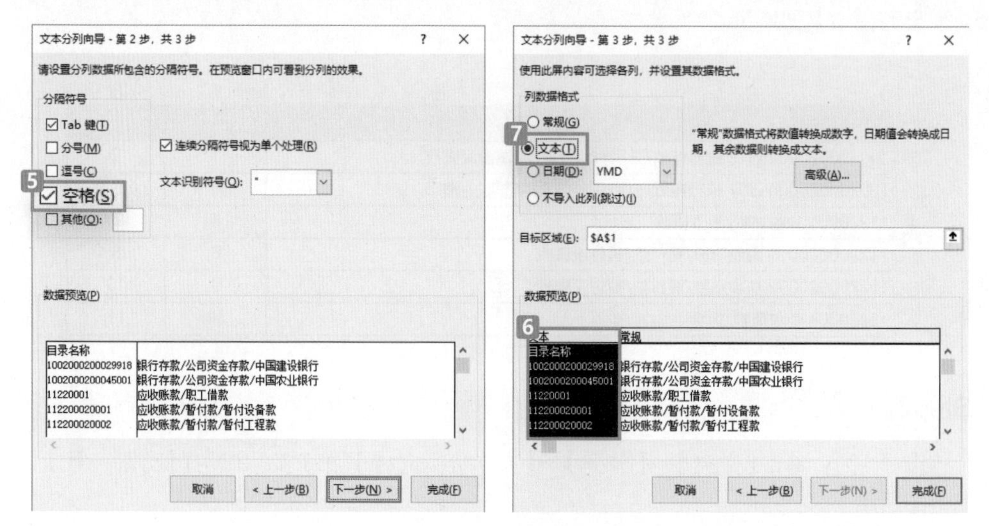

Step3:

单击【完成】按钮→提示“此处已有数据，是否要覆盖”，直接单击【确定】按钮，最终效果如下图所示，拆分后第1列变成了文本格式。

	A	B	C	D
1	目录名称		起始页号	终止页号
2	1002000200029918	银行存款/公司资金存款/中国建设银行	1	2
3	1002000200045001	银行存款/公司资金存款/中国农业银行	3	3
4	11220001	应收账款/职工借款	4	7
5	112200020001	应收账款/暂付款/暂付设备款	8	8
6	112200020002	应收账款/暂付款/暂付工程款	9	10
7	11220004	应收账款/押金	11	11
8	11220007	应收账款/单位往来	12	13
9	112200100001	应收账款/待摊费用/房屋租赁费	14	15
10	112200100005	应收账款/待摊费用/物业管理费	16	16
11	112200100010	应收账款/待摊费用/其他	18	18
12	11320001	应收利息/预计存款利息	19	19
13	115200020002	内部清算/公司清算资金/三方存管自有资金	35	40
14	115200130001	内部清算/三方存管客户/合格账户三方存管	41	41
15	1231	坏账准备	42	42

知识补充

设计表格时，为了便于后期统计分析，字段通常拆分到不能再拆分为止，如果出现数字和文本置于同一字段的情况，则务必再三确认。

此外，在规范的表格中，很少采用斜线表头，这点也请大家注意。

2. 合并单元格要不得

表格不规范的第二种常见情况是【合并单元格】，下图中“国家/地区”采用了【合并单元格】，这会给数据统计分析带来很大困扰。例如，如果对这种类型的表格使用数据透视表，则会导致分析结果错误。

	A	B	C	D	E
1	订单ID	国家/地区	销售人员	订单金额	订购日期
2	11448	福建	李潇潇	¥1,047.60	2014/1/1
3	11449		刘　洋	¥3,609.72	2014/1/1
4	11454		李潇潇	¥1,186.20	2014/1/4
5	11455		高兴	¥1,358.05	2014/1/5
6	11460		李潇潇	¥1,593.00	2014/1/6
7	11461		刘 洋	¥3,609.72	214。1。6
8	11450	上海	古一凡	¥6,171.84	2014/1/1
9	11451		潘高峰	¥8,733.96	2014/1/2
10	11452		古一凡	¥1,663.20	2014.1.2
11	11453		潘高峰	¥1,014.35	2014/1/3
12	11456		古一凡	¥1,529.87	2014/1/5
13	11457		张宁宁	¥3,160.80	2014/1/6
14	11458		古一凡	¥4,791.73	2014/1/6
15	11459		古一凡	¥6,422.63	2014/1/6

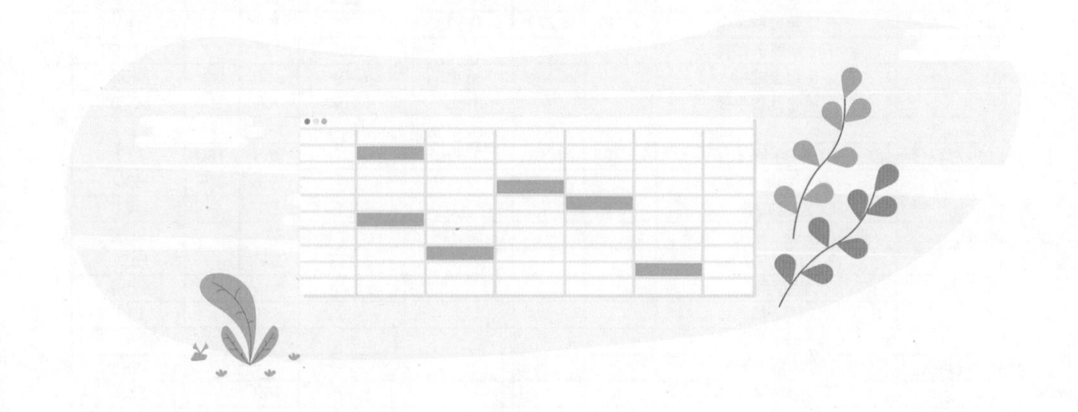

3. 多余空行删删删

观察下图中两张成绩表有何不同。

成绩表A

	K	L	M	N
1	姓名	语文	数学	
2	初三（二）班			
3	包宏伟	91.5	89	94
4	陈万地	93	99	92
5	杜学江	102	116	113
6	符合	99	98	101
7	吉祥	101	94	99
8	李北大	100.5	103	104
9	初三（三）班			
10	李娜娜	78	95	94
11	刘康锋	95.5	92	96
12	刘鹏举	93.5	107	96
13	倪冬声	95	97	102
14	齐飞扬	95	85	99
15	苏解放	88	98	101

成绩表B

	K	L	M	N	
1	姓名	班级	语文	数学	
2	包宏伟	初三（二)班	91.5	89	
3	陈万地	初三（二)班	93	99	92
4	杜学江	初三（二)班	102	116	113
5	符合	初三（二)班	99	98	101
6	吉祥	初三（二)班	101	94	99
7	李北大	初三（二)班	100.5	103	104
8	李娜娜	初三（三)班	78	95	94
9	刘康锋	初三（三)班	95.5	92	96
10	刘鹏举	初三（三)班	93.5	107	96
11	倪冬声	初三（三)班	95	97	102
12	齐飞扬	初三（三)班	95	85	99
13	苏解放	初三（三)班	88	98	101

成绩表A中“班级”作为标题独立占据一行，成绩表B中则作为一个字段标题出现。哪一张表正确呢？当然是成绩表B，通常来说，一张规范的表格中并不需要多余的空行，因为它们会影响函数、数据透视、筛选等功能。以下提供两种删除空行的方法。

(1)空行少。这种情况比较简单，可手动删除。例如，成绩表A，直接删除两行，增加一列，然后批量复制输入班级。删除空行的快捷键是Ctrl+-哦！

(2)空行多。如下图所示，表格很长，每个工作日都相隔一行，此时可用COUNTA函数来“搞定”，COUNTA函数的作用是统计非空单元格的个数，简述步骤如下。

	A	B	C	D	E	F	G	H	I
1	中金珠宝行7月份销售日报表								
2	日期	货品名称	新	旧	标重（g）	实重（g）	单价	工费	金额（元）
3	7月6日	玉珠子6粒							1550
4		千足吊坠补金	4.686	3.572	1.114		375	70	488
5		千足金耳环			1.82	1.829	385		704
6		千足金项链补金	4.735	4.227	0.508		398	211	413
7		千足金珠子15粒				2.985	375		1119
8		千足金戒指			6.49	6.49	380		2466
9		千足金儿童手镯			13.04	13.04	385		5020
10									
11	7月7日	PT990手镯补金	23.224	21.528	1.696		385	120	773
12		翡翠玉生肖（A货）					1999	3折	600
13		铂金戒指			3.8	3.803	90		342
14		千足金手链、戒指、项链			34.219		375		12832
15		千足金珠子10粒				2.935	360		1057
16		碧玺手链							3250
17		银手镯							148
18									
19	7月8日	翡翠A货玉手镯							3995
20		千足金珠子10粒				1.895	360		682

Step1：

将J列作为辅助列，在J3输入 =COUNTA(A3:I3) ，下拉填充（有数据的行得到的结果是某个数值，空行的结果是“0”），如下图所示。

	A	B	C	D	E	F	G	H	I	J
1	中金珠宝行7月份销售日报表									
2	日期	货品名称	新	旧	标重（g）	实重（g）	单价	工费	金额（元）	辅助列
3	7月6日	玉珠子6粒							1550	=COUNTA(A3:I3)
4		千足吊坠补金	4.686	3.572	1.114		375	70	488	7
5		千足金耳环			1.82	1.829	385		704	5
6		千足金项链补金	4.735	4.227	0.508		398	211	413	7
7		千足金珠子15粒				2.985	375		1119	4
8		千足金戒指			6.49	6.49	380		2466	5
9		千足金儿童手镯			13.04	13.04	385		5020	5
10										0
11	7月7日	PT990手镯补金	23.224	21.528	1.696		385	120	773	8

Step2：

筛选J列，首先筛选出单元格个数为“0”的行，然后选择所有空行，一次性删除，最后取消筛选即可，如下图所示。

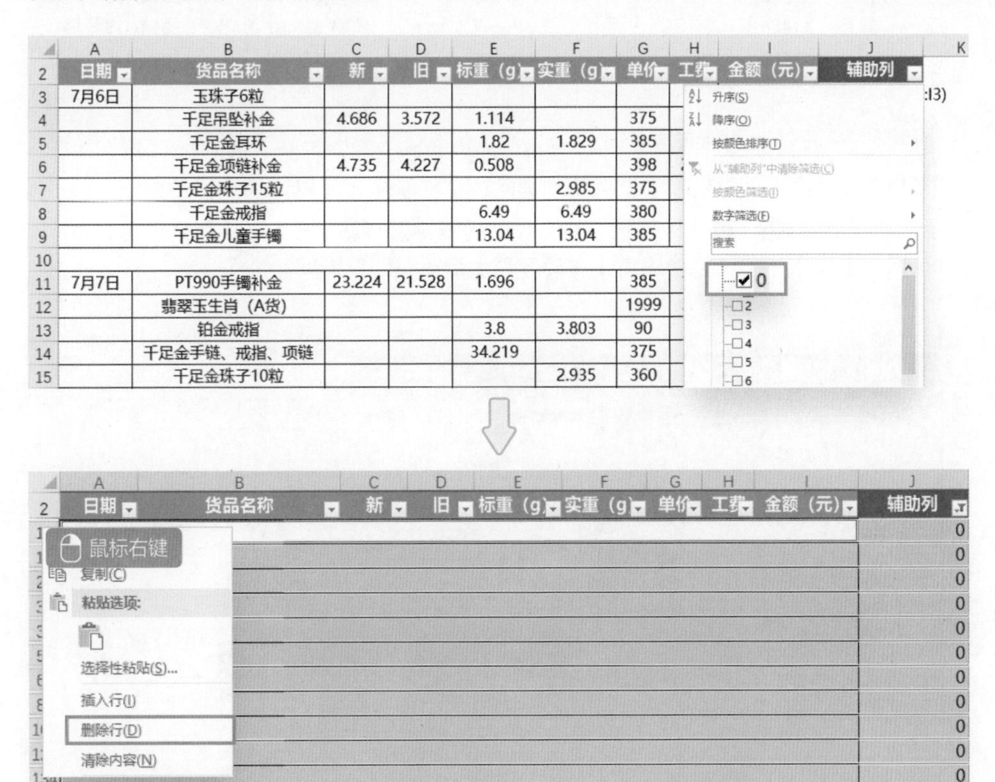

4. 数据格式须统一

格式在表格中是基础中的基础，本章用了过半的篇幅讲解数据格式，对于数字、文本、日期、时间如何规范的问题在前面的章节都已做了比较全面的介绍。

下图的表格案例中，E列有两处日期格式不正确，很容易被发现并改正。但是，还有两处很容易被忽略，那就是单元格C3和C7处的名字“刘洋”，这两处姓名的中间加了空格，乱加空格会引起数据识别错误。这类错误的解决方法也很简单，就是去掉空格。

	A	B	C	D	E
1	订单ID	国家/地区	销售人员	订单金额	订购日期
2	11448	福建	李潇潇	¥1,047.60	2014/1/1
3	11449		刘 洋	¥3,609.72	2014/1/1
4	11454		李潇潇	¥1,186.20	2014/1/4
5	11455		高兴	¥1,358.05	2014/1/5
6	11460		李潇潇	¥1,593.00	2014/1/6
7	11461		刘 洋	¥3,609.72	2014。1。6
8	11450	上海	古一凡	¥6,171.84	2014/1/1
9	11451		潘高峰	¥8,733.96	2014/1/2
10	11452		古一凡	¥1,663.20	2014.1.2
11	11453		潘高峰	¥1,014.35	2014/1/3
12	11456		古一凡	¥1,529.87	2014/1/5
13	11457		张宁宁	¥3,160.80	2014/1/6

删除空格有以下几种方法。

(1)查找替换法。空格较少，可手动删除；空格较多，可以采用查找替换法，如下图所示。按快捷键Ctrl+A选择整张表格→按快捷键Ctrl+H弹出【查找和替换】对话框→【查找内容】输入一个空格→单击【全部替换】按钮，即可完成。

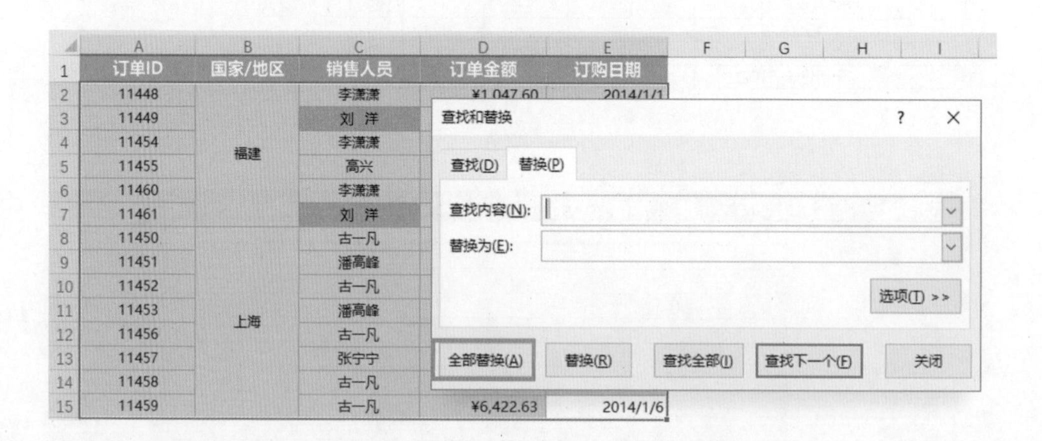

(2) **函数法**。对于某些特殊的空格，如对齐缩进产生的空格（如下左图最后一个单元格），查找替换法无能为力，此时可用函数法，输入 =SUBSTITUTE（A18," ",""），下拉填充即可删除空格，如下右图所示（第二个参数的双引号中包含了一个空格）。

	A
18	X2017-0001
19	X 2017-0002
20	X2017- 0003
21	X20 17-0004
22	X2017-0005
23	X2017-0006

	A	B
18	X2017-0001	=SUBSTITUTE(A18," ","")
19	X 2017-0002	X2017-0002
20	X2017- 0003	X2017-0003
21	X20 17-0004	X2017-0004
22	X2017-0005	X2017-0005
23	X2017-0006	X2017-0006

如果表格是由多人编制的，那么最好的办法是从源头上杜绝，可利用上一节学到的【数据验证】来限制空格的输入。【数据验证】也是规范表格输入的一把好手，多多使用可以减少很多返工的工作量，事前预防胜过事后补救。

老师，您说规范的表格清清爽爽，

那可以对表格进行美化吗？

当然可以，只要做到表格整体框架及数据录入规范，

对表格进行配色、边框等外观的美化，并不影响表格的整体结构。

第4章

数据录入整理的技巧：外功硬技能

第3章学习了构建规范的表格，如果说表格规范化是理论指导，那么数据的录入和整理就是实打实的操作技能。理论是内功，实操是外功，内外兼修才能修成一身本事。

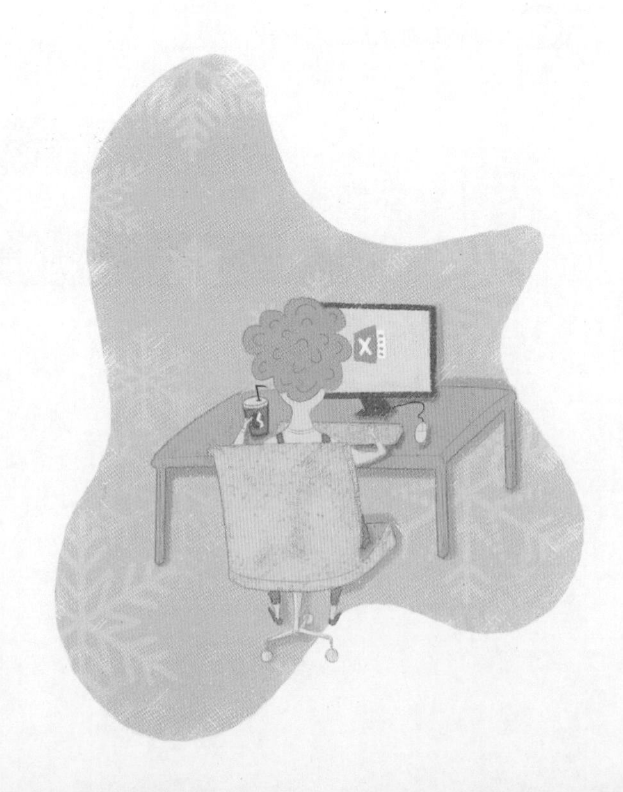

4.1 选择性粘贴的五种玩法

大毛，我已经会Excel了，为什么我还是觉得很吃力呢？

学会？你真的会Excel了吗？我来考你一下，Excel复制粘贴有几种方法？

这个还不简单啊，一种方法是右键复制粘贴，一种是快捷键Ctrl+C复制，Ctrl+V粘贴。怎么样，我的回答合格吧！！！

没有了？

没，没啦……

学Excel就好比打篮球，很多人其实只学会了运球，离打好球还有差距，实战时还需要更多的技巧。例如，最常见的复制粘贴，除使用快捷键 Ctrl + C 和 Ctrl + V 外，还可以有很多的方法，本节来说说复制粘贴的增强版——“选择性粘贴”。

在Excel中复制某个区域之后，单击【开始】选项卡最左边的【粘贴】按钮，或者右击单元格，在弹出的菜单中选择【选择性粘贴】，弹出【选择性粘贴】对话框，如右图所示。下面通过一些实例来看看它有哪些“玩法”。

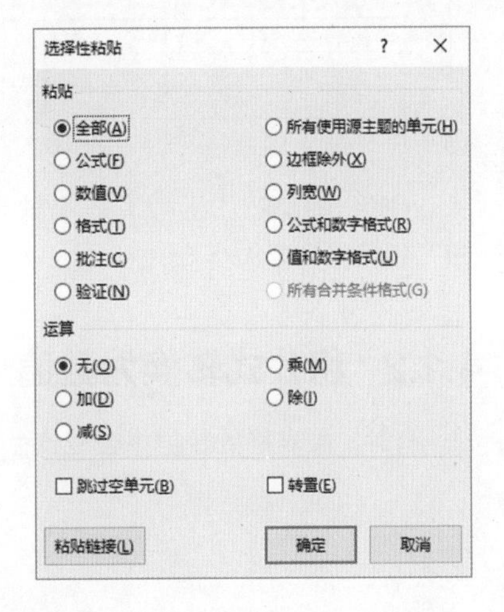

4.1.1 表格行列互换

“行列互换”专业称为“转置”。例如，需要将表格的结构进行如下的转换（行变为列，列变为行），用【选择性粘贴】对话框中的【转置】功能就可以解决，如下图所示。

	A	B	C	D
1	姓名	语文	数学	英语
2	朱逸	82	53	94
3	杨宜知	54	58	30
4	吴笛	69	84	32

E: >>

F	G	H	I
姓名	朱逸	杨宜知	吴笛
语文	82	54	69
数学	53	58	84
英语	94	30	32

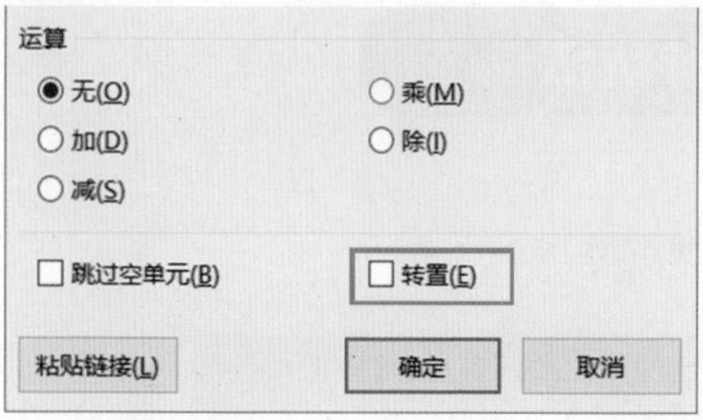

运算

◉ 无(O)　○ 乘(M)

○ 加(D)　○ 除(I)

○ 减(S)

☐ 跳过空单元(B)　☐ 转置(E)

粘贴链接(L)　确定　取消

Step1：

复制需要转置的表格区域。

Step2：

在需要粘贴的区域，右击【选择性粘贴】→勾选【转置】，单击【确定】按钮，如左图所示。

知识补充

转置也可通过TRANSPOSE函数（翻译过来就是转换姿势）来实现，如下图所示。

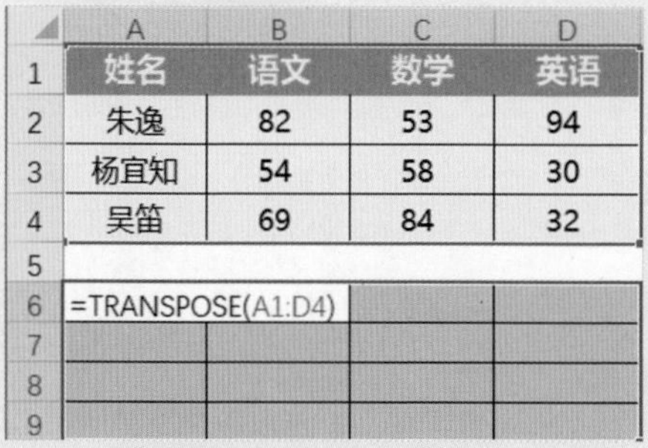

	A	B	C	D
1	姓名	语文	数学	英语
2	朱逸	82	53	94
3	杨宜知	54	58	30
4	吴笛	69	84	32
5				
6	=TRANSPOSE(A1:D4)			
7				
8				
9				

Step1：选择一个和源数据转置之后行/列相同的区域（如原表是14×2的区域，则选择区域就是2×14。左图中的表中刚好是4×4）。

Step2：选择需要粘贴的区域→输入公式 =TRANSPOSE(A1:D4) →按快捷键 Ctrl + Shift + Enter ，搞定。

使用TRANSPOSE函数有一个缺点：表格的格式都会被清除。此时，可用“格式刷”将格式恢复原样。

4.1.2 将公式转换为数值

有时，原表格的数据由公式产生，但只需要保留数值，如下图所示的“总分”列。

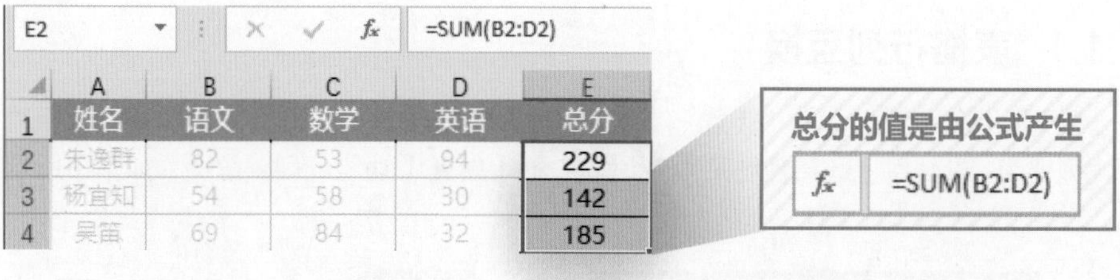

E2　fx　=SUM(B2:D2)

	A	B	C	D	E
1	姓名	语文	数学	英语	总分
2	朱逸群	82	53	94	229
3	杨宜知	54	58	30	142
4	吴笛	69	84	32	185

总分的值是由公式产生

fx　=SUM(B2:D2)

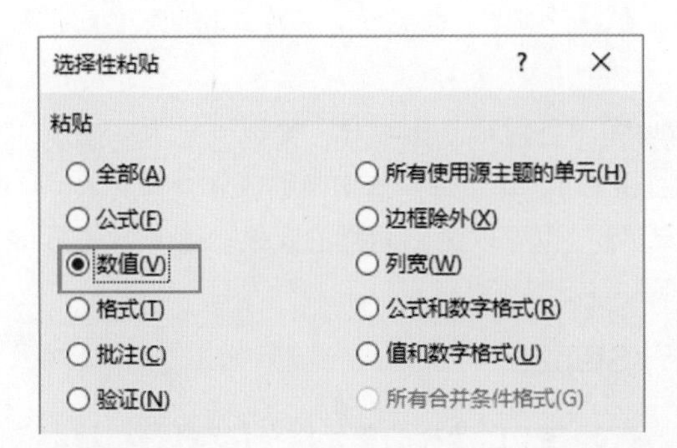

Step1：

复制要转换的表格区域。

Step2：

在原来的位置，右击→【选择性粘贴】→选择【数值】→单击【确定】按钮，如左图所示。

更快捷的方法是，单击鼠标右键→单击123图标，如下图所示。

	A	B	C	D	E
1	姓名	语文	数学	英语	总分
2	李逸群	82	53	94	229
3	王宜知	54	58	30	142
4	吴笛	69	84	32	185

4.1.3 批量数值运算

现在生意不好做，最近原料又涨价了，所以某公司决定在原有报价的基础上，将所有运动产品的价格都上调10元，逐个去加实在很辛苦，用【选择性粘贴】呗！

Step1：

在任意一个空白单元格输入所需要调整的数值“10”，复制该单元格，如下图所示。

颜色	单价	F
深蓝白	¥90.00	
白深蓝	¥88.00	10
深蓝白	¥70.00	
米黄	¥120.00	
黑米黄	¥800.00	
米黄	¥110.00	
卡其	¥65.00	
白	¥66.00	
深蓝	¥45.00	

Step2：

右击“单价”列→【选择性粘贴】→选择【数值】→【运算】选择【加】→单击【确定】按钮，如下图所示。这样就给每个价格增加了10元。

4.1.4 将文本转换为数值

从某些系统中导出的数字经常是无法直接用于计算的文本格式，常规方法不能解决问题的时候，可以尝试【选择性粘贴】(见4.1.3节)。其原理是运用四则运算，当文本加或减“0”之后，可将其转变为数值，乘或除“1”也可以达到同样的效果，这个方法可以看作批量运算应用的延伸。

Step1：

随意选择一个空单元格，复制该单元格，如下图所示。

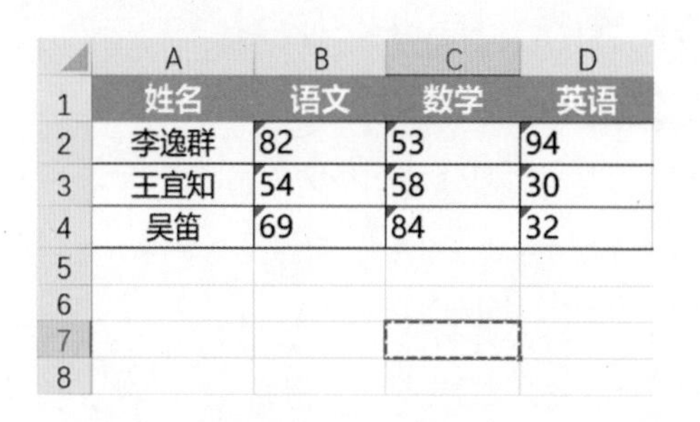

	A	B	C	D
1	姓名	语文	数学	英语
2	李逸群	82	53	94
3	王宜知	54	58	30
4	吴笛	69	84	32
5				
6				
7				
8				

Step2：

右击已选择的单元格→【选择性粘贴】→【运算】选择【加】→单击【确定】按钮，如下图所示。

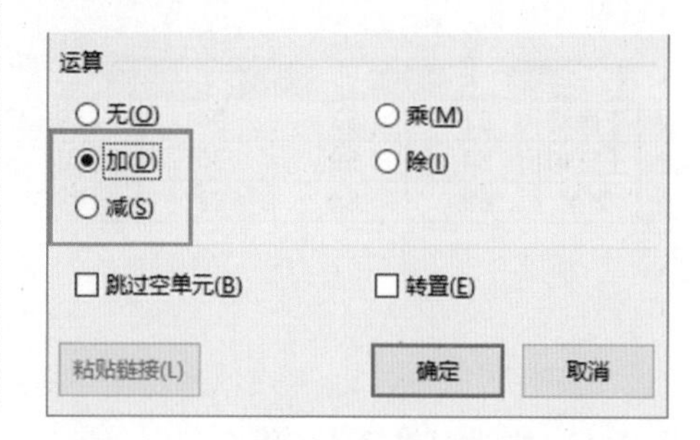

4.1.5 将表格转成图片

工作中什么样的表格“只能看不能改”，当然是图片了，那么如何将表格转成图片呢？不用QQ截图，让你在断网的时候一样可以做到。

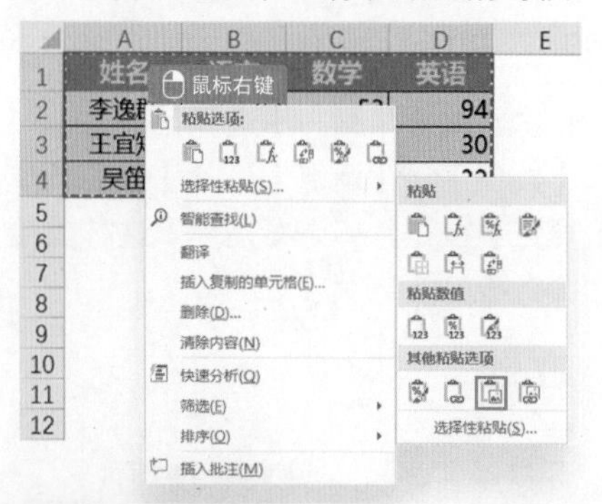

Step1：

复制需要转成图片的表格区域。

Step2：

右击该区域→【选择性粘贴】→在弹出的扩展按钮中选择【其他粘贴选项】下的【图片】，如左图所示。

知识补充

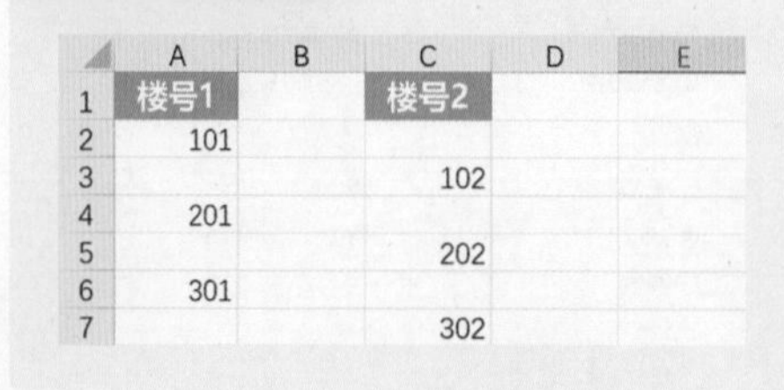

	A	B	C	D	E
1	楼号1		楼号2		
2	101				
3			102		
4	201				
5			202		
6	301				
7			302		

如左图所示，有两列“楼号”，如何将它们合并到同一列中呢？答案就在【选择性粘贴】里哦！

4.2 快速录入的必杀技：填充

在Excel中，基于某种模式或规律的序列不必手动逐个输入，使用【填充】功能可以快速高效地完成数据录入，也常称为“自动填充”。

【填充】有两个最基本的功能，复制、按序列填充。

例如，在A列输入公司名称“厦门向天歌”，B列输入工号“0001”（注意，首先将B列设置为文本格式），同时选择A2和B2向下填充，如下图所示，A列实现的是复制效果，B列则实现的是按数字顺序填充工号。

	A	B
1	公司	工号
2	厦门向天歌	0001
3		
4		
5		
6		
7		
8		

	A	B
1	公司	工号
2	厦门向天歌	0001
3	厦门向天歌	0002
4	厦门向天歌	0003
5	厦门向天歌	0004
6	厦门向天歌	0005
7	厦门向天歌	0006
8	厦门向天歌	0007

4.2.1 填充的几种操作方式

填充操作有鼠标拖曳、【填充】命令两种方式，最常用的还是鼠标拖曳，因为操作起来最方便。以填充数字1~10为例，分别介绍这两种方式如何操作。

1. 鼠标拖曳

	A	B	C
1	1	2018/1/1	
2	2	2018/1/2	
3	3	2018/1/3	
4		2018/1/4	
5			
6			
7			
8			
9			
10			

复制单元格(C)
填充序列(S)
仅填充格式(F)
不带格式填充(O)
快速填充(F)

在A1单元格输入“1”，把鼠标置于A1右下角，当出现黑色十字（专业名称“填充柄”）+ 的时候往下拖曳，默认复制数字“1”，如果要实现序列填充有三种方法。

❶拖曳完成后，单击右下角的【自动填充选项】按钮，选择【填充序列】，如左图所示。

单击【自动填充选项】按钮后还可以选择【仅填充格式】、【不带格式填充】等方式。

如果填充的是日期，则可以选择以天数、工作日、月、年等方式进行填充。例如，填写工作汇报时，选择【填充工作日】，如左图所示，2018年1月6日和7日（周末）就被自动跳过去了。

❷按住Ctrl键，拖曳填充柄就可以实现序列填充。

在A1、A2中分别输入数字“1”和“2”，同时选择A1、A2拖曳填充柄，默认按序列填充，因为两个单元格相当于设置了填充的规则，就是按照“1、2、3……”这种顺序填充。

❸还有一种比拖曳更为快捷的方式就是“双击填充柄”，默认是向下填充，向上、向左、向右可以依靠鼠标拖曳来完成。

2.【填充】命令

【填充】命令在【开始】选项卡靠右的位置，如下图所示。当鼠标拖曳不能满足填充要求的时候，就要启动更强大的【填充】命令，其中【序列】、【内容重排】、【快速填充】这三个功能要引起足够重视。

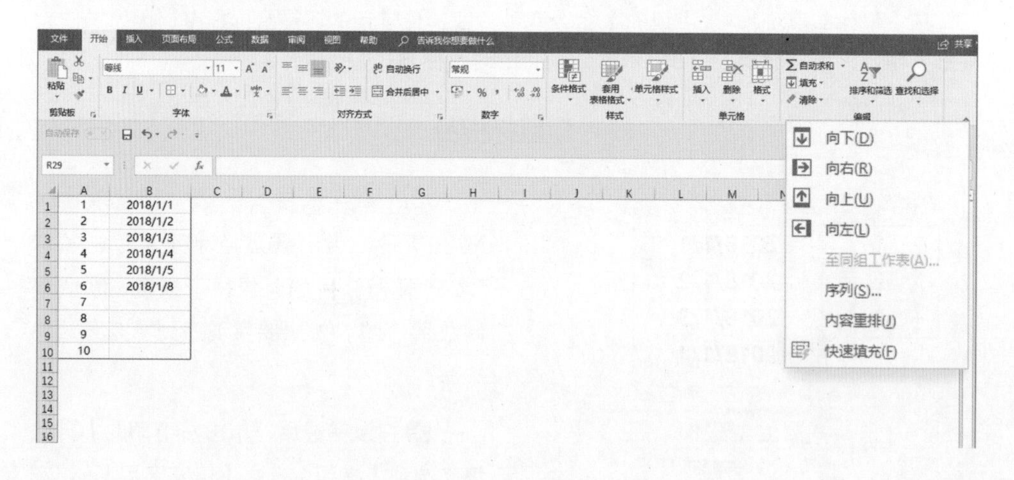

4.2.2 连续填充1~10000

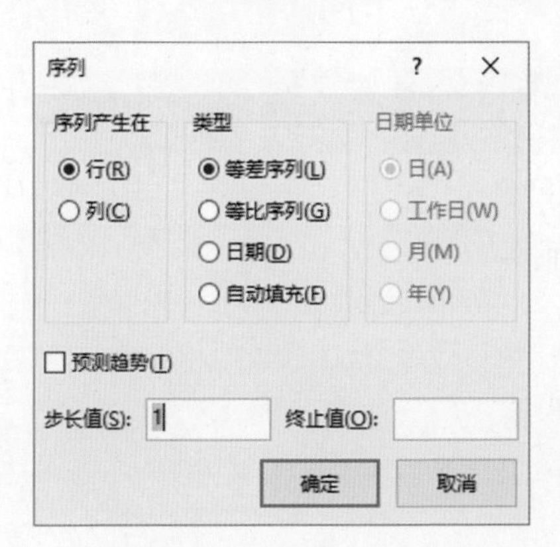

比较短的序列可以用鼠标拖曳的方式完成，但如果是从1填充到10000呢，万一手抖一下，或者拖着拖着就睡着了怎么办?

此时，可以用【填充】命令下的【序列】功能来完成。

❶单击【开始】选项卡。

❷单击编辑组下的【填充】。

❸选择【序列】功能，弹出【序列】对话框，如左图所示。

其中，填充类型的说明如下图所示。可以选择按照“行”或“列”填充，并且可以选择填充的类型。

类型	说明
等差	如1、3、5、7、…
等比	如3、9、27、…
日期	如2018/1/1、2018/1/2、2018/1/3、…
自动填充	与拖曳填充柄的效果相同

假设需要填充1~10000而且按照5、10、15……这样的规律填充，步骤如下。

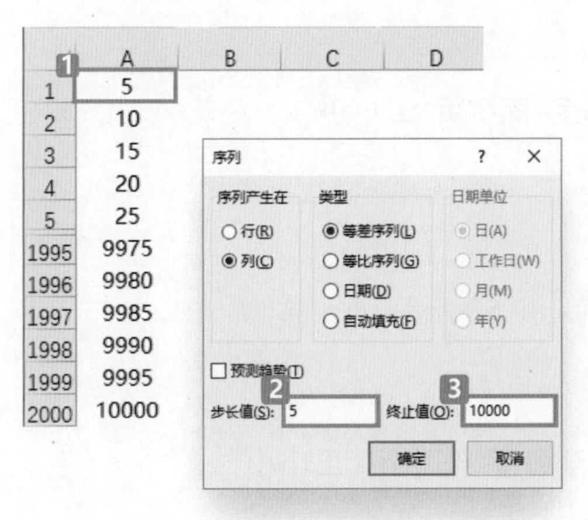

Step1:

在起始单元格，如A1，输入起始值“5”。

Step2:

在【序列】对话框中，选择【列】和【等差序列】，【步长值】输入“5”，【终止值】输入“10000”，单击【确定】按钮，效果如左图所示（为了方便查看最终效果，已经将中间行隐藏）。

除填充数值外，日期、文本同样可以自动填充，如下图所示。掌握这些方法，再长的序列都不怕了。

初始数据	填充序列
9:00	10:00、11:00、12:00、…
星期一	星期二、星期三、星期四、…
1月、3月	5月、7月、9月、...
1月1日、3月1日	5月1日、7月1日、9月1日、…
2017，2018	2019、2020、2021、…
第 1 场	第 2 场、第 3 场、…
项目 1	项目 2、项目 3、…

知识补充

如果是短序列，那么并不需要这么复杂的【序列】命令，在A1、A2中分别输入“5”和“10”，然后同时选择A1和A2并拖曳鼠标填充就可以得到等差数列。

4.2.3 单行变多行

如果所有文本都集中在一个单元格里，则需要将每个文本依次放到下面的行中，如下图所示，该如何操作呢？剪切、粘贴是最原始的方法，利用【填充】命令下的【内容重排】功能可使效率翻番。

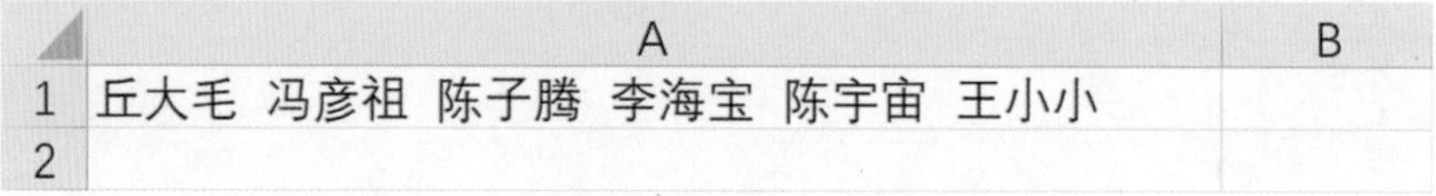

	A	B
1	丘大毛 冯彦祖 陈子腾 李海宝 陈宇宙 王小小	
2		

Step1：

将A列的列宽调整到适合每个文本的宽度，如下图所示，此步骤非常重要。

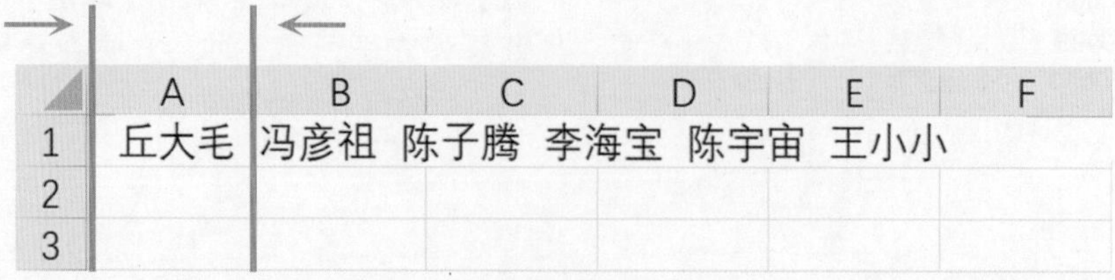

	A	B	C	D	E	F
1	丘大毛 冯彦祖 陈子腾 李海宝 陈宇宙 王小小					
2						
3						

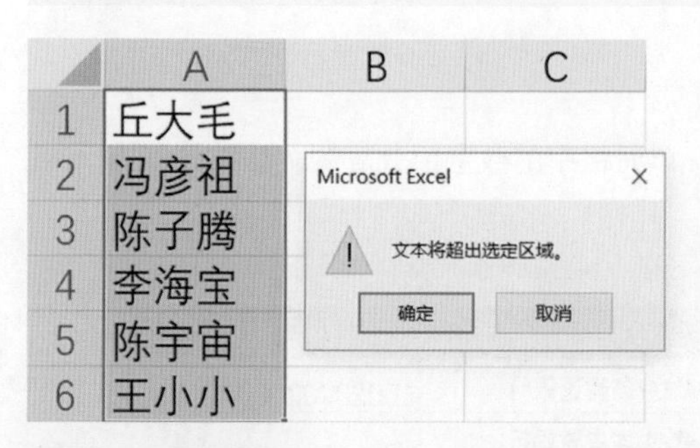

❶选择A1单元格。

❷单击【开始】选项卡下的【填充】。

❸选择【内容重排】功能。

❹弹出提示“文本将超出选定区域”，单击【确定】按钮，效果如左图所示。

思考题

如果反过来，要将多行变成一行，那么该怎么办呢?（提示：仍用【内容重排】功能）

4.2.4 快速分离数字和文本

接下来介绍的这个功能绝对不容错过，它能够化繁为简、化腐朽为神奇，它的高效让很多函数黯然失色，让人叹为观止，好啦，赶紧来看看到底是何方“神圣”！

1. 快速分离数字文本

首先，查看下图中的这张表，因为数字和文本之间都由空格分开，所以可以利用【分列】下的【分隔符号】作为切割标准，将A列分为两列。但是，如果没有空格作为切割标准呢？里面的数字和文本长度都不一样，利用函数也很难批量分开，细思极恐……

	A	B	C
1	目录名称	科目编号	目录名称
2	1002000200029918 银行存款/公司资金存款/中国建设银行		
3	1002000200045001 银行存款/公司资金存款/中国农业银行		
4	11220001 应收账款/职工借款		
5	112200020001 应收账款/暂付款/暂付设备款		
6	112200020002 应收账款/暂付款/暂付工程款		
7	11220004 应收账款/押金		

有了【快速填充】保你不再恐慌。是时候再一次表演真正的技术了。

Step1：

首先将B列设置为文本格式，然后将A2单元格中的数字部分复制、粘贴到B2单元格中，如下图所示。

	A	B
1	目录名称	科目编号
2	1002000200029918 银行存款/公司资金存款/中国建设银行	1002000200029918
3	1002000200045001 银行存款/公司资金存款/中国农业银行	
4	11220001 应收账款/职工借款	

Step2：

接下来就是“见证奇迹”的时刻。选择B3单元格，按快捷键 Ctrl + E ，其余部分的数字瞬间填满表格，如下图所示。

	A	B
1	目录名称	科目编号
2	1002000200029918 银行存款/公司资金存款/中国建设银行	1002000200029918
3	1002000200045001 银行存款/公司资金存款/中国农业银行	1002000200045001
4	11220001 应收账款/职工借款	11220001

C列中的文本部分也是“依样画葫芦”，首先复制A2单元格中的文本到C2单元格，然后对C3单元格“发大招”按下快捷键 Ctrl + E ，分分钟搞定。【快速填充】不仅可以拆分，合并也是一样的操作哦！

2. 添加符号

常见的手机号都是“139xxxxxxxx”这种格式，为了方便阅读需要改成“139-xxxx-xxxx”这种分段格式，利用【快速填充】也可瞬间完成，如下图所示，在F2中输入“139-1111-2222”，选择F3按下 Ctrl + E 快捷键，搞定。

E	F	G	H	I
手机号	添加-		手机号	添加-
13911112222	139-1111-2222		13911112222	139-1111-2222
13922223333			13922223333	139-2222-3333
13933334444			13933334444	139-3333-4444
13944445555		>>	13944445555	139-4444-5555
13955556666			13955556666	139-5555-6666
13966667777			13966667777	139-6666-7777

如果要将“13911112222”改为“139****2222”相信你也会了吧！（但是对手机号码进行打码的操作不可逆，注意提前备份哦！）

3. 大小写转换

利用【快速填充】还可以实现大小写的转换，如下图所示，方法同上，不再赘述。

小写	首字母大写	全大写
ctrl	Ctrl	CTRL
shift	Shift	SHIFT
enter	Enter	ENTER
tab	Tab	TAB
alt	Alt	ALT

知识补充

(1)请记住，这个功能叫作【快速填充】，平常用的填充叫作【自动填充】。

(2)如果无法使用快捷键，则在笔记本电脑上可以尝试加上 Fn 键，如 Fn + Ctrl + E；如果还不行，那么用鼠标拖曳填充后可在“自动填充选项”里选择【快速填充】或直接单击【序列】命令下的【快速填充】均可。如果快捷键和鼠标都不能用，那么可能是你的计算机坏了，哦不，可能是你的软件版本不对，此功能出现在微软Office 2013以上版本中！

(3)再补充一个快捷键 Ctrl + Enter，它的作用相当于批量输入/复制。例如，选择A1:A10单元格，输入“厦门向天歌”，然后按下快捷键 Ctrl + Enter，这10个单元格就同时输入了“厦门向天歌”！

思考题

又到了考验大家的时刻：在下图中，中英文姓名的顺序颠倒了，需要快速调换过来，一定难不倒你的，对吧？

	A	B	C	D	E	F
22	序号	姓名		序号	姓名	姓名
23	1	丘大毛 Andy		1	丘大毛 Andy	Andy 丘大毛
24	2	冯彦祖 Peter	>>	2	冯彦祖 Peter	Peter 冯彦祖
25	3	陈宇 Tony		3	陈宇 Tony	Tony 陈宇
26	4	小白白 Wonvy		4	小白白 Wonvy	Wonvy 小白白
27	5	章非非 Sara		5	章非非 Sara	Sara 章非非

4.3 精确制导的技术：定位

无论在哪里，精准命中目标都是一门相当重要的手艺：核弹头有了洲际导弹的“加持”才能实现远程制导，我们有了“百度”这样的搜索引擎才能够快速搜索生活百科，我们有了“淘宝”“京东”才能坐在家中买买买（又给他们打广告了）。

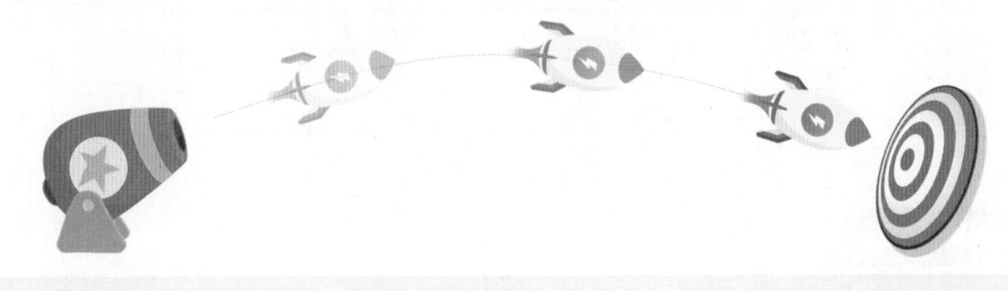

同样，在Excel里也有一门精确制导的技术“定位”，有了它你就可以快速精准地找到符合条件的单元格。下面来看看它有哪些神奇的用法。

4.3.1 批量删除空行

3.6.2节中介绍了删除空行的两种方法，利用【定位】也可实现空行批量删除。例如，下图所示的成绩表中存在多余空行，来看看如何删除。

	A	B	C	D	E	F	G
1	姓名	班级	语文	数学	英语		
2	包宏伟	初三（1)班	91.5	89	94		
3	陈万地	初三（1)班	93	99	92		
4	杜学江	初三（1)班	102	116	113		
5	符合	初三（1)班	99	98	101		
6	吉祥	初三（1)班	101	94	99		
7	李北大	初三（1)班	100.5	103	104		
8							
9	李娜娜	初三（2)班	78	95	94		
10	刘康锋	初三（2)班	95.5	92	96		
11	刘鹏举	初三（2)班	93.5	107	96		
12	倪冬声	初三（2)班	95	97	102		
13	齐飞扬	初三（2)班	95	85	99		
14	苏解放	初三（2)班	88	98	101		
15							
16	刘德发	初三（3)班	69	72	99		

Step1：

全选表格（此步很重要），此时按快捷键 Ctrl + A 并不好使，有三种方法可以快速选择整张表。

❶区域不大时，可用鼠标拖曳选择。

❷首先定位到A1 单元格，用快捷键 Ctrl + →↓ 来选择，空行多的话↓键需要多按几次。

❸首先定位到A1 单元格，按住 Shift 键，然后单击一下表格右下角的单元格，即可选择整张表。

Step2：

按下快捷键 Ctrl + G 或按快捷键 F5 弹出【定位】对话框，单击左下角【定位条件】，在弹出的【定位条件】对话框中选择【空值】，如下图所示，单击【确定】按钮。

	A	B	C	D	E
1	姓名	班级	语文	数学	英语
2	包宏伟	初三（1)班	91.5	89	94
3	陈万地	初三（1)班	93	99	92
4	杜学江	初三（1)班	102	116	113
5	符合	初三（1)班	99	98	101
6	吉祥	初三（1)班	101	94	99
7	李北大	初三（1)班	100.5	103	104
8					
9	李娜娜	初三（2)班	78	95	94
10	刘康锋	初三（2)班	95.5	92	96
11	刘鹏举	初三（2)班	93.5	107	96
12	倪冬声	初三（2)班	95	97	102
13	齐飞扬	初三（2)班	95	85	99
14	苏解放	初三（2)班	88	98	101
15					
16	刘德发	初三（3)班	69	72	99
17	刘婷玉	初三（3)班	89	77	97
18	马莹	初三（3)班	94	109	110

定位条件　?　×
选择
○ 批注(C)　○ 行内容差异单元格(W)
○ 常量(O)　○ 列内容差异单元格(M)
○ 公式(F)　○ 引用单元格(P)
☑ 数字(U)　○ 从属单元格(D)
☑ 文本(X)　◉ 直属(I)
☑ 逻辑值(G)　○ 所有级别(L)
☑ 错误(E)　○ 最后一个单元格(S)
◉ 空值(K)　○ 可见单元格(Y)
○ 当前区域(R)　○ 条件格式(T)
○ 当前数组(A)　○ 数据验证(V)
○ 对象(B)　◉ 全部(L)
○ 相同(E)
确定　取消

Step3：

通过上一步，所有的空行都被选中，在任意一行空行上右击→【删除】→在弹出的【删除】对话框中选择【整行】，所有空行即可一次删光，如下图所示。

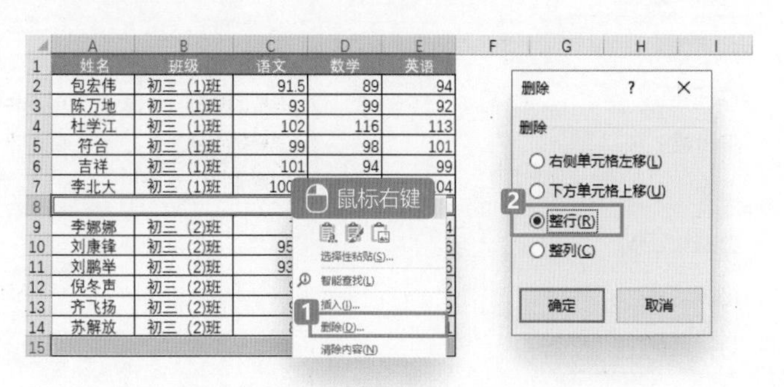

4.3.2 批量删图

从网上下载的Excel文件经常自带很多小图形、图片或按钮，它们会带来两个很不好的后果，如文件体积变大和打开文件卡顿，所以必须删光。

有些图形、图片处于肉眼看不到的隐形状态，如下图所示，如果手动删除，则势必会有遗漏，且效率也不高，此时用【定位】功能即可搞定。

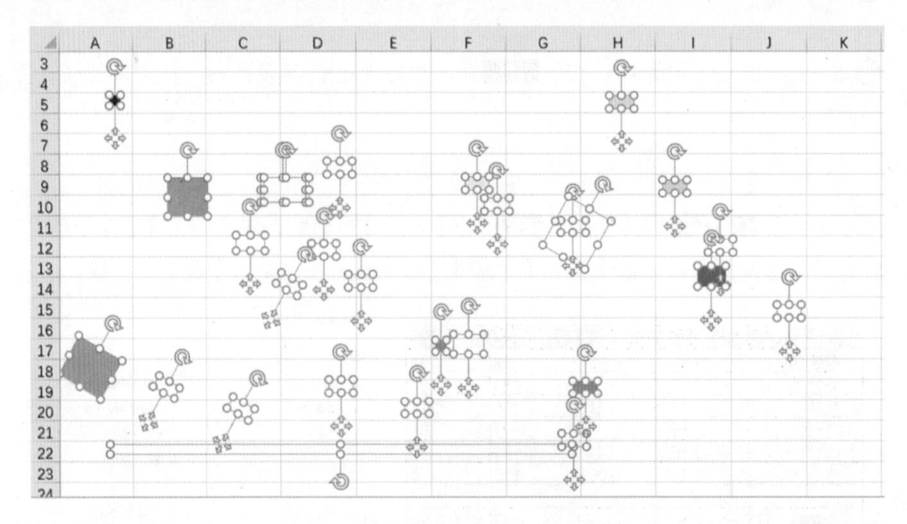

步骤如下：【定位条件】→【对象】→按【Delete】键删除，是不是非常轻松呢！

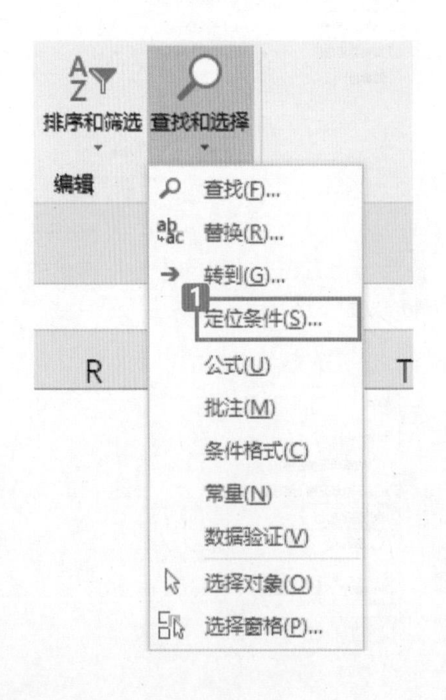

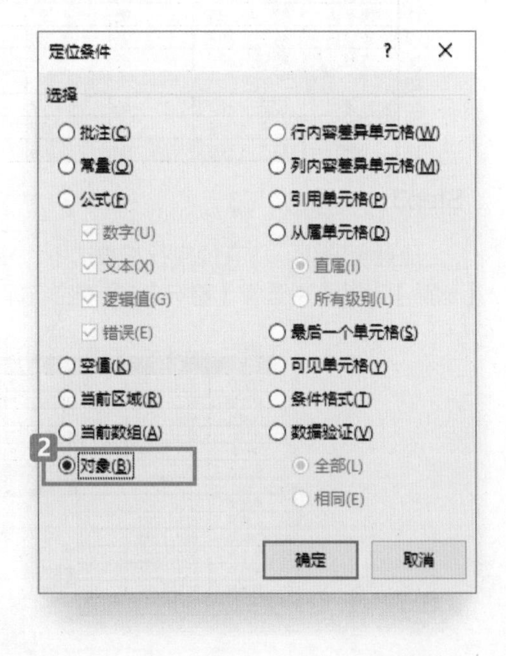

4.3.3 只复制可见区域

设计表格时，有些机密的内容需要隐藏起来，可惜复制、粘贴时隐藏的小秘密还是暴露了，如下图所示，"提成" 还是不小心被显示出来了。

	A	C	D	E	F	G
1	员工	销售量/台		员工	提成	销售量/台
2	小马哥	265		小马哥	3121.00	265
3	杭晓涵	183		杭晓涵	1950.00	183
4	谢一一	199	>>	谢一一	3947.00	199
5	徐丽	386		徐丽	6835.00	386
6	杨七七	543		杨七七	10120.00	543
7	王宜知	201		王宜知	7397.00	201

要想保密，还是让【定位】来帮帮忙。

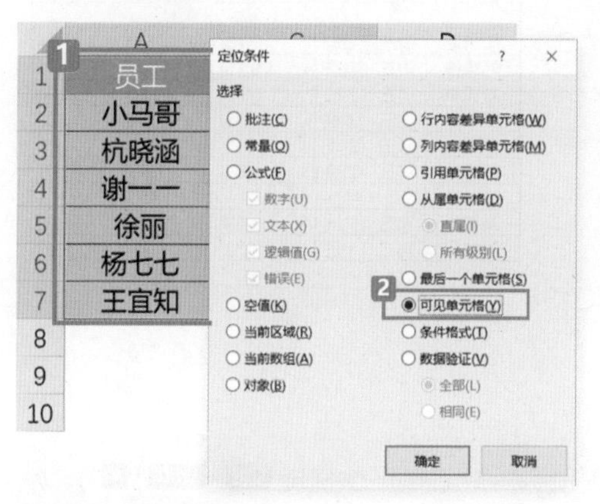

Step1：

选择原表格→【定位条件】→选择【可见单元格】→单击【确定】按钮，如左图所示。

Step2：

按下快捷键 Ctrl+C 复制→按下快捷键 Ctrl+V 粘贴，搞定。

知识补充

	A	C	D
1	员工	销售量/台	
2	小马哥	265	
3	杭晓涵	183	
4	谢一一	199	
5	徐丽	386	
6	杨七七	543	
7	王宜知	201	
8			
9			
10			

定位可见区域还有更快的方法。

❶ 选择需要复制的原表格区域。

❷ 按下快捷键 Alt+; 定位表格中可见区域。

❸ 按下快捷键 Ctrl+C 复制。

❹ 按下快捷键 Ctrl+V 粘贴，一气呵成哦！

4.3.4 批量增加空行

一直很纠结要不要讲这个操作，因为上一章讲表格规范，大毛说过清爽的表格没有空行，现在又教大家插入空行，这不是“打自己脸吗”？

思虑再三，我还是决定要讲，技多不压身，多学一个技能就少一个求人的理由，是吧？

假设，还是如下图所示的成绩表，领导要求给每个班级之间都加上空行，就像下图这个样子（领导的心思你别猜，删除空行白做了）。

	A	B	C	D	E	F	G	H	I	J	K
1	姓名	班级	语文	数学	英语		姓名	班级	语文	数学	英语
2	包宏伟	初三（1)班	91.5	89	94		包宏伟	初三（1)班	91.5	89	94
3	陈万地	初三（1)班	93	99	92		陈万地	初三（1)班	93	99	92
4	杜学江	初三（1)班	102	116	113		杜学江	初三（1)班	102	116	113
5	符合	初三（1)班	99	98	101		符合	初三（1)班	99	98	101
6	吉祥	初三（1)班	101	94	99	>>	吉祥	初三（1)班	101	94	99
7	李北大	初三（1)班	100.5	103	104		李北大	初三（1)班	100.5	103	104
8	李娜娜	初三（2)班	78	95	94						
9	刘康锋	初三（2)班	95.5	92	96		李娜娜	初三（2)班	78	95	94
10	刘鹏举	初三（2)班	93.5	107	96		刘康锋	初三（2)班	95.5	92	96
11	倪冬声	初三（2)班	95	97	102		刘鹏举	初三（2)班	93.5	107	96
12	齐飞扬	初三（2)班	95	85	99		倪冬声	初三（2)班	95	97	102
13	苏解放	初三（2)班	88	98	101	>>	齐飞扬	初三（2)班	95	85	99
14	刘德发	初三（3)班	69	72	99		苏解放	初三（2)班	88	98	101
15	刘婷玉	初三（3)班	89	77	97						
16	马莹	初三（3)班	94	109	110		刘德发	初三（3)班	69	72	99
17	马悠	初三（3)班	85	84	104		刘婷玉	初三（3)班	89	77	97

“空行恢复大法”如下。

Step1：

选择C列，右击→【插入】，增加一个辅助列（或者按下快捷键 Ctrl + Shift + = ），从C2单元格开始复制、粘贴“班级”这一列。这样，B列和C列这两列就形成了错位差异（看橙色标记单元格），如下图所示。

	A	B	C	D	E	F	G	H
1	姓名	班级		语文	数学	英语		
2	包宏伟	初三（1)班	班级	91.5	89	94		
3	陈万地	初三（1)班	初三（1)班	93	99	92		
4	杜学江	初三（1)班	初三（1)班	102	116	113		
5	符合	初三（1)班	初三（1)班	99	98	101		
6	吉祥	初三（1)班	初三（1)班	101	94	99		
7	李北大	初三（1)班	初三（1)班	100.5	103	104		
8	李娜娜	初三（2)班	初三（1)班	78	95	94		
9	刘康锋	初三（2)班	初三（2)班	95.5	92	96		
10	刘鹏举	初三（2)班	初三（2)班	93.5	107	96		
11	倪冬声	初三（2)班	初三（2)班	95	97	102		
12	齐飞扬	初三（2)班	初三（2)班	95	85	99		
13	苏解放	初三（2)班	初三（2)班	88	98	101		
14	刘德发	初三（3)班	初三（2)班	69	72	99		
15	刘婷玉	初三（3)班	初三（3)班	89	77	97		

Step2：

如下左图所示，选择B3和C3单元格，拖曳鼠标往下拖选一直到列末，【定位条件】→选择【行内容差异单元格】→单击【确定】按钮，此时C列中错位差异的单元格被批量选中，如下右图所示。

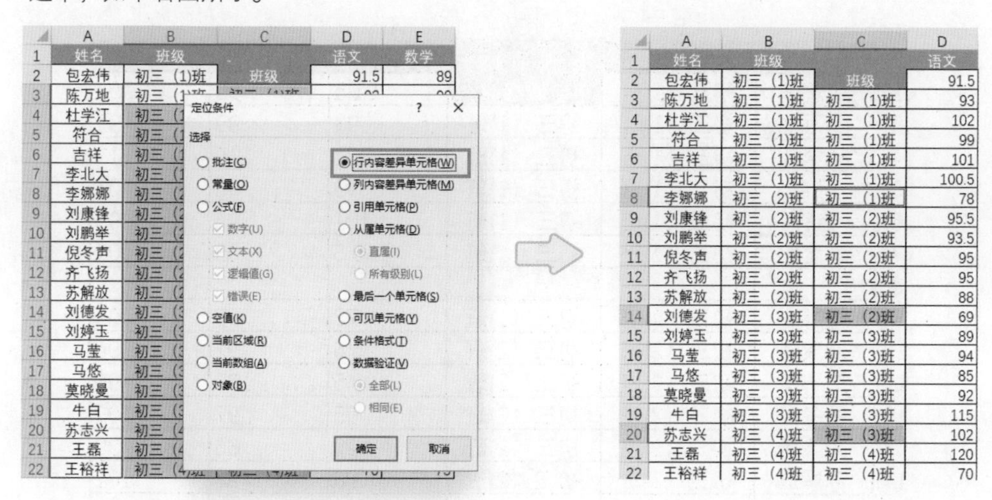

Step3：

在任意一个错位单元格上右击→【插入】→选择【整行】→单击【确定】按钮，如下图所示。

	A	B	C	D	E	F
1	姓名	班级		语文	数学	英语
2	包宏伟	初三（1)班	班级	91.5	89	94
3	陈万地	初三（1)班	初三（1)班	93	99	92
4	杜学江	初三（1)班	初三（1)班	102	116	113
5	符合	初三（1)班	初三（1)班	99	98	101
6	吉祥	初三（1)班	初三（1)班	101	94	99
7	李北大	初三（1)班	初三（1)班	100.5	103	104
8	李娜娜	初三（2)班	初三（1			94
9	刘康锋	初三（2)班	初三（2			96
10	刘鹏举	初三（2)班	初三（2			96
11	倪冬声	初三（2)班	初三（2			102
12	齐飞扬	初三（2)班	初三（2			99
13	苏解放	初三（2)班	初三（2			101
14	刘德发	初三（3)班	初三（2			99
15	刘婷玉	初三（3)班	初三（3			97
16	马莹	初三（3)班	初三（3			110
17	马悠	初三（3)班	初三（3			104
18	莫晓曼	初三（3)班	初三（3			70
19	牛白	初三（3)班	初三（3			73
20	苏志兴	初三（4)班	初三（3			118
21	王磊	初三（4)班	初三（4			116
22	王裕祥	初三（4)班	初三（4)班	70	75	67

鼠标右键
复制(C)
粘贴选项:
选择性粘贴(S)...
智能查找(L)
1 插入(I)...
删除(D)...
清除内容(N)
快速分析(Q)

插入
插入
活动单元格右移(I)
活动单元格下移(D)
2 整行(R)
整列(C)
确定
取消

Step4：

插入完成，如下图所示，最后删除辅助列。如果表格成百上千行，那么此法绝对可以帮你省出喝杯下午茶的时间！

	A	B	C	D	E	F
1	姓名	班级		语文	数学	英语
2	包宏伟	初三（1)班	班级	91.5	89	94
3	陈万地	初三（1)班	初三（1)班	93	99	92
4	杜学江	初三（1)班	初三（1)班	102	116	113
5	符合	初三（1)班	初三（1)班	99	98	101
6	吉祥	初三（1)班	初三（1)班	101	94	99
7	李北大	初三（1)班	初三（1)班	100.5	103	104
8						
9	李娜娜	初三（2)班	初三（1)班	78	95	94
10	刘康锋	初三（2)班	初三（2)班	95.5	92	96
11	刘鹏举	初三（2)班	初三（2)班	93.5	107	96
12	倪冬声	初三（2)班	初三（2)班	95	97	102
13	齐飞扬	初三（2)班	初三（2)班	95	85	99
14	苏解放	初三（2)班	初三（2)班	88	98	101
15						
16	刘德发	初三（3)班	初三（2)班	69	72	99
17	刘婷玉	初三（3)班	初三（3)班	89	77	97
18	马莹	初三（3)班	初三（3)班	94	109	110

【行内容差异单元格】以选择区域的第1列（B列）单元格为基准，将后面各列单元格与B列同行比较，定位到差异的单元格（实际上就是不同班级的分界线）。

除以上几种方式外，【定位】功能还可以按照批注、常量、公式、当前区域、当前数组、条件格式等方式进行查找，具体方式要根据表格的结构和属性来选择。

4.4 批量修改的技巧：查找和替换

工号	姓名	部门	基本工资	补贴	月薪
033	程大宇	视频部	3000	1000	3200
001	冯彦祖	财务	8000	2000	10000
024	冯伟	运营部	3000	1000	3700
043	云涛	视频	3700	1500	5200
030	陈子腾	研发部	4600	1400	6000
002	李海宝	研发	3000	1200	4200
009	高冯君	培训部	3000	1200	4000
047	小白白	视频部	3000	1200	4100
003	丘大毛	研发部	3000	1200	4000
099	李海	运营部	2500	1000	3500

【查找和替换】和【定位】有些类似，都属于搜索类的功能，稍有不同的是：【定位】一般属于某个操作中的一环，它主要负责前期的搜寻；而【查找和替换】则直接完成操作，查找到就直接替换。例如，1.6节中纠正错误的日期格式，就是用“/”或“-”将“.”替换掉。

下面以一张从财务系统中导出的工资表（如左图所示）为例，来说明如何巧妙地利用【查找和替换】功能。

4.4.1 批量删除单元格内空行

从软件系统中导出的表格有时会莫名其妙地多出一些空行，如上图中“工号”列，每个工号下面都多了一行，表格行/列间的空行可以用【定位】功能来删除，但是单元格内的空行就“鞭长莫及”了。

这些空行是由【换行符】造成的，将它替换成“空”，这些多余的空行自然就消失了，方法如下。

Step1：

选择“工号”列（如果没有选定区域，则【查找和替换】时默认整张表格为查找对象），按下快捷键 Ctrl + H 弹出【查找和替换】对话框，如下图所示，也可在【开始】选项卡最右边，单击【查找和选择】按钮找到【替换】功能。

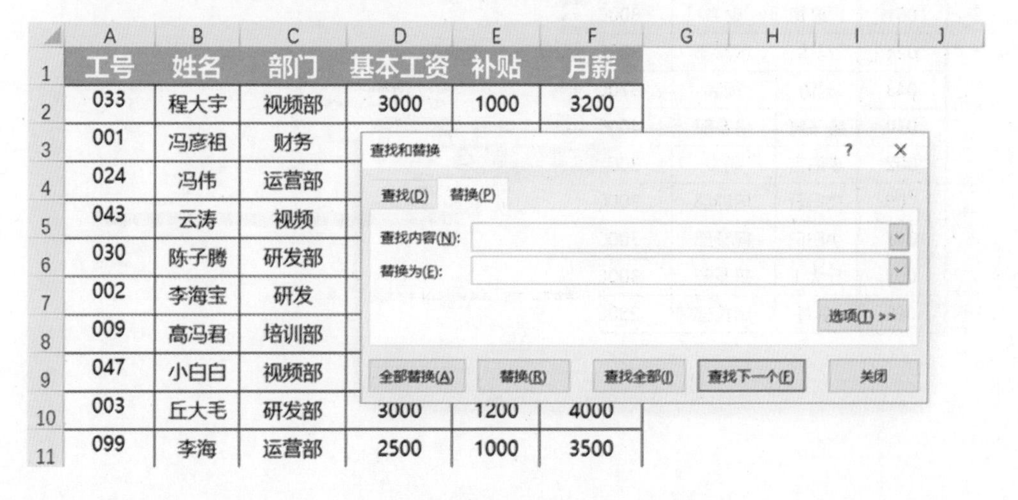

Step2：

在【查找内容】中，依次按下 Alt + 1 + 0 ，输入换行符（肉眼看不到），单击【全部替换】，清除所有换行符，工号变回了数值，每一行瞬间紧凑起来，如下图所示。不过，工号前面的“0”不见了。

注：光标会变成类似逗号的样子。

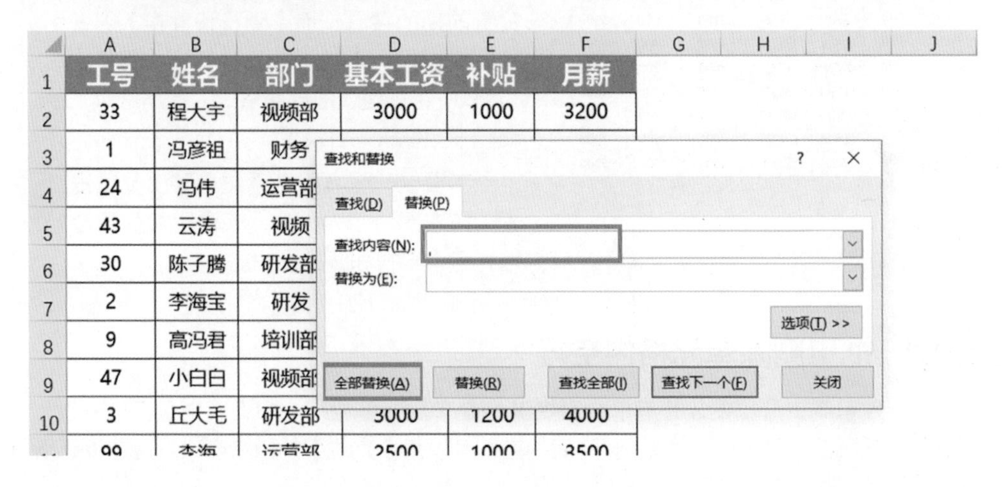

Step3：

选择A列，按下快捷键 Ctrl + 1 弹出【设置单元格格式】对话框，将【自定义】类型设置为“000”，恢复原有工号，如下图所示。

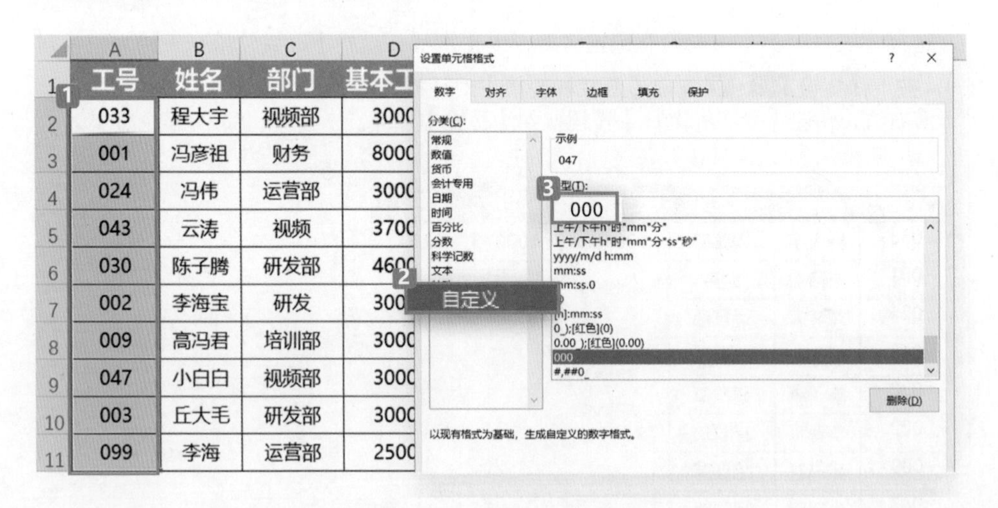

4.4.2 按单元格颜色查找和替换

除按内容查找外，还可以按照单元格的格式查找，按下快捷键 Ctrl + H 弹出【查找和替换】对话框，单击右下角【选项】按钮，展开更多的查找和替换选项，再单击【格式】下拉按钮，如下图所示。

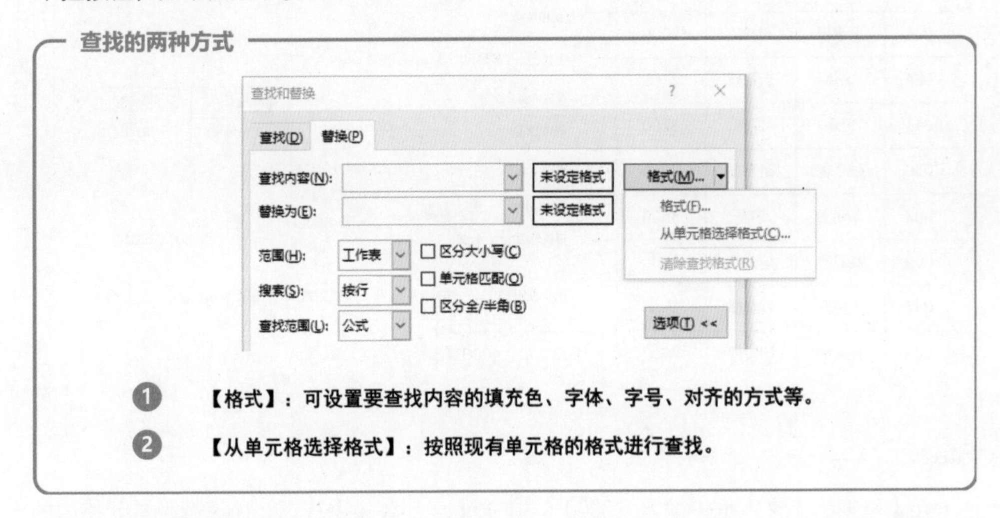

还是以上面的表格为例。公司今年效益好，主动给员工加薪（我也想进这样的公司），基本工资不满3000元的全部提到3000元，表格中将基本工资值低于3000的单元格填充为红色，接下来将其全部替换，具体步骤如下。

Step1：

按下快捷键 Ctrl + H →弹出【查找和替换】→【替换】选项卡→单击【选项】按钮。

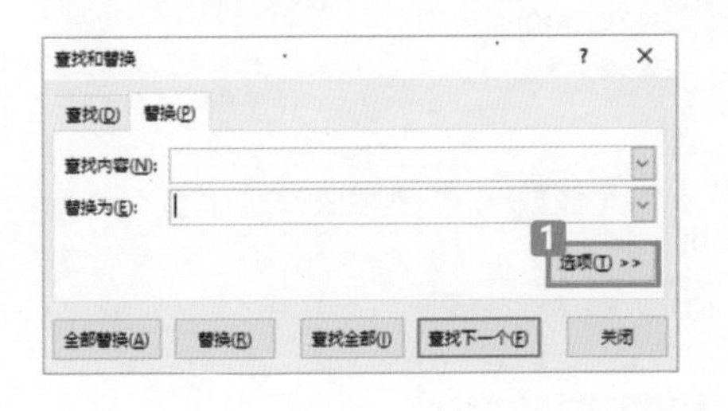

单击【查找内容】右边【格式】下拉按钮，选择【从单元格选择格式】。

此时会出现一个小吸管，用小吸管单击红色填充的任意一个单元格，【格式】左边的【预览】按钮变为红色，说明格式吸取成功，如下图所示。

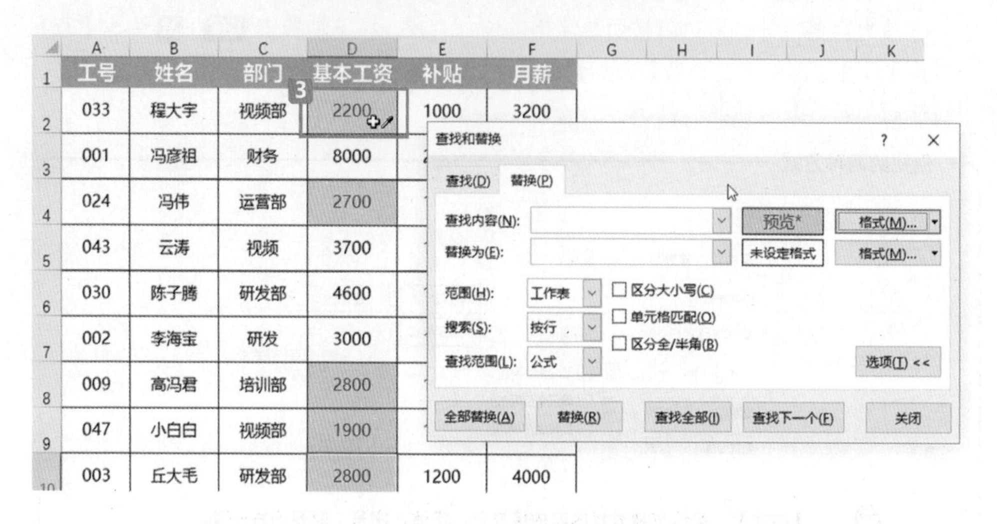

Step2：

在【替换为】文本框中输入“3000”，单击【全部替换】按钮，所有红色单元格内的数值成功批量替换，单击提示框中的【确定】按钮，如下图所示。

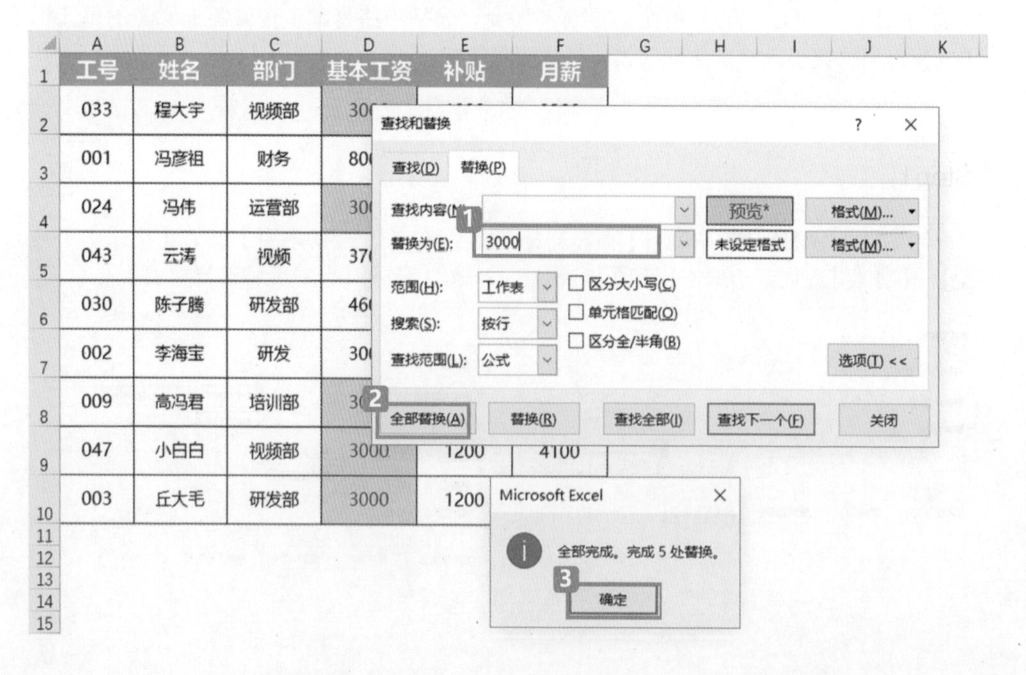

知识补充

（1）要替换的单元格在单元格颜色填充、边框、字体、文字颜色等设置上都要与吸取的单元格格式完全一样，才能被匹配查找到。

（2）开启新的查找替换时，可单击【格式】下拉按钮，选择【清除查找格式】。

（3）替换完成时会弹出提示“全部完成，完成XX处替换”，所以它也可以用来快速统计某种颜色单元格的数量，虽然不正规，但是很快速哦！

4.4.3 精确匹配查找和模糊查找

1. 精确匹配查找

公司新来了一位同事叫“李海”，跟研发部的“李海宝”仅一字之差，使用查找功能搜索“李海”的时候，总会把“李海宝”也一起搜到，如下图所示，甚是烦恼。

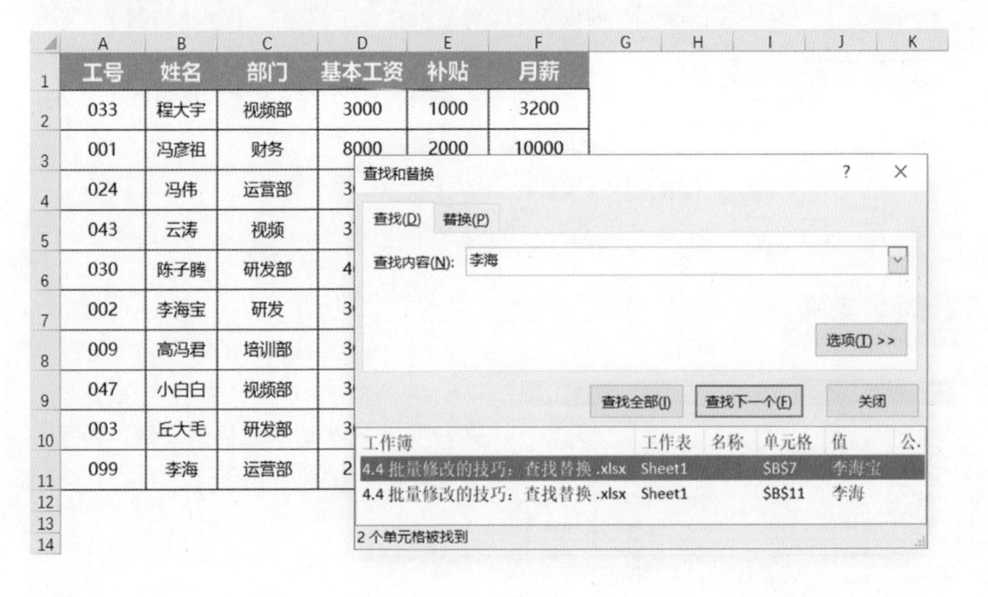

在【查找】选项卡中勾选【单元格匹配】，就可以实现精确查找了，如下图所示。【单元格匹配】的含义就是分毫不差地精确查找。

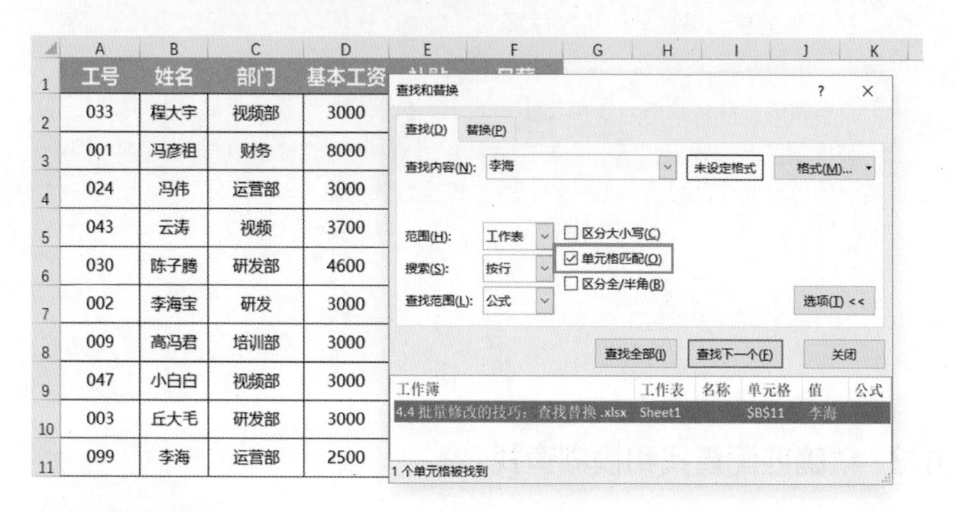

知识补充

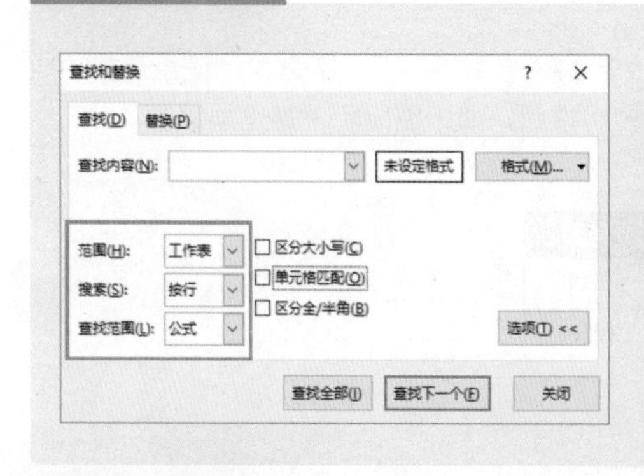

除单元格匹配外，Excel还提供了多种查找方式。例如，【范围】可选择“工作表”或“工作簿”；【查找范围】可以是“公式”“值”“批注”；还可以“区分大小写”“区分全/半角”来查找，如左图所示。

思考题

工号	姓名	部门	基本工资	补贴	月薪
033	程大宇	视频部	3000	1000	3200
001	冯彦祖	财务	8000	2000	10000
024	冯伟	运营部	3000	1000	3700
043	云涛	视频	3700	1500	5200
030	陈子腾	研发部	4600	1400	6000
002	李海宝	研发	3000	1200	4200
009	高冯君	培训部	3000	1200	4000

在“部门”列中，有几个单元格在命名上与其他单元格不一致，漏了“部”，请用【查找和替换】补上。

2. 模糊查找

模糊查找的实现方式

模糊查找功能一般通过通配符“*”或“?”来实现。

1. “*”可以代替任意个字符。
2. “?”可以代替一个字符。

必须在英文或半角状态下输入：按一下 Shift 键就可以实现中英文切换，如下图所示。

例如，查找“冯”姓员工，全名两个字，按快捷键 Ctrl + F 打开查找，输入“冯?”，查找结果如下图所示，但是，为啥“冯彦祖”“冯伟”“高冯君”全都搜出来了？

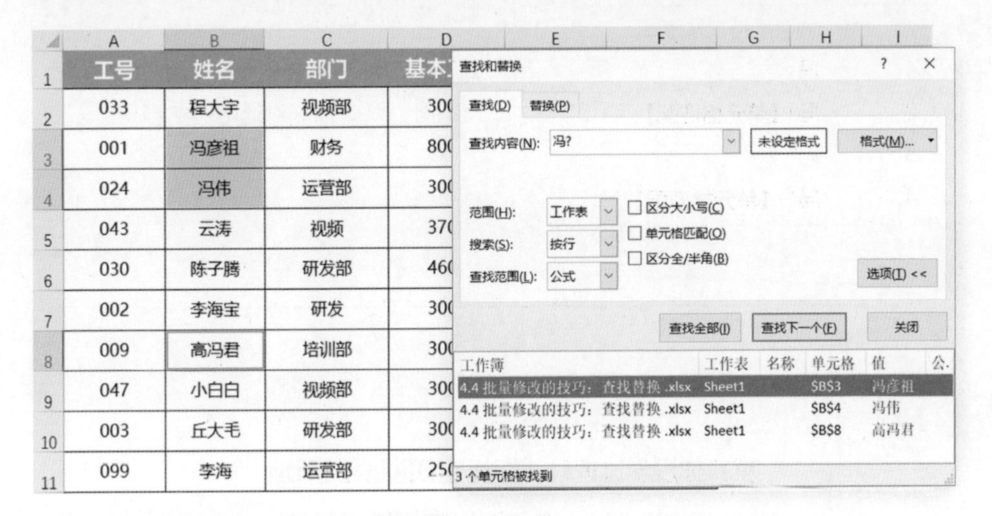

工号	姓名	部门	基本工
033	程大宇	视频部	300
001	冯彦祖	财务	800
024	冯伟	运营部	300
043	云涛	视频	370
030	陈子腾	研发部	460
002	李海宝	研发	300
009	高冯君	培训部	300
047	小白白	视频部	300
003	丘大毛	研发部	300
099	李海	运营部	250

在没有勾选【单元格匹配】的情况下，搜索“冯?”会把所有包含“冯”的内容都找到，如果要实现精确查找就必须勾选【单元格匹配】，如下图所示。利用通配符可以实现模糊查找，是否勾选【单元格匹配】需视情况而定。

工号	姓名	部门	基本工资
033	程大宇	视频部	3000
001	冯彦祖	财务	8000
024	冯伟	运营部	3000
043	云涛	视频	3700
030	陈子腾	研发部	4600
002	李海宝	研发	3000
009	高冯君	培训部	3000
047	小白白	视频部	3000
003	丘大毛	研发部	3000
099	李海	运营部	2500

知识补充

（1）反向查找：单击【查找下一个】按钮时，Excel会默认往下进行查找；如果在单击【查找下一个】按钮之前，按住Shift键，则可反向查找。

（2）【查找和替换】对话框底部可显示搜索结果，按住Shift键可以批量选择被搜到的单元格。

思考题

Excel通配符搜索方式	
1	冯
2	冯+【单元格匹配】
3	冯*
4	冯*+【单元格匹配】

尝试按照如左图所示的几种方式搜索上表，对比查找出来的结果，观察有何不同，以此加深对通配符的理解。

就算你没学过理科，你肯定知道爱因斯坦
就算你没读过金庸，你肯定知道少林寺
就算你没用过Excel，你肯定听过排序、筛选

4.5 随心所欲排序

数字很枯燥而且不直观，面对如下图所示的销售金额，很难在一长串的数字中一眼看出哪个卖得最好，哪个卖得不好。

1	日期	货品编码	货品名称	单位	数量	金额
2	2018/1/1	2097	跑鞋	双	50	¥4,095.00
3	2018/1/4	2108	跑鞋	双	60	¥4,831.20
4	2018/1/7	5160	休闲鞋	双	20	¥1,267.00
5	2018/1/10	2139	休闲鞋	双	20	¥2,172.00
6	2018/1/13	2137	休闲鞋	双	20	¥2,172.00
7	2018/1/16	5181	休闲鞋	双	18	¥13,032.00
8	2018/1/19	5162	休闲鞋	双	40	¥4,368.00

借助排序，可以把一张凌乱的表格梳理得井井有条，易于阅读，如果再搭配条件格式，那么就更加醒目直观了，对比下图，是否感觉提高了你的阅读效率呢？

	A	B	C	D	E	F
1	日期	货品编码	货品名称	单位	数量	金额
2	2018/1/16	5181	休闲鞋	双	18	¥13,032.00
3	2018/2/3	2099	跑鞋	双	80	¥6,624.00
4	2018/1/4	2108	跑鞋	双	60	¥4,831.20
5	2018/2/6	5133	跑鞋	双	60	¥4,416.00
6	2018/1/19	5162	休闲鞋	双	40	¥4,368.00
7	2018/1/1	2097	跑鞋	双	50	¥4,095.00
8	2018/1/28	1721	运动裤	条	51	¥3,079.89

Step1：

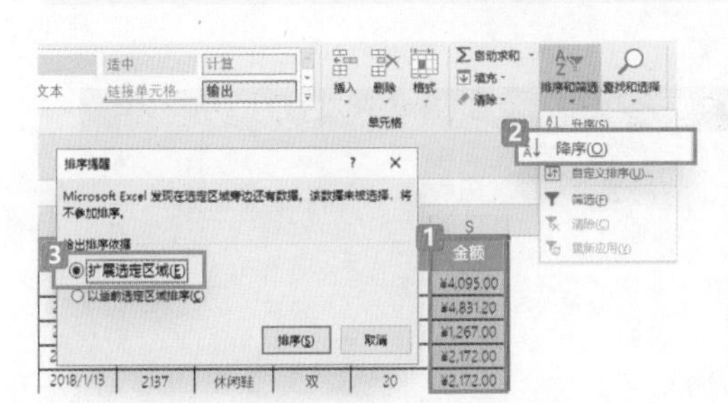

选择“金额”列→【数据】→单击【排序和筛选】下方的【降序】按钮（上方为【升序】按钮）→默认选择【扩展选定区域】→单击【排序】按钮，如左图所示。排序完成后，“金额”列中的数据改为从高到低排列，销售情况一目了然。

Step2：

选择“金额”列→【开始】→【条件格式】→【数据条】，考虑要将表头填充为绿色，所以选择第一排第二个绿色数据条，配色看起来统一协调，效果如下图所示。经过两步处理，提升了表格中数据的可读性。

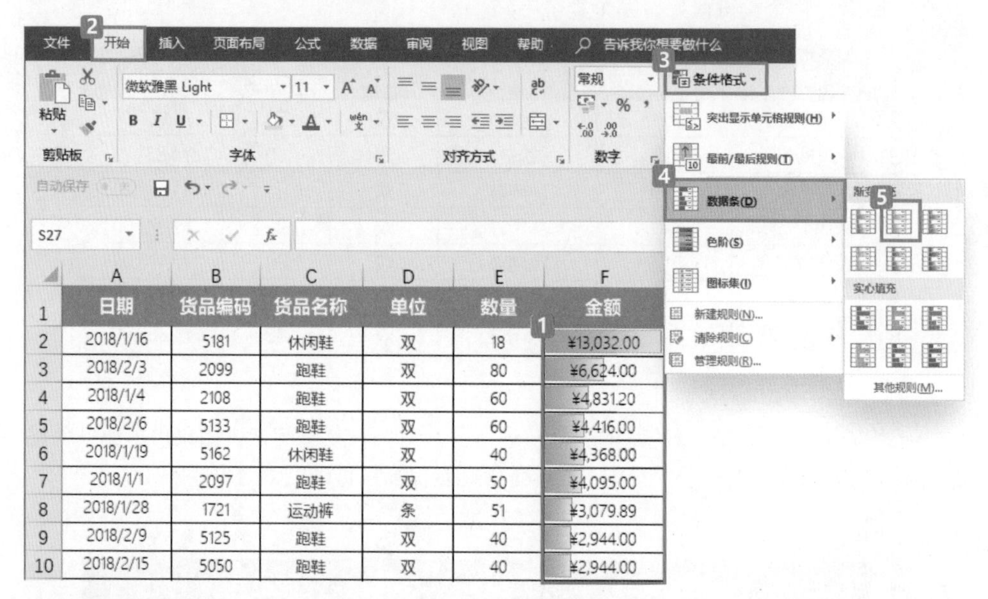

	A	B	C	D	E	F
1	日期	货品编码	货品名称	单位	数量	金额
2	2018/1/16	5181	休闲鞋	双	18	¥13,032.00
3	2018/2/3	2099	跑鞋	双	80	¥6,624.00
4	2018/1/4	2108	跑鞋	双	60	¥4,831.20
5	2018/2/6	5133	跑鞋	双	60	¥4,416.00
6	2018/1/19	5162	休闲鞋	双	40	¥4,368.00
7	2018/1/1	2097	跑鞋	双	50	¥4,095.00
8	2018/1/28	1721	运动裤	条	51	¥3,079.89
9	2018/2/9	5125	跑鞋	双	40	¥2,944.00
10	2018/2/15	5050	跑鞋	双	40	¥2,944.00

知识补充

（1）【扩展选定区域】的含义是：排序时将同一列对应的其他数据一起重排，如选择【以当前选定区域排序】则只对“金额”列排序，其他所有数据都不动，通常都默认【扩展选定区域】。

（2）排序时要选择某一列或某一区域；如果只选中表题，如F1单元格，单击【排序和筛选】下的排序按钮，则默认是对“金额”列排序，并默认【扩展选定区域】。

（3）可以在【开始】选项卡靠右的位置调用【升序】、【降序】或【自定义排序】，如下图所示。

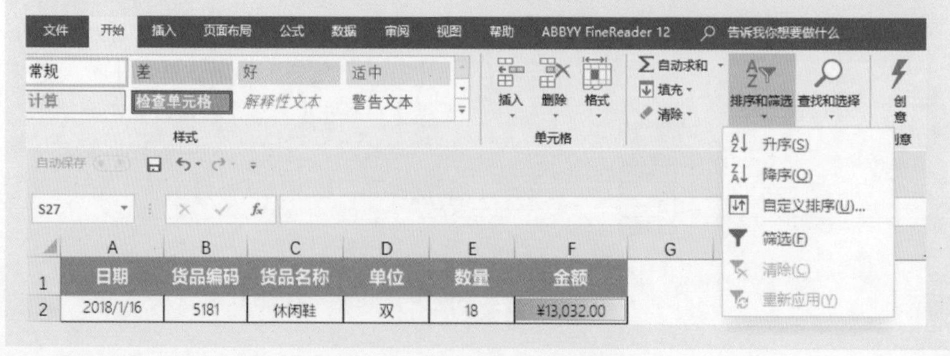

	A	B	C	D	E	F
1	日期	货品编码	货品名称	单位	数量	金额
2	2018/1/16	5181	休闲鞋	双	18	¥13,032.00

4.5.1 多关键字排序

简单的排序只有一个关键字或字段，有时排序的关键字不止一个，如下图所示中，需按“达标率”和“1 月销售/元”两列从高到低排列，方法如下。

	A	B	C	D
1	姓名	职位	达标率	1月销售/元
2	西门吹风	总经理	100%	3,619,000
3	陈宇	总监	88%	3,004,650
4	诸葛亮亮	总监	84%	1,112,100
5	阿蒂仙	经理	69%	737,650
6	云涛	经理	96%	3,240,275
7	陈子腾	主管	91%	1,234,000

Step1：

选择表内任意一个单元格，【数据】→【排序】→【主要关键字】选择【达标率】→【排序依据】默认为【单元格值】→【次序】选择【降序】，如下图所示。

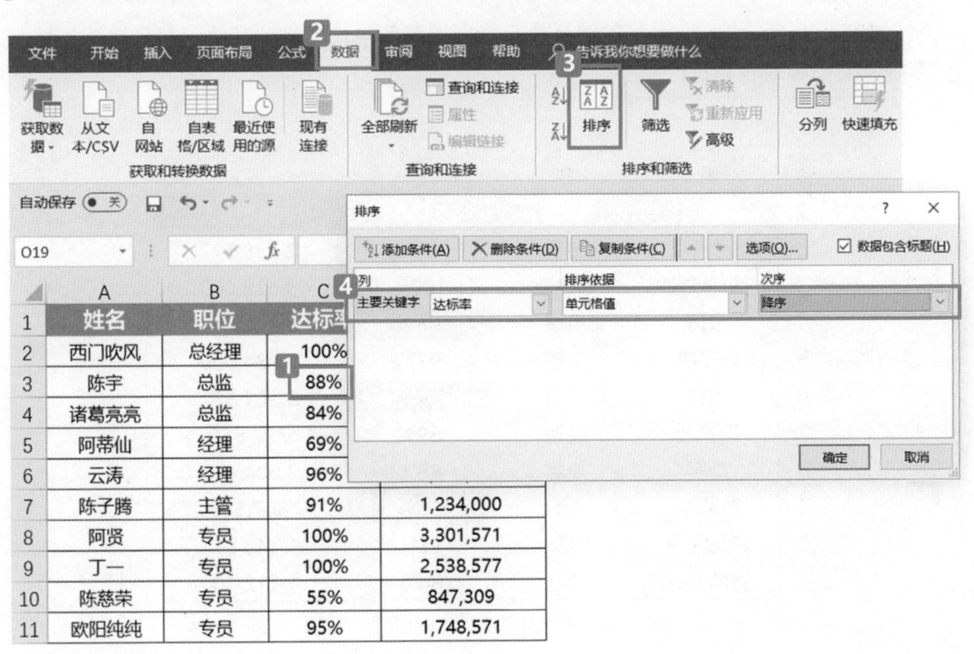

Step2：

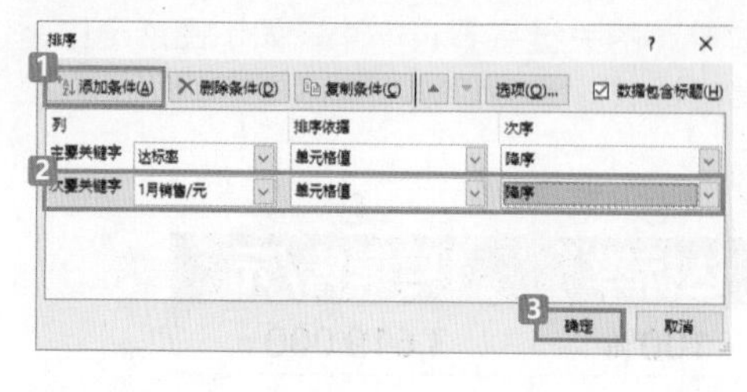

单击左上角【添加条件】→【次要关键字】选择“1月销售/元”→【排序依据】依旧默认为【单元格值】→【次序】选择【降序】→单击【确定】按钮，如左图所示。

在多关键字的排序中，Excel会优先考虑主要关键字的顺序，尽量兼顾次要关键字的顺序。

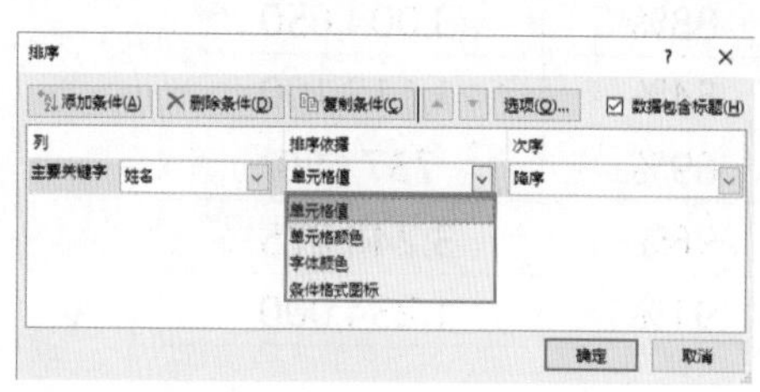

排序依据还提供了【单元格颜色】、【字体颜色】、【条件格式图标】等多种方式，让排序的选择更加多样，如左图所示。

思考题

如下图所示，“达标率”中部分单元格标记了颜色，请按照“蓝”“红”“绿”从高到低的顺序对表格进行排序。

	A	B	C	D
1	姓名	职位	达标率	1月销售/元
2	丁一	专员	100%	2,538,577
3	西门吹风	总经理	100%	3,619,000
4	云涛	经理	96%	3,240,275
5	陈子腾	主管	91%	1,234,000
6	阿贤	专员	100%	3,301,571
7	阿蒂仙	经理	69%	737,650
8	陈宇	总监	88%	3,004,650
9	陈慈荣	专员	55%	847,309
10	欧阳纯纯	专员	95%	1,748,571
11	诸葛亮亮	总监	84%	1,112,100

4.5.2 笔画排序

中国人的姓名由汉字组成，免不了遇到按姓氏笔画排序的情况，万能的Excel当然提供了此项服务。笔画排序的规则是首先按照首字的笔画数来排序，如果首字的笔画数相同，则依次按第二字、第三字的笔画数来排序。

例如，将上一个案例中的员工姓名按照笔画数从高到低排列，操作步骤如下。

选择表内任意一个单元格，【数据】→【排序】→【主要关键字】选择【姓名】→【次序】选择【降序】→单击右上角【选项】，选择【笔画排序】→一路单击【确定】按钮，如下图所示。

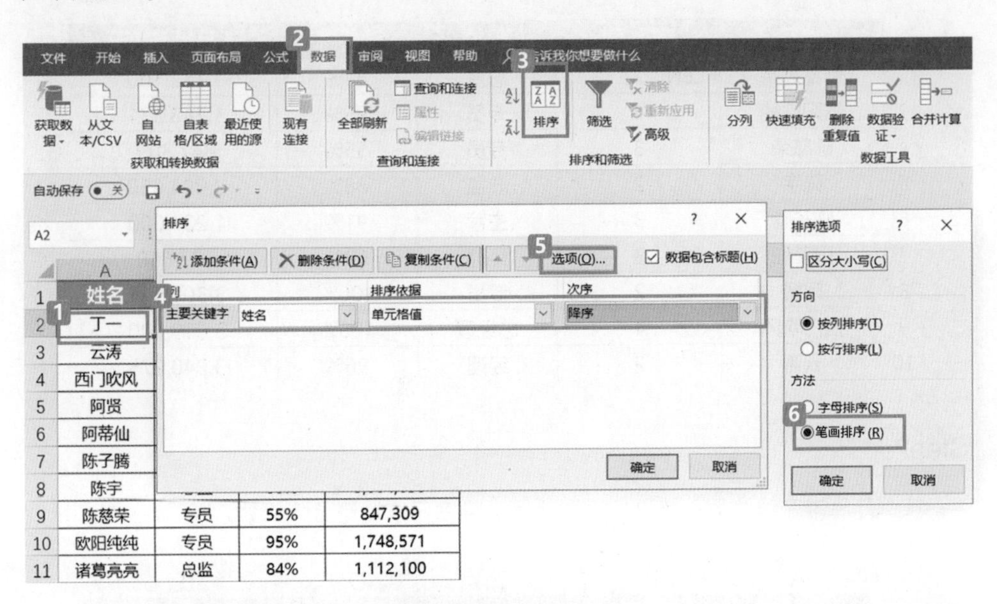

补充一点，英文姓名排序的操作步骤和上述基本一致，只需在最后一步将【笔画排序】改为【字母排序】即可，如果按升序排列，并勾选【区分大小写】，则同一字母小写字母排序先于大写字母，如下图所示。例如，“sara”排序先于“Sara”。

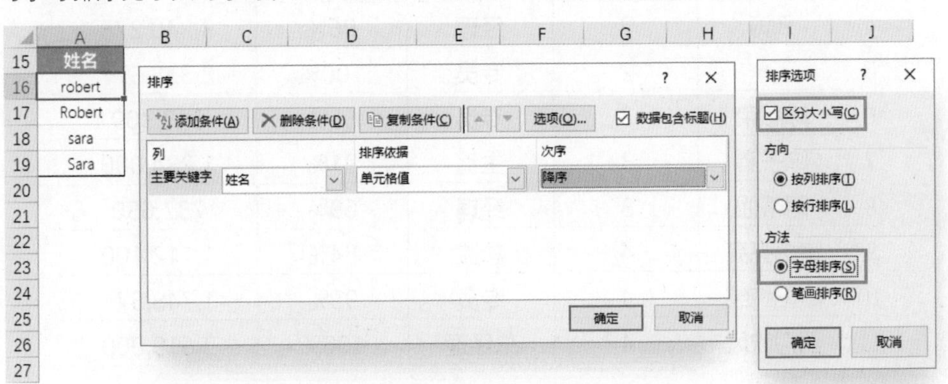

4.5.3 按字符数排序

如果按照姓名的长短，也就是按照字符数量排序该怎么办呢？只需增加一个辅助列，用LEN函数计算出字符长度，按照字符长度排序即可。操作步骤如下。

Step1：

选择B列，右击→【插入】新增辅助列，在B2单元格输入函数 =LEN (A2) ，拖曳鼠标填充整列，如下图所示。

	A	B	C	D	E
1	姓名	辅助列	职位	达标率	1月销售/元
2	诸葛亮亮	=LEN(A2)	总监	84%	1,112,100
3	欧阳纯纯	4	专员	95%	1,748,571
4	陈慈荣	3	专员	55%	847,309
5	陈宇	2	总监	88%	3,004,650
6	陈子腾	3	主管	91%	1,234,000
7	阿蒂仙	3	经理	69%	737,650
8	阿贤	2	专员	100%	3,301,571
9	西门吹风	4	总经理	100%	3,619,000
10	云涛	2	经理	96%	3,240,275

Step2：

按照升序排序辅助列，结果如下图所示，排序完成后删除辅助列。

	A	B	C	D	E
1	姓名	辅助列	职位	达标率	1月销售/元
2	陈宇	2	总监	88%	3,004,650
3	阿贤	2	专员	100%	3,301,571
4	云涛	2	经理	96%	3,240,275
5	丁一	2	专员	100%	2,538,577
6	陈慈荣	3	专员	55%	847,309
7	陈子腾	3	主管	91%	1,234,000
8	阿蒂仙	3	经理	69%	737,650
9	诸葛亮亮	4	总监	84%	1,112,100
10	欧阳纯纯	4	专员	95%	1,748,571
11	西门吹风	4	总经理	100%	3,619,000

4.5.4 按指定序列排序

Excel内置的排序再全也无法考虑所有情况。例如，按照“总经理、总监、经理、主管、专员”的顺序排序，Excel的程序员无法预知所有公司成员的职级，但是操作者可自定义序列！具体操作步骤如下。

Step1：

【数据】→【排序】→【主要关键字】选择【职位】→【次序】选择【自定义序列】。

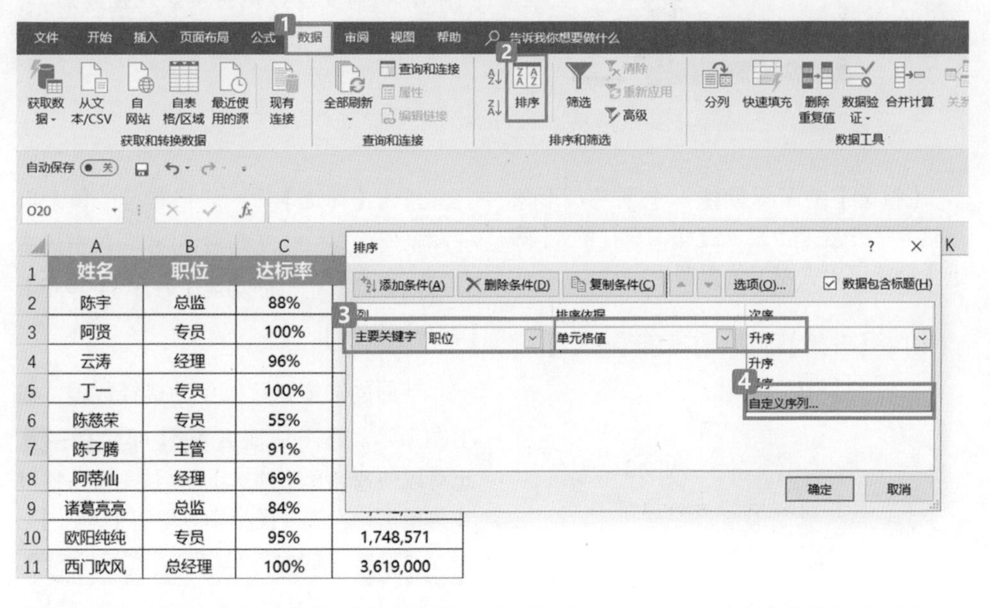

Step2：

在【自定义序列】对话框中按照下图所示输入职位序列（注意格式，无标点）→单击【添加】按钮，然后一路单击【确定】按钮，最终完成排序。

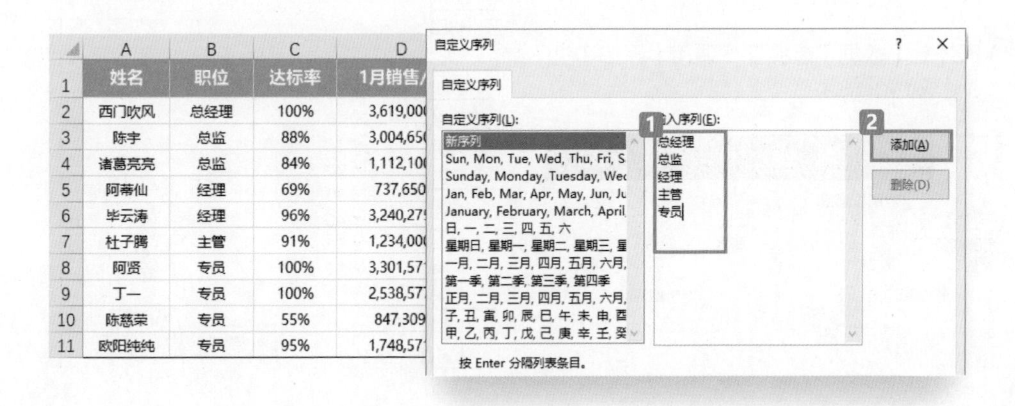

4.6 纷繁数据挑着看：筛选

一张几十行、甚至上百行的表格包含庞大的数据，在繁杂的数据中用肉眼寻找某类信息只会加深你的眼镜度数，【筛选】功能可以过滤多余的干扰，将需要的数据直接呈现在你的眼前。

【筛选】的图标就像一个漏斗，形象地暗示了它就是用来“过滤信息”的，【筛选】功能可以在以下位置调用。

（1）在【开始】选项卡下调用【筛选】，如下图所示。

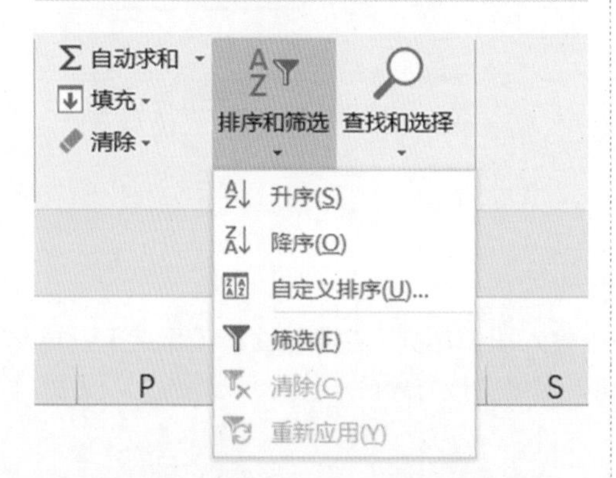

（2）在【数据】选项卡下调用【筛选】，如下图所示。

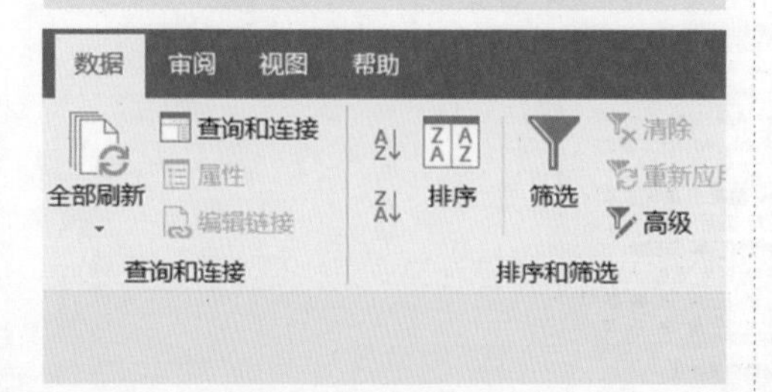

单击【筛选】后，表格首行的每个单元格都会出现一个三角按钮▼，单击该按钮可以看到三个排序功能【升序】【降序】【按颜色排序】。

下面的选框还可以手动选择数据，如下图所示。按下快捷键 Ctrl + Shift + L 也可以快速调用【筛选】，再按一次快捷键或再单击一次漏斗图标则可取消【筛选】。

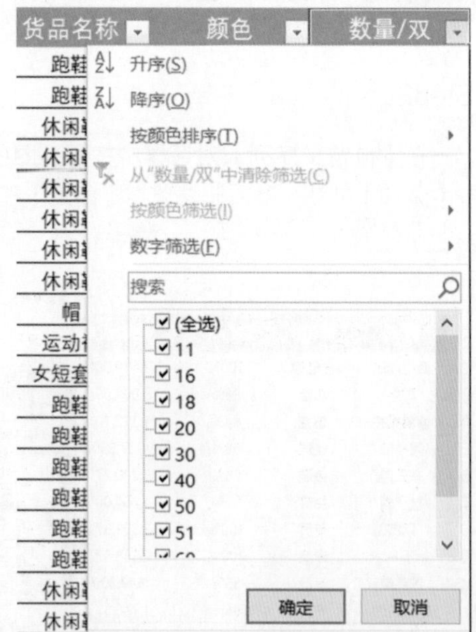

4.6.1 基本筛选

以前述案例中的“体育用品销售明细表”为例学习【筛选】的基本功能。

1. 按日期时间筛选

表格内包含两个月份的数据，如果只看2月的数据，则可以单击【数据】选项卡→【筛选】→选择“日期”列的筛选按钮→【日期筛选】→取消选择【全选】，勾选【二月】→单击【确定】按钮，如下图所示。此外，还可以单击【二月】前面的“+”号，选择更具体的日期。

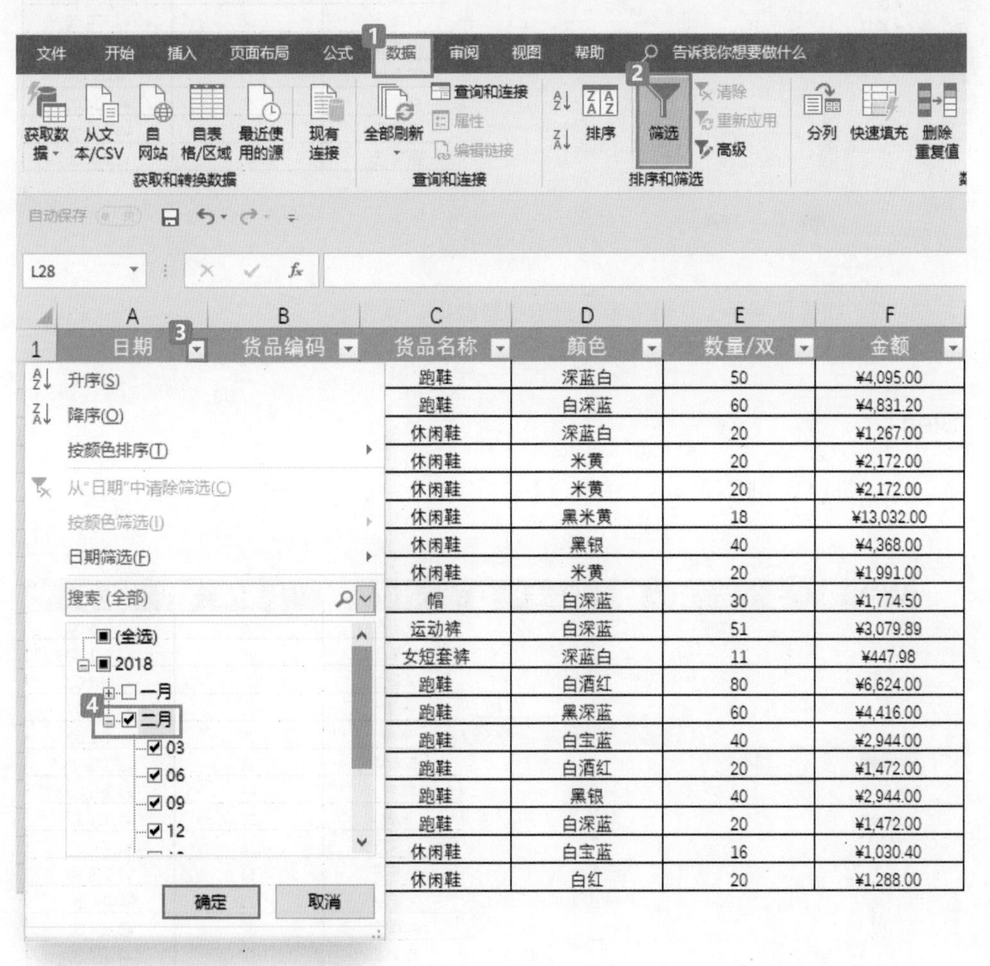

【日期筛选】中还有很多筛选方式，如可以通过具体的日、周、季度、年份来筛选，并可自定义设置筛选的日期范围，如下图所示。

日期	货品编码	货品名称	颜色	数量/双	金额
			深蓝白	50	¥4,095.00
			白深蓝	60	¥4,831.20
			深蓝白	20	¥1,267.00
			米黄	20	¥2,172.00
			米黄	20	¥2,172.00
			黑米黄	18	¥13,032.00
			黑银	40	¥4,368.00
			米黄	20	¥1,991.00
			白深蓝	30	¥1,774.50
			白深蓝	51	¥3,079.89
			深蓝白	11	¥447.98
			白酒红	80	¥6,624.00
			黑深蓝	60	¥4,416.00
			白宝蓝	40	¥2,944.00

升序(S)
降序(O)
按颜色排序(T)
从"日期"中清除筛选(C)
按颜色筛选(I)
日期筛选(F)
搜索 (全部)
(全选)
2018
一月
二月
确定
取消

等于(E)...
之前(B)...
之后(A)...
介于(W)...
明天(T)
今天(O)
昨天(D)
下周(K)
本周(H)
上周(L)
下月(M)
本月(S)
上月(N)

例如，如果只展示 1 月份下半个月的销售数据，操作如下。

Step1：

单击“日期”列的【筛选】按钮→【日期筛选】→选择【介于】，如下图所示。

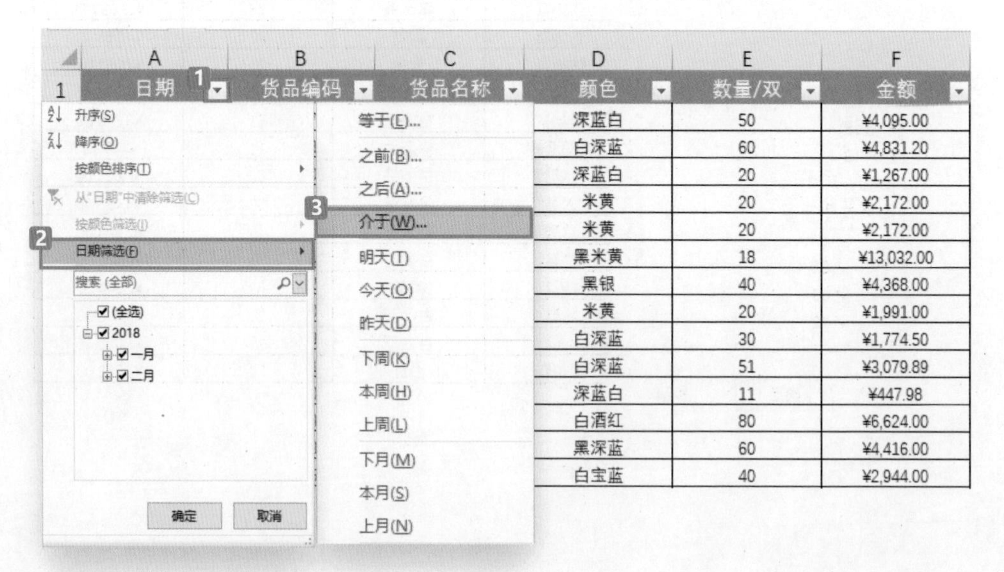

日期	货品编码	货品名称	颜色	数量/双	金额
			深蓝白	50	¥4,095.00
			白深蓝	60	¥4,831.20
			深蓝白	20	¥1,267.00
			米黄	20	¥2,172.00
			米黄	20	¥2,172.00
			黑米黄	18	¥13,032.00
			黑银	40	¥4,368.00
			米黄	20	¥1,991.00
			白深蓝	30	¥1,774.50
			白深蓝	51	¥3,079.89
			深蓝白	11	¥447.98
			白酒红	80	¥6,624.00
			黑深蓝	60	¥4,416.00
			白宝蓝	40	¥2,944.00

Step2：

在弹出的【自定义自动筛选方式】对话框中，首先选择【与】(表示同时满足上下的条件)→单击第一行下拉按钮，选择【在以下日期之后】，输入“2018/1/15”→单击第二行下拉按钮，选择【在以下日期之前】输入“2018/2/1”→单击【确定】按钮，如下图所示。

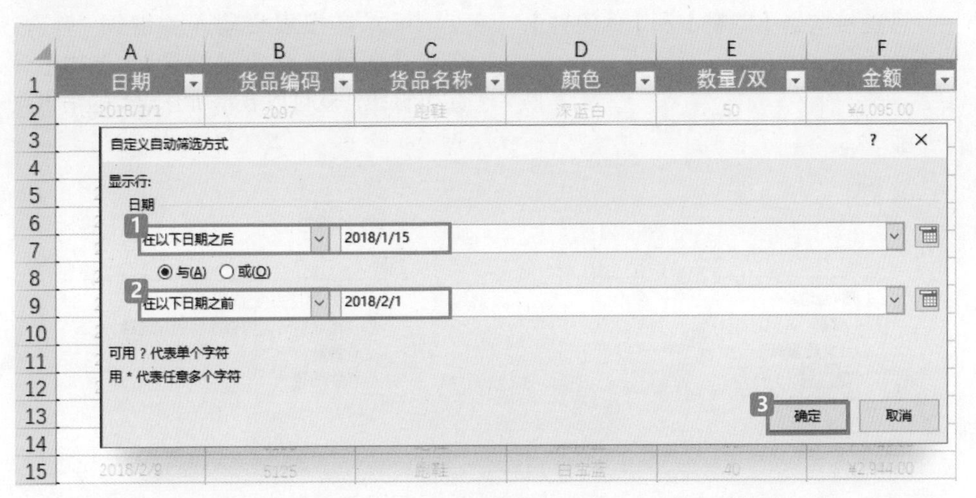

若要恢复原来的数据，则单击【筛选】按钮，选择【从“日期”中清除筛选】即可，如下图所示。

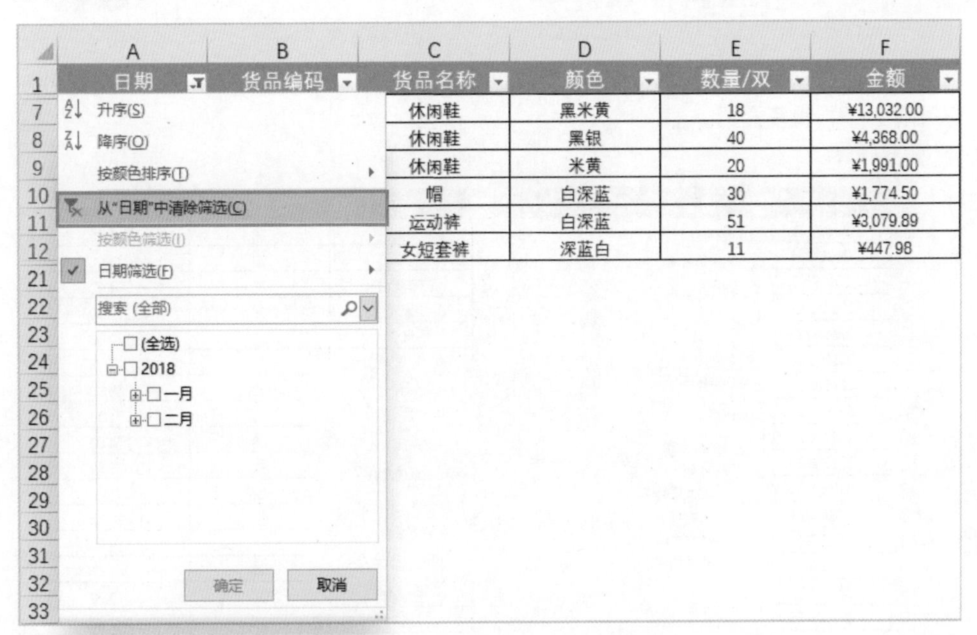

2. 按文本特征筛选

如果只查看鞋类的销售数据，则可对“货品名称”进行筛选，有以下两种方式可供选择。

1. 鞋类品种不多

可直接勾选【跑鞋】和【休闲鞋】，如下图所示。

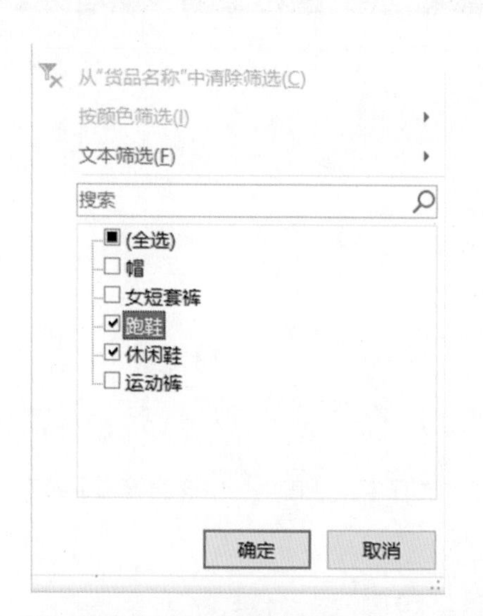

2. 鞋子品类很多

可以在搜索栏输入关键词“鞋”，勾选【选择所有搜索结果】，单击【确定】按钮，就可以展示所有鞋类的销售数据了。

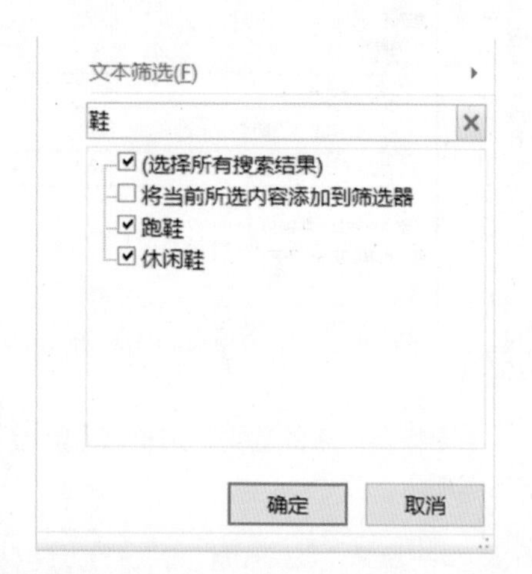

类似【日期筛选】,【文本筛选】功能也提供了很多筛选方式，如下图所示，使用方法相似，不再重复介绍。

	A	B	C	D	E	F
1	日期	货品编码	货品名称	颜色	数量/双	金额
2	2018/1/1			深蓝白	50	¥4,095.00
3	2018/1/4			白深蓝	60	¥4,831.20
4	2018/1/7			深蓝白	20	¥1,267.00
5	2018/1/10			米黄	20	¥2,172.00
6	2018/1/13			米黄	20	¥2,172.00
7	2018/1/16				18	¥13,032.00
8	2018/1/19				40	¥4,368.00
9	2018/1/22				20	¥1,991.00
10	2018/1/25				30	¥1,774.50
11	2018/1/28				51	¥3,079.89
12	2018/1/31				11	¥447.98
13	2018/2/3				80	¥6,624.00
14	2018/2/6				60	¥4,416.00
15	2018/2/9				40	¥2,944.00
16	2018/2/12			白酒红	20	¥1,472.00
17	2018/2/15			黑银	40	¥2,944.00
18	2018/2/18			白深蓝	20	¥1,472.00
19	2018/2/21			白宝蓝	16	¥1,030.40
20	2018/2/24			白红	20	¥1,288.00

升序(S)
降序(O)
按颜色排序(T)
从"货品名称"中清除筛选(C)
按颜色筛选(I)
文本筛选(F)
搜索
(全选)
帽
女短套裤
跑鞋
休闲鞋
运动裤
确定
取消

等于(E)...
不等于(N)...
开头是(I)...
结尾是(T)...
包含(A)...
不包含(D)...
自定义筛选(F)...

3. 按数字筛选

【数字筛选】的方式也和【日期筛选】类似（日期的本质就是数字），如下图所示。有以下两种方式可供选择。

货品编码	货品名称	颜色	数量/双	金额
2097	跑鞋	深蓝白		
2108	跑鞋	白深蓝		
5160	休闲鞋	深蓝白		
2139	休闲鞋	米黄		
2137	休闲鞋	米黄		
5181	休闲鞋	黑米黄		
5162	休闲鞋	黑银		
2140	休闲鞋	米黄		
9023	帽	白深蓝		
1721	运动裤	白深蓝		
8380	女短套裤	深蓝白		
2099	跑鞋	白酒红		
5133	跑鞋	黑深蓝		
5125	跑鞋	白宝蓝		
5151	跑鞋	白酒红		
5050	跑鞋	黑银		
3497	跑鞋	白深蓝		

升序(S)
降序(O)
按颜色排序(T)
从"金额"中清除筛选(C)
按颜色筛选(I)
数字筛选(F)：等于(E)... 不等于(N)... 大于(G)... 大于或等于(O)... 小于(L)... 小于或等于(Q)... 介于(W)... 前 10 项(T)... 高于平均值(A) 低于平均值(O) 自定义筛选(F)...
搜索
(全选) ¥447.98 ¥1,030.40 ¥1,267.00 ¥1,288.00 ¥1,472.00 ¥1,774.50 ¥1,991.00
确定　取消

1. 按排名筛选

例如，快速找出销售前三名的数据，不用排序，筛选功能也可以做到。

单击"金额"列的【筛选】按钮→【数字筛选】→选择【前10项】（多少项可自定义）→弹出的对话框中选择【最大】，输入【3】→单击【确定】按钮，就可选出销售前三名的数据了，如下图所示。

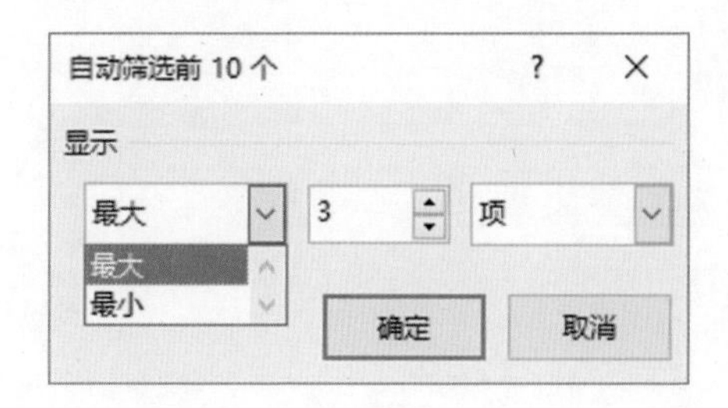

2. 按平均值筛选

如要找出高于平均值或低于平均值的数字，则通常的做法是先算出平均值，再进行比对。

但是利用筛选功能可以一步到位：单击"金额"列的【筛选】按钮→【数字筛选】→选择【高于平均值】→单击【确定】按钮，一步搞定，如下图所示。

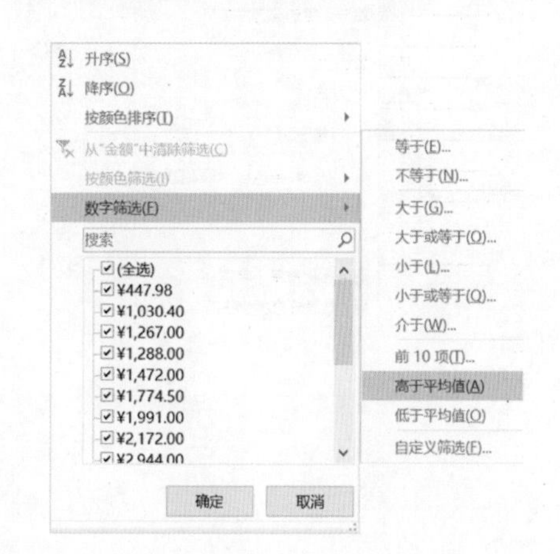

知识补充

（1）按颜色筛选。如果单元格填充了不同的颜色，则可以按照颜色进行筛选，如下图所示。

（2）模糊筛选。【模糊筛选】和【查找和替换】中的【模糊查找】类似，需要用到通配符“*”和“?”。例如，筛选“白”开头的颜色，单击【颜色】列的【筛选】按钮→【文本筛选】→弹出【自定义自动筛选方式】对话框→选择【等于】，输入“白*”→单击【确定】按钮，如下图所示。

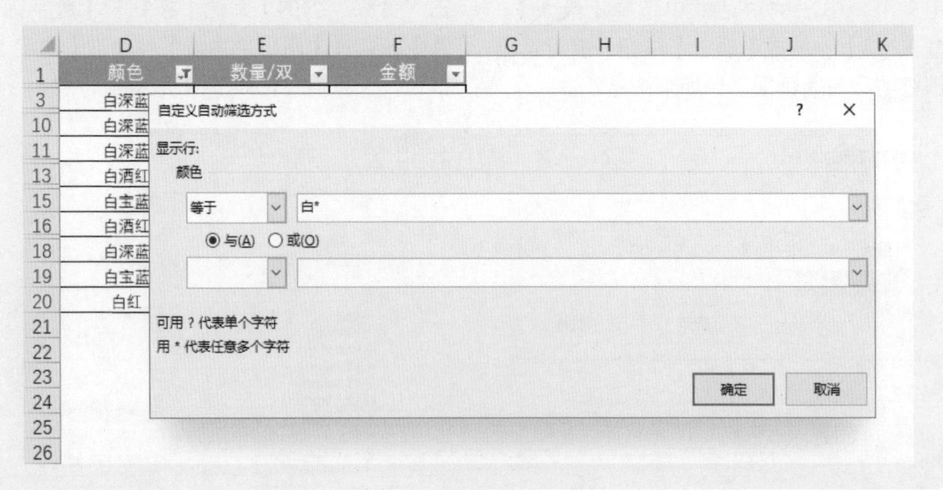

知识补充

（3）快速筛选。如果希望以某个单元格的值作为筛选条件，则可采用【快速筛选】。例如，以“深蓝白”这个单元格作为筛选条件，可在D2单元格上右击→【筛选】→【按所选单元格的值筛选】，如下图所示。此外，“单元格的颜色”“单元格的字体颜色”“单元格的图标”都可作为快速筛选的条件。

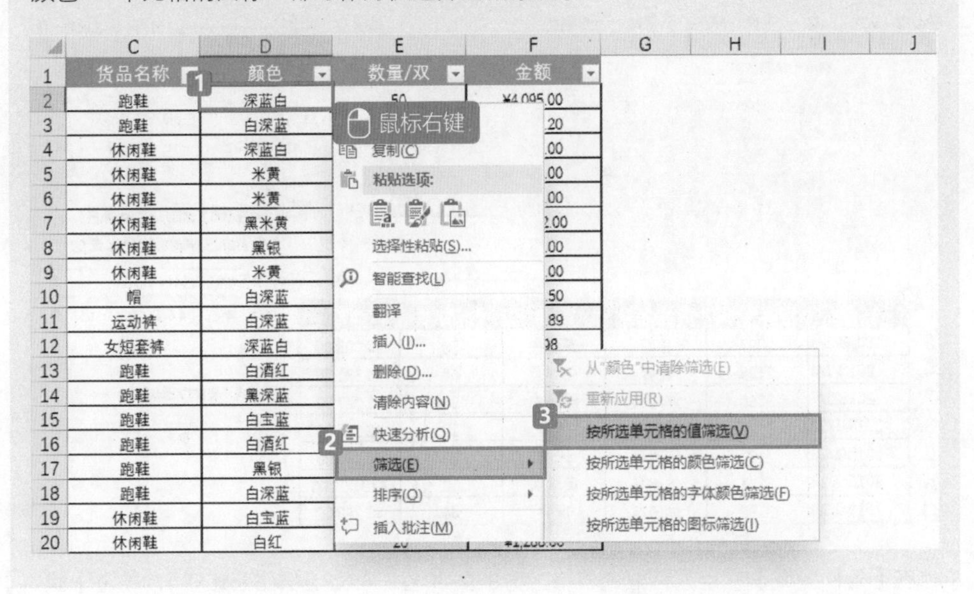

4.6.2 多条件筛选

上述几种筛选条件都是单一条件，在实际应用中，可能需要设置多个条件，多条件有“与(同时满足多个条件)”“或（满足多个条件中的任意一个条件）”两种关系，下面分别举例说明。

1. 与：同时满足多个条件

如下图所示，在表格上方列好筛选条件备用，条件是“跑鞋”“数量>=40”“金额>=2000”，这里包含了三个筛选条件，三个筛选条件必须同时满足（“与”的关系）。

注意：并列关系的条件应置于同一行。

			货品名称		数量/双	金额
1			货品名称		数量/双	金额
2			跑鞋		>=40	>=2000
3						
4	日期	货品编码	货品名称	颜色	数量/双	金额
5	2018/1/1	2097	跑鞋	深蓝白	50	¥4,095.00
6	2018/1/4	2108	跑鞋	白深蓝	60	¥4,831.20

选择表格内任意一个单元格，【数据】→【排序和筛选：高级】→【列表区域】一般选择默认（$A$4:$F$23），如下图所示。

注意：【高级筛选】默认在原有区域显示筛选结果。

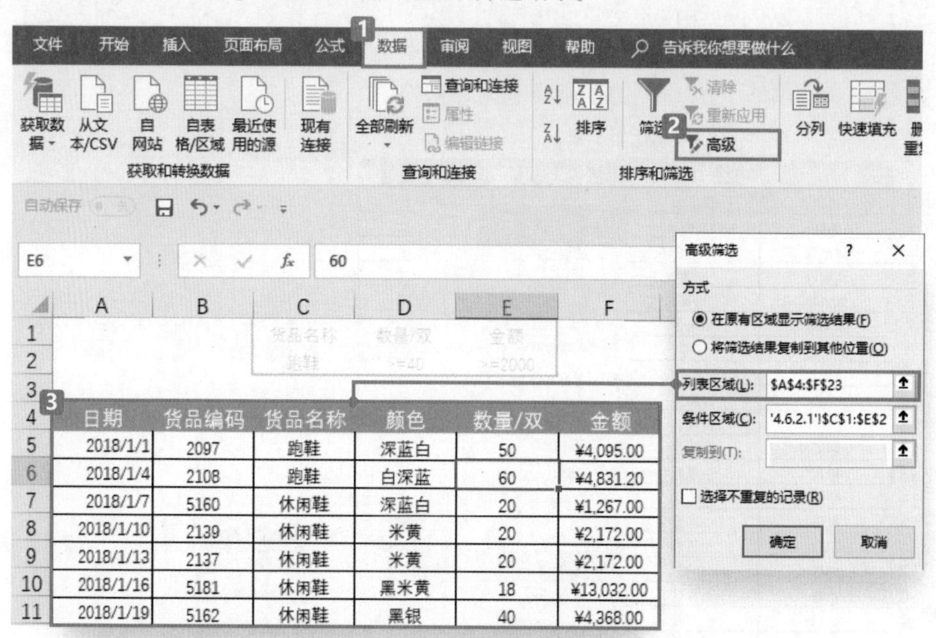

在【条件区域】中用鼠标框选表格上方的条件区（'4.6.2.1'!$C$1:$E$2），单击【确定】按钮完成筛选，如下图所示。

注意：框选区域前面'4.6.2.1'表示所在的工作表的名称，无须手动输入。

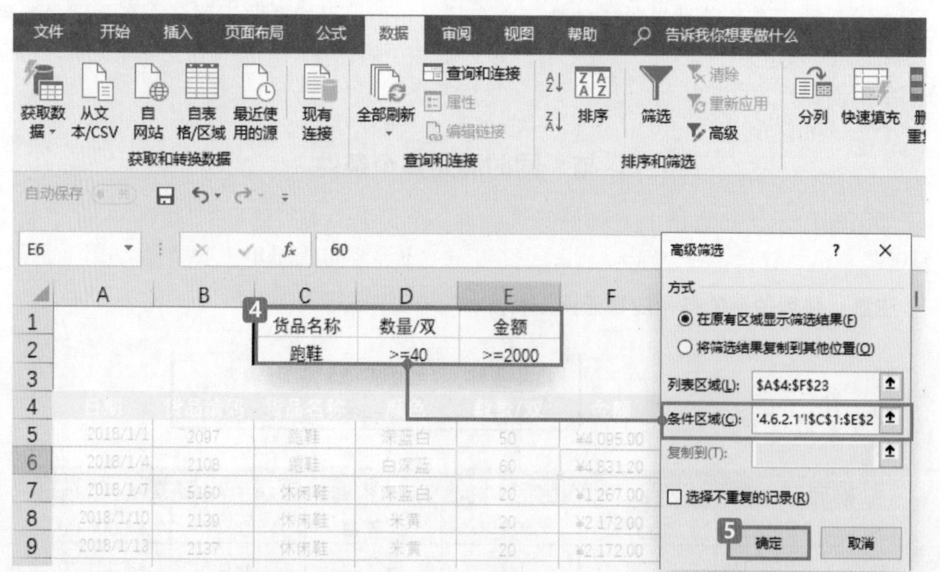

筛选后的结果满足上述条件，如果不再需要筛选，则可单击“漏斗”图标右侧的 清除 即可还原，结果如下图所示。

4	日期	货品编码	货品名称	颜色	数量/双	金额
5	2018/1/1	2097	跑鞋	深蓝白	50	¥4,095.00
6	2018/1/4	2108	跑鞋	白深蓝	60	¥4,831.20
16	2018/2/3	2099	跑鞋	白酒红	80	¥6,624.00
17	2018/2/6	5133	跑鞋	黑深蓝	60	¥4,416.00
18	2018/2/9	5125	跑鞋	白宝蓝	40	¥2,944.00
20	2018/2/15	5050	跑鞋	黑银	40	¥2,944.00

2. 或：满足多个条件中的任意一个条件

如果筛选条件改为：“只要满足跑鞋数量>=40双，或者满足跑鞋金额>=4500元”，则将满足条件的结果都挑选出来，也就是“或”的关系，如下图所示。

注意：此时，不同的条件要置于不同行，

1			货品名称	数量/双	金额	
2			跑鞋	>=40		
3			跑鞋		>=4500	
4						
5	日期	货品编码	货品名称	颜色	数量/双	金额
6	2018/1/1	2097	跑鞋	深蓝白	50	¥4,095.00
7	2018/1/4	2108	跑鞋	白深蓝	60	¥4,831.20
8	2018/1/7	5160	休闲鞋	深蓝白	20	¥1,267.00

筛选的操作步骤跟前面一致，筛选后结果如下图所示。

	A	B	C	D	E	F
1			货品名称	数量/双	金额	
2			跑鞋	>=40		
3			跑鞋		>=4500	
4						
5	日期	货品编码	货品名称	颜色	数量/双	金额
6	2018/1/1	2097	跑鞋	深蓝白	50	¥4,095.00
7	2018/1/4	2108	跑鞋	白深蓝	60	¥4,831.20

特别需要强调的是：无论是哪种条件关系下的筛选，条件区域的首行必须是标题，且必须与筛选表格中的标题完全一致。

4.6.3 筛选重复值

如果两张结构相同的表格中有重复的数据，则也可用筛选功能快速找出来，为了便于观察对比，下面将表格做一些简化，如下图所示。具体操作如下。

	A	B	C
1	货品名称	颜色	数量
2	跑鞋	深蓝白	50
3	跑鞋	白深蓝	60
4	休闲鞋	深蓝白	20
5	休闲鞋	米黄	20
6	休闲鞋	黄	20
7	休闲鞋	黑米黄	18
8	休闲鞋	黑银	40
9	休闲鞋	金色	20

	E	F	G
1	货品名称	颜色	数量
2	跑鞋	深蓝白	50
3	跑鞋	白深蓝	60
4	休闲鞋	米黄	20
5	休闲鞋	黑银	40
6	跑鞋	深蓝	80
7	跑鞋	蓝	60
8	跑鞋	深蓝白	40
9	跑鞋	白酒红	20

单击【数据】→【排序和筛选：高级】→【高级筛选】→【方式】选择【将筛选结果复制到其他位置】→【列表区域】选择第一张表，如下图所示。

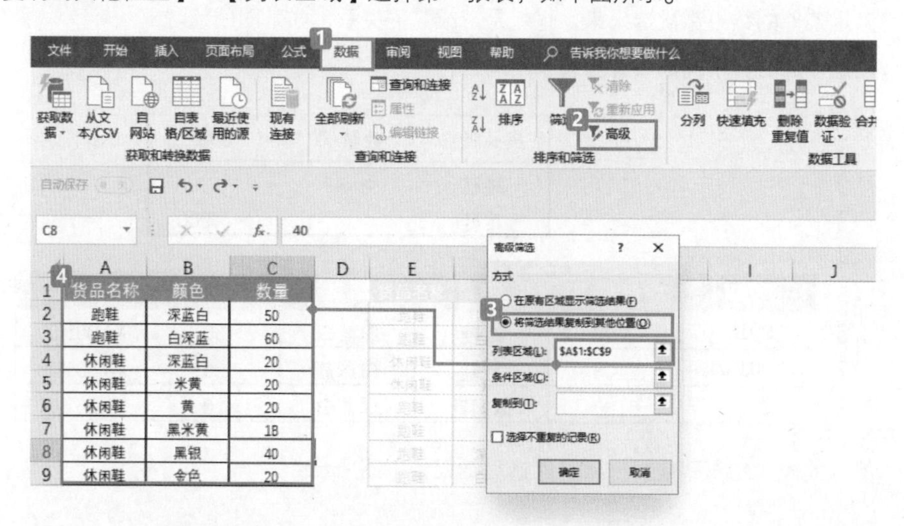

【条件区域】选择第二张表，如下图所示。

	E	F	G
1	货品名称	颜色	数量
2	跑鞋	深蓝白	50
3	跑鞋	白深蓝	60
4	休闲鞋	米黄	20
5	休闲鞋	黑银	40
6	跑鞋	深蓝	80
7	跑鞋	蓝	60
8	跑鞋	深蓝白	40
9	跑鞋	白酒红	20

高级筛选

方式

○ 在原有区域显示筛选结果(F)

◉ 将筛选结果复制到其他位置(O)

列表区域(L)：$A$1:$C$9

条件区域(C)：$E$1:$G$9

复制到(T)：

☐ 选择不重复的记录(R)

确定　取消

【复制到】选择目标区域，如定位到A11单元格，单击【确定】按钮完成筛选，如下图所示，共计筛选出四条重复值。

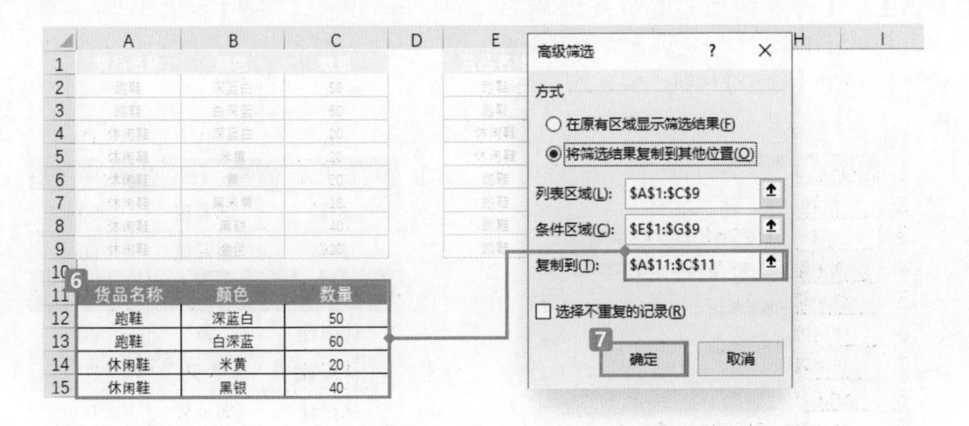

筛选后的结果无法用快捷键 Ctrl+Z 撤销，可在【开始】选项卡找到【全部清除】命令，将其全部清除。

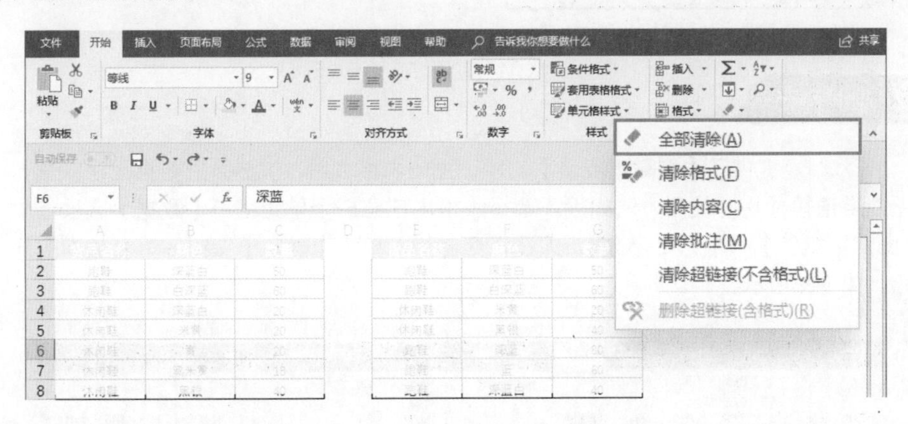

4.6.4 隐藏重复值

数据重复的问题想必大家经常遇到，如右图所示。

1	货品名称	颜色	数量
2	跑鞋	深蓝白	50
3	跑鞋	白深蓝	60
4	休闲鞋	深蓝白	20
5	休闲鞋	深蓝白	20
6	休闲鞋	黄	20
7	休闲鞋	米黄	20
8	休闲鞋	米黄	20

利用【筛选】功能可以将同一表格内的多行重复数据隐藏起来，只保留其中一行。这种方法的好处在于，万一操作失误，取消筛选后仍可以还原表格，不会导致数据丢失。

选择表格内任意一个单元格，【数据】→【排序和筛选：高级】→【高级筛选】→【列表区域】框选整张表格（'4.6.4'!$A$1:$C$12）→勾选【选择不重复记录】→单击【确定】按钮，如下图所示。

最后结果如下图所示，重复的行并没有被删除，而是被隐藏起来了，单击“漏斗”图标旁的【清除】按钮可恢复原表。

	A	B	C
1	货品名称	颜色	数量
2	跑鞋	深蓝白	50
3	跑鞋	白深蓝	60
4	休闲鞋	深蓝白	20
6	休闲鞋	黄	20
7	休闲鞋	米黄	20
9	休闲鞋	黑米黄	18
10	休闲鞋	黑银	40
12	休闲鞋	金色	20

知识补充

Excel还提供了【删除重复值】功能，关闭表格之后，被删除的数据无法恢复，所以需谨慎使用。使用方法如下。选择表格内任意一个单元格→【数据】选项卡→【删除重复值】→默认【全选】，即选择全部列→单击【确定】按钮后重复值即被删除，如下图所示。

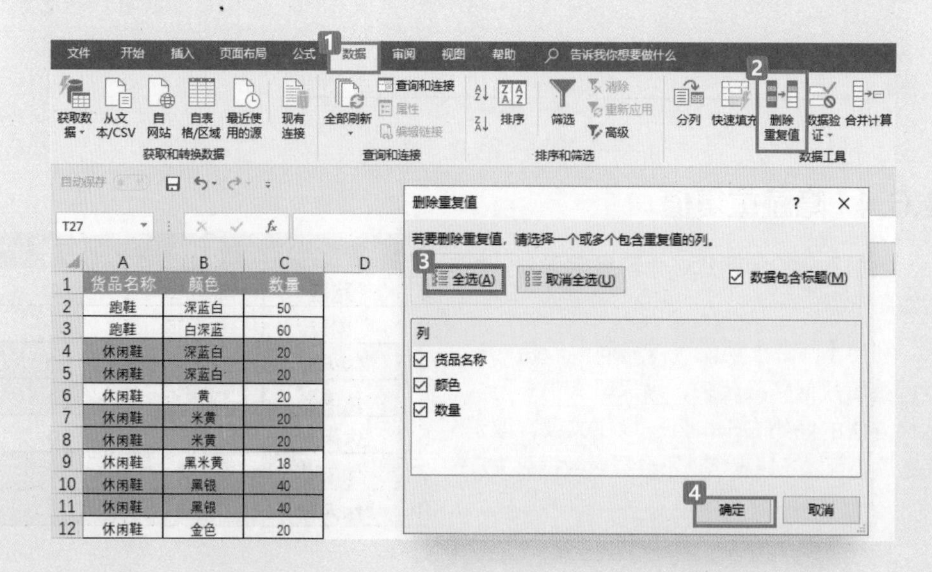

4.7 化零为整没烦恼：多表合并

工作中经常需要合并多张表格的数据，以便统计分析。有些表格位于同一工作簿中，有些表格则分散在不同的工作簿里，手动复制显然有违Excel批量处理的精神，本节将介绍两个工具，帮助大家解决多表合并的烦恼。

4.7.1 合并计算

在如右图所示的工作簿中，包含了某公司第一季度三个月的销售数据。

每个月单独为一个工作表，季度汇报时需要将三个月的数据汇总计算，如果你还在一张一张地复制、粘贴的话，不妨试一试【数据】选项卡下的【合并计算】功能。

	A	B	C
1	销售人员	销量/台	销售额/元
2	林涛	4	12,000.00
3	胡盼盼	5	15,000.00
4	张敏	9	26,000.00
5	刘洋	25	70,000.00
6			

一月 | 二月 | 三月 | 一季度汇总

Step1：

单击工作表名称旁的“加号”，或者单击鼠标右键，选择【插入】，新增一张工作表，将其重命名为“一季度汇总”。

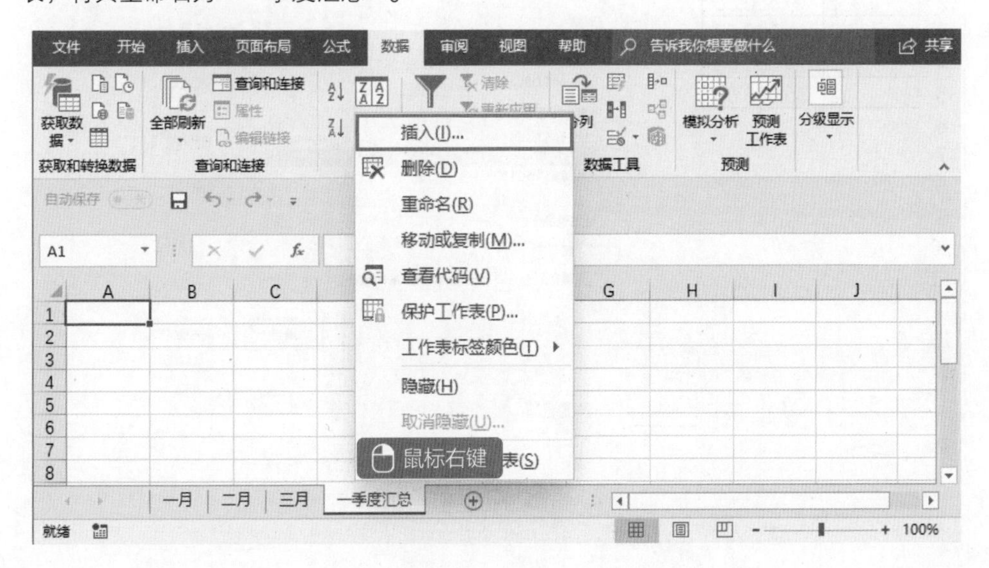

Step2：

选择汇总表中任意一个单元格（如A1）→【数据】→【合并计算】→【函数】默认为【求和】→鼠标定位于【引用位置】下的方框→选择“一月”工作表，框选A1:C5表格区域→单击【添加】按钮，一月的数据就添加到了【所有引用位置】中，如下图所示。

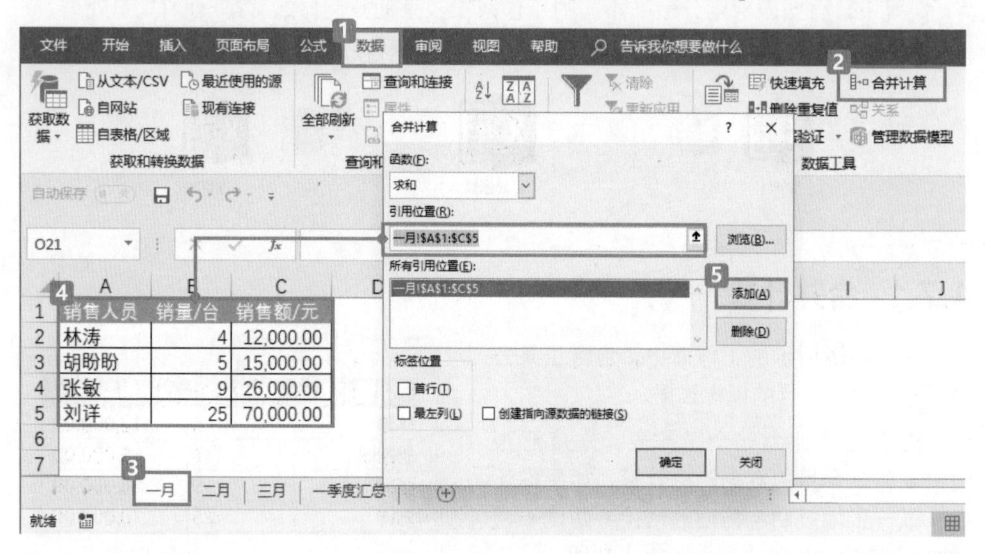

二月、三月的数据也“依法炮制”添加到【所有引用位置】中，如下图所示，如果引用位置错误，则单击【删除】按钮后，重新添加即可。

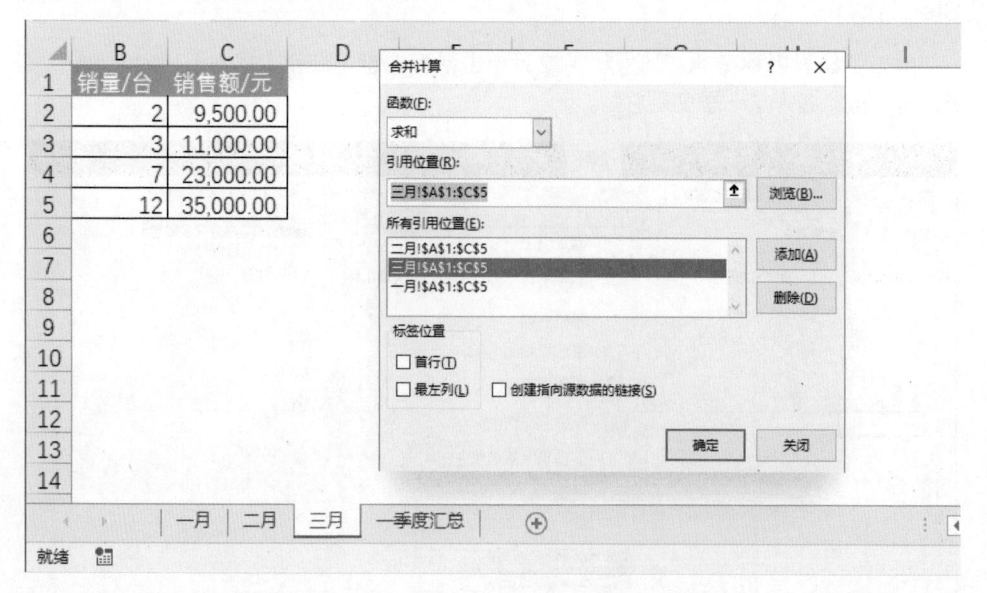

Step3：

返回“一季度汇总表”，定位于A1单元格→【数据】→【合并计算】→左下角【标签位置】勾选【首行】和【最左列】，请注意【所有引用位置】中请勿再输入任何数据→单击【确定】按钮，如下图所示。

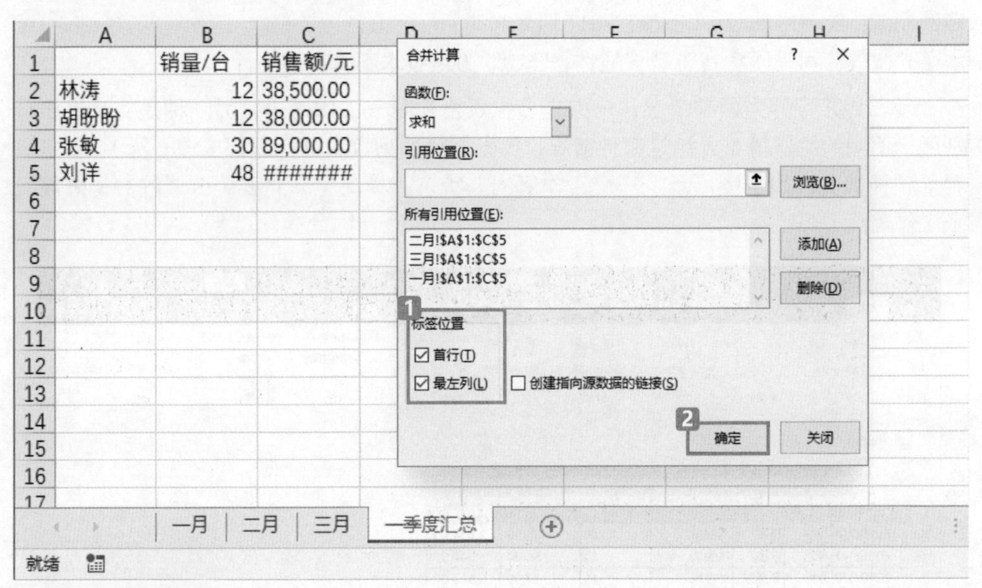

知识补充

关于汇总表的几点说明

（1）C5单元格显示为“#######”，这是因为数据比较长，在单元格内无法完整显示，这种情况拉大列宽即可解决。

（2）使用按类别合并计算时，原表格必须包含行或列标题，在【标签位置】必须勾选【首行】和【最左列】。

（3）同时勾选【首行】和【最左列】时，所生成的合并总表会缺失第一列的列标题，这是正常现象，请勿惊慌。

（4）如果原表格中没有行或列标题，且汇总时又选择了【首行】和【最左列】，则Excel会将原表格的第一行和第一列分别默认为行标题或列标题。

（5）合并计算后原表格的格式将丢失，可使用【格式刷】将原格式复制到汇总表。

4.7.2 同一工作簿内的多表合并

如果各表格数据不相加，而是将数据叠加到一张表格里，那么【合并计算】就不太“灵光”了。Excel 2016之前的版本比较通用的做法是VBA，但是对于像我这样，看到英文就全身僵硬的人来说，看VBA就好像看“天书”一般。因此，这里给大家推荐一个非常棒的功能：Power Query（Excel 2016版本自带Power Query工具。Excel 2010~2013版本可从微软公司官网免费下载该插件，Excel 2003版本不支持该插件）。

多表合并可分为两种情况，一种是多张表格在同一工作簿内，另一种是每张表格分别属于不同的工作簿（无论是哪种情况，每张表格的列数和列标题都应该一样）。首先来看第一种情况，如下图所示，一个工作簿内，华东、华南、华北三个区域的数据分属三张工作表。

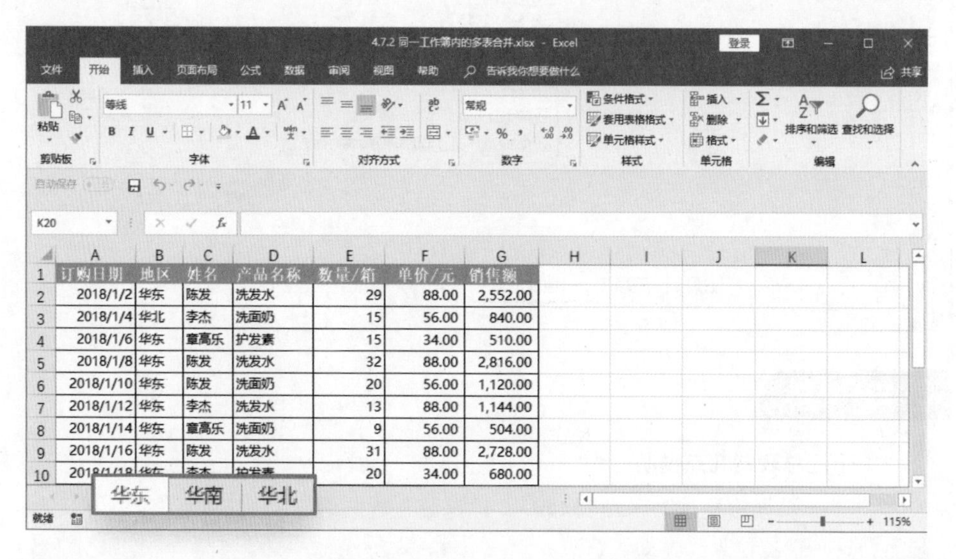

订购日期	地区	姓名	产品名称	数量/箱	单价/元	销售额
2018/1/2	华东	陈发	洗发水	29	88.00	2,552.00
2018/1/4	华北	李杰	洗面奶	15	56.00	840.00
2018/1/6	华东	章高乐	护发素	15	34.00	510.00
2018/1/8	华东	陈发	洗发水	32	88.00	2,816.00
2018/1/10	华东	陈发	洗面奶	20	56.00	1,120.00
2018/1/12	华东	李杰	洗发水	13	88.00	1,144.00
2018/1/14	华东	章高乐	洗面奶	9	56.00	504.00
2018/1/16	华东	陈发	洗发水	31	88.00	2,728.00
[illegible]	[illegible]	[illegible]	[illegible]	20	34.00	680.00

Step1：

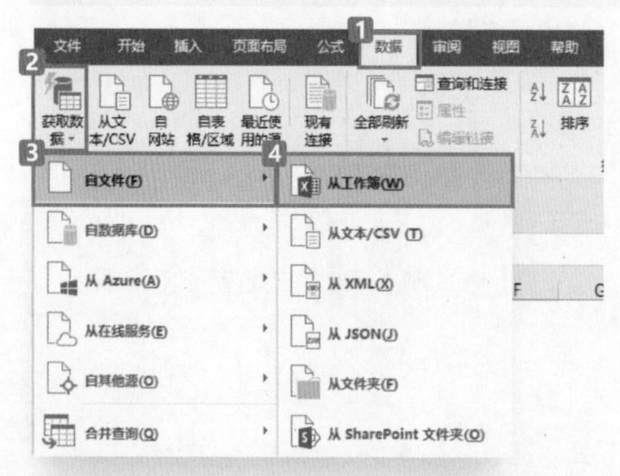

选取工作簿，按下快捷键 Ctrl + N 新建一个空白工作簿→【数据】选项卡→【获取数据】→【自文件】→选择【从工作簿】，如左图所示。

在弹出的【导入数据】对话框中，选择三个工作表所在的工作簿，单击【导入】按钮，如下图所示。

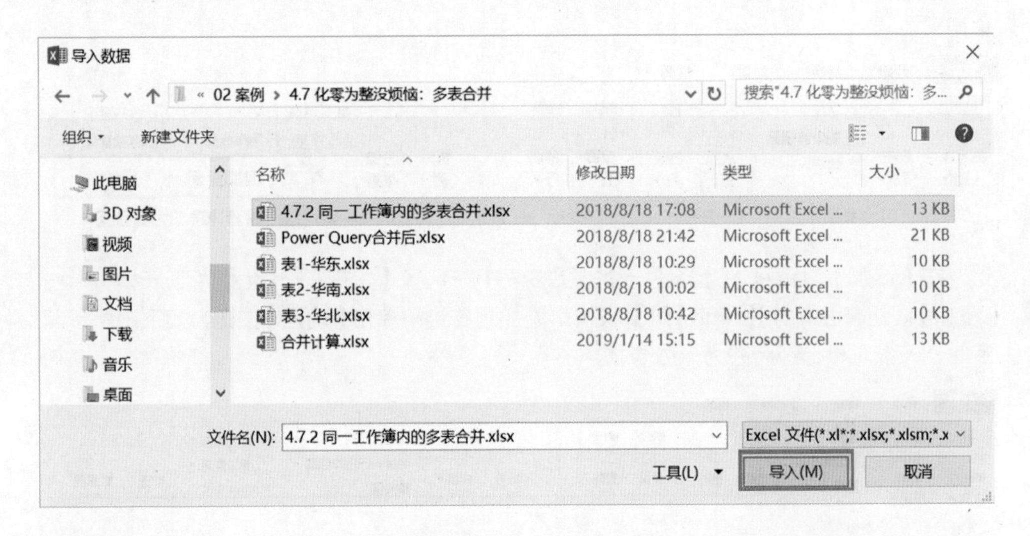

Step2：

导入之后弹出【导航器】对话框，勾选【选择多项】→勾选要合并的三张表格→单击【编辑】按钮，如下图所示。进入【Power Query】编辑器。

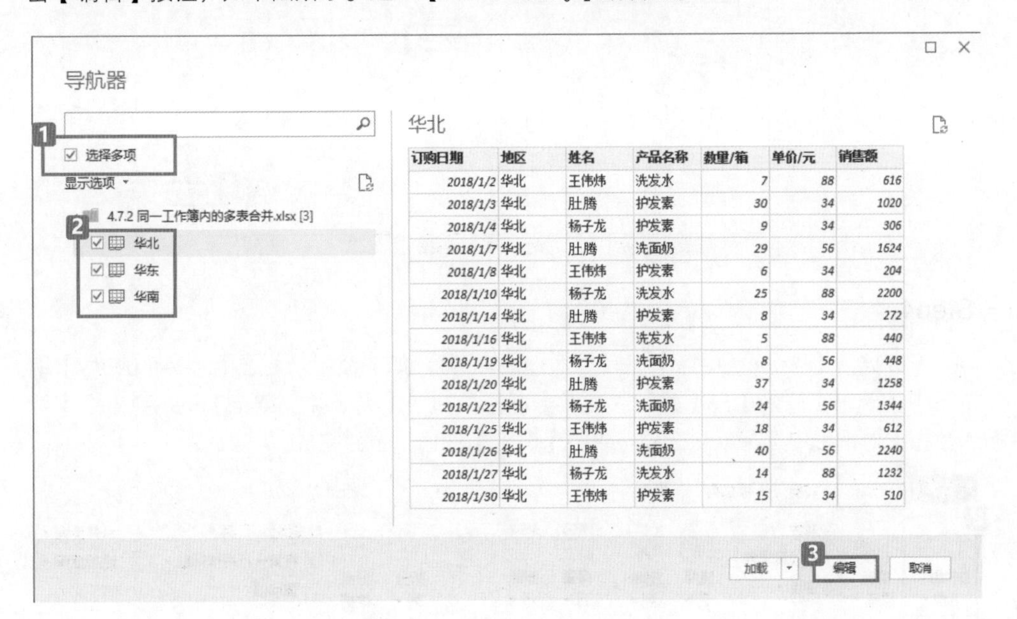

订购日期	地区	姓名	产品名称	数量/箱	单价/元	销售额
2018/1/2	华北	王伟炜	洗发水	7	88	616
2018/1/3	华北	肚腾	护发素	30	34	1020
2018/1/4	华北	杨子龙	护发素	9	34	306
2018/1/7	华北	肚腾	洗面奶	29	56	1624
2018/1/8	华北	王伟炜	护发素	6	34	204
2018/1/10	华北	杨子龙	洗发水	25	88	2200
2018/1/14	华北	肚腾	护发素	8	34	272
2018/1/16	华北	王伟炜	洗发水	5	88	440
2018/1/19	华北	杨子龙	洗面奶	8	56	448
2018/1/20	华北	肚腾	护发素	37	34	1258
2018/1/22	华北	杨子龙	洗面奶	24	56	1344
2018/1/25	华北	王伟炜	护发素	18	34	612
2018/1/26	华北	肚腾	洗面奶	40	56	2240
2018/1/27	华北	杨子龙	洗发水	14	88	1232
2018/1/30	华北	王伟炜	护发素	15	34	510

Step3：

在【Power Query】编辑器中，如下图所示，单击【追加查询】按钮→弹出【追加】查询对话框。

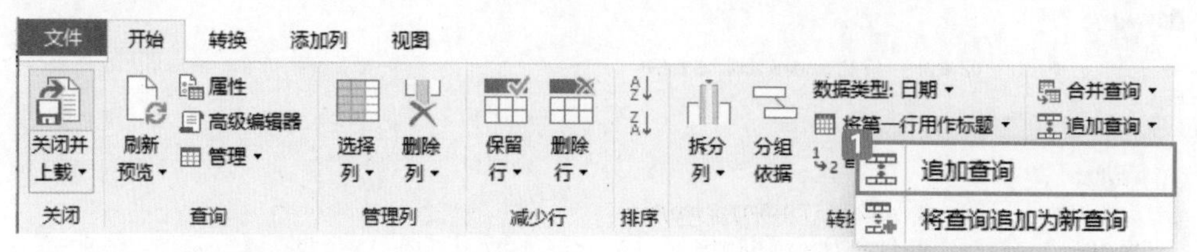

在【追加】对话框中选择【三个或更多表】→选择【华南】【华北】两张表格→单击【添加】按钮将【华南】【华北】两张表格都添加到右边→单击【确定】按钮，如下图所示。至此，三张表格已经合并为一张表格。

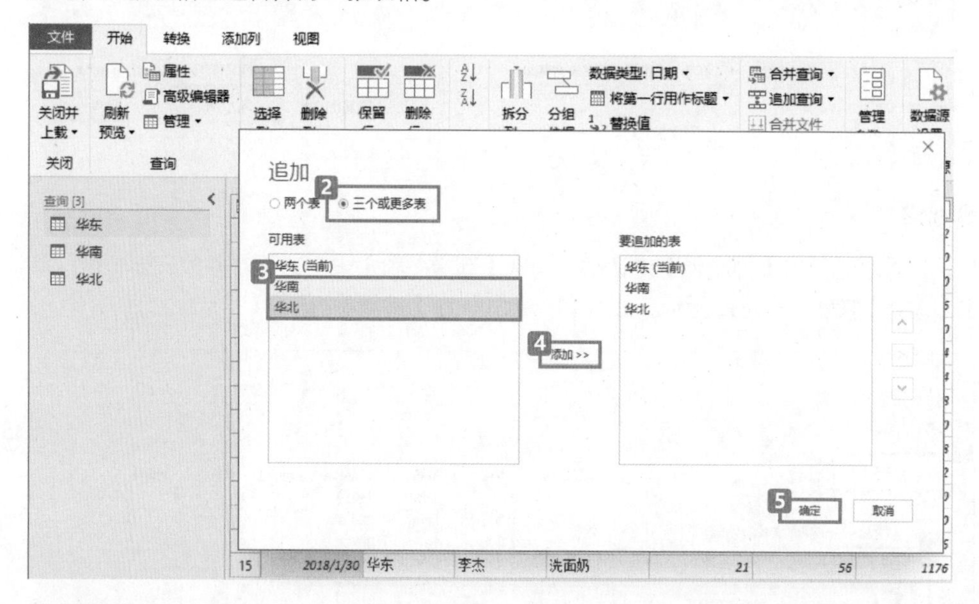

Step4：

将数据从【Power Query】编辑导入Excel即可，如下图所示。在【Power Query】编辑器中，单击【开始】→【关闭并上载】下拉按钮→【关闭并上载至】→在弹出的【导入数据】对话框中选择默认选项→单击【确定】按钮，合并完成。

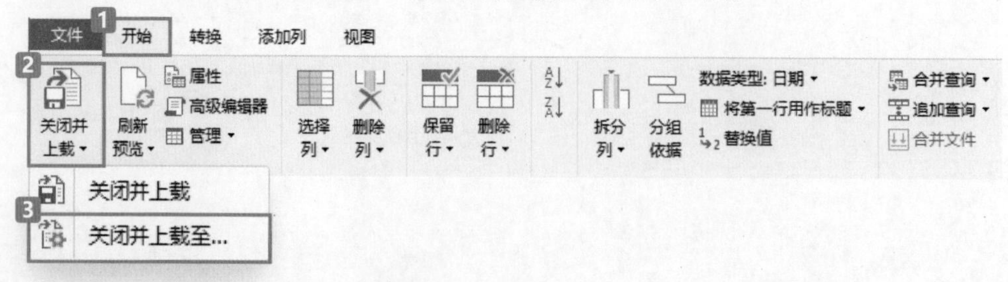

最后效果如下图所示，使用【Power Query】编辑器合并多表的优点除快速外，还有一个优点：如果原表格更新，则在汇总表中单击【数据】选项卡中的【全部刷新】即可同步更新数据，这才是一劳永逸！

订购日期	地区	姓名	产品名称	数量/箱	单价/元	销售额
2018/1/2	华北	王伟炜	洗发水	7	88	616
2018/1/3	华北	杜腾	护发素	30	34	1020
2018/1/4	华北	杨子龙	护发素	9	34	306

4.7.3 多个工作簿的多表合并

多工作簿的多表合并的操作过程稍微复杂一些，但是仍然比手动合并高效许多，关键是，学会之后，半天的工作几分钟就可以完成，想起来就有点小激动。

例如，之前三个地区的表格现在分别位于三个工作簿中，如右图所示。合并的具体步骤如下。

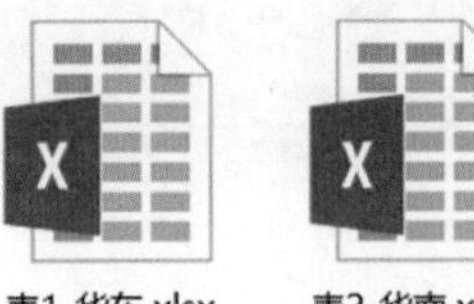

Step1：

与单个工作簿中包含多个工作表类似，只是获取数据的路径由【从工作簿】变成【从文件夹】，如右图所示。

浏览输入三个工作簿所在的路径，如下图所示，单击【确定】按钮后在弹出的【路径】对话框中单击【编辑】按钮进入【Power Query】编辑器。

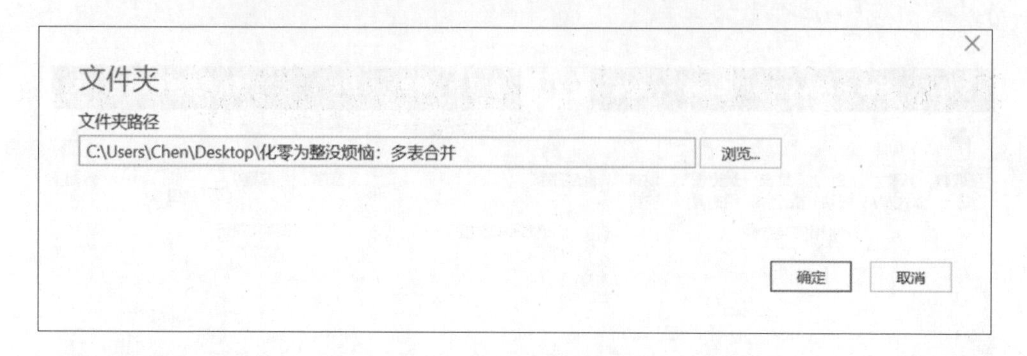

Step2：

删除多余列：编辑器中会罗列出三张工作簿的详细信息，如表格名称、文件类型、创建时间、修改时间等，有些信息都是合并表格不需要的，可将它们删除。例如，选择“Content”列→【开始】→【删除列】→【删除其他列】，如下图所示。

Step3：

添加“自定义列”：单击【添加列】选项卡→【自定义列】→【新列名】输入“汇总表”→【自定义列公式】输入函数 =Excel.Workbook([Content],true)，单击【确定】按钮后即添加了“汇总表”，如下图所示。该函数的作用是提取“Content”即三张工作簿的内容。

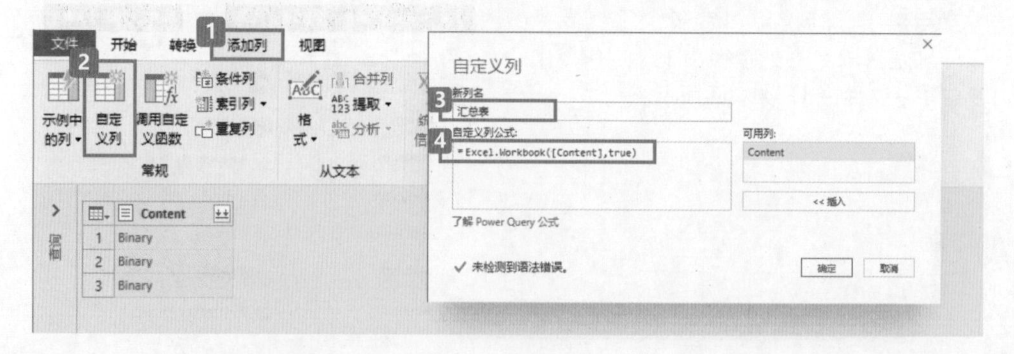

fx 函数说明

Excel.Workbook(参数1，参数2)函数第一个参数表示从哪里提取，第二个参数定为True，表示默认将第一行作为标题。

Step4：

展开自定义列，点击“自定义列”右边的扩展按钮，然后单击【确定】按钮，扩展显示全部字段，如下图所示。

Step5：

选择“汇总表.Data”这一列，重复Step2操作，删除其他列。

重复Step4操作，单击“汇总表.Data”右侧的扩展按钮，字段里只剩下原表格中的表头，取消选择“Column8”和“Column9”，如下图所示，单击【确定】按钮。

Step6：

此时，三个工作簿中的数据已经合并完成，重复4.7.2节中的Step4，在【Power Query】编辑器中单击【开始】→【关闭并上载】→【关闭并上载至】。

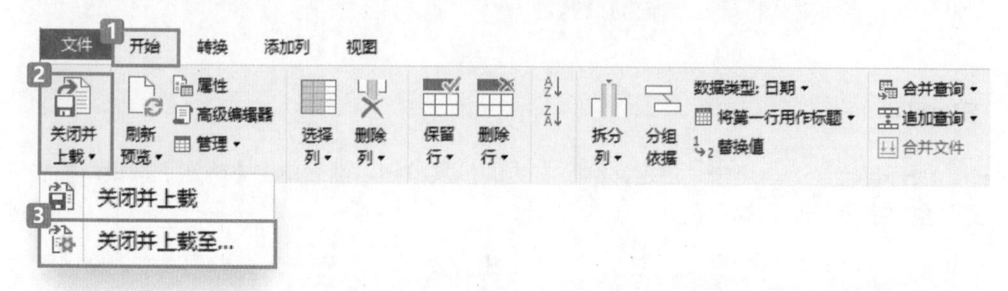

在弹出的【加载到】对话框中选择默认选项，单击【确定】按钮，结果合并完成，如下图所示。

	A	B	C	D	E	F	G
1	汇总表.Data.i	汇总表.Data.地区	汇总表.Data.姓名	汇总表.Data.产	汇总表.Da	汇总表.Data.单	汇总表.Data.销
2	43102	华东	陈发	洗发水	29	88	2552
3	43104	华北	李杰	洗面奶	15	56	840
4	43106	华东	章高乐	护发素	15	34	510
5	43108	华东	陈发	洗发水	32	88	2816
6	43110	华东	陈发	洗面奶	20	56	1120
7	43112	华东	李杰	洗发水	13	88	1144
8	43114	华东	章高乐	洗面奶	9	56	504
9	43116	华东	陈发	洗发水	31	88	2728
10	43118	华东	李杰	护发素	20	34	680
11	43120	华东	章高乐	护发素	12	34	408
12	43122	华东	陈发	洗发水	9	88	792
13	43124	华东	李杰	洗面奶	15	56	840
14	43126	华东	陈发	洗发水	20	88	1760
15	43128	华东	章高乐	护发素	9	34	306
16	43130	华东	李杰	洗面奶	21	56	1176
17	43102	华南	李一天	洗面奶	16	56	896
18	43105	华南	黄大急	洗发水	25	88	2200
19	43106	华南	陈五五	护发素	14	34	476
20	43107	华南	李一天	洗发水	12	88	1056

使用【Power Query】编辑器合并的最大优势是，合并后的表格可以随着原表数据的变化而实时更新。当然，【Power Query】编辑器的强大远远不止于此，它还可以从XML文件、Web页面，甚至某些数据库中提取数据，建立数据模型，进行更深入的数据分析。

真是让人感叹，哇，Excel如此博大精深！好的，本章的学习告一段落，下一章讲解的函数将会更“刺激”，你准备好了吗？

第5章

函数：数据统计的“重型武器”

Excel中有一类特定“武器”，它们负责数据的处理、分析、呈现。本章我们将要学习三种“武器”，它们就是函数、数据透视表、可视化图表，“图表函数都学好，升职加薪少不了！”三周学会三种硬技能，掌握数据分析的技巧！

5.1 学函数其实很简单

在前面的章节中，我们已经提前认识了形形色色的函数，有计数的（COUNTIF）、有求和的（SUM）、有转化格式的（TEXT），可以说，Excel的每个场景都伴随着函数的身影，因为它们实在太全面了。它们就像智能手机一样，出行、购物、缴费、甚至吃个午饭都能帮你搞定。

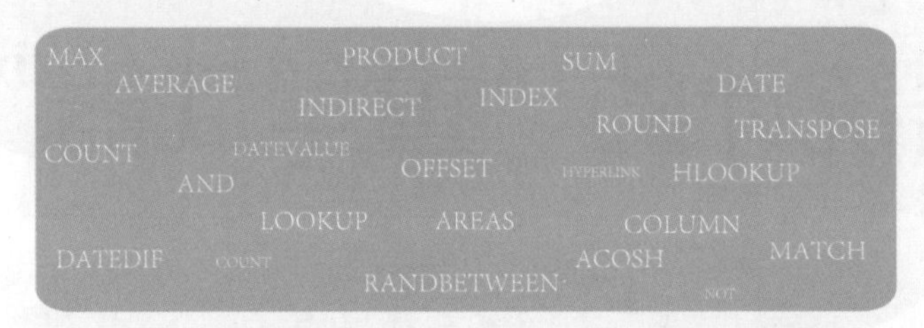

常用函数的种类一般不会超过你手机里的APP个数，掌握它们对大多数人来说绝对比玩游戏还简单，而学好函数就像游戏中的“大招”一样，是一件很有性价比的事情。

5.1.1 什么是公式函数

1. 什么是公式？

简单来说，公式就是以“=”开始的一组运算等式，公式既可以包含单元格引用，加减乘除等符号，还可以包含函数，如右图所示的这些都是公式。

A	B
显示为	实际公式
1	=1
12	=3*4
1	=A2
13	=A2+A3
27	=sum(A2:A5)

2. 什么是函数？

右图中最后一个就是函数，函数可以看作特殊的公式，是设置好某种固定规则的公式，是更高级的公式。

Excel包含了400多种函数，对于大多数人来说，熟练运用部分函数就可以解决工作中的大多数问题，当然技多不压身，学的越多肯定越好。

大毛啊，我还是怕学不好。

那我有个建议，请你先看看银行卡的余额，然后考虑要不要学。

那我还是继续往下看吧……

5.1.2 学函数要懂些什么

越害怕函数的结果就是它离你越远，而且学会函数好处多多，所以，赶紧学起来。

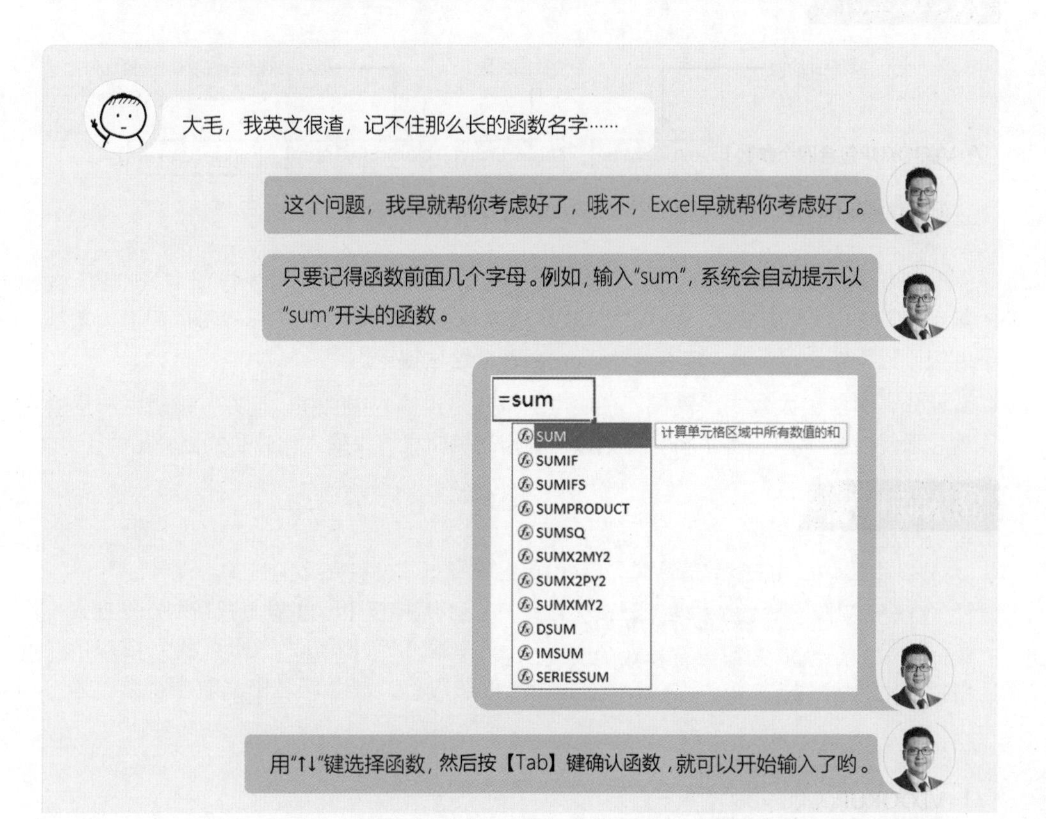

1. 参数

运用函数最基本的要求是掌握参数的使用方法。一个函数通常包含一个到多个参数，也有无参数的函数。例如，=TODAY() 返回的是当前日期，=LEN(B3) 返回的是B3单元格的字符长度，=COUNTIF(A1:B6,1) 表示统计A1:B6区域中数字“1”出现的次数，如右图所示。常见的函数一般不超过四个参数，对于比较复杂的情况可用多个函数嵌套解决。

D	E
函数	结果
=TODAY()	2018/11/13
=LEN(B3)	4
=COUNTIF(A1:B6,1)	2

各函数的参数含义都不相同。例如，VLOOKUP (lookup_value,table_array,col_index_num,range_lookup) 函数包含四个参数。

fx 函数说明

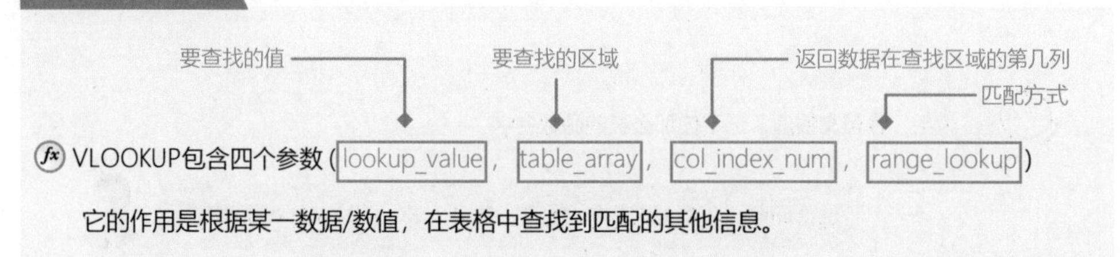

有些参数已经设置好固定的几个值，每个值代表了不同的含义。例如，VLOOKUP函数的第4个参数“匹配方式”，输入“0”表示精确查找，输入“1”表示模糊匹配。大家都不必担心记不住，因为输入该参数时，Excel都会给出提示。

此外，有些函数公式比较长，在短短的单元格里输入很别扭，而在“编辑栏”里输入看起来就很直观。5.6节中将会介绍如何利用“编辑栏”来输入比较长的嵌套函数。

知识补充

不必担心记不住参数的含义，Excel已经设置好了两种贴心的方式。

（1）以vlookup函数为例，在输入函数过程中，函数下方都会有参数的英文提示，如下图所示。

=VLOOKUP(A4,B4:B5

VLOOKUP(lookup_value, **table_array**, col_index_num, [range_lookup])

（2）可按【F1】键查找帮助，在搜索栏中输入“vlookup”，即可找到相应的帮助内容，甚至还有中文教学视频，如下图所示。

帮助

← ··· vlookup

VLOOKUP 函数

Excel 中的 VLOOPUP 函数用于在表格或区域中按行查找内容。秘诀在于合理组织数据，确保查找的值位于希望找到的值的左侧。然后使用 VLOOKUP 找到该值。

2. 填充

Excel为什么可以批量录入数据，这是因为有【填充】。函数为什么可以批量运算，这是因为它也可以【填充】。如下图所示，在B2单元格输入函数 =RIGHT(A2,6) ，可以将A2的后6位工号提取出来，接下来只需拖曳填充柄填充，函数公式自动变为 =RIGHT(A3,6) ~ =RIGHT(A7,6) 。所以说，【填充】是函数高效的基础，如果每个单元格都要重新输一遍函数，那么相信没有人想用它。

	A	B	C
1	代码	工号	函数
2	XTG000033	000033	=RIGHT(A2,6)
3	XTG000045	000045	=RIGHT(A3,6)
4	XTG000048	000048	=RIGHT(A4,6)
5	XTG000060	000060	=RIGHT(A5,6)
6	XTG000030	000030	=RIGHT(A6,6)
7	XTG000002	000002	=RIGHT(A7,6)

像上图这种函数随着单元格的变化而变化的方式，叫作“相对引用”。除相对引用外，还有绝对引用、混合引用，这几种方式让函数的搭配变化更加丰富，在5.2节中我们将更详细地介绍。

3. 运算

分析计算是函数很重要功能，常用运算符及其含义见下表所示。下面再给大家介绍几种比较特殊的符号。

运算符	含义	运算符	含义
+	加	/（斜杠）	除
–	减或负数	%	百分比
*	乘	^（脱字号）	乘方

(1) 文本（连接）运算符&： 它的作用是将两个或多个文本连起来变成一个完整的文本，如在单元格输入 ="我"&"爱"&"你" ，就变成了“我爱你”。

需要注意的是，在函数公式中引用文本时要用英文或半角的双引号括起来，而直接引用单元格名称或数字则不用这样做，如下图所示。

	E	F	G	H	I
1	工号	9527			
2	¥				
3	=E1&F1				
4	="工号"&9527		>>	工号9527	

(2) **引用运算符**：例如，求和函数 `=SUM(A1:A10)`，其中“：”就是引用运算符，表示计算A1到A10的总和；如果改成 `=SUM(A1,A10)`，则表示计算A1和A10这两个单元格之和；如果是 `=SUM(A1:A5 A3:A10)`，两个区域间加上了空格，则表示对两个区域重叠的部分（A3:A5）求和。

(3) **比较运算符**：常用比较运算符及其含义见下表所示。

比较运算符	含义	比较运算符	含义
>	大于	>=	大于等于
<	小于	<=	小于等于
=	等于	<>	不等于

例如，函数 `=IF(A10>=60, “及格”, “不及格”)` 表示将单元格A10与60比较，如果大于等于60，则显示“及格”；否则，显示“不及格”，如下图所示。

	A	B
9	分数	显示
10	93	=IF(A10>=60,"及格","不及格")
11	48	不及格
12	98	及格
13	88	及格
14	46	不及格

知识补充

运算符之间的优先级顺序为：引用运算符>算术运算符>文本运算符>比较运算符，详细级别见下表所示。如同中国的四则运算一样，函数中可以用括号来改变运算的顺序，下表中的具体排序不建议死记硬背，多使用几次自然就记住了。

级别	运算符类别	排序
1	引用运算符	冒号>单个空格>逗号
2	算术运算符	负>百分比>乘方>乘、除>加、减
3	文本运算符	&
4	比较运算符	所有比较运算符同级别

5.2 “$”符号很值钱

紧接上节，上节讲到了函数的一个很重要的特点就是可以【填充】,【填充】时参数发生了相对的变化被称为“相对引用”，在Excel中有三种引用方式，相对引用、绝对引用、混合引用，理解这三种引用方式是学好函数的基础，而理解“$”符号是学好引用的基础。

5.2.1 为什么要用“$”

填充时默认公式/函数都会随着单元格的位移而发生改变，如下图所示，“总计=基本工资+补贴”，在E2单元格输入公式 =C2+D2 ，按住鼠标拖曳往下【填充】，每个员工的工资瞬间算好。

	A	B	C	D	E	F
1	姓名	岗位	基本工资	补贴	总计	公式
2	杜琦	外勤	4000	500	=C2+D2	
3	沈京兵	行政	4300	600	4900	=C3+D3
4	李燕	内勤	4000	500	4500	=C4+D4
5	莫晓曼	销售	4300	600	4900	=C5+D5
6	陈慈荣	内勤	4000	300	4300	=C6+D6
7	王裕祥	业务	4300	300	4600	=C7+D7
8	李建	经理	5000	600	5600	=C8+D8

“单元格引用地址随公式的复制而发生相对的移动，就是相对引用。”

看起来，这是一个非常Smart的技能，不过凡事都有两面，有利有弊，假设工资的计算方式改变了，每个员工的补贴变为固定500元（G2），仍然按照上面的方式填充看看是什么结果，如下图所示。

	A	B	C	D	E	F	G
1	姓名	岗位	基本工资	总计	公式		补贴
2	杜琦	外勤	4000	4500	=C2+G2		500
3	沈京兵	行政	4300	4300	=C3+G3		
4	李燕	内勤	4000	4000	=C4+G4		
5	莫晓曼	销售	4300	4300	=C5+G5		
6	陈慈荣	内勤	4000	4000	=C6+G6		
7	王裕祥	业务	4300	4300	=C7+G7		
8	李建	经理	5000	5000	=C8+G8		

最终只有D2加上了500元补贴，其他的单元格都没有加上，为什么呢？

不是很Smart吗？看看公式就明白了，原来公式中的G列单元格发生了相对移动，从G2一直自动变更到了G8，而预想的结果是G2固定不变，怎么办？加上一个“$”（美元符号）就可以了，如下图所示。

	A	B	C	D	E	F	G
1	姓名	岗位	基本工资	总计	公式		补贴
2	杜琦	外勤	4000	4500	=C2+$G$2		500
3	沈京兵	行政	4300	4800	=C3+$G$2		
4	李燕	内勤	4000	4500	=C4+$G$2		
5	莫晓曼	销售	4300	4800	=C5+$G$2		
6	陈慈荣	内勤	4000	4500	=C6+$G$2		
7	王裕祥	业务	4300	4800	=C7+$G$2		
8	李建	经理	5000	5500	=C8+$G$2		

把“G2”变为“$G$2”之后，在填充过程中，“$G$2”就像被固定住一样，永远不会改变。一个“$”符号决定了员工能不能拿到补贴，这个符号很“值钱”吧！

“这种保持单元格的固定引用，使其不随公式的复制而发生变化的方式，就是绝对引用。”

大毛，混合引用还没讲呢？

同时包含相对引用和绝对引用的方式就是混合引用。

如=C2+$G$2，这个公式就是混合引用。

知识补充

在函数公式中输入“$”有两种方式。

（1）传统方式：在英文输入法下，按下快捷键Shift+4。

（2）鼠标选择需要绝对引用的部分，按F4键可以在相对引用和绝对引用间切换。例如，公式中的G2，多次按F4键，则可依次在“G2”“$G$2”“G$2”“$G2”间循环切换。

5.2.2 制作乘法口诀表

如下图所示是一张经典的乘法口诀表，学函数还要背乘法口诀？当然不是，大毛只是想用这张表格加深大家对绝对引用的理解。

	A	B	C	D	E	F	G	H	I	J
1		1	2	3	4	5	6	7	8	9
2	1	=B1*A2	=C1*A2	=D1*A2	=E1*A2	=F1*A2	=G1*A2	=H1*A2	=I1*A2	=J1*A2
3	2	=B1*A3								
4	3	=B1*A4								
5	4	=B1*A5								
6	5	=B1*A6								
7	6	=B1*A7								
8	7	=B1*A8								
9	8	=B1*A9								
10	9	=B1*A10								

上图只展示了乘法口诀表第一列和第一行所用的公式，第 1 个单元格公式 =B1*A2 ，一起来分析一下。

乘法口诀表单元格引用分析

1. 乘法口诀表第一列往下公式依次为：B1*A3、B1*A4、... B1*A10。
乘法口诀表第一行往右公式依次为：C1*A2、D1*A2、 ... J1*A2。

看起来好像很复杂，化繁为简，只看第1个单元格公式 =B1*A2 ，往下 =B1*A3 ，往右 =C1*A2 ，还不够直观是吗？把三个公式竖排一下，如左图所示。

= B	1	*	A	2
= B	1	*	A	3
= C	1	*	A	2

发现规律了吗？结果就是，B1中的"1"和A2中"A"是永远不变的，所以它们需要用"$"固定起来。

2. 结论：第1个单元格公式改为=B$1*$A2，然后向右、向下依次填充，就得到了一张正确的乘法口诀表，如下图所示。

	A	B	C	D	E	F	G	H	I	J
1		1	2	3	4	5	6	7	8	9
2	1	=B$1*$A2	2	3	4	5	6	7	8	9
3	2	2	4	6	8	10	12	14	16	18
4	3	3	6	9	12	15	18	21	24	27
5	4	4	8	12	16	20	24	28	32	36
6	5	5	10	15	20	25	30	35	40	45
7	6	6	12	18	24	30	36	42	48	54
8	7	7	14	21	28	35	42	49	56	63
9	8	8	16	24	32	40	48	56	64	72
10	9	9	18	27	36	45	54	63	72	81

5.3 花式求和分分钟搞定

如何一键快速求和？如何按照地区、姓名或其他条件求和？先算乘积再求和，如何用一个函数搞定？欢迎大家走进《Excel之光：高效工作的Excel完全手册》之花式求和，让我们一起揭开求和的奥秘。

5.3.1 史上最快的求和方式

史上最快的求和方式不是SUM函数吗？

来看下图所示是某公司的区域销售表，欲对销量和销售额求和，大毛的做法是：选择D2:E20区域，然后按快捷键 Alt + = ，收工。

	A	B	C	D	E
1	日期	区域	姓名	销量/台	销售额/元
2	2019/1/2	北京	林啸序	24	5,688.00
3	2019/1/5	上海	刘笔畅	60	30,660.00
4	2019/1/9	北京	高天	12	2,844.00
5	2019/1/11	上海	曹惠阳	48	32,160.00
6	2019/1/16	北京	高天	16	28,800.00
7	2019/1/19	上海	曹惠阳	36	18,396.00
8	2019/1/25	北京	林啸序	24	1,320.00
9	2019/1/27	上海	刘笔畅	36	1,980.00
10	2019/2/1	上海	刘笔畅	60	40,200.00
11	2019/2/4	北京	林啸序	12	8,040.00
12	2019/2/8	上海	曹惠阳	24	5,688.00
13	2019/2/10	上海	刘笔畅	48	2,640.00
14	2019/2/14	北京	林啸序	48	11,376.00
15	2019/2/16	北京	高天	36	1,980.00
16	2019/2/19	北京	林啸序	36	18,396.00
17	2019/2/21	北京	高天	24	12,264.00
18	2019/2/25	北京	林啸序	12	8,040.00
19	2019/2/28	上海	刘笔畅	60	14,220.00
20				616	244,692.00

掐指一算，如果手速够快的话，那么完成快速求和0.5秒应该够了。当然，在D20和E20单元格分别输入函数也不失为一种经典方法，如下图所示，只不过哪个更快一目了然。

	A	B	C	D	E
1	日期	区域	姓名	销量/台	销售额/元
17	2019/2/21	北京	高天	24	12,264.00
18	2019/2/25	北京	林啸序	12	8,040.00
19	2019/2/28	上海	刘笔畅	60	14,220.00
20				=SUM(D2:D19)	=SUM(E2:E19)

1. 关于快速求和的说明

（1） Alt + = 为求和快捷键，某些笔记本电脑的快捷键须加按 Fn 键。如果拍、砸、打、骂电脑，还是无法使用快捷键，那么可在【公式】选项卡找到【自动求和】下拉按钮，如下图所示。

（2）单击【自动求和】下拉按钮，还可以选择平均值、计数、最大值、最小值等计算方式。例如，选择D20单元格，使用“平均值”功能，自动弹出函数 =AVERAGE(D2:D19) ，如下图所示。一通百通，这几个函数的参数都比较简单，此处就不展开讲解了。

文件　开始　插入　页面布局　公式　数据　审阅　视图　帮助　告诉我你想要做什么

插入函数　自动求和　最近使用的函数　财务　逻辑　文本　日期和时间　查找与引用　数学和三角函数　其他函数　函数库　名称管理器　定义名称　用于公式　根据所选内容创建　定义的名称　追踪引用单元格　追踪从属单元格　删除箭头

自动保存

=AVERAGE(D1:D19)

	A	B	C	D	E
1	日期	区域	姓名	销量/台	销售额/元
17	2019/2/21	北京	高天	24	12,264.00
18	2019/2/25	北京	林啸序	12	8,040.00
19	2019/2/28	上海	刘笔畅	60	14,220.00
20				=AVERAGE(D1:D19)	

(3) 横向或纵向都可求和，如果使用快捷键，那么框选区域时比行或列多选一个单元格即可。

(4) 计算时默认的区域不一定正确，可手动更改。例如，可在旁边新建表格用于汇总不同的指标，如下图所示。

	B	C	D	E	F	G	H
1	区域	姓名	销量/台	销售额/元			
2	北京	林啸序	24	5,688.00			
3	上海	刘笔畅	60	30,660.00		平均销量	34.22222222
4	北京	高天	12	2,844.00		平均销售额	13,594.00
5	上海	曹惠阳	48	32,160.00		销量总计	616
6	北京	高天	16	28,800.00		销售额总计	244,692.00
7	上海	曹惠阳	36	18,396.00		最大销售额	40,200.00
8	北京	林啸序	24	1,320.00		最小销售额	1,320.00
9	上海	刘笔畅	36	1,980.00			

2. 多区域同时求和

有些表格会包含多个区域，每个区域都要求和，如下图所示。

	A	B	C	D	E	F	G	H	I
1	品牌	型号	一月	二月	三月	四月	五月	六月	合计
8	联想	IdeaPad	83,008	64,727	57,515	94,268	90,094	60,497	
9		昭阳	50,996	54,407	99,318	50,849	63,759	81,206	
10		扬天	51,304	69,683	98,292	94,035	70,534	86,058	
11		L3000	99,414	80,518	57,896	57,307	78,002	88,739	
12		B450	77,166	95,309	87,042	82,816	99,109	56,737	
13		Thinkpad	74,683	76,481	92,978	78,361	65,047	56,186	
14		小计							
15	DELL	XPS	84,486	50,939	61,242	59,762	82,541	59,213	
16		G7	65,467	97,962	86,119	86,376	60,051	79,764	
17		Alienware	86,158	67,839	74,913	90,188	85,853	87,304	
18		G系列	51,304	96,713	74,368	95,356	94,870	91,240	
19		Inspiron	57,062	61,431	94,794	70,654	66,707	56,368	
20		小计							

这时无法使用下拉填充一次完成，使用快捷键 Alt + = 的结果也不尽如人意，中间空行的部分无法自动求和，如下图所示。

	A	B	C	D	E	F	G	H	I
1	品牌	型号	一月	二月	三月	四月	五月	六月	合计
2	华硕	A8J	79,745	98,572	64,750	70,017	94,808	74,069	481,961
3		Z99	64,203	89,495	80,231	91,657	94,247	77,317	497,150
4		W5	79,329	69,160	65,602	54,408	65,004	63,137	396,640
5		M9	96,569	81,840	54,283	70,312	51,481	82,412	436,897
6		U5	66,504	72,140	78,555	94,413	90,740	83,325	485,677
7		小计							
8	联想	IdeaPad	83,008	64,727	57,515	94,268	90,094	60,497	450,109
9		昭阳	50,996	54,407	99,318	50,849	63,759	81,206	400,535
10		扬天	51,304	69,683	98,292	94,035	70,534	86,058	469,906
11		L3000	99,414	80,518	57,896	57,307	78,002	88,739	461,876
12		B450	77,166	95,309	87,042	82,816	99,109	56,737	498,179
13		Thinkpad	74,683	76,481	92,978	78,361	65,047	56,186	443,736
14		小计							
15	DELL	XPS	84,486	50,939	61,242	59,762	82,541	59,213	398,183
16		G7	65,467	97,962	86,119	86,376	60,051	79,764	475,739
17		Alienware	86,158	67,839	74,913	90,188	85,853	87,304	492,255
18		G系列	51,304	96,713	74,368	95,356	94,870	91,240	503,851
19		Inspiron	57,062	61,431	94,794	70,654	66,707	56,368	407,016
20		小计	1,167,398	1,227,216	1,227,898	1,240,779	1,252,847	1,183,572	7,299,710

不要上火，多一步操作就可以解决，利用之前学的【定位】功能，步骤如下。

Step1：

选择需要求和的区域C2:I20，不要选择非数据或无用的区域，特别是不要选择包含空格的区域，按下快捷键 Ctrl + G →【定位条件】→选择【空值】→单击【确定】按钮，如下图所示，此时所选区域的空单元格被一次性选中。

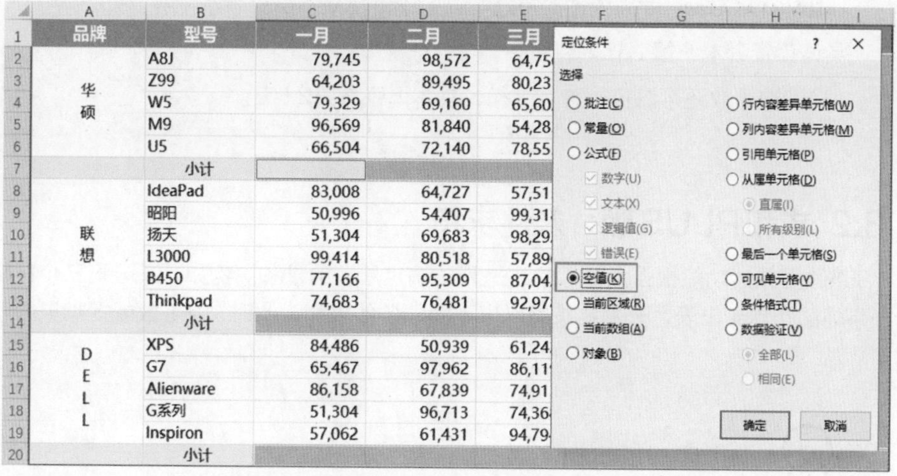

	A	B	C	D	E
1	品牌	型号	一月	二月	三月
2	华硕	A8J	79,745	98,572	64,75
3		Z99	64,203	89,495	80,23
4		W5	79,329	69,160	65,60
5		M9	96,569	81,840	54,28
6		U5	66,504	72,140	78,55
7		小计			
8	联想	IdeaPad	83,008	64,727	57,51
9		昭阳	50,996	54,407	99,31
10		扬天	51,304	69,683	98,29
11		L3000	99,414	80,518	57,89
12		B450	77,166	95,309	87,04
13		Thinkpad	74,683	76,481	92,97
14		小计			
15	DELL	XPS	84,486	50,939	61,24
16		G7	65,467	97,962	86,11
17		Alienware	86,158	67,839	74,91
18		G系列	51,304	96,713	74,36
19		Inspiron	57,062	61,431	94,79
20		小计			

定位条件　?　×
选择
○批注(C)　○行内容差异单元格(W)
○常量(O)　○列内容差异单元格(M)
○公式(F)　○引用单元格(P)
☑数字(U)　○从属单元格(D)
☑文本(X)　◉直属(I)
☑逻辑值(G)　○所有级别(L)
☑错误(E)　○最后一个单元格(S)
◉空值(K)　○可见单元格(Y)
○当前区域(R)　○条件格式(T)
○当前数组(A)　○数据验证(V)
○对象(B)　◉全部(L)
○相同(E)
确定　取消

Step2：

接下来就是我们一直想要做的事啦，按下快捷键 Alt + = 一键求和，如下图所示。

	A	B	C	D	E	F	G	H	I
1	品牌	型号	一月	二月	三月	四月	五月	六月	合计
2	华硕	A8J	79,745	98,572	64,750	70,017	94,808	74,069	481,961
3		Z99	64,203	89,495	80,231	91,657	94,247	77,317	497,150
4		W5	79,329	69,160	65,602	54,408	65,004	63,137	396,640
5		M9	96,569	81,840	54,283	70,312	51,481	82,412	436,897
6		U5	66,504	72,140	78,555	94,413	90,740	83,325	485,677
7		小计	386,350	411,207	343,421	380,807	396,280	380,260	2,298,325
8	联想	IdeaPad	83,008	64,727	57,515	94,268	90,094	60,497	450,109
9		昭阳	50,996	54,407	99,318	50,849	63,759	81,206	400,535
10		扬天	51,304	69,683	98,292	94,035	70,534	86,058	469,906
11		L3000	99,414	80,518	57,896	57,307	78,002	88,739	461,876
12		B450	77,166	95,309	87,042	82,816	99,109	56,737	498,179
13		Thinkpad	74,683	76,481	92,978	78,361	65,047	56,186	443,736
14		小计	436,571	441,125	493,041	457,636	466,545	429,423	2,724,341
15	DELL	XPS	84,486	50,939	61,242	59,762	82,541	59,213	398,183
16		G7	65,467	97,962	86,119	86,376	60,051	79,764	475,739
17		Alienware	86,158	67,839	74,913	90,188	85,853	87,304	492,255
18		G系列	51,304	96,713	74,368	95,356	94,870	91,240	503,851
19		Inspiron	57,062	61,431	94,794	70,654	66,707	56,368	407,016
20		小计	344,477	374,884	391,436	402,336	390,022	373,889	2,277,044

知识补充

（1）求和一般使用SUM函数，在SUM函数中使用不同的引用符则含义不同。例如：

=SUM(A1,A5) 表示计算A1+A5的总和。

=SUM(A1:A5) 表示计算A1到A5的总和。

=SUM(A1:A5 A3:A8) 表示计算A1到A5，A3到A8这两个区域重叠部分之和。

具体请查看本章第1节。

（2）SUM函数还可以用于跨表求和，具体请查看第2.5节。

5.3.2 求和PLUS版：条件求和

SUM函数虽然功能很强大，可惜还是无法搞定所有的求和。例如，某公司三个区域多个办事处的费用支出表，分别要按照以下不同的条件求和，此时SUM函数就捉襟见肘了。

南方区一共支出多少经费？

小于100万元的经费总和？

南方区和北方区共计支出多少？

	A	B	C	D	E	F
1	分部	区域	经费/万元		条件	汇总
2	A办事处	北方区	96.57		南方区	
3	B办事处	南方区	75.87		小于100万	
4	B办事处	南方区	66.73		南方区+北方区	
5	D办事处	西北区	200.74			
6	E办事处	北方区	160.32			
7	C办事处	西北区	149.61			
8	A办事处	北方区	167.38			
9	B办事处	南方区	104.38			
10	D办事处	西北区	100.77			
11	E办事处	北方区	95.42			
12	C办事处	西北区	138.76			

下面，要请出SUM函数的"PLUS版本"——SUMIF函数，不要被它的名字吓倒，看起来很唬人其实很好懂。

fx 函数说明

可以把SUMIF看作"SUM（求和）+IF（如果）"，合起来就是"有条件地求和"，它的参数如下：

SUMIF包含三个参数（**条件区域，条件，求和区域**）

它的作用是根据某一条件，匹配到相应的行数，并对某一列的符合条件的行数求和。

1. 单个条件求和

单条件求和分析

SUMIF包含的三个参数

条件区域	条件	求和区域
B:B	E2	C:C

"南方区"在B列（B:B表示B列，输入参数时选择B列就会自动生成B:B）。

条件是"南方区"（E2）。

求和区域在C列。

所以，最后输入函数 =SUMIF(B:B,E2,C:C) 。

F2 =SUMIF(B:B,E2,C:C)

	A	B	C	D	E	F
1	分部	区域	经费/万元		条件	汇总
2	A办事处	北方区	96.57		南方区	246.98
3	B办事处	南方区	75.87		小于100万	
4	B办事处	南方区	66.73		南方区+北方区	
5	D办事处	西北区	200.74			
6	E办事处	北方区	160.32			
7	C办事处	西北区	149.61			
8	A办事处	北方区	167.38			
9	B办事处	南方区	104.38			
10	D办事处	西北区	100.77			
11	E办事处	北方区	95.42			
12	C办事处	西北区	138.76			

该函数的参数也可换成 `=SUMIF($B$2:$B$12,"南方区",$C$2:$C$12)` ，计算结果是一样的。

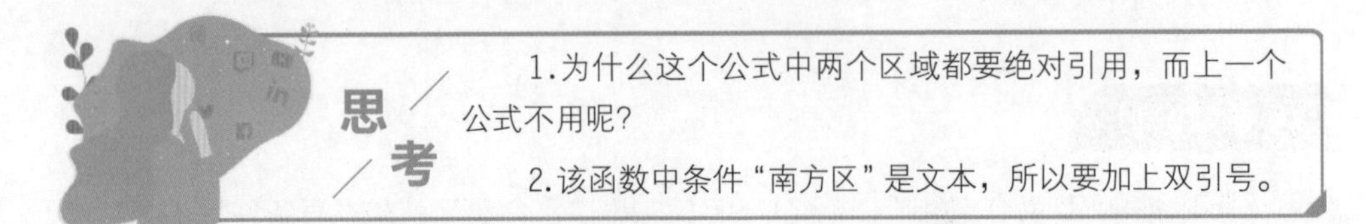

接下来计算小于100万元的经费总和，简直就是小菜一碟嘛！输入函数 `=SUMIF(C:C, "<100")` ，结果如下图所示。**说明：条件区域和求和区域相同，可省略最后一个参数，条件仍然要用双引号括起来。**

F3 =SUMIF(C:C,"<100")

	A	B	C	D	E	F
1	分部	区域	经费/万元		条件	汇总
2	A办事处	北方区	96.57		南方区	246.98
3	B办事处	南方区	75.87		小于100万	334.59
4	B办事处	南方区	66.73		南方区+北方区	
5	D办事处	西北区	200.74			
6	E办事处	北方区	160.32			
7	C办事处	西北区	149.61			
8	A办事处	北方区	167.38			
9	B办事处	南方区	104.38			
10	D办事处	西北区	100.77			
11	E办事处	北方区	95.42			
12	C办事处	西北区	138.76			

思考题

举一反三：会了SUMIF函数，像条件计数函数（COUNTIF）、条件求平均值函数（AVERAGEIF）自然都不在话下了。请大家分别用这两个函数计算经费“大于等于100万元”的有几个，北方区的平均经费是多少?

条件计数函数（COUNTIF）和条件求平均值函数（AVERAGEIF）参数格式如下：

COUNTIF（条件区域，条件）

AVERAGEIF（条件区域，条件，求平均值区域）

注意：COUNTIF函数的参考顺序与SUMIF函数的参考数顺序略有不同。

2. 求和函数简写

接下来看第三个要求：南方区和北方区共计支出多少经费？这个还不简单嘛，就是两个区域经费总和相加，所以函数是这样的 =SUMIF(B:B,"南方区",C:C)+SUMIF(B:B,"北方区",C:C) ，如下图所示。

F4　=SUMIF(B:B,"南方区",C:C)+SUMIF(B:B,"北方区",C:C)

	A	B	C	D	E	F
1	分部	区域	经费/万元		条件	汇总
2	A办事处	北方区	96.57		南方区	246.98
3	B办事处	南方区	75.87		小于100万	334.59
4	B办事处	南方区	66.73		南方区+北方区	766.67
5	D办事处	西北区	200.74			
6	E办事处	北方区	160.32			
7	C办事处	西北区	149.61			
8	A办事处	北方区	167.38			
9	B办事处	南方区	104.38			
10	D办事处	西北区	100.77			
11	E办事处	北方区	95.42			
12	C办事处	西北区	138.76			

结果正确，不过公式这样书写未免有点冗长，如果条件特别多的话，就更加麻烦，所以公式可以简化成 =SUM(SUMIF(B:B,{"南方区","北方区"},C:C)) 。

其实就是外面多套了一个SUM函数，把条件合并一起计算了。这种情况仍然属于多个单条件之和相加，并不属于多条件，下面来看看更复杂的多条件求和。

3. 多个条件求和

通过表格可以看到，北方区有几个不同的办事处，现在要求计算北方区A办事处的经费总额，就变成需要同时满足两个条件，如下图所示。

分部	区域	汇总
A办事处	北方区	

哎呀，SUMIF只能满足一个条件求和呢？

莫慌，SUM的PLUS群攻版SUMIFS隆重登场，再多条件也不怕（偷偷告诉你，其实最多127个条件）。

来看看SUMIFS的参数。

SUMIFS（求和区域，条件区域1，条件1，条件区域2，条件2......）

不就是把SUMIF的最后一个参数放到最前面，我就不认得你了……

新鲜出炉的多条件求和公式来啦 =SUMIFS(C:C,A:A,A2,B:B,B2)
条件很吓人，过程很轻松，结果很满意。

G2 =SUMIFS(C:C,A:A,A2,B:B,B2)

	A	B	C	D	E	F	G
1	分部	区域	经费/万元		分部	区域	汇总
2	A办事处	北方区	96.57		A办事处	北方区	263.95
3	B办事处	南方区	75.87				
4	B办事处	南方区	66.73				
5	D办事处	西北区	200.74				
6	E办事处	北方区	160.32				
7	C办事处	西北区	149.61				
8	A办事处	北方区	167.38				
9	B办事处	南方区	104.38				
10	D办事处	西北区	100.77				
11	E办事处	北方区	95.42				
12	C办事处	西北区	138.76				

思考题

请求出西北区，大于120万元的经费总和。

区域	经费/万元	汇总
西北区	大于120	

5.3.3 求和至尊版：SUMPRODUCT

接下来的表格又提出了更高的要求，如右图中的家电销售表，分别记录了单项的销售数量和单价，但是没有记录总额。

1	日期	产品	销量/台	单价/元
10	2019/2/14	冰箱	10	¥2,399.00
11	2019/2/19	洗衣机	11	¥1,888.00
12	2019/2/25	冰箱	8	¥2,399.00

表格是没有什么问题的，计算总额要充分发挥Excel的求和功能。这还不简单，在E2写入公式 =C2*D2 ，然后下拉填充，最后按快捷键Alt+=快速求和，如下图所示，熟练的话20秒也够了。

	A	B	C	D	E
1	日期	产品	销量/台	单价/元	合计
7	2019/2/1	空调	18	¥1,600.00	¥28,800.00
8	2019/2/8	冰箱	32	¥2,399.00	¥76,768.00
9	2019/2/10	洗衣机	38	¥1,888.00	¥71,744.00
10	2019/2/14	冰箱	10	¥2,399.00	¥23,990.00
11	2019/2/19	洗衣机	11	¥1,888.00	¥20,768.00
12	2019/2/25	冰箱	8	¥2,399.00	¥19,192.00
13					¥472,387.00

这不失为一种方法，只不过这么做，讲直白点就是还不能称为“高手”，高手都是这么做的：直接输入函数 =SUMPRODUCT(C2:C12,D2:D12) ，搞定（两个参数都可以用鼠标直接框选输入），如下图所示，用SUMPRODUCT函数计算的结果和填充求和的结果是一致的。此处应该有掌声……

D13　fx　=SUMPRODUCT(C2:C12,D2:D12)

	A	B	C	D	E
1	日期	产品	销量/台	单价/元	合计
2	2019/1/2	空调	9	¥1,600.00	¥14,400.00
3	2019/1/9	洗衣机	32	¥1,888.00	¥60,416.00
4	2019/1/11	空调	34	¥1,600.00	¥54,400.00
5	2019/1/19	冰箱	11	¥2,399.00	¥26,389.00
6	2019/1/25	洗衣机	40	¥1,888.00	¥75,520.00
7	2019/2/1	空调	18	¥1,600.00	¥28,800.00
8	2019/2/8	冰箱	32	¥2,399.00	¥76,768.00
9	2019/2/10	洗衣机	38	¥1,888.00	¥71,744.00
10	2019/2/14	冰箱	10	¥2,399.00	¥23,990.00
11	2019/2/19	洗衣机	11	¥1,888.00	¥20,768.00
12	2019/2/25	冰箱	8	¥2,399.00	¥19,192.00
13			总计	472387	¥472,387.00

1. 解读SUMPRODUCT

fx 函数说明

SUMPRODUCT函数可以看作：SUM（求和）+PRODUCT（乘积）。

按照Excel运算顺序，合并起来就是先乘积再求和，它的作用就是计算区域乘积之和，参数如下：

SUMPRODUCT函数的参数（区域1，区域2，区域3，…）

下面用一个最简单的例子来说明。

Question：

如下图所示，计算A、B、C三列的乘积之和，即A1*B1*C1+ A2*B2*C2+ A3*B3*C3。

	A	B	C
1	1	2	3
2	2	3	4
3	2	2	2

Answer：

在B4单元格中输入函数 =SUMPRODUCT(A1:A3,B1:B3,C1:C3)，如下图所示。

=SUMPRODUCT(A1:A3,B1:B3,C1:C3)

	A	B	C	D
1	1	2	3	
2	2	3	4	
3	2	2	2	
4	求和	38		

(1) 每个数组区域是一一对应的，所以大小应一致。如果将函数改为 =SUMPRODUCT(A1:A4,B1:B3,C1:C3)，则会弹出提示 #VALUE!，因为数组区域大小不一致。

(2) 公式中每个参数直接引用单元格区域，用逗号隔开即可；如果是数组，则还需要用大括号“{}”括起来。例如，上面的公式可以改为 =SUMPRODUCT({1;2;2},{2;3;2},{3;4;2})，其计算结果是一致的，如下图所示。注意，数组中的数字用分号“；”隔开。

F2 =SUMPRODUCT({1;2;2},{2;3;2},{3;4;2})

	A	B	C	D	E	F
1	1	2	3		求和	38
2	2	3	4			38
3	2	2	2			

2. SUMPRODUCT多条件求和

SUMPRODUCT函数还可用于多条件求和（这是要跟SUMIFS函数“抢饭碗”的节奏），参数格式如下：

SUMPRODUCT（条件1*条件2*…，求和区域）

仍然以“家电销售表”为例，求2月份冰箱销售的总和。

Step1：

用辅助列E列求出各单次销售合计，在E2单元格输入 =C2*D2 ，下拉填充。

E2 =C2*D2

	A	B	C	D	E
1	日期	产品	销量/台	单价/元	合计
2	2019/1/2	空调	9	¥1,600.00	¥14,400.00
3	2019/1/9	洗衣机	32	¥1,888.00	¥60,416.00
4	2019/1/11	空调	34	¥1,600.00	¥54,400.00

Step2：

输入函数求和 =SUMPRODUCT((MONTH($A$2:$A$12)=2)*($B$2:$B$12=$H2)*$E$2:$E$12) 。

I2 =SUMPRODUCT((MONTH($A$2:$A$12)=2)*($B$2:$B$12=$H2)*$E$2:$E$12)

	A	B	C	D	E	F	G	H	I
1	日期	产品	销量/台	单价/元	合计		条件		求和
2	2019/1/2	空调	9	¥1,600.00	¥14,400.00		2月份	冰箱	¥119,950.00
3	2019/1/9	洗衣机	32	¥1,888.00	¥60,416.00				
4	2019/1/11	空调	34	¥1,600.00	¥54,400.00				
5	2019/1/19	冰箱	11	¥2,399.00	¥26,389.00				
6	2019/1/25	洗衣机	40	¥1,888.00	¥75,520.00				

SUMPRODUCT参数分解

❶ 条件1：(MONTH($A$2:$A$12)=2)，表示在A2:A12区域挑选月份为2月的数据。

条件2：($B$2:$B$12=$H2)，表示在B2:B12区域挑选冰箱（H2）。

❷ 求和区域：$E$2:$E$12，直接引用单元格区域。

注意：不能采取整列引用（如A:A）；如果需要进行拖曳填充，则要考虑区域的绝对引用。

思考题

用SUMPRODUCT函数计算5.3.2节中西北区大于120万元的经费总和。

区域	经费/万元	汇总
西北区	大于120	

逻辑与函数的关系就像是

搭配和衣服的关系

5.4 LEFT、MID、RIGHT随心提取文本

1	城市 销售额 日期
2	北京 82456 2017-09-01
3	北京 56870 2017-09-03
4	上海 68542 2017-09-07
5	广州 187456 2017-09-16
6	昆明 65426 2017-08-21
7	成都 235246 2017-09-03

不知道大家是否记得1.1节中利用【快速填充】提取文本和数字，其实函数也可做到，有一类函数专门用于“提取字符”，它们就是文本函数。

如左图所示，表格中有“城市”“销售额”和“日期”三个字段，可以分别用LEFT、MID和RIGHT函数来提取。

5.4.1 LEFT函数

fx 函数说明

LEFT包含两个参数（文本，提取长度）。

LEFT函数，顾名思义，它的作用是从左边开始，根据提取长度提取字符。

观察表格第一个字段“城市”，所有城市都是左起两个字符，所以，在B2单元格输入函数 =LEFT(A2,2) 就可将“城市”字段提取出来，其含义是左起提取A2单元格两个字符，双击单元格填充完成，如下图所示。

B2　=LEFT(A2,2)

	A	B	C	D
1	城市 销售额 日期	城市	销售	日期
2	北京 82456 2017-09-01	北京	82456	2017/9/1
3	北京 56870 2017-09-03	北京	56870	2017/9/3
4	上海 68542 2017-09-07	上海	68542	2017/9/7
5	广州 187456 2017-09-16	广州	187456	2017/9/16
6	昆明 65426 2017-08-21	昆明	65426	2017/8/21
7	成都 235246 2017-09-03	成都	235246	2017/9/3
8	西宁 12345 2017-07-06	西宁	12345	2017/7/6

5.4.2 MID函数

fx 函数说明

MID包含三个参数（**文本，开始提取的位置，提取长度**）。

MID函数的作用是：从中间开始，在指定的位置提取指定长度的字符。

× ✓ fx 北京 82456 2017-09-01

数字从第6位开始

	A
1	城市
2	北京 82456 2017-09-01
3	北京 56870 2017-09-03
4	上海 68542 2017-09-07
5	广州 187456 2017-09-16
6	昆明 65426 2017-08-21
7	成都 235246 2017-09-03
8	西宁 12345 2017-07-06

来看看"销售额"这个字段，仔细分析之后，大毛发现每个数字都是从第6位开始，长度5~6个字符。

咦？为什么是第6位，不是第4位开始吗？

不得不说，有时表格会"骗人"，特别是从某些系统中导出的表格，往往隐藏了大量看不见的空格或字符，不能从它的外表判断字符长度。选择A2单元格，观察编辑栏，如左图所示，如果肉眼不好判断，那么可以将鼠标定位到编辑栏中，然后往右一步一步地移动光标，就可以推算出其间的字符数了。

所以，选择C2单元格，在C2单元格输入函数 =MID(A2,6,6)，表示从A2单元格的第6位开始，提取出6个字符长度，结果如下图所示。

C2 × ✓ fx =MID(A2,6,6)

	A	B	C	D
1	城市 销售额 日期	城市	销售	日期
2	北京 82456 2017-09-01	北京	82456	2017/9/1
3	北京 56870 2017-09-03	北京	56870	2017/9/3
4	上海 68542 2017-09-07	上海	68542	2017/9/7
5	广州 187456 2017-09-16	广州	187456	2017/9/16
6	昆明 65426 2017-08-21	昆明	65426	2017/8/21
7	成都 235246 2017-09-03	成都	235246	2017/9/3
8	西宁 12345 2017-07-06	西宁	12345	2017/7/6
9	兰州 35246 2017-08-15	兰州	35246	2017/8/15

但是还没完，提取出来的结果并非数值格式（求和试试就知道了），需要两个步骤转为数值格式。

Step1：

选择该列→按快捷键 Ctrl + C 复制→右键粘贴为“值”，该步骤是为了把公式值转成常规值，如下图所示。

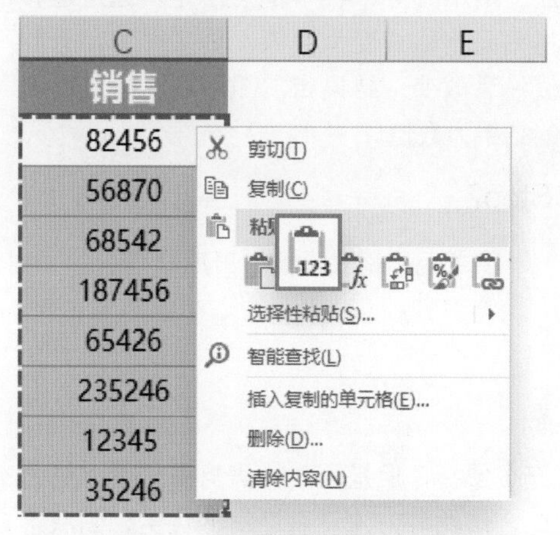

Step2：

选择该列，使用【分列】将格式转为【常规】数字格式，一直单击【下一步】按钮即可，如下图所示（再求和试试）。

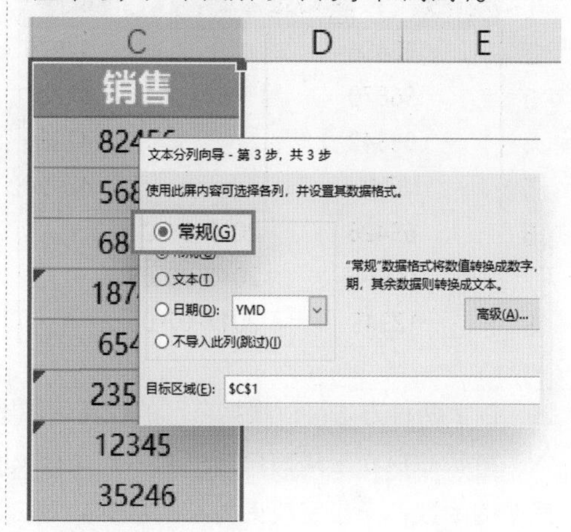

5.4.3 RIGHT 函数

fx 函数说明

RIGHT包含两个参数（**文本，提取长度**）。

RIGHT函数的参数和使用方法与LEFT函数一致，只不过提取字符的方向由从左向右变成了从右向左。

需要提取的第三个字段是“日期”，每条日期的长度都是10个字符。因此，在D2单元格输入 `=RIGHT(A2,10)`，作用就是右起提取A2单元格10个字符，提取结果如下图所示。

D2　=RIGHT(A2,10)

	A	B	C	D
1	城市 销售额 日期	城市	销售	日期
2	北京 82456 2017-09-01	北京	82456	2017-09-01
3	北京 56870 2017-09-03	北京	56870	2017-09-03
4	上海 68542 2017-09-07	上海	68542	2017-09-07
5	广州 187456 2017-09-16	广州	187456	2017-09-16
6	昆明 65426 2017-08-21	昆明	65426	2017-08-21
7	成都 235246 2017-09-03	成都	235246	2017-09-03

同之前的问题一样，提取出来的不是规范的日期格式，可以按照5.4.2节中讲解的方法，首先粘贴为数值然后分列，两步转为日期格式。

下面再提供一种更简便的方法。

=--RIGHT(A2,10)

	C	D
1	销售	日期
2	82456	42979
3	56870	42981
4	68542	42985
5	187456	42994
6	65426	2017-08-21
7	235246	2017-09-03
8	12345	2017-07-06

Step1：

将上述的函数改为 =--RIGHT(A2,10) ，加上两个符号“--”的意思是，通过运算将单元格格式变为数值，负负得正，原数值没有改变，结果如左图所示，提取得到的结果为数值。

Step2：

将单元格格式设置为日期即可。

以上两种方法可以根据自己的使用习惯选择。

虽然使用文本函数提取字符不如【快速填充】便捷，但是函数的优势在于可以结合其他的函数，一步完成更复杂的数据处理。因此，这两种方法没有绝对的优劣，到底选择【快速填充】还是函数，仍然要根据实际情况判断。

思考题

以下图为例，使用MID函数提取“日期”字段。

	A	B	C	D	E	F
1	城市 销售额 日期	城市	销售	日期		随堂练习
2	北京 82456 2017-09-01	北京	82456	2017/9/1		2017-09-01
3	北京 56870 2017-09-03	北京	56870	2017/9/3		2017-09-03
4	上海 68542 2017-09-07	上海	68542	2017/9/7		2017-09-07
5	广州 187456 2017-09-16	广州	187456	2017/9/16		2017-09-16
6	昆明 65426 2017-08-21	昆明	65426	2017/8/21		2017-08-21
7	成都 235246 2017-09-03	成都	235246	2017/9/3		2017-09-03
8	西宁 12345 2017-07-06	西宁	12345	2017/7/6		2017-07-06
9	兰州 35246 2017-08-15	兰州	35246	2017/8/15		2017-08-15

5.5 标记成绩不是事儿：逻辑函数大作战

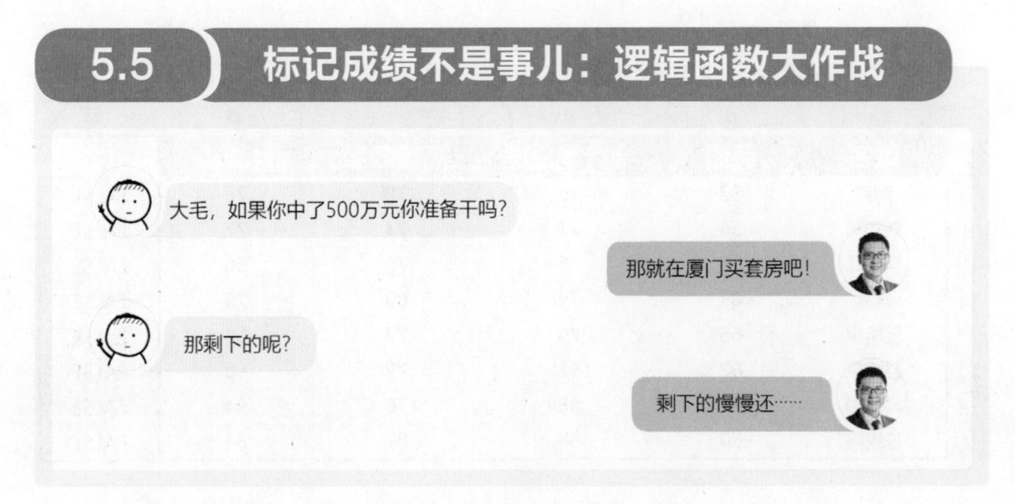

这世界上有很多如果，如果上天能够给我再来一次的机会，我会对那个女孩子说三个字：我爱你；如果非要在这份爱上加上一个期限，我希望是……一万年……如果你问我Excel哪个函数重要，我会告诉你是IF函数。

IF函数属于逻辑函数家族，它们常被用来进行逻辑分析，并返回某种判断结果，如判定等级、判断对错、返回不同的奖金额度等。

5.5.1 基础逻辑函数：AND、OR和NOT

首先来做一道普通的数学题，如下图所示，记录了四个科目的成绩，现在要用函数来标记“大于等于60分，小于100分的英语成绩”。

	A	B	C	D	E
1	姓名	英语	会计学原理	高等数学	计算机
8	刘毅	82	76	78	76
9	刘莉莉	56	77	74	77
10	李青红	88	78	78	66
11	侯冰	63	79	80	73
12	王凯伊	66	79	77	68
13	赵晓东	82	52	79	68
14	马蔚为	66	86	76	94
15	陈钦陈	50	64	87	64

哈哈，这不太简单了嘛，输入 =60<=B2<100，然后填充，显示为TRUE的就是我们要找的结果。输入函数后，结果如下图所示。

	A	B	C	D	E	F
1	姓名	英语	会计学原理	高等数学	计算机	
8	刘毅	82	76	78	76	FALSE
9	刘莉莉	56	77	74	77	FALSE
10	李青红	88	78	78	66	FALSE
11	侯冰	63	79	80	73	FALSE
12	王凯伊	66	79	77	68	FALSE
13	赵晓东	82	52	79	68	FALSE
14	马蔚为	66	86	76	94	FALSE
15	陈钦陈	50	64	87	64	FALSE

为啥全都是FALSE？这涉及运算符的优先顺序，详见5.1节的运算符优先级表。上述公式中的比较预算符“<=”和“<”的运算级别是一样的，所以Excel会先计算“60<=B2”，此时的结果是TRUE，接下来再计算“TRUE<100”，结果当然全都是FALSE啦。

正确的书写方式应当是 =AND(B2>=60,B2<100)，最后结果如下图所示，不及格的三个成绩对应显示为FALSE，其余为TRUE。

	A	B	C	D	E	F
1	姓名	英语	会计学原理	高等数学	计算机	
2	张跃平	87	85	78	81	TRUE
3	李丽	50	82	78	84	FALSE
4	陈慧君	76	81	56	87	TRUE
5	吴丽萍	85	91	74	78	TRUE
6	杨林	67	78	79	79	TRUE
7	宋斌	80	76	87	56	TRUE
8	刘毅	82	76	78	76	TRUE
9	刘莉莉	56	77	74	77	FALSE
10	李青红	88	78	78	66	TRUE
11	侯冰	63	79	80	73	TRUE
12	王凯伊	66	79	77	68	TRUE
13	赵晓东	82	52	79	68	TRUE
14	马蔚为	66	86	76	94	TRUE
15	陈钦陈	50	64	87	64	FALSE

这就是逻辑函数AND，此外逻辑函数还有OR、NOT，它们分别对应“与”“或”“非”的逻辑关系。通过几个案例来看看它们是如何运作的。

1. AND函数

fx 函数说明

AND包含一个到多个参数(逻辑1，逻辑2，逻辑3，...)。

AND函数的每个参数代表一个逻辑，当满足所有参数时，返回TRUE，只要有一个不满足，就返回FALSE。

例如，将四科都及格的同学标记为TRUE，可输入函数 =AND(B2>=60,C2>=60,D2>=60,E2>=60)，结果如下图所示，只要有一科不及格，结果就标记为FALSE。(表格中的红色为笔者有意标记，并非是函数运算的结果。)

F4　=AND(B4>=60,C4>=60,D4>=60,E4>=60)

	A	B	C	D	E	F
1	姓名	英语	会计学原理	高等数学	计算机	
4	陈慧君	76	81	56	87	FALSE
5	吴丽萍	85	91	74	78	TRUE
6	杨林	67	78	79	79	TRUE
7	宋斌	80	76	87	56	FALSE
8	刘毅	82	76	78	76	TRUE
9	刘莉莉	56	77	74	77	FALSE
10	李青红	88	78	78	66	TRUE
11	侯冰	63	79	80	73	TRUE
12	王凯伊	66	79	77	68	TRUE
13	赵晓东	82	52	79	68	FALSE
14	马蔚为	66	86	76	94	TRUE
15	陈钦陈	50	64	87	64	FALSE

2. OR函数

fx 函数说明

OR包含一个到多个参数(逻辑1，逻辑2，逻辑3，...)

OR函数的每个参数代表一个逻辑，与AND函数不同的是，只要满足其中一个参数，就可返回TRUE，只有在所有参数都不满足的情况下，才返回FALSE。

例如，要求改为只要有一科的成绩“>=80”就满足条件，显示为TRUE，可输入函数 =OR(B2>=80,C2>=80,D2>=80,E2>=80) ，结果如下图所示，显示为FALSE的三人，四科成绩均低于80分。

F6　=OR(B6>=80,C6>=80,D6>=80,E6>=80)

	A	B	C	D	E	F
1	姓名	英语	会计学原理	高等数学	计算机	
2	张跃平	87	85	78	81	TRUE
3	李丽	90	82	78	84	TRUE
4	陈慧君	76	81	56	87	TRUE
5	吴丽萍	85	91	74	78	TRUE
6	杨林	67	78	79	79	FALSE
7	宋斌	80	76	87	56	TRUE
8	刘毅	82	76	78	76	TRUE
9	刘莉莉	56	77	74	77	FALSE
10	李青红	88	78	78	66	TRUE
11	侯冰	63	79	80	73	TRUE
12	王凯伊	66	79	77	68	FALSE
13	赵晓东	82	52	79	68	TRUE
14	马蔚为	66	86	76	94	TRUE
15	陈钦陈	50	64	87	64	TRUE

3. NOT函数

fx 函数说明

NOT函数就是相反的意思，不按常规出牌。

NOT只有一个参数(逻辑)。

在NOT函数中，当逻辑值为FALSE，它返回TRUE；当逻辑值为TRUE，它返回FALSE。

通常来说，NOT函数很少单独出现，一般与其他函数一起嵌套使用。

以上就是“基础逻辑函数三兄弟”AND、OR、NOT，它们的逻辑能力还不错，不足之处在于它们只能直接返回TRUE或FALSE。如果希望返回的值是“良好”“不及格”，而不是TRUE，那么它们就有点力不从心了。

请出它们的“大哥”“IF”就可以轻松胜任，这些函数跟IF嵌套使用，可以发挥更强大的逻辑功能。不过，只要在AND函数前面嵌套一个IF，输入 =IF(AND(B2>=60,C2>=60,D2>=60,E2>=60),"良好","一般") ，看看下图，是不是符合我们的阅读习惯呢。

F2　fx　=IF(AND(B2>=60,C2>=60,D2>=60,E2>=60),"良好","一般")

	A	B	C	D	E	F
1	姓名	英语	会计学原理	高等数学	计算机	
2	张跃平	87	85	78	81	良好
3	李丽	90	82	78	84	良好
4	陈慧君	76	81	56	87	一般
5	吴丽萍	85	91	74	78	良好
6	杨林	67	78	79	79	良好
7	宋斌	80	76	87	56	一般
8	刘毅	82	76	78	76	良好
9	刘莉莉	56	77	74	77	一般
10	李青红	88	78	78	66	良好
11	侯冰	63	79	80	73	良好

5.5.2 使用频率最高的逻辑函数：IF

IF是最常用的函数之一，除与其他函数一起嵌套使用外，IF函数自身也可多个函数互相嵌套，所谓嵌套就是指同时使用多个IF函数（或不同函数），一层套一层……

例如，下图中的函数，粗略统计一下有50个IF互相嵌套哦（其实我也没数），是不是很震惊！自Excel 2007版本以后，IF最多可支持64层嵌套。

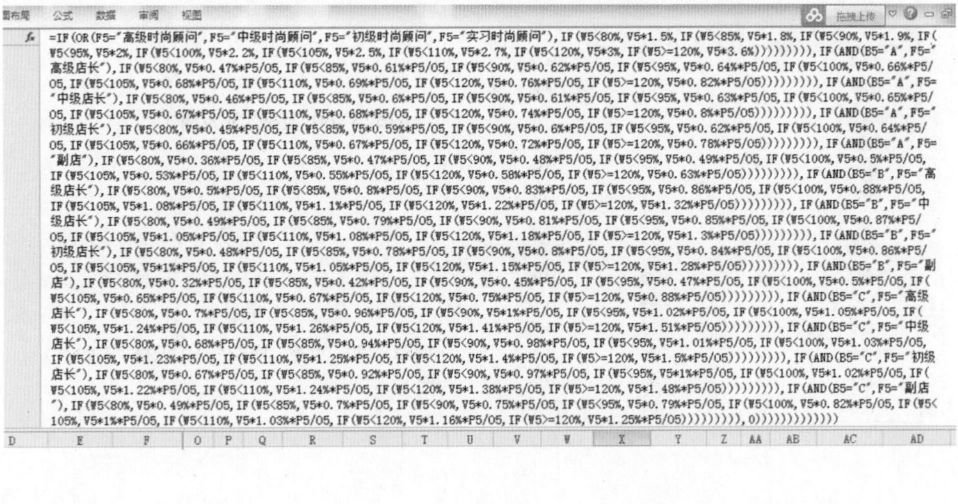

页面布局　公式　数据　审阅　视图

=IF(OR(F5="高级时尚顾问",F5="中级时尚顾问",F5="初级时尚顾问",F5="实习时尚顾问"),IF(W5<80%,V5*1.5%,IF(W5<85%,V5*1.8%,IF(W5<90%,V5*1.9%,IF(
W5<95%,V5*2%,IF(W5<100%,V5*2.2%,IF(W5<105%,V5*2.5%,IF(W5<110%,V5*2.7%,IF(W5<120%,V5*3%,IF(W5>=120%,V5*3.6%))))))))),IF(AND(B5="A",F5="
高级店长"),IF(W5<80%,V5*0.47%*P5/05,IF(W5<85%,V5*0.61%*P5/05,IF(W5<90%,V5*0.62%*P5/05,IF(W5<95%,V5*0.64%*P5/05,IF(W5<100%,V5*0.66%*P5/
05,IF(W5<105%,V5*0.68%*P5/05,IF(W5<110%,V5*0.69%*P5/05,IF(W5<120%,V5*0.76%*P5/05,IF(W5>=120%,V5*0.82%*P5/05))))))))),IF(AND(B5="A",F5=
"中级店长"),IF(W5<80%,V5*0.46%*P5/05,IF(W5<85%,V5*0.6%*P5/05,IF(W5<90%,V5*0.61%*P5/05,IF(W5<95%,V5*0.63%*P5/05,IF(W5<100%,V5*0.65%*P5/
05,IF(W5<105%,V5*0.67%*P5/05,IF(W5<110%,V5*0.68%*P5/05,IF(W5<120%,V5*0.74%*P5/05,IF(W5>=120%,V5*0.8%*P5/05))))))))),IF(AND(B5="A",F5="
初级店长"),IF(W5<80%,V5*0.45%*P5/05,IF(W5<85%,V5*0.59%*P5/05,IF(W5<90%,V5*0.6%*P5/05,IF(W5<95%,V5*0.62%*P5/05,IF(W5<100%,V5*0.64%*P5/
05,IF(W5<105%,V5*0.66%*P5/05,IF(W5<110%,V5*0.67%*P5/05,IF(W5<120%,V5*0.72%*P5/05,IF(W5>=120%,V5*0.78%*P5/05))))))))),IF(AND(B5="A",F5=
"副店"),IF(W5<80%,V5*0.36%*P5/05,IF(W5<85%,V5*0.47%*P5/05,IF(W5<90%,V5*0.48%*P5/05,IF(W5<95%,V5*0.49%*P5/05,IF(W5<100%,V5*0.5%*P5/05,
IF(W5<105%,V5*0.53%*P5/05,IF(W5<110%,V5*0.55%*P5/05,IF(W5<120%,V5*0.58%*P5/05,IF(W5>=120%,V5*0.63%*P5/05))))))))),IF(AND(B5="B",F5="高
级店长"),IF(W5<80%,V5*0.5%*P5/05,IF(W5<85%,V5*0.8%*P5/05,IF(W5<90%,V5*0.83%*P5/05,IF(W5<95%,V5*0.86%*P5/05,IF(W5<100%,V5*0.88%*P5/05,
IF(W5<105%,V5*1.08%*P5/05,IF(W5<110%,V5*1.1%*P5/05,IF(W5<120%,V5*1.22%*P5/05,IF(W5>=120%,V5*1.32%*P5/05))))))))),IF(AND(B5="B",F5="中
级店长"),IF(W5<80%,V5*0.49%*P5/05,IF(W5<85%,V5*0.79%*P5/05,IF(W5<90%,V5*0.81%*P5/05,IF(W5<95%,V5*0.85%*P5/05,IF(W5<100%,V5*0.87%*P5/
05,IF(W5<105%,V5*1.05%*P5/05,IF(W5<110%,V5*1.08%*P5/05,IF(W5<120%,V5*1.18%*P5/05,IF(W5>=120%,V5*1.3%*P5/05))))))))),IF(AND(B5="B",F5="
初级店长"),IF(W5<80%,V5*0.48%*P5/05,IF(W5<85%,V5*0.78%*P5/05,IF(W5<90%,V5*0.8%*P5/05,IF(W5<95%,V5*0.84%*P5/05,IF(W5<100%,V5*0.86%*P5/
05,IF(W5<105%,V5*1%*P5/05,IF(W5<110%,V5*1.05%*P5/05,IF(W5<120%,V5*1.15%*P5/05,IF(W5>=120%,V5*1.28%*P5/05))))))))),IF(AND(B5="B",F5="副
店"),IF(W5<80%,V5*0.32%*P5/05,IF(W5<85%,V5*0.42%*P5/05,IF(W5<90%,V5*0.45%*P5/05,IF(W5<95%,V5*0.47%*P5/05,IF(W5<100%,V5*0.5%*P5/05,IF(
W5<105%,V5*0.65%*P5/05,IF(W5<110%,V5*0.67%*P5/05,IF(W5<120%,V5*0.75%*P5/05,IF(W5>=120%,V5*0.88%*P5/05))))))))),IF(AND(B5="C",F5="高级
店长"),IF(W5<80%,V5*0.7%*P5/05,IF(W5<85%,V5*0.96%*P5/05,IF(W5<90%,V5*1%*P5/05,IF(W5<95%,V5*1.02%*P5/05,IF(W5<100%,V5*1.05%*P5/05,IF(
W5<105%,V5*1.24%*P5/05,IF(W5<110%,V5*1.26%*P5/05,IF(W5<120%,V5*1.41%*P5/05,IF(W5>=120%,V5*1.51%*P5/05))))))))),IF(AND(B5="C",F5="中级
店长"),IF(W5<80%,V5*0.68%*P5/05,IF(W5<85%,V5*0.94%*P5/05,IF(W5<90%,V5*0.98%*P5/05,IF(W5<95%,V5*1.01%*P5/05,IF(W5<100%,V5*1.03%*P5/05,
IF(W5<105%,V5*1.23%*P5/05,IF(W5<110%,V5*1.25%*P5/05,IF(W5<120%,V5*1.4%*P5/05,IF(W5>=120%,V5*1.5%*P5/05))))))))),IF(AND(B5="C",F5="初级
店长"),IF(W5<80%,V5*0.67%*P5/05,IF(W5<85%,V5*0.92%*P5/05,IF(W5<90%,V5*0.97%*P5/05,IF(W5<95%,V5*1%*P5/05,IF(W5<100%,V5*1.02%*P5/05,IF(
W5<105%,V5*1.22%*P5/05,IF(W5<110%,V5*1.24%*P5/05,IF(W5<120%,V5*1.38%*P5/05,IF(W5>=120%,V5*1.48%*P5/05))))))))),IF(AND(B5="C",F5="副店
"),IF(W5<80%,V5*0.49%*P5/05,IF(W5<85%,V5*0.7%*P5/05,IF(W5<90%,V5*0.75%*P5/05,IF(W5<95%,V5*0.79%*P5/05,IF(W5<100%,V5*0.82%*P5/05,IF(W5<
105%,V5*1%*P5/05,IF(W5<110%,V5*1.03%*P5/05,IF(W5<120%,V5*1.16%*P5/05,IF(W5>=120%,V5*1.25%*P5/05))))))))),0)))))))))))))

D　E　F　O　P　Q　R　S　T　U　V　W　X　Y　Z　AA　AB　AC　AD

1. IF函数嵌套

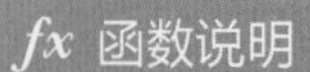

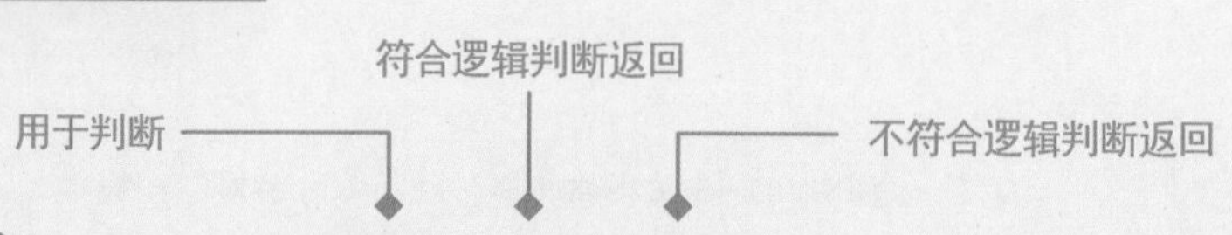

IF包含三个参数（逻辑，真值，假值）。

它的作用是判断单元格的数据是否符合逻辑，然后根据判断的结果返回设定值。

例如，=IF(B2>=60,“及格”,“不及格”)，该函数表示：如果B2大于等于60，则显示（返回）“及格”，否则显示（返回）“不及格”。

再增加一丢丢难度：还是这张成绩表，判定小于60分的为不及格，60分到90分为及格，大于等于90分为优秀，函数该如何书写呢？

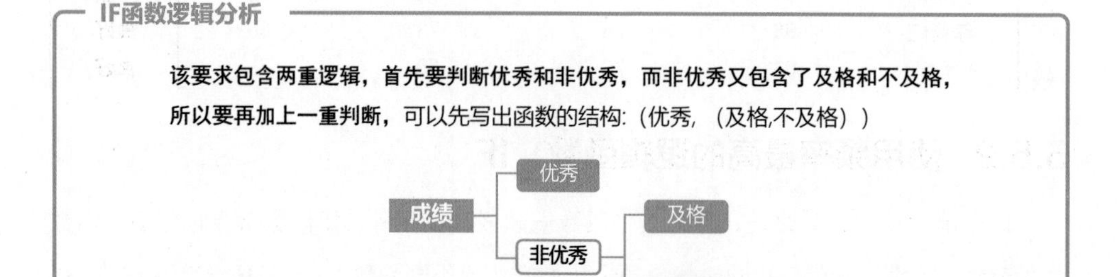

=IF(B3>=90,"优秀",IF(B3>=60,"及格","不及格"))

	A	B	C	F
1	姓名	英语	会计学原理	
2	张跃平	87	85	及格
3	李丽	90	82	优秀
4	陈慧君	76	81	及格
5	吴丽萍	85	91	及格
6	杨林	67	78	及格
7	宋斌	80	76	及格
8	刘毅	82	76	及格
9	刘莉莉	56	77	不及格
10	李青红	88	78	及格
11	侯冰	63	79	及格
12	王凯伊	66	79	及格
13	赵晓东	82	52	及格
14	马蔚为	66	86	及格
15	陈软陈	50	64	不及格

Step1：

输入一个IF函数用来判断“及格”和“不及格”，输入函数 =IF(B2>=60,"及格","不及格")。

Step2：

外面再加一层IF判断是否“优秀”，将上一步的IF函数整个作为外层IF函数的第三个参数 =IF(B2>=90,“优秀”,IF(B2>=60,"及格","不及格"))。结果如左图所示。

思考题

其实，上面的函数嵌套也可以换一个思路。例如，（不及格,（及格,优秀）），这时候该如何书写公式呢？

2. 多重 IF 函数嵌套

再来一个更难一点的，需要根据总分发放奖学金，有四个等级，每个等级对应的分数如右图所示。

分数	奖学金	分数	奖学金
>=330	1000	>=310	500
>=320	800	>=300	400

Step1：

输入函数前，在F列按快捷键 Alt + = 求出总分，如下图所示。

	A	E	F
1	姓名	计算机	总分
2	张跃平	81	331
3	李丽	84	334
4	陈慧君	87	300
5	吴丽萍	78	328
6	杨林	79	303
7	宋斌	56	299
8	刘毅	76	312
9	刘莉莉	77	284
10	李青红	66	310
11	侯冰	73	295
12	王凯伊	68	290
13	赵晓东	68	281

Step2：

按照上面的方法，首先在草稿上列出函数的逻辑结构，有多少个IF函数，对应最后补齐多少个右括号“)”。

逻辑结构如下：(330分级，(320分级，(310分级，(300分级，没有))))。

Step3：

对应上面的逻辑结构，列出函数公式。

```
= IF(F2>=330,1000,IF(F2>=320,800,
  IF(F2>=310,500,IF(F2>=300,400,0))))
```

接下来，将函数复制到Excel中，如果熟练的话，可在Excel中直接输入，这也是下一节的重要内容，最后结果如下图所示。

	A	F	G
1	姓名	总分	奖学金
2	张跃平	331	1000
3	李丽	334	1000
4	陈慧君	300	400
5	吴丽萍	328	800
6	杨林	303	400
7	宋斌	299	0
8	刘毅	312	500
9	刘莉莉	284	0
10	李青红	310	500
11	侯冰	295	0
12	王凯伊	290	0
13	赵晓东	281	0
14	马蔚为	322	800
15	陈钦陈	265	0

多重嵌套IF函数绝对是工作中的一把好手，可以帮助我们解决很多问题，当然也并非都要像之前的案例那样，输入64层嵌套那种太长的函数打开时容易卡顿，所以在工作中，太长的函数并不实用，设计函数时要考虑兼容性和计算机的承受能力。

知识补充

IF家族还有SUMIF、COUNTIF等，虽然它们不属于逻辑函数，但是只要带上了IF，或多或少都跟“逻辑”或“条件”沾点边。

下面再给大家补充介绍一个带“IF”的函数，如下图所示，利用VLOOKUP函数按照对应职级计算补贴 =VLOOKUP(B2,$E$2:$F$3,2,0) ，由于右边的补贴等级里没有“老板”，所以C2显示为错误值“#N/A”。

C2 =VLOOKUP(B2,$E$2:$F$3,2,0)

	A	B	C	D	E	F
1	姓名	职级	补贴			
2	陈慧君	老板	#N/A		主管	1000
3	陈钦陈	员工	500		员工	500
4	侯冰	员工	500			
5	李丽	主管	1000			
6	李鹏民	员工	500			
7	李青红	员工	500			
8	刘莉莉	员工	500			

如果已经厌烦了这些错误提示，则可利用IFERROR函数改变提示的内容，参数如下：IFERROR（检查的公式，公式错误返回的值）。

可将上面的函数改成 =IFERROR(VLOOKUP(B2,$E$2:$F$3,2,0),"老板没有补贴") ，当检查到函数公式错误时，就会将错误值显示为“老板没有补贴”，是不是很好玩呢?

C2 =IFERROR(VLOOKUP(B2,$E$2:$F$3,2,0),"老板没有补贴")

	A	B	C	D	E	F
1	姓名	职级	补贴			
2	陈慧君	老板	老板没有补贴		主管	1000
3	陈钦陈	员工	500		员工	500
4	侯冰	员工	500			
5	李丽	主管	1000			
6	李鹏民	员工	500			
7	李青红	员工	500			
8	刘莉莉	员工	500			

5.6 轻松输入多重嵌套函数

工作中多个函数互相嵌套是很常见的，掌握函数输入的技巧，可以让工作更有效率。例如，上一节学到的四重嵌套函数，看着并不复杂，输入时才发现一不留神就少个逗号，或者少个括号，文本还要切换输入法加双引号，手忙脚乱，小错频出。

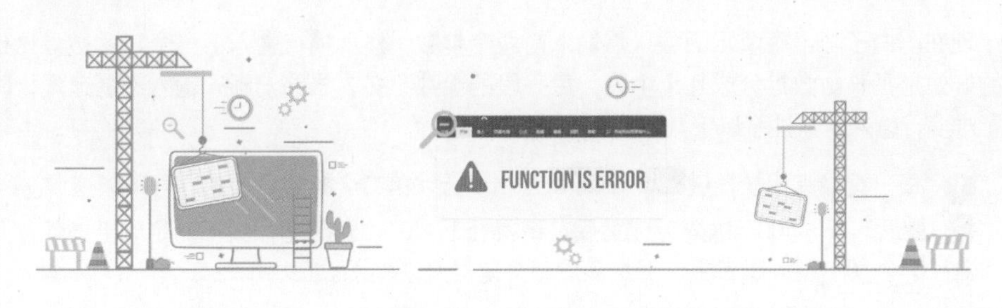

输入嵌套函数需要逻辑能力和空间想象力，再加上反复练习，有没有什么好办法可以快速准确地输入嵌套函数呢？给大家推荐利两个超级工具，掌握它们，输入函数都不是事儿。

5.6.1 编辑栏

编辑栏可以输入函数，编辑栏不就是平时输入字符文本的地方吗？对，就是这细细长长的方寸之地，它就在表格区列标题的上方，如下图所示。

G2　编辑栏　fx　=IF(F2>=330,1000,IF(F2>=320,800,IF(F2>=310,500,IF(F2>=300,400,0))))

	A	B	C	D	E	F	G
1	姓名	英语	会计学原理	高等数学	计算机	总分	奖学金
2	张跃平	87	85	78	81	331	1000
3	李丽	90	82	78	84	334	1000

别看它平时不显眼，搞起函数来，一点都不含糊。首先让编辑栏变身，单击编辑栏最右侧的下拉按钮，方寸之地马上变成了开阔空间，光标置于编辑栏底部，拖曳鼠标左键还可自由调整编辑栏高度，如下图所示，有了它，输入函数时可一览无余，让你有了运筹帷幄的控制感。

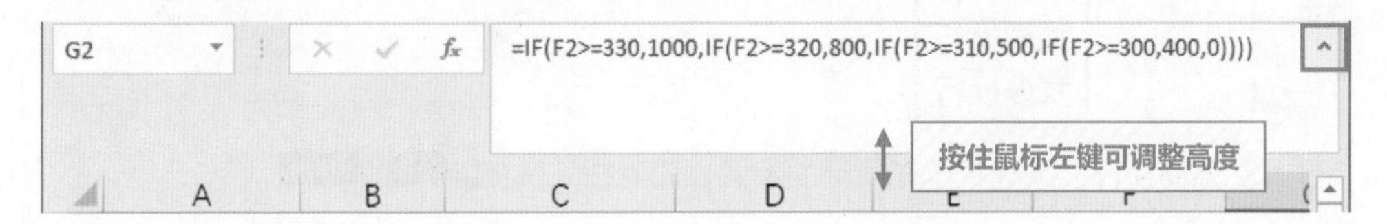

为什么要把编辑栏拉得这么高呢？上面的长函数，可以在编辑栏里分成四段输入，每一段使用快捷Alt+Enter换行，在编辑栏中的显示效果如下图所示。

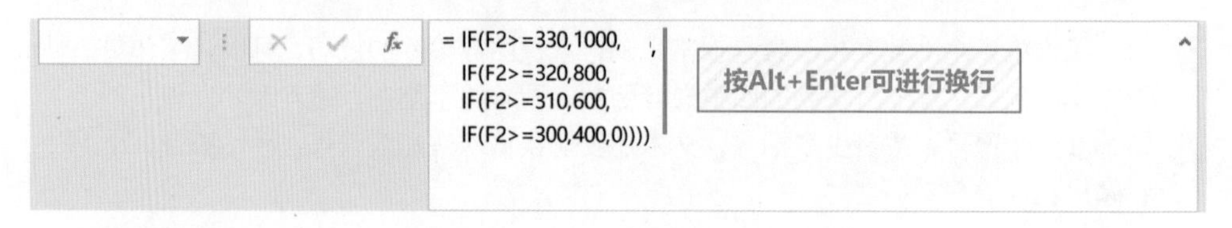

现在明白了吧，每个IF函数只需输入前两个参数，然后换行输入下一个IF函数。这样做的好处是把长函数拆分成几个小段，每一段的参数不多，思路清晰，输入不易遗漏，降低了难度，输入时需注意以下几点。

❶ 每一行输完用快捷键Alt+Enter强制换行，第二个参数后面的逗号不能遗漏。

❷ 最后一行“400”输入完成之后，记得补上“0”，意思是如果不满足以上条件，则返回值“0”，“0”也可以省略，但是最后一个逗号必须输入。

❸ 有四个IF函数，最后补足四个右括号。

知识补充

单元格文字较多的时候为了美观可以进行换行，Excel中换行通常有两种方法。

1. 自动换行：选择要换行的单元格，单击【开始】选项卡下的【自动换行】按钮，如下图所示。

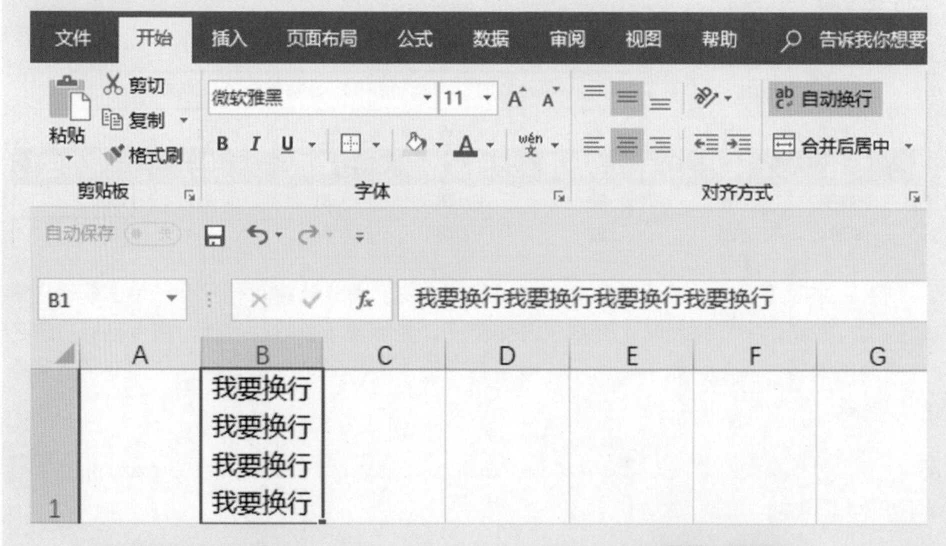

2. 强制换行：鼠标定位在换行的位置，同时按下快捷键Alt+Enter。

5.6.2 插入函数工具

如果上面的方法不过瘾，大毛再教你一个“压箱底的绝活”，它就是“插入函数工具”，好拗口的名字，其实就是编辑栏旁边的 f_x 按钮（以下简称【fx】工具）。

很不起眼，对吧？漫威中的蚁人也不起眼，可是你一点都不能小看他，单击【fx】工具，界面如下图所示。

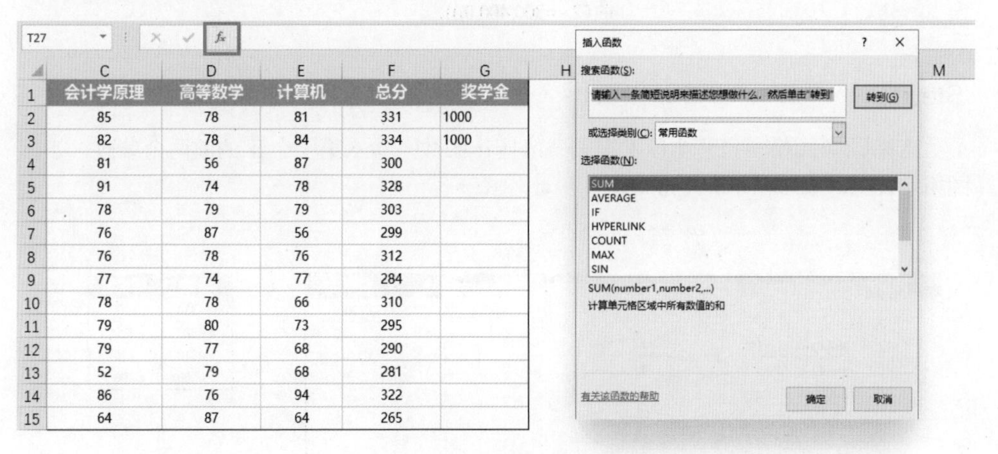

	C	D	E	F	G
1	会计学原理	高等数学	计算机	总分	奖学金
2	85	78	81	331	1000
3	82	78	84	334	1000
4	81	56	87	300	
5	91	74	78	328	
6	78	79	79	303	
7	76	87	56	299	
8	76	78	76	312	
9	77	74	77	284	
10	78	78	66	310	
11	79	80	73	295	
12	79	77	68	290	
13	52	79	68	281	
14	86	76	94	322	
15	64	87	64	265	

1.【fx】工具界面简介

在搜索框中输入某个函数（如SUMIF），单击【转到】按钮，下方的【选择函数】就会跳出符合条件的函数，如下图所示。

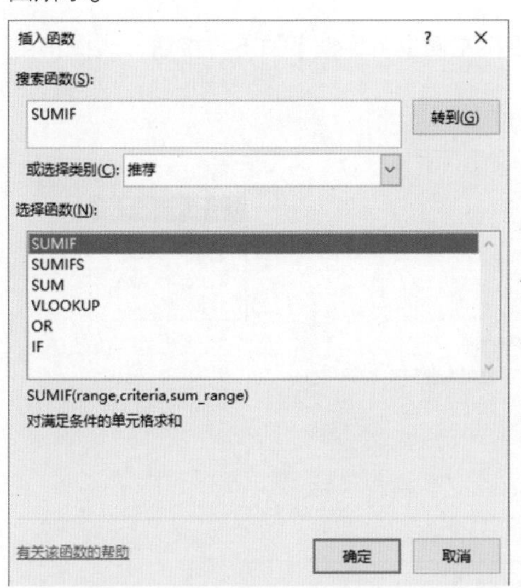

在弹出的【函数参数】对话框中，可以按照既定格式输入各个参数。使用该对话框有两大优势，如下图所示。

❶ 填入参数时，底部都会弹出该参数的相关说明，相当贴心。

❷ 即使忘记对文本加引号，生成函数时也会自动加上，换句话说就是，输入文本不用手动加引号了，再也不用手忙脚乱地切换中英文了。

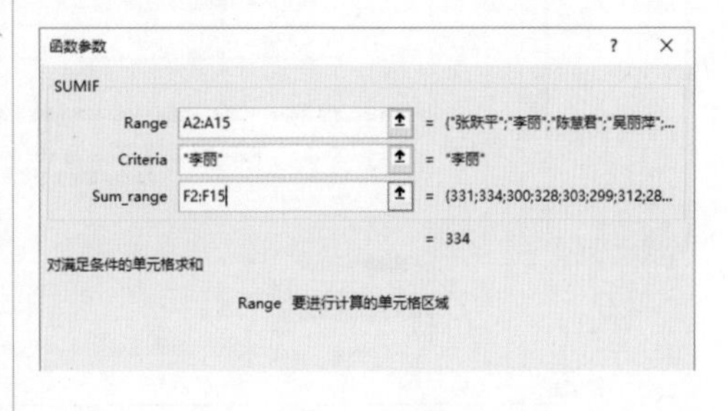

2.【fx】工具使用方法

仍然以下图所示的公式为例，演示如何用【fx】工具输入嵌套函数。

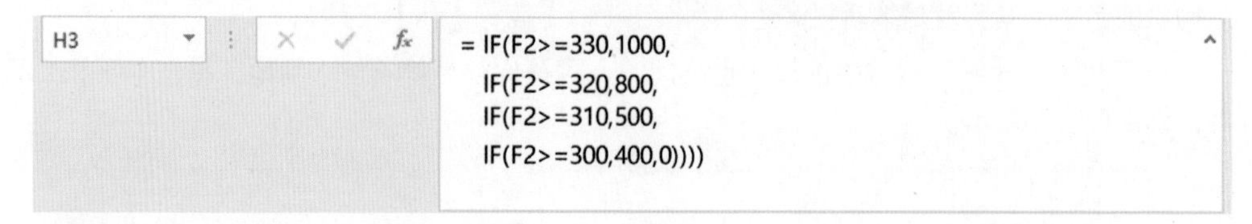

Step1：

选择G2单元格→打开【fx】工具→选择IF函数→输入第一个IF的前两个参数，如下图所示，此时编辑栏中会生成对应的函数公式。

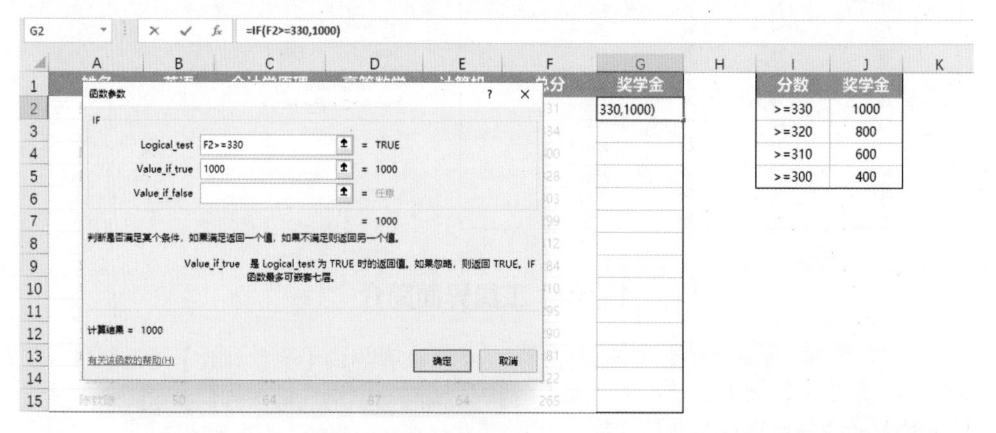

Step2：

鼠标定位于第三个参数输入框，单击编辑栏左侧【名称框】的下拉按钮，选择IF函数，如下图所示，此步是关键所在。

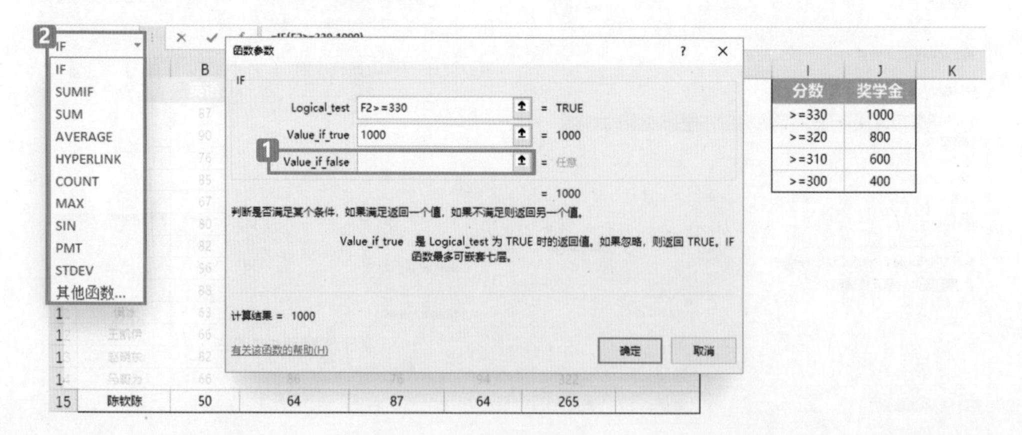

Step3：

选择IF函数之后，弹出一个新的【函数参数】对话框，在新对话框中继续输入第二个IF函数的参数，如下图所示。

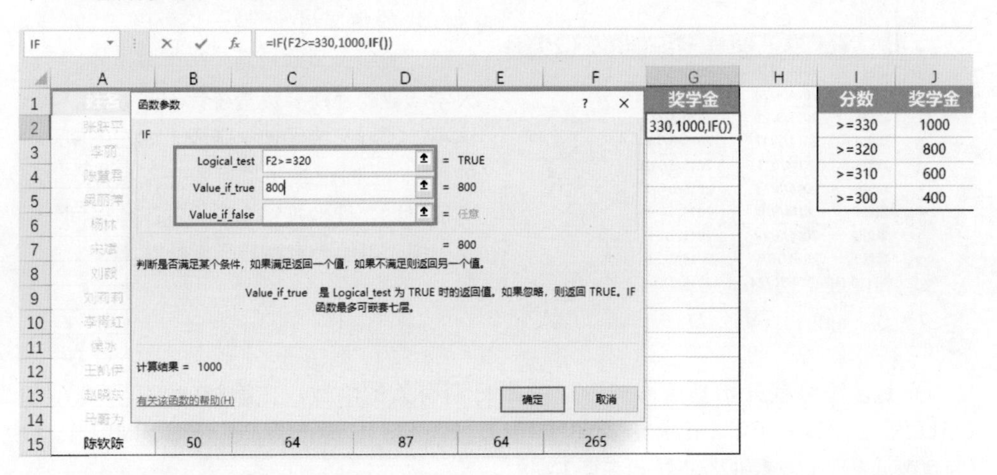

接着，重复Step2，选择第三个IF函数，再重复Step3……直到最后一个IF函数，将所有参数都输入完整，如下图所示。

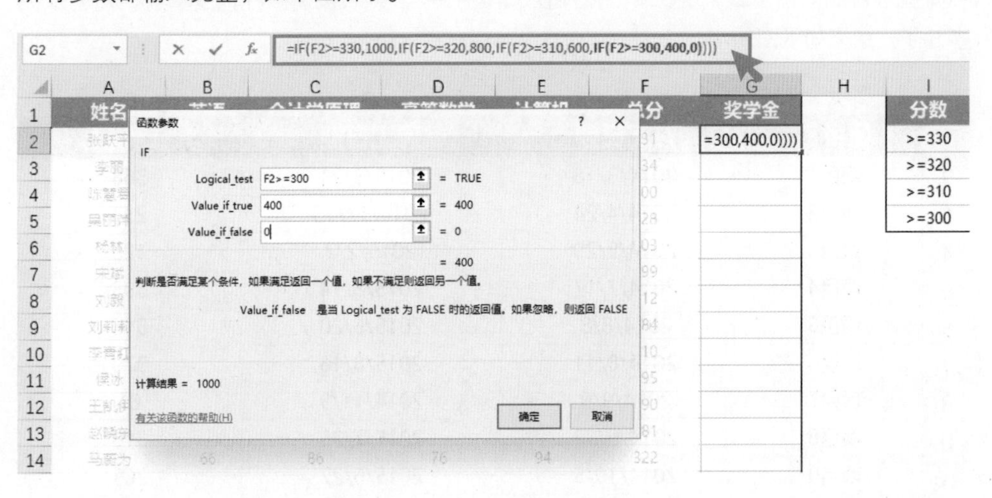

对于新手，大毛更推荐【fx】工具，易上手、好操作、没门槛，使用起来更流畅，而编辑栏会更进阶一些，可以用来检验自己的操作实力。

这两个工具都可以简化函数的输入步骤，但是请记住，它们能做的也仅仅是简化。使用函数最重要的还是逻辑思维。工具不能代替大脑的思考，所以建议大家在前期不熟练的情况下，可以使用一些方法来锻炼函数思维。例如，首先写出嵌套函数的逻辑，`=IF(AND(SUMIF()))`，然后再利用编辑框或【fx】工具，这样会收到事半功倍的效果。

5.7 上班计算不糊涂：工作日函数

	A	B	C	D
1	项目名	开工日期	完工日期	工作日
2	项目1	2014/3/18	2015/3/21	
3	项目2	2014/4/24	2014/12/13	
4	项目3	2014/9/29	2015/2/2	
5	项目4	2014/7/17	2015/8/14	
6	项目5	2014/8/8	2015/6/20	
7	项目6	2014/8/11	2015/8/16	
8	项目7	2014/9/9	2014/11/9	
9	项目8	2014/9/12	2015/7/25	
10	项目9	2014/10/5	2015/6/27	
11	项目10	2014/10/24	2015/8/22	

我的好友小修是一名标准工地"汪"，除每天风吹日晒、辛苦搬砖外，大学毕业的他还要负责统计一些数据。这不，领导又给了他一张表（如左图中的表），上面记录了项目的开工日期、完工日期，让他把每个项目的工作时间算出来，好给大家按日子发补贴。

于是，小修就开始盘点以前学过的跟日期有关的函数，在第2章学习了TODAY和DATEDIF；第3章学了年（YEAR）、月（MONTH）、日（DAY）、时（HOUR）、分（MINUTE）、秒（SECOND）……好像貌似都不是用来算工期的。

其实一点都不难，直接用完工日期减去开工日期就行了，日期本来就是数字呀，直接相减就可得到间隔天数，在D2单元格输入 `= C2-B2` ，然后按住鼠标拖曳填充，两下就完事儿了，结果如下图所示。

	A	B	C	D
1	项目名	开工日期	完工日期	工作日
2	项目1	2014/3/18	2015/3/21	368
3	项目2	2014/4/24	2014/12/13	233
4	项目3	2014/9/29	2015/2/2	126
5	项目4	2014/7/17	2015/8/14	393
6	项目5	2014/8/8	2015/6/20	316
7	项目6	2014/8/11	2015/8/16	370
8	项目7	2014/9/9	2014/11/9	61
9	项目8	2014/9/12	2015/7/25	316
10	项目9	2014/10/5	2015/6/27	265
11	项目10	2014/10/24	2015/8/22	302
12	项目11	2014/10/25	2015/6/14	232

可是，很多公司可是有法定节假日的呢，所以直接相减并不适合他们，每个项目的时间长短不固定，要扣除的节假日天数也不固定，一下子难度就大了许多，其实也就是一个函数的事儿！

5.7.1 计算工作日

智能扣除节假日可以用NETWORKDAYS函数，看它的名字就知道跟工作日有关，它不仅可以自动扣除周六、周日，还可设置扣除元旦、国庆这样的节假日。

fx 函数说明

必须大于起始日期

要先手动列出该时间段内所有可能的节假日

NETWORKDAYS包含三个参数(**起始日期，结束日期，节假日**)，

它的作用是结束日期减去起始日期，并且扣除节假日的参数，得到（返回）一个信息/值。

在上面的项目工期表中，最早的日期是2014/3/18，最晚的日期是2015/8/22，首先把该时间段内所有的法定节假日都列出来，如下图所示。

	A	B	C	D	E	F	G
1	项目名	开工日期	完工日期	工作日		节假日	
2	项目1	2014/3/18	2015/3/21			2014/1/1	元旦
3	项目2	2014/4/24	2014/12/13			2014/4/5	清明
4	项目3	2014/9/29	2015/2/2			2014/5/1	劳动节
5	项目4	2014/7/17	2015/8/14			2014/6/2	端午节
6	项目5	2014/8/8	2015/6/20			2014/9/8	中秋
7	项目6	2014/8/11	2015/8/16			2014/10/1	国庆
8	项目7	2014/9/9	2014/11/9			2014/10/2	国庆
9	项目8	2014/9/12	2015/7/25			2014/10/3	国庆
10	项目9	2014/10/5	2015/6/27			2015/1/1	元旦

接下来，在D2单元格输入函数 =NETWORKDAYS(B2,C2,$F$2:$F$14)，按住鼠标往下拖曳填充，瞬间得到结果，如下图所示。对比直接用完工日期减去开工日期，可以看到，使用NETWORKDAYS函数之后，每个项目都被减去了几十天不等的节假日。

注意：节假日区域F2:F14需要绝对引用，因为往下填充时，该区域是不变的。

	A	B	C	D	E	F	G
1	项目名	开工日期	完工日期	工作日		节假日	
2	项目1	2014/3/18	2015/3/21	257		2014/1/1	元旦
3	项目2	2014/4/24	2014/12/13	161		2014/4/5	清明
4	项目3	2014/9/29	2015/2/2	87		2014/5/1	劳动节
5	项目4	2014/7/17	2015/8/14	276		2014/6/2	端午节
6	项目5	2014/8/8	2015/6/20	220		2014/9/8	中秋
7	项目6	2014/8/11	2015/8/16	259		2014/10/1	国庆
8	项目7	2014/9/9	2014/11/9	41		2014/10/2	国庆
9	项目8	2014/9/12	2015/7/25	221		2014/10/3	国庆
10	项目9	2014/10/5	2015/6/27	188		2015/1/1	元旦

为什么你们就有那么多假期，为什么你算得那么快呢？

可惜你还是不够厉害，因为不是每个公司都双休，有些是单休，

有些服务行业如酒店在周末休息，这个你会计算吗？

哈哈哈哈哈……这有何难，容我使出工作日计算的超级必杀器：NETWORKDAYS.INTL函数。首先来看看它的参数有何不同。

fx 函数说明

NETWORKDAYS.INTL包含四个参数(**起始日期，结束日期，放假模式，节假日**)。

对比NETWORKDAYS函数，它多了第三参数“放假模式”，其他的参数作用都是一样的。

放假模式参考下表。

参数	放假模式	参数	放假模式
1或省略	星期六、星期日	11	仅星期日
2	星期日、星期一	12	仅星期一
3	星期一、星期二	13	仅星期二
4	星期二、星期三	14	仅星期三
5	星期三、星期四	15	仅星期四
6	星期四、星期五	16	仅星期五
7	星期五、星期六	17	仅星期六

数字1~7分别代表不同的一周双休模式，11~17分别代表不同的一周单休模式。

假设小修公司福利改善，改为周日单休，上表中第三个参数就应当输入“11”，完整的函数应该是 `=NETWORKDAYS.INTL(B2,C2,11,$F$2:$F$14)`，结果如下图所示，对比双休的结果，单休比双休要多工作几十天。

	A	B	C	D	E	F	G
1	项目名	开工日期	完工日期	工作日		节假日	
2	项目1	2014/3/18	2015/3/21	309		2014/1/1	元旦
3	项目2	2014/4/24	2014/12/13	195		2014/4/5	清明
4	项目3	2014/9/29	2015/2/2	105		2014/5/1	劳动节
5	项目4	2014/7/17	2015/8/14	331		2014/6/2	端午节
6	项目5	2014/8/8	2015/6/20	265		2014/9/8	中秋
7	项目6	2014/8/11	2015/8/16	311		2014/10/1	国庆
8	项目7	2014/9/9	2014/11/9	50		2014/10/2	国庆
9	项目8	2014/9/12	2015/7/25	266		2014/10/3	国庆
10	项目9	2014/10/5	2015/6/27	225		2015/1/1	元旦

知识补充

（1）放假模式有十几种，输入第三个参数时就会弹出提示，如下图所示。

IF | =NETWORKDAYS.INTL(B2,C2,1)

	A	B	C	D	E
1	项目名	开工日期	完工日期	工作日	
2	项目1	2014/3/18	=NETWORKDAYS.INTL(B2,C2,1)		
3	项目2	2014/4/24			
4	项目3	2014/9/29	2015/2/2		
5	项目4	2014/7/17	2015/8/14		
6	项目5	2014/8/8	2015/6/20		
7	项目6	2014/8/11	2015/8/16		
8	项目7	2014/9/9	2014/11/9		
9	项目8	2014/9/12	2015/7/25		
10	项目9	2014/10/5	2015/6/27		
11	项目10	2014/10/24	2015/8/22		
12	项目11	2014/10/25	2015/6/14		
13	项目12	2014/10/27	2015/5/16		
14	项目13	2014/10/28	2015/7/25		

NETWORKDAYS.INTL(start_date, end_date, **[weekend]**, [holidays])

- 1 - 星期六、星期日 　星期六和星期日为周末
- 2 - 星期日和星期一
- 3 - 星期一、星期二
- 4 - 星期二、星期三
- 5 - 星期三、星期四
- 6 - 星期四、星期五
- 7 - 星期五、星期六
- 11 - 仅星期日
- 12 - 仅星期一
- 13 - 仅星期二
- 14 - 仅星期三
- 15 - 仅星期四

（2）除固定的1~7,11~17参数外，NETWORKDAYS.INTL函数还可自定义参数，这样就能支持更多的放假模式。自定义参数长度为7个字符，分别代表周一到周日，这7个字符只由“0”和“1”两个数字组成，“1”表示非工作日（休息），“0”表示工作日。例如，“0000111”代表周五到周日休息，“1100000”代表周一、周二休息，输入自定义参数时须加上引号。

5.7.2 推算日期

工作中还有一种情况是推算日期。例如，右图中的工期计划表，每个项目的起始日期都已安排好，假设每个项目都是在60个工作日内完成，这时候该如何计算呢？

1	项目名	开工日期	完工日期
2	项目1	2014/3/18	
3	项目2	2014/4/24	
4	项目3	2014/9/29	
5	项目4	2014/7/17	

因为有各种节假日和周末的原因，所以直接加上“60”肯定是不准确的，幸好有WORKDAY函数，终于让我不用掰手指计算了。

fx 函数说明

WORKDAY包含三个参数(**起始日期,间隔天数,节假日**)。

它的作用是通过起始日期，对间隔天数和节假日进行累加计算，返回结束日期。

只要有起始日期、间隔天数和节假日，就可以推算出结束日期，首先列出该段时间内所有可能的节假日，然后输入函数 =WORKDAY(B2,60,$E$2:$E$9) ，最后的结果是数字，将单元格格式设置为“日期”就可以了，如下图所示。

C2 =WORKDAY(B2,60,$E$2:$E$9)

	A	B	C	D	E	F
1	项目名	开工日期	完工日期		节假日	
2	项目1	2014/3/18	2014/6/12		2014/1/1	元旦
3	项目2	2014/4/24	2014/7/21		2014/4/5	清明
4	项目3	2014/9/29	2014/12/25		2014/5/1	劳动节
5	项目4	2014/7/17	2014/10/15		2014/6/2	端午节
6	项目5	2014/8/8	2014/11/6		2014/9/8	中秋
7	项目6	2014/8/11	2014/11/7		2014/10/1	国庆
8	项目7	2014/9/9	2014/12/5		2014/10/2	国庆
9	项目8	2014/9/12	2014/12/10		2014/10/3	国庆
10	项目9	2014/10/5	2014/12/26			

利用WORKDAY推算日期同样存在着放假模式的问题，单休和双休的工作日明显是不一样的，所以，你猜到要用什么函数了吗？

对的，就是WORKDAY.INTL，是不是让你想起了新学的NETWORKDAYS.INTL呢？

fx 函数说明

参考放假模式表

要首先手动列出该时间段内所有可能的节假日

fx WORKDAY.INTL包含四个参数(**起始日期，间隔天数，放假模式，节假日**)。

与WORKDAY函数相似，它将“放假模式”放入函数的参考范围，最终累加计算返回结束日期。

以周日单休为例，对应参数输入函数 **=WORKDAY.INTL(B2,60,11,$E$2:$E$9)**，最终算出完工的日期，如下图所示。

C2　　=WORKDAY.INTL(B2,60,11,$E$2:$E$9)

	A	B	C	D	E	F
1	项目名	开工日期	完工日期		节假日	
2	项目1	2014/3/18	2014/5/29		2014/1/1	元旦
3	项目2	2014/4/24	2014/7/5		2014/4/5	清明
4	项目3	2014/9/29	2014/12/11		2014/5/1	劳动节
5	项目4	2014/7/17	2014/9/26		2014/6/2	端午节
6	项目5	2014/8/8	2014/10/22		2014/9/8	中秋
7	项目6	2014/8/11	2014/10/24		2014/10/1	国庆
8	项目7	2014/9/9	2014/11/21		2014/10/2	国庆
9	项目8	2014/9/12	2014/11/25		2014/10/3	国庆
10	项目9	2014/10/5	2014/12/13			

活用以上几个函数计算工作日保你“妥妥的”，如果你是一名初入职场的新人，那么在工作时间方面可不必跟公司计算得那么清楚哟，最重要的还是提升自己，这才是无价的。

5.8 HR的福音：考勤计算

作为公司的行政人员，除录入员工信息外，还有一个重要事项就是记录考勤。目前，大多数公司都配备了自动打卡机，最早的是纸质打卡机，目前使用最广的是指纹打卡，再先进的公司就是脸部识别，再再先进的公司可能……应该是不用打卡吧，比如大毛所在的公司，嘻嘻。

指纹打卡、脸部识别虽然显得高大上，但是大部分的考勤机只能记录数据，自身不能判断员工是否迟到、早退、缺勤，大部分公司还是依靠Excel进行统计分析。

2012年，笔者就职于某医药企业，每天上午、下午分别打两次卡，上午8:00~12:00，下午14:00~17:00，所以考勤系统会导出四组时间数据，也就是四列数据，下图是该公司三天的打卡记录。

	A	C	D	E	F
1	姓名	上午上班	上午下班	下午上班	下午下班
2	西门吹风	8:01	12:01	13:55	17:03
3	陈宇	7:55	12:03	13:51	16:55
4	李海宝	7:40		14:00	17:10
5	陈子腾	8:05	12:00	14:03	17:14
6	丁一	8:00	12:05	14:00	17:00
7	陈慈荣	7:51	11:30		17:07
8	大毛		12:00	13:52	17:08
9	西门吹风	7:53	11:58	13:53	17:18
10	陈宇	7:58	12:07	13:56	17:00

观察表格，可以看到考勤的时间记录有以下几个特点。

❶ 未打卡的单元格为空；

❷ 迟到的上午上班打卡时间>8:00，下午上班打卡时间>14:00；

❸ 早退的上午下班打卡时间<12:00，下午下班打卡时间<17:00。

统计思路如下。

(1) 在表格右侧新增辅助列，分别判断上/下午的考勤情况，上/下班分开统计，如下图所示；(2) 新建汇总表，用函数汇总每个人的考勤情况。

	A	C	D	E	F	G	H	I	J
1	姓名	上午上班	上午下班	下午上班	下午下班	上午考勤		下午考勤	
2	西门吹风	8:01	12:01	13:55	17:03				
3	陈宇	7:55	12:03	13:51	16:55				
4	李海宝	7:40		14:00	17:10				
5	陈子腾	8:05	12:00	14:03	17:14				
6	丁一	8:00	12:05	14:00	17:00				

具体的操作步骤如下。

Step1：

统计上午的考勤情况，在G2单元格输入函数 =IF(C2= "" , "未打卡" ,IF(C2>TIME(8,0,0), "迟到" ," ")) 。

该函数由两个IF函数嵌套而成，翻译过来就是，如果单元格是空值，则函数返回“未打卡”，如果单元格的时间大于8:00，则返回“迟到”，否则返回“空（什么都不显示）”。“TIME(8,0,0)”代表8:00，如果是14:30则要输入“TIME(14,30,0)”。按住鼠标下拉填充，最后的结果如下图所示，对于考勤异常的记录还可以用红色字体标记。

G2 =IF(C2="","未打卡",IF(C2>TIME(8,0,0),"迟到",""))

	A	C	D	E	F	G	H	I	J
1	姓名	上午上班	上午下班	下午上班	下午下班	上午考勤		下午考勤	
2	西门吹风	8:01	12:01	13:55	17:03	迟到			
3	陈宇	7:55	12:03	13:51	16:55				
4	李海宝	7:40		14:00	17:10				
5	陈子腾	8:05	12:00	14:03	17:14	迟到			
6	丁一	8:00	12:05	14:00	17:00				
7	陈慈荣	7:51	11:30		17:07				
8	大毛		12:00	13:52	17:08	未打卡			
9	西门吹风	7:53	11:58	13:53	17:18				
10	陈宇	7:58	12:07	13:56	17:00				

Step2：

统计上午下班考勤情况，在G2单元格输入函数 =IF(D2="","未打卡",IF(D2<TIME(12,0,0),"早退","")) 。

如果理解了迟到函数的原理，那么这个函数就非常简单了，只需将早退的判定时间修改为“D2<TIME(12,0,0)”，函数返回值改为“早退”即可。按住鼠标下拉填充，函数判断结果如下图所示。

H2 =IF(D2="","未打卡",IF(D2<TIME(12,0,0),"早退",""))

	A	C	D	E	F	G	H	I	J
1	姓名	上午上班	上午下班	下午上班	下午下班	上午考勤		下午考勤	
2	西门吹风	8:01	12:01	13:55	17:03	迟到			
3	陈宇	7:55	12:03	13:51	16:55				
4	李海宝	7:40		14:00	17:10		未打卡		
5	陈子腾	8:05	12:00	14:03	17:14	迟到			
6	丁一	8:00	12:05	14:00	17:00				
7	陈慈荣	7:51	11:30		17:07		早退		
8	大毛		12:00	13:52	17:08	未打卡			
9	西门吹风	7:53	11:58	13:53	17:18		早退		
10	陈宇	7:58	12:07	13:56	17:00				
11	李海宝	7:59	12:08		17:04				

Step3:

参考上午的考勤函数，修改部分参数可得到下午的考勤函数，具体如下，这些函数都是第一个函数的变形，而且只用了双重IF嵌套，难度并不大。

```
=IF(E2="","未打卡",IF(E2>TIME(14,0,0),"迟到",""))
```

```
=IF(F2="","未打卡",IF(F2<TIME(17,0,0),"早退",""))
```

Step4:

新建一张工作表，命名为“汇总”，用于统计每个员工考勤的总数据，在B2中汇总“西门吹风”的迟到总次数，输入函数 `=COUNTIFS(考勤!A:A,A2,考勤!G:G,"迟到")+COUNTIFS(考勤!A:A,A2,考勤!I:I,"迟到")` ，函数表示：统计A列中姓名为“西门吹风（A2）”，G列和I列中“迟到”的总次数。按住鼠标下拉填充，结果如下图所示。

注意：条件区域必须分成两个函数书写，G列和I列不能合并写成G:I。

B2 fx `=COUNTIFS(考勤!A:A,A2,考勤!G:G,"迟到")+COUNTIFS(考勤!A:A,A2,考勤!I:I,"迟到")`

	A	B	C	D
1	姓名	迟到	早退	未打卡
2	西门吹风	1		
3	陈宇	0		
4	李海宝	1		
5	杜子腾	2		
6	丁一	1		
7	陈慈荣	0		
8	大毛	0		

知识补充

COUNTIFS函数用于多条件计数，它的参数如下：

COUNTIFS（条件区域1，条件1，条件区域2，条件2，…）

Step5:

统计“早退”和“未打卡”的总次数的方法如出一辙，统计“早退”只需要把区域替换为H列和J列，统计“未打卡”则需要统计G、H、I、J四列的总和，其函数分别为：

```
=COUNTIFS(考勤!A:A,A2,考勤!H:H,"早退")+COUNTIFS(考勤!A:A,A2,考勤!J:J,"早退")
```

```
=COUNTIFS(考勤!A:A,A2,考勤!G:G,"未打卡")+COUNTIFS(考勤!A:A,A2,考勤!H:H,"未打卡")
+COUNTIFS(考勤!A:A,A2,考勤!I:I,"未打卡")+COUNTIFS(考勤!A:A,A2,考勤!J:J,"未打卡")
```

例如，最后统计的结果如下图所示。其实，只要学会其中的一个公式，其他的就都会了。公式虽然看着有点长，但其实并不复杂，对于初学者来说建议尽量把模型简单化，写起函数来比较容易上手。

C2　=COUNTIFS(考勤!A:A,A2,考勤!H:H,"早退")+COUNTIFS(考勤!A:A,A2,考勤!J:J,"早退")

	A	B	C	D
1	姓名	迟到	早退	未打卡
2	西门吹风	1	2	0
3	陈宇	0	1	1
4	李海宝	1	0	2
5	杜子腾	2	0	1
6	丁一	1	0	1
7	陈慈荣	0	3	1
8	大毛	0	0	2

思考题

用 COUNTIFS 函数公式的确太长啦，悄悄地告诉大家，SUMPRODUCT 函数也可以实现同样的功能，而且简单很多哦（讲到这里我是不是会被大家“爆锤”），还是做个示范来弥补我的过错。例如，计算“迟到”，可以用下面这个公式，其他的就交给大家自己去完成啦。

```
=SUMPRODUCT((考勤!$A$2:$A$22=A2)*(考勤!$G$2:$J$22="迟到"))
```

5.9 数据匹配就靠它：VLOOKUP函数

在每个领域都有一些“逆天”的存在，如金庸武侠中独孤求败、扫地僧，跑短跑的博尔特，打篮球的乔丹等，对于凡夫俗子来说，他们只活在电视、报纸、新闻中，只能渴望而不得一见。

在Excel函数领域也有着这样的存在，它们能力强大，知名度高，但是与明星的高高在上不同的是，只要努力去学习，它们的强大力量就可以为我们所用。

很显然，VLOOKUP函数就属于这类函数，作为家喻户晓的查找匹配函数，它的威名如雷贯耳，许多人尝试要了解它，但由于种种误会而“浅尝辄止”，所以没能体会它的“绝世美好”，想想恋爱的时候似乎也是这样呢！哦，又跑题了……聊正事。

5.9.1 VLOOKUP函数试试水

VLOOKUP函数就像一个高冷的美女，脸上写着“生人勿近”，看到这么长、如此与众不同的函数名字心里就开始犯怵，其实它的参数一点也不复杂：VLOOKUP（**查找值，查找区域，查找列数，匹配方式**）。

一看到四个参数再加上几百行的表格有人就开始打退堂鼓了，这样吧，首先用一个最简单的模型来做示范，保证三分钟完全看懂。

	A	B	C	D	E	F
1	A表			B表		
2	姓名	年龄		姓名	性别	年龄
3	张三			王五	男	55
4	李四			李四	女	44
5	王五			张三	男	33

首先来了解参数的含义和VLOOKUP使用的规则，以右图的表格为例。

使用VLOOK函数有三个前提。

❶ 至少需要两张表格，如上图中有A、B两张表格（两张表格可在不同的工作表内）。

❷ 有某个共同字段可以作为查找值（第一个参数），如两张表格中的“姓名”就是共同字段。

❸ A表缺少某个字段而B表有该字段，如上图中A表缺少“年龄”，但是B表刚好有，所以可通过A表中的“姓名”来查找匹配并且返回“年龄”。

接着对照表格，逐一确定参数。

❶ 查找值：它是查找匹配的依据，也就是上面所说的两表张表格的共同字段，所以该参数输入“A3”。

❷ 查找范围：包含查找值（姓名）和需要匹配内容（年龄）的区域（D2:F5）。需要注意的是，查找值（姓名）所在的列必须是查找区域的第一列（最左边），这是很多新手会犯错的地方。如果查找值是“性别”，则查找区域应为E2:F5。

❸ 查找列数：要匹配的内容相对于查找值是第几列，在上图的B表中，如果查找值“姓名”作为第一列，则要匹配的“年龄”就是第三列，所以输入“3”。

❹ 匹配方式：“0”表示精确匹配，“1”表示模糊匹配，通常输入“0”。

综上所述，在B3输入最终的函数公式 **=VLOOKUP(A3,$D$2:$F$5,3,0)** 。

提醒一点哦，VLOOKUP函数一般需要按住鼠标往下拖曳填充，所以查找区域通常采用绝对引用，函数匹配的结果如右图所示。

=VLOOKUP(A3,$D$2:$F$5,3,0)

	A	B	C	D	E	F
1	A表			B表		
2	姓名	年龄		姓名	性别	年龄
3	张三	33		王五	男	55
4	李四	44		李四	女	44
5	王五	55		张三	男	33

学会了这两张表格的查找匹配，就算几百上千行的表格也是同理可得，so easy，只要学好一个公式，再多的数据都是“纸老虎”。

5.9.2 快速匹配书名、单价

为了验证大毛老师是不是在“吹牛”，用下面的长表格来检验一下，左侧的表格是销售明细，有600多行，已经录入了日期、书店名称、图书编号、销量，缺少图书名称和单价；右侧的表格是原始的价格表，图书编号、图书名称和单价都有，可利用“图书编号”作为查找值，来匹配书名和单价。

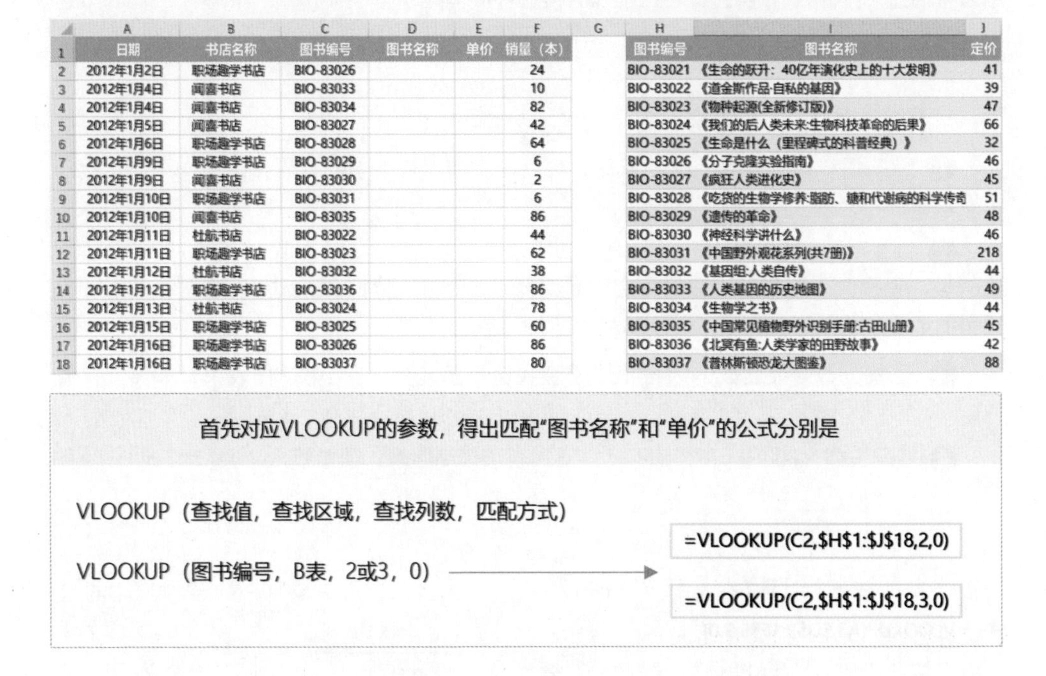

	A	B	C	D	E	F
1	日期	书店名称	图书编号	图书名称	单价	销量（本）
2	2012年1月2日	职场趣学书店	BIO-83026			24
3	2012年1月4日	闻喜书店	BIO-83033			10
4	2012年1月4日	闻喜书店	BIO-83034			82
5	2012年1月5日	闻喜书店	BIO-83027			42
6	2012年1月6日	职场趣学书店	BIO-83028			64
7	2012年1月9日	职场趣学书店	BIO-83029			6
8	2012年1月9日	闻喜书店	BIO-83030			2
9	2012年1月10日	职场趣学书店	BIO-83031			6
10	2012年1月10日	闻喜书店	BIO-83035			86
11	2012年1月11日	杜航书店	BIO-83022			44
12	2012年1月11日	职场趣学书店	BIO-83023			62
13	2012年1月12日	杜航书店	BIO-83032			38
14	2012年1月12日	职场趣学书店	BIO-83036			86
15	2012年1月13日	杜航书店	BIO-83024			78
16	2012年1月15日	职场趣学书店	BIO-83025			60
17	2012年1月16日	职场趣学书店	BIO-83026			86
18	2012年1月16日	职场趣学书店	BIO-83037			80

H	I	J
图书编号	图书名称	定价
BIO-83021	《生命的跃升：40亿年演化史上的十大发明》	41
BIO-83022	《道金斯作品·自私的基因》	39
BIO-83023	《物种起源(全新修订版)》	47
BIO-83024	《我们的后人类未来:生物科技革命的后果》	66
BIO-83025	《生命是什么（里程碑式的科普经典）》	32
BIO-83026	《分子克隆实验指南》	46
BIO-83027	《疯狂人类进化史》	45
BIO-83028	《吃货的生物学修养:脂肪、糖和代谢病的科学传奇	51
BIO-83029	《遗传的革命》	48
BIO-83030	《神经科学讲什么》	46
BIO-83031	《中国野外观花系列(共7册)》	218
BIO-83032	《基因组:人类自传》	44
BIO-83033	《人类基因的历史地图》	49
BIO-83034	《生物学之书》	44
BIO-83035	《中国常见植物野外识别手册:古田山册》	45
BIO-83036	《北冥有鱼:人类学家的田野故事》	42
BIO-83037	《普林斯顿恐龙大图鉴》	88

匹配的结果完全正确，如下图所示。用20秒输入两个函数就搞定了600行的数据匹配，可以想象一下，如果没有VLOOKUP函数的帮忙，那么将会是怎样一个工作量。

D2 =VLOOKUP(C2,$H$1:$J$18,2,0)

	C	D	E	F
1	图书编号	图书名称	单价	销量（本）
2	BIO-83026	《分子克隆实验指南》	46	24
3	BIO-83033	《人类基因的历史地图》	49	10
4	BIO-83034	《生物学之书》	44	82
5	BIO-83027	《疯狂人类进化史》	45	42
6	BIO-83028	《吃货的生物学修养:脂肪、糖和代谢病的科学传奇》	51	64
7	BIO-83029	《遗传的革命》	48	6
8	BIO-83030	《神经科学讲什么》	46	2
9	BIO-83031	《中国野外观花系列(共7册)》	218	6
10	BIO-83035	《中国常见植物野外识别手册:古田山册》	45	86
11	BIO-83022	《道金斯作品·自私的基因》	39	44
12	BIO-83023	《物种起源(全新修订版)》	47	62
13	BIO-83032	《基因组:人类自传》	44	38
14	BIO-83036	《北冥有鱼:人类学家的田野故事》	42	86
15	BIO-83024	《我们的后人类未来:生物科技革命的后果》	66	78
16	BIO-83025	《生命是什么（里程碑式的科普经典）》	32	60
17	BIO-83026	《分子克隆实验指南》	46	86
18	BIO-83037	《普林斯顿恐龙大图鉴》	88	80

H	I	J
图书编号	图书名称	定价
BIO-83021	《生命的跃升：40亿年演化史上的十大发明》	41
BIO-83022	《道金斯作品·自私的基因》	39
BIO-83023	《物种起源(全新修订版)》	47
BIO-83024	《我们的后人类未来:生物科技革命的后果》	66
BIO-83025	《生命是什么（里程碑式的科普经典）》	32
BIO-83026	《分子克隆实验指南》	46
BIO-83027	《疯狂人类进化史》	45
BIO-83028	《吃货的生物学修养:脂肪、糖和代谢病的科学传奇》	51
BIO-83029	《遗传的革命》	48
BIO-83030	《神经科学讲什么》	46
BIO-83031	《中国野外观花系列(共7册)》	218
BIO-83032	《基因组:人类自传》	44
BIO-83033	《人类基因的历史地图》	49
BIO-83034	《生物学之书》	44
BIO-83035	《中国常见植物野外识别手册:古田山册》	45
BIO-83036	《北冥有鱼:人类学家的田野故事》	42
BIO-83037	《普林斯顿恐龙大图鉴》	88

5.9.3 反向查询

天常不遂人愿，表常不按套路出牌，按照VLOOKUP的“套路”，匹配的列必须在“查找值”所在列的右侧，有时表格就是很“叛逆”，如下图所示，需要查找匹配“定价”，可是它却在共同的字段“图书编号”的左侧。有两种方法可以解决反向查询的问题。

G	H	I
定价	图书编号	图书名称
41	BIO-83021	《生命的跃升：40亿年演化史上的十大发明》
39	BIO-83022	《道金斯作品·自私的基因》
47	BIO-83023	《物种起源(全新修订版)》
66	BIO-83024	《我们的后人类未来:生物科技革命的后果》
32	BIO-83025	《生命是什么（里程碑式的科普经典）》
46	BIO-83026	《分子克隆实验指南》
45	BIO-83027	《疯狂人类进化史》
51	BIO-83028	《吃货的生物学修养:脂肪、糖和代谢病的科学传奇》
48	BIO-83029	《遗传的革命》

方法一

将“定价”列复制到“图书编号”的右侧，如下图所示。此法很多人都能想到，但是这样会改变原有表格的结构，如果另有一些函数引用了该表，则可能导致其他错误。下面传授另一种方法。

G	H	I	J
图书编号	定价	图书编号	图书名称
BIO-83021	41	BIO-83021	《生命的跃升：40亿年演化史上的十大发明》
BIO-83022	39	BIO-83022	《道金斯作品·自私的基因》
BIO-83023	47	BIO-83023	《物种起源(全新修订版)》
BIO-83024	66	BIO-83024	《我们的后人类未来:生物科技革命的后果》

方法二

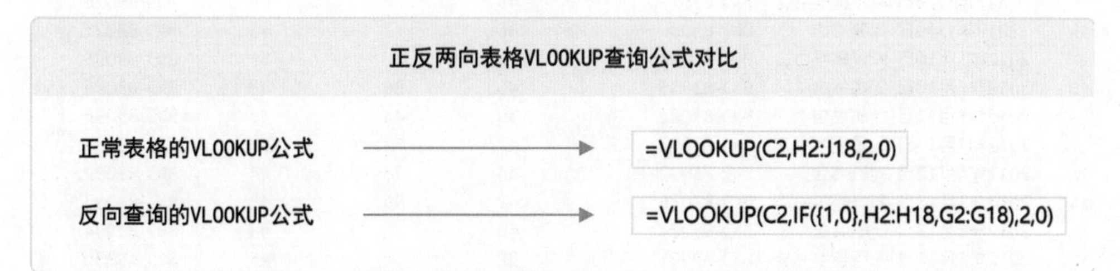

对比两个公式，后者就是将前者的“查找区域”改为如下的数组公式 IF({1,0},H2:H18,G2:G18) 。

来看看这个数组公式起什么作用。选择一个和G2:H18等大的区域，在编辑栏输入该数组公式，按下快捷键 Ctrl + Shift + Enter ，结果如下图所示，生成“定价”和“图书编号”左右互换的区域，这样就符合VLOOKUP查找匹配的要求了。

在这个数组公式中，IF函数的用法跟平常不太一样，可以理解为：利用常量数组{1,0}，使得一个1×2的数组与另一个17×1的数组进行运算，返回了一个17×2的数组。

G	H	I	J	K	L
定价	图书编号	图书名称			
41	BIO-83021	《生命的跃升：40亿年演化史上的十大发明》		BIO-83021	41
39	BIO-83022	《道金斯作品·自私的基因》		BIO-83022	39
47	BIO-83023	《物种起源(全新修订版)》		BIO-83023	47
66	BIO-83024	《我们的后人类未来:生物科技革命的后果》		BIO-83024	66
32	BIO-83025	《生命是什么（里程碑式的科普经典）》		BIO-83025	32
46	BIO-83026	《分子克隆实验指南》		BIO-83026	46
45	BIO-83027	《疯狂人类进化史》		BIO-83027	45
51	BIO-83028	《吃货的生物学修养:脂肪、糖和代谢病的科学传奇》		BIO-83028	51
48	BIO-83029	《遗传的革命》		BIO-83029	48
46	BIO-83030	《神经科学讲什么》		BIO-83030	46
218	BIO-83031	《中国野外观花系列(共7册)》		BIO-83031	218
44	BIO-83032	《基因组:人类自传》		BIO-83032	44
49	BIO-83033	《人类基因的历史地图》		BIO-83033	49
44	BIO-83034	《生物学之书》		BIO-83034	44
45	BIO-83035	《中国常见植物野外识别手册:古田山册》		BIO-83035	45
42	BIO-83036	《北冥有鱼:人类学家的田野故事》		BIO-83036	42
88	BIO-83037	《普林斯顿恐龙大图鉴》		BIO-83037	88

最后的反向查找公式为 =VLOOKUP(C2,IF({1,0},$H$2:$H$18,$G$2:$G$18),2,0) ，结果如下图所示。

D2 =VLOOKUP(C2,IF({1,0},$H$2:$H$18,$G$2:$G$18),2,0)

	A	B	C	D	E	F	G	H
1	日期	书店名称	图书编号	单价	销量（本）		定价	图书编号
2	2012年1月2日	职场趣学书店	BIO-83026	46	24		41	BIO-83021
3	2012年1月4日	闻喜书店	BIO-83033	49	10		39	BIO-83022
4	2012年1月4日	闻喜书店	BIO-83034	44	82		47	BIO-83023
5	2012年1月5日	闻喜书店	BIO-83027	45	42		66	BIO-83024
6	2012年1月6日	职场趣学书店	BIO-83028	51	64		32	BIO-83025
7	2012年1月9日	职场趣学书店	BIO-83029	48	6		46	BIO-83026
8	2012年1月9日	闻喜书店	BIO-83030	46	2		45	BIO-83027
9	2012年1月10日	职场趣学书店	BIO-83031	218	6		51	BIO-83028
10	2012年1月10日	闻喜书店	BIO-83035	45	86		48	BIO-83029
11	2012年1月11日	杜航书店	BIO-83022	39	44		46	BIO-83030
12	2012年1月11日	职场趣学书店	BIO-83023	47	62		218	BIO-83031
13	2012年1月12日	杜航书店	BIO-83032	44	38		44	BIO-83032
14	2012年1月12日	职场趣学书店	BIO-83036	42	86		49	BIO-83033
15	2012年1月13日	杜航书店	BIO-83024	66	78		44	BIO-83034
16	2012年1月15日	职场趣学书店	BIO-83025	32	60		45	BIO-83035
17	2012年1月16日	职场趣学书店	BIO-83026	46	86		42	BIO-83036
18	2012年1月16日	职场趣学书店	BIO-83037	88	80		88	BIO-83037

5.9.4 模糊匹配

上面介绍的案例都采用了精确匹配，何种情况下会使用模糊匹配呢？来看一个例子，如下图所示，这不是用 IF 嵌套函数判定奖学金吗，难道这个也可以用 VLOOKUP 函数？

	A	B	C	D	E	F
1	姓名	总分	奖学金		分数	奖学金
2	张跃平	331			>=330	1000
3	李丽	334			>=320	800
4	陈慧君	300			>=310	600
5	吴丽萍	328			>=300	400
6	杨林	303				
7	宋斌	299				
8	刘毅	312				

没错，只需将判定标准改造为下图中的样式，就可以利用 VLOOKUP 来匹配奖学金。

仔细观察表格，奖学金判定标准——“分数”改成了“a-b”的区间形式，特别要注意的是新增了一列“下限”，录入了每个区间的下限，下限和区间这种不精准对应关系可采用“模糊匹配”。

分数	奖学金
>=330	1000
>=320	800
>=310	600
>=300	400

>>

下限	分数	奖学金
0	0-299	0
300	300-309	400
310	310-319	600
320	320-329	800
330	>=330	1000

将表格置于 E1:G6 区域，在 C2 单元格输入公式 =VLOOKUP(B2,$E$1:$G$6,3,1)，结果如下图所示。

C2　fx　=VLOOKUP(B2,$E$1:$G$6,3,1)

	A	B	C	D	E	F	G
1	姓名	总分	奖学金		下限	分数	奖学金
2	张跃平	331	1000		0	0-299	0
3	李丽	334	1000		300	300-309	400
4	陈慧君	300	400		310	310-319	600
5	吴丽萍	328	800		320	320-329	800
6	杨林	303	400		330	>=330	1000
7	宋斌	299	0				
8	刘毅	312	600				

总结说明

以总分（B2）作为“查找值”，修改后的表格（E1:G6）作为“查找区域”，“下限”列作为查找区域的第一列，“奖学金”相对于“下限”作为第三列，最后一个参数“1”表示“模糊匹配”。

思考题

如下图所示，如果按照“科目”和“班级”两个条件查找匹配，那么该如何查找匹配呢？（提示：想办法把两个查找条件合并成一个，剩下的操作你懂的……）

	A	B	C	D	E	F	G	H
1	科目	班级	合并条件（辅助列）	及格人数		科目	班级	及格人数
2	语文	一班	语文一班	45		英语	二班	
3	数学	一班	数学一班	44				
4	英语	一班	英语一班	40				
5	语文	二班	语文二班	58				
6	数学	二班	数学二班	44				
7	英语	二班	英语二班	47				
8	语文	三班	语文三班	52				
9	数学	三班	数学三班	58				
10	英语	三班	英语三班	44				

5.10 锁定位置：INDEX和MATCH函数

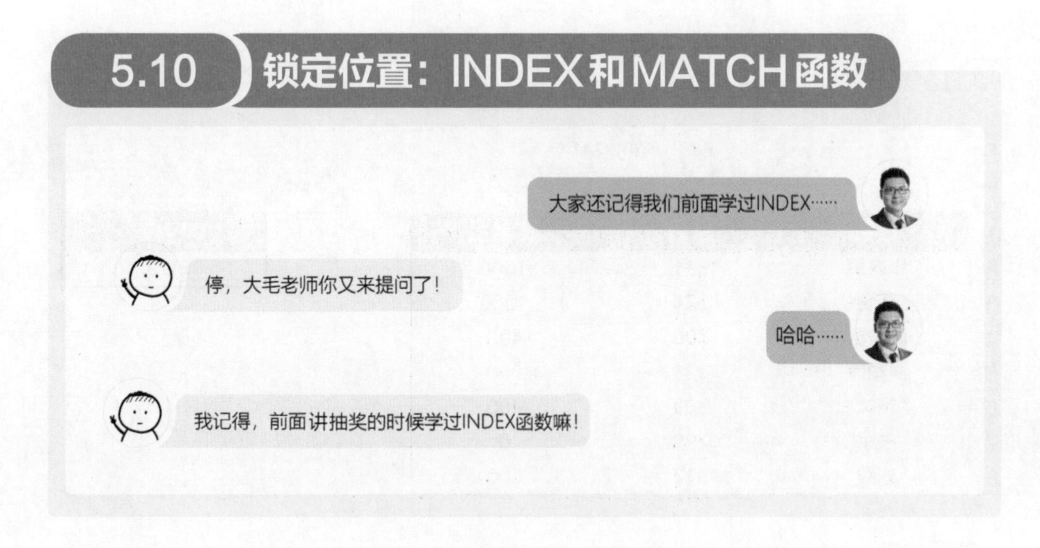

那我就直奔主题了，本节再给大家献上两个查找匹配的“好手”INDEX函数和MATCH函数，它们可能没有VLOOKUP函数出名，可是干起活来一点不逊于VLOOKUP函数。

5.10.1 INDEX函数

INDEX在英文中是“索引”的意思，顾名思义，它提供的是搜索、指引服务，打个比方，就好像在大片中高科技卫星定位，嘀嘀几声就锁定目标。

GPS使用“经度”和“纬度”来锁定一个位置，使用“X轴”和“Y轴”坐标来确定一个点，类似地，在Excel中通过“行号”和“列号”确定一个单元格。例如，C4单元格指的就是C列和第四行交叉位置所在的单元格，如右图所示。

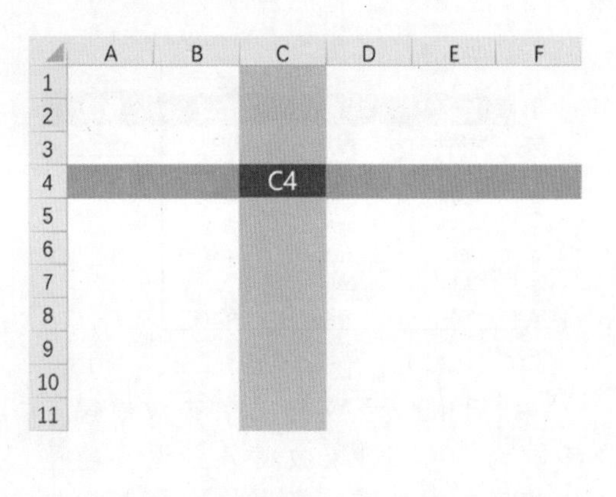

fx 函数说明

INDEX包含三个参数(**区域/数组，第几行，第几列**)。

INDEX函数的作用正是利用了这种行列交叉的定位方式，来找出所需要的单元格。

例如，在下表中输入函数 =INDEX(A1:C8,5,2) ，其含义是返回A1:C8区域第五行第二列的数值。

E2 =INDEX(A1:C8,5,2)

	A	B	C	D	E
1	姓名	总分	奖学金		定位
2	张跃平	331	1000		328
3	李丽	334	1000		
4	陈慧君	300	400		
5	吴丽萍	328	800		
6	杨林	303	400		
7	宋斌	299	0		
8	刘毅	312	600		

随机抽奖利用了INDEX函数返回单元格数值的功能，再与随机函数组合，形成随机定位效果。INDEX函数有三个参数，如果只有一列则列的参数为“0”，可以省略，如果只有一行则行的参数为“0”，可以省略。下面两个INDEX函数的返回结果如下图所示。

=INDEX(A1:A8,3) 相当于 =INDEX(A1:A8,3,0)

D2 =INDEX(A1:A8,3)

	A	B	C	D
1	姓名	总分	奖学金	定位
2	张跃平	331	1000	李丽
3	李丽	334	1000	
4	陈慧君	300	400	
5	吴丽萍	328	800	
6	杨林	303	400	
7	宋斌	299	0	
8	刘毅	312	600	

=INDEX(A4:C4,2) 相当于 =INDEX(A4:C4,0,2)

D2 =INDEX(A4:C4,2)

	A	B	C	D
1	姓名	总分	奖学金	定位
2	张跃平	331	1000	300
3	李丽	334	1000	
4	陈慧君	300	400	
5	吴丽萍	328	800	
6	杨林	303	400	
7	宋斌	299	0	
8	刘毅	312	600	

如果INDEX函数第二个参数或第三参数为“0”，则函数将分别返回整列或整行的数组值。例如，选择表格中A10:C10这一区域，在编辑栏中输入函数 =INDEX(A1:C8,3,0) ，然后同时按下快捷键 Ctrl + Shift + Enter ，则返回A1:C8区域第三行整行，如右图所示。

	A	B	C
1	姓名	总分	奖学金
2	张跃平	331	1000
3	李丽	334	1000
4	陈慧君	300	400
5	吴丽萍	328	800
6	杨林	303	400
7	宋斌	299	0
8	刘毅	312	600
9	{=INDEX(A1:C8,3,0)}		
10	李丽	334	1000

5.10.2 MATCH函数

VLOOKUP函数和INDEX函数都可以用于查找匹配，不过有一个函数才算是匹配的正宗函数，因为它的名字就叫“匹配”，它就是MATCH函数。

fx 函数说明

直接输入的数组或单元格引用

可以为-1、1或0 具体含义见下表

MATCH包含三个参数(**查找值，查找区域，查找方式**)。

INDEX函数的作用是返回指定数值在指定数组区域中的位置。

查找方式	含义
0	精确查找，查找区域可无序排列
-1	模糊查找，查找区域中大于或等于查找值的最接近值，且查找区域必须按降序排列
1	模糊查找，查找区域中小于或等于查找值的最接近值，且查找区域必须按升序排列

为了加深理解，结合实例来分析如何运用三种查找方式，下图是一张身高记录表。

	A	B	C	D
1	学号	姓名	身高（cm）	尺码
2	200401212	张跃平	177	
3	200401213	李丽	180	
4	200401214	陈慧君	166	
5	200401215	吴丽萍	177	
6	200401216	杨林	157	
7	200401217	宋斌	170	
8	200401218	刘毅	172	
9	200401219	刘莉莉	146	
10	200401220	李青红	178	
11	200401221	侯冰	153	
12	200401222	王凯伊	156	
13	200401223	赵晓东	172	
14	200401224	马蔚为	156	

查找方式【0】：

在F4单元格输入公式 =MATCH(172,C2:C14,0)，结果返回值“7”，表示“172”在C2:C14这个区域内排第“7”，如下图所示。如果有多个相同的值，则只返回第一个，如C13单元格的值也是“172”，但是并没有返回“12”。

F4 | =MATCH(172,C2:C14,0)

	A	B	C	D	E	F
1	学号	姓名	身高（cm）	尺码		
2	200401212	张跃平	177			
3	200401213	李丽	180			
4	200401214	陈慧君	166			7
5	200401215	吴丽萍	177			
6	200401216	杨林	157			
7	200401217	宋斌	170			
8	200401218	刘毅	172			
9	200401219	刘莉莉	146			
10	200401220	李青红	178			
11	200401221	侯冰	153			
12	200401222	王凯伊	156			
13	200401223	赵晓东	172			
14	200401224	马蔚为	156			

查找方式【-1】：

如果要查找大于“168”的最接近值，则首先降序排列C2:C14，然后输入公式 =MATCH(168,C2:C14,-1)，最后的结果如下图所示，返回“7”，表示该区域第“7”个单元格是大于且最接近“168”的。

F4 | =MATCH(168,C2:C14,-1)

	A	B	C	D	E	F
1	学号	姓名	身高（cm）	尺码		
2	200401213	李丽	180			
3	200401220	李青红	178			
4	200401212	张跃平	177			7
5	200401215	吴丽萍	177			
6	200401218	刘毅	172			
7	200401223	赵晓东	172			
8	200401217	宋斌	170			
9	200401214	陈慧君	166			
10	200401216	杨林	157			
11	200401222	王凯伊	156			
12	200401224	马蔚为	156			
13	200401221	侯冰	153			
14	200401219	刘莉莉	146			

查找方式【1】：

同理，如果查找小于“168”的最接近值，则首先升序排列C2:C14，然后输入公式 =MATCH(168,C2:C14,1) ，最后的结果如下图所示，返回“6”，表示该区域第“6”个单元格是小于且最接近“168”的。

F4　=MATCH(168,C2:C14,1)

	A	B	C	D	E	F
1	学号	姓名	身高（cm）	尺码		
2	200401219	刘莉莉	146			
3	200401221	侯冰	153			
4	200401224	马蔚为	156			6
5	200401222	王凯伊	156			
6	200401216	杨林	157			
7	200401214	陈慧君	166			
8	200401217	宋斌	170			
9	200401218	刘毅	172			
10	200401223	赵晓东	172			
11	200401215	吴丽萍	177			
12	200401212	张跃平	177			
13	200401220	李青红	178			
14	200401213	李丽	180			

关于几个参数的含义，输入时候有相应的提示，如下图所示。

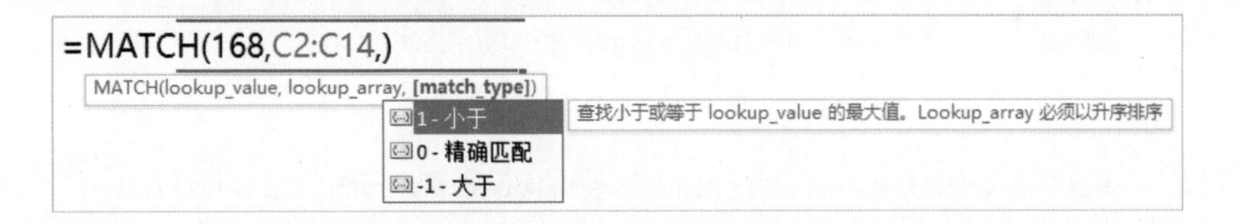

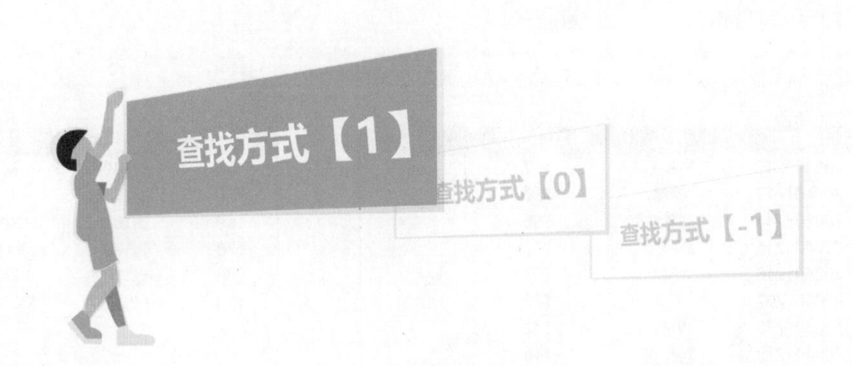

5.10.3 INDEX和MATCH强力组合

在MATCH函数中，返回的值可看作这一区域的行号，如果将MATCH函数作为INDEX函数中的行号参数，那么二者不就可以互相组合使用了吗？ INDEX函数和MATCH函数确实是天生的“搭档”，它们组合起来甚至比VLOOKUP函数更有“杀伤力”。

例如，根据上一小节中的身高表，匹配对应的衣服尺码，如下图所示，暂且分别称为左表和右表。

	A	B	C	D
1	学号	姓名	身高（cm）	尺码
2	200401212	张跃平	177	
3	200401213	李丽	180	
4	200401214	陈慧君	166	
5	200401215	吴丽萍	177	
6	200401216	杨林	157	
7	200401217	宋斌	170	
8	200401218	刘毅	172	
9	200401219	刘莉莉	146	
10	200401220	李青红	178	
11	200401221	侯冰	153	
12	200401222	王凯伊	156	
13	200401223	赵晓东	172	
14	200401224	马蔚为	156	

	F	G	H
1	下限	规格	尺码
2	140	到149	M
3	150	到159	L
4	160	到169	XL
5	170	到179	XXL
6	180	到189	XXXL
7	190	190以上	XXXXL

解题思路如下：首先用MATCH函数确定身高属于右表中的哪一行，如身高“166”属于F2:F7中的第三行；然后结合INDEX函数，将MATCH函数返回的行号作为INDEX的第二个参数，加上列号即可匹配出相应的衣服尺码。

如果对函数不是很熟练，那么对应上述的步骤可以分成两步书写。

Step1：

确定身高属于右表哪一行，在D2输入函数 `=MATCH(C2,$F$2:$F$7,1)`，其作用是查找出C2（177）对应F2:F7中的哪一行，“177”对应的是“170”这一行，属于查找低于“177”的最接近值，参考查找方式表，应输入模糊匹配参数“1”，注意F2:F7区域应按照升序排列且使用绝对引用，结果如下图所示。

D2　=MATCH(C2,$F$2:$F$7,1)

	A	B	C	D
1	学号	姓名	身高（cm）	尺码
2	200401212	张跃平	177	4
3	200401213	李丽	180	
4	200401214	陈慧君	166	
5	200401215	吴丽萍	177	
6	200401216	杨林	157	
7	200401217	宋斌	170	
8	200401218	刘毅	172	
9	200401219	刘莉莉	146	
10	200401220	李青红	178	

	F	G	H
1	下限	规格	尺码
2	140	到149	M
3	150	到159	L
4	160	到169	XL
5	170	到179	XXL
6	180	到189	XXXL
7	190	190以上	XXXXL

Step2：

匹配尺码，INDEX函数包含三个参数（区域/数组，第几行，第几列），匹配区域为右表F2:H7，行号为上述MATCH函数，尺码固定在该区域第三列，所以列号为“3”，综合得到下面的公式：

```
=INDEX($F$2:$H$7,MATCH(C2,$F$2:$F$7,1),3)
```

请注意，区域都需要绝对引用，按住鼠标拖曳填充，结果如下图所示，一个复杂的工作用这两个函数就轻松解决了。

D2　=INDEX($F$2:$H$7,MATCH(C2,$F$2:$F$7,1),3)

	A	B	C	D	E	F	G	H
1	学号	姓名	身高（cm）	尺码		下限	规格	尺码
2	200401212	张跃平	177	XXL		140	到149	M
3	200401213	李丽	180	XXXL		150	到159	L
4	200401214	陈慧君	166	XL		160	到169	XL
5	200401215	吴丽萍	177	XXL		170	到179	XXL
6	200401216	杨林	157	L		180	到189	XXXL
7	200401217	宋斌	170	XXL		190	190以上	XXXXL
8	200401218	刘毅	172	XXL				
9	200401219	刘莉莉	146	M				
10	200401220	李青红	178	XXL				
11	200401221	侯冰	153	L				
12	200401222	王凯伊	156	L				
13	200401223	赵晓东	172	XXL				
14	200401224	马蔚为	156	L				

思考题

因为INDEX函数无所谓方向，所以让VLOOKUP函数“深感头痛”的反向匹配，也可以利用INDEX函数+MATCH函数来搞定。例如，上一节中用VLOOKUP函数匹配图书价格，大家可以试试如何用INDEX函数+MATCH函数来实现。

第6章

数据透视表：数据分析的“终极武器”

数据透视表是Excel的“终极武器”，如果你认为它很复杂，那么你就真的是误会了。实际上，它比函数更为简便，对付上千行的表格，只需在几个区域之间来回拖曳调整字段，就可以得到想要的结果，只要你使用过它，你就一定会为它的效率惊叹！

6.1 来，认识一下数据透视表

数据透视表的“威名”就像函数一样众所周知，它既不像函数那样需要输入长长的公式，也不像VBA那样需要识得“天书”一样的代码，对于数据透视表来说，只要拖曳几下鼠标就可以实现大量数据的分析汇总，难怪有人把它称作数据分析的“终极武器”。

6.1.1 创建数据透视表

数据透视表最便捷之处就在于：简单的操作可以实现全方位的分析，使用它就等于同时操控多个函数，并且创建一张数据透视表也相当简单。

下图是一张年度销售数据汇总表，总计1000多行，对包括了如此海量数据的表格，如果使用函数或数组公式则会占用很大的资源，且公式太多会导致运行缓慢和卡顿，所以简便、流畅的数据透视表成为了首选。

	A	B	C	D	E	F
1	日期	区域	品牌	业务员	订单金额	订单ID
1120	2010/12/25	深圳	品牌六	郑经	¥411,620.15	ZTG101119
1121	2010/12/25	深圳	品牌四	郑经	¥7,392.13	ZTG101120
1122	2010/12/26	北京	品牌六	王大大	¥414,612.46	ZTG101121
1123	2010/12/27	北京	品牌六	陈桂林	¥737,088.75	ZTG101122
1124	2010/12/27	上海	品牌四	吴发财	¥5,148.29	ZTG101123
1125	2010/12/28	成都	品牌四	刘一平	¥16,731.08	ZTG101124
1126	2010/12/28	深圳	品牌一	郑经	¥218,944.89	ZTG101125
1127	2010/12/30	上海	品牌六	吴发财	¥20,581.20	ZTG101126
1128	2010/12/31	北京	品牌六	陈桂林	¥102,905.44	ZTG101127
1129	2010/12/31	北京	品牌一	李添一	¥354,376.33	ZTG101128
1130	2010/12/31	成都	品牌三	刘一平	¥158,851.61	ZTG101129
1131	2010/12/31	北京	品牌六	王大大	¥447,084.16	ZTG101130

创建数据透视表的步骤如下。

Step1：

定位于源数据表内任意一个单元格（也可选择表格区域）→【插入】选项卡→【数据透视表】，弹出的【创建数据透视表】对话框已默认输入了源表或区域，一般不做改动，单击【确定】按钮即可，如下图所示。

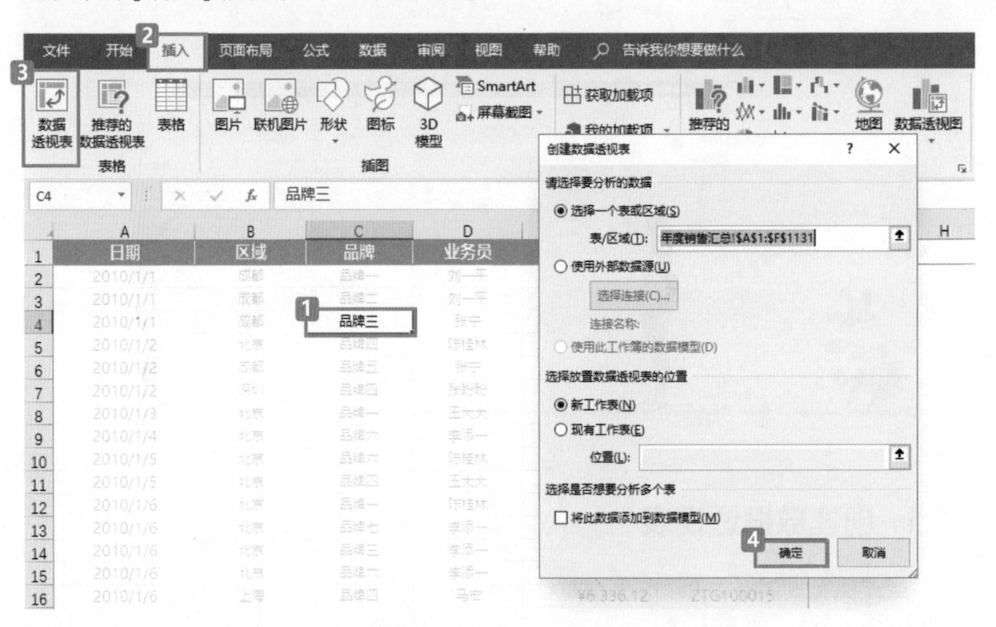

Step2：

此时生成一张新工作表，该表包含空白的数据透视表，右侧有一个【数据透视表字段】对话框，如下图所示。

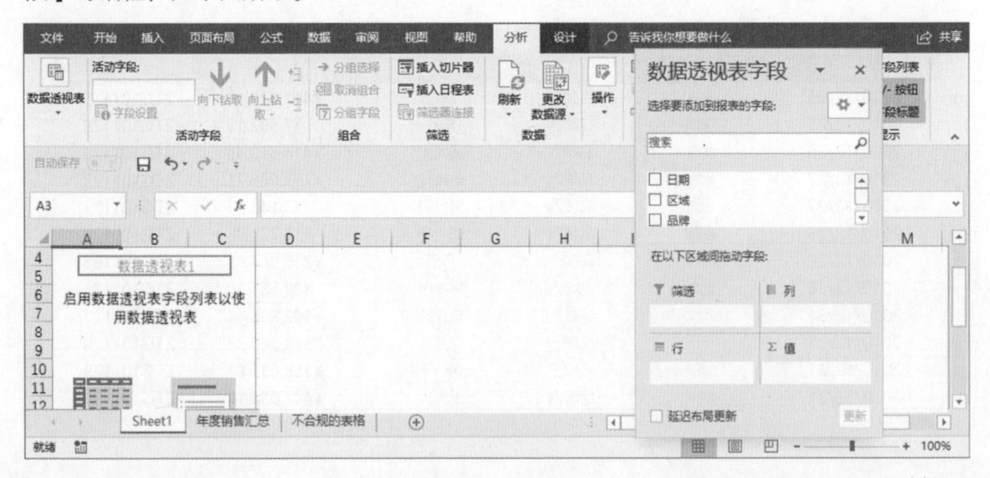

Step3：

在【数据透视表字段】对话框的顶部按住鼠标左键可以进行拖曳，也可拖曳【数据透视表字段】对话框的边缘调整其大小。数据透视表最主要的区域就是【数据透视表字段】对话框中的【字段列表】，将不同的字段分别拖曳到下面四个区域（筛选、行、列、值），就可得到不同的分析结果。

例如，勾选“品牌”和“订单金额”，它们分别进入“行”区域和“值”区域，左侧的数据透视表区域相应生成了一张品牌销售汇总表，如下图所示，相当于单击两下鼠标完成了一个SUMIF函数，着实高效。关于【数据透视表字段】对话框的使用，在下一节中将进行详细的讲解。

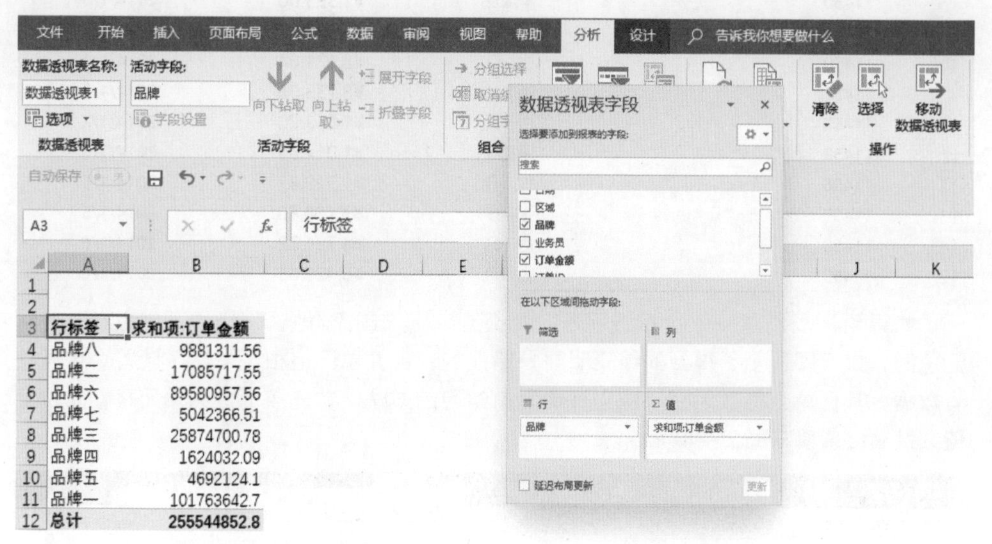

6.1.2　数据透视表使用规范

数据透视表虽然简单，不过它也有自己的使用规范，使用时应当把握以下几点。

1. 标题行必须完整

缺少标题行或某个字段的标题都会导致数据透视表错误。例如，缺少“业务员”这个字段标题，创建数据透视表，如右图所示，【数据透视表字段】将源表中的第二行作为表格的字段标题，这显然是不正确的。

2. 表格格式

规范的表格应当清清爽爽，这是为数据透视表做好统计分析的基础，一张合规的源表格不能有合并单元格，如下图所示的表格。

	A	B	C	D	E
1	订单ID	国家/地区	销售人员	订单金额	订购日期
2	11448	福建	李潇潇	¥1,047.60	2014/1/1
3	11449		刘洋	¥3,609.72	2014/1/1
4	11454		李潇潇	¥1,186.20	2014/1/4
5	11455		高兴	¥1,358.04	2014/1/5
6	11460		李潇潇	¥1,593.00	2014/1/6
7	11461		刘洋	¥3,609.72	2014/1/6
8	11450	上海	古一凡	¥6,171.84	2014/1/1
9	11451		潘高峰	¥8,733.96	2014/1/2
10	11452		古一凡	¥1,663.20	2014/1/2
11	11453		潘高峰	¥1,014.35	2014/1/3
12	11456		古一凡	¥1,529.87	2014/1/5
13	11457		张宁宁	¥3,160.80	2014/1/6
14	11458		古一凡	¥4,791.72	2014/1/6
15	11459		古一凡	¥6,422.63	2014/1/6

如果用该表创建一张数据透视表，那么当勾选“国家/地区”和“订单金额”进行汇总时，如下图所示，得到的结果明显是错误的，合并单元格相当于该区域首个单元格有数据，其他单元格数为空。应当按照之前学习的方法，首先取消合并单元格，定位空值，然后批量填充每个空单元格。

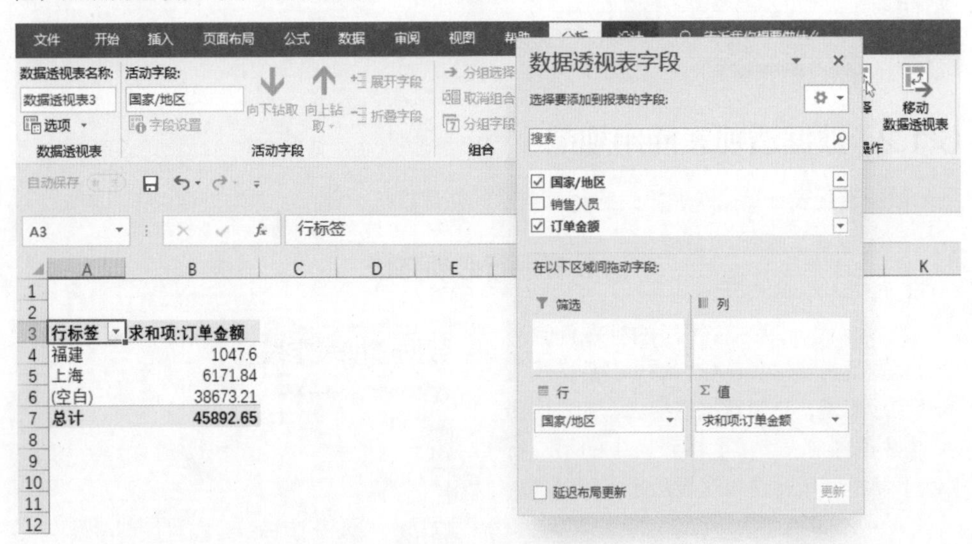

如果表格含有文本型数字（无法参与计算）、不规范日期（无法使用筛选排序）等，则都应首先设置成正确的格式，再创建数据透视表。

6.1.3 数据的刷新

如果源表格中数据有变动，则只需要单击【数据透视表工具】→【分析】选项卡 →单击【刷新】按钮，即可更新数据，如下图所示。

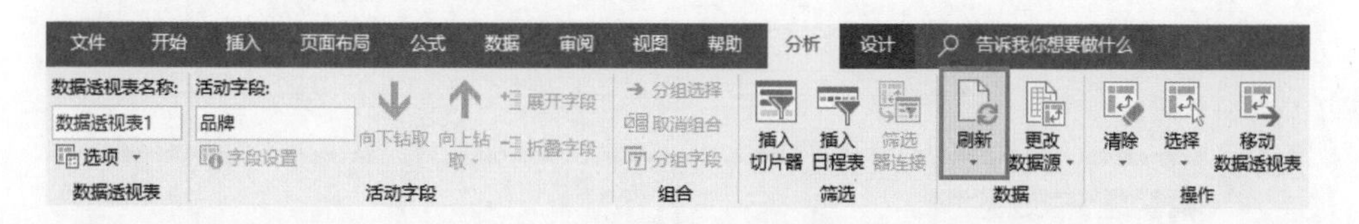

如果源数据区域也发生了改变，则上述方法无效，此时应手动改变源数据区域，步骤如下。

Step1：

【数据透视表工具】→【分析】选项卡→【更改数据源】，如下图所示。

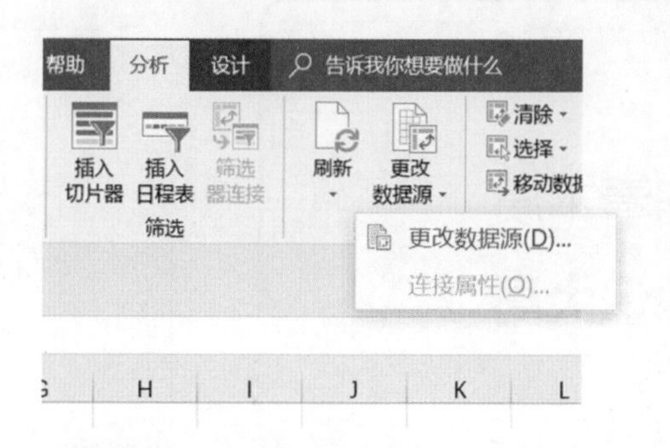

Step2：

在弹出的【更改数据透视表数据源】对话框中重新选择数据源区域，如下图所示。

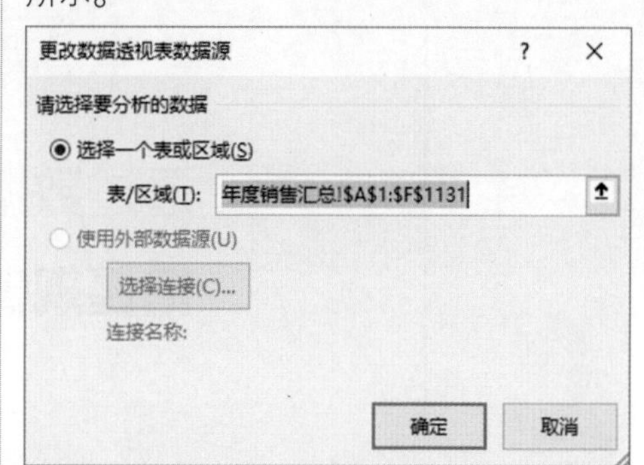

知识补充

（1）Excel 2003版的数据透视表的对话框界面和之后的版本有较大不同，如右图所示，图中的创建向导在之后的版本也存在，可依次按下快捷键 Alt + D + p 即可调用，这三个键不是同时按下，而是按顺序依次按。

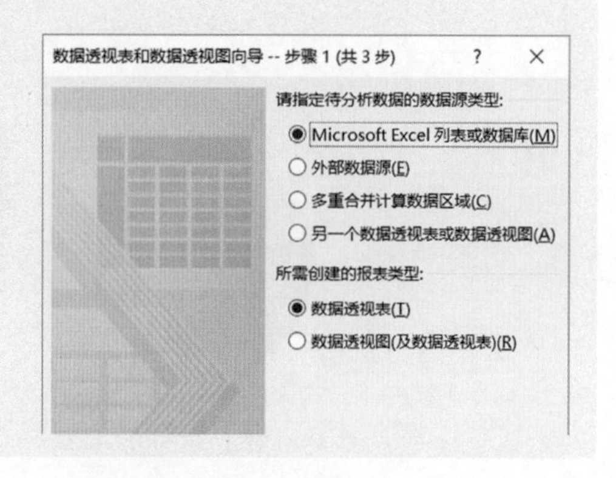

知识补充

（2）如果某一工作簿没有创建过数据透视表，则使用【创建向导】和【插入透视表】这两种创建方法的结果一样。如果创建过数据透视表，则使用【创建向导】时还会弹出提示，如下图所示。

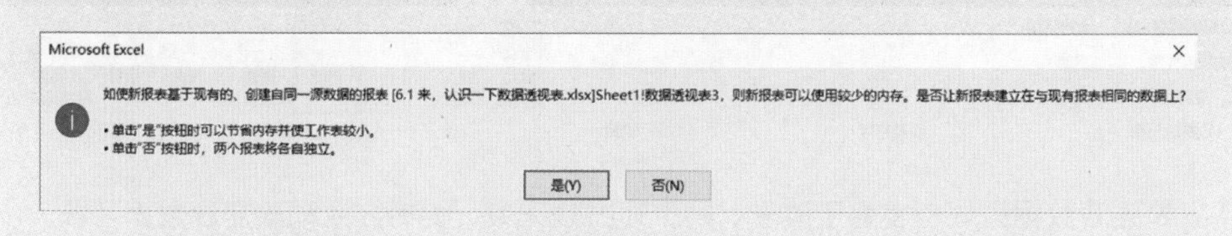

单击【是】按钮或使用【插入透视表】，Excel会为新表和之前的透视表建立共享缓存，优点是节约内存，缺点是各透视表之间会互相影响。因此，建议用【创建向导】建立新表，单击【否】按钮，使各表相互独立。

6.2 数据透视表字段使用面面观

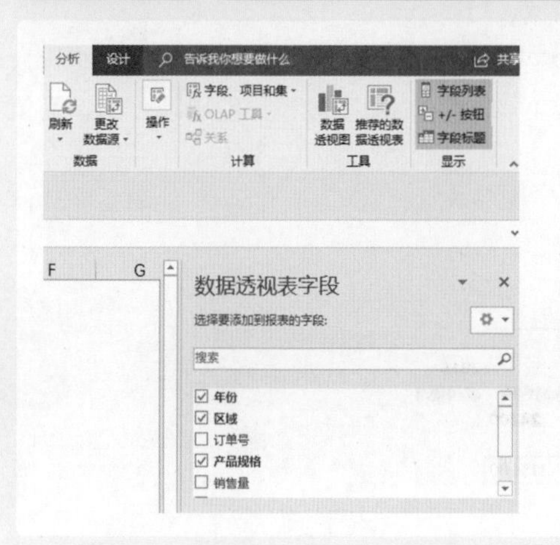

创建数据透视表后，就要开始分析数据啦，而分析数据最大的秘密就在【数据透视表字段】对话框的列表里（以下简称【字段列表】），将鼠标定位于透视表中的任意一个位置，右侧区域就会弹出【字段列表】。

如果它还是没有出现，则可单击【数据透视表工具】→【分析】选项卡→【字段列表】将其调用，如左图所示。

【字段列表】的上方是各个不同的【字段】，它们分别对应源表中的标题；【字段列表】的下方则分别是【筛选】、【列】、【行】、【值】四个区域，不同版本中名称略有区别，大同小异。

如下图所示的【字段列表】上方包含“年份”“区域”“订单号”“产品规格”“销售量”“销售额等字段”，勾选这些字段后，它们会自动进入行区域、值区域或列区域，如需调整字段，则只需按住鼠标左键拖曳相应字段置于目标区域；对于不需要的字段，按住鼠标左键拖曳到【字段列表】之外的空白区域即可删除。

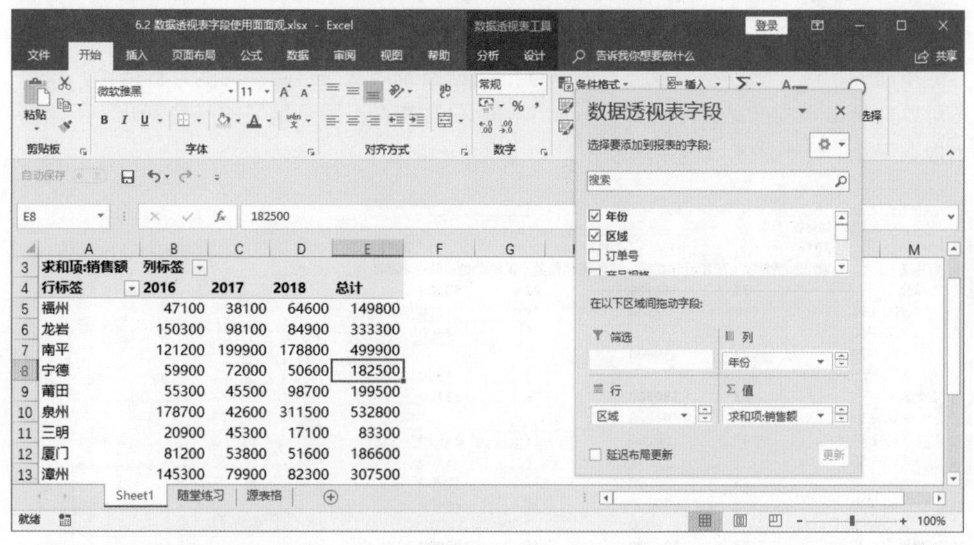

求和项:销售额	列标签			
行标签	2016	2017	2018	总计
福州	47100	38100	64600	149800
龙岩	150300	98100	84900	333300
南平	121200	199900	178800	499900
宁德	59900	72000	50600	182500
莆田	55300	45500	98700	199500
泉州	178700	42600	311500	532800
三明	20900	45300	17100	83300
厦门	81200	53800	51600	186600
漳州	145300	79900	82300	307500

数据透视表就是拖曳的艺术，随着鼠标的点击和拖曳，数据形成不同的行/列组合，得到的结果也不尽相同。同时，如果要熟练使用数据透视表，就必须首先了解四个区域的特点。

6.2.1 行区域

首先看行区域，这是使用最频繁的一个区域，行区域有以下几个特点。

(1) **字段不能重复**。什么意思呢？例如，将“产品规格”字段放到行区域后，想再放一个“产品规格”就不可以了，列区域和筛选区域中，相同字段也只能出现一次，而值区域可以放多个相同字段。

(2) **行区域可以加入多个不同字段**。例如，将“产品规格”和“区域”同时放到行区域，“销售额”拖入值区域汇总，如下图所示。

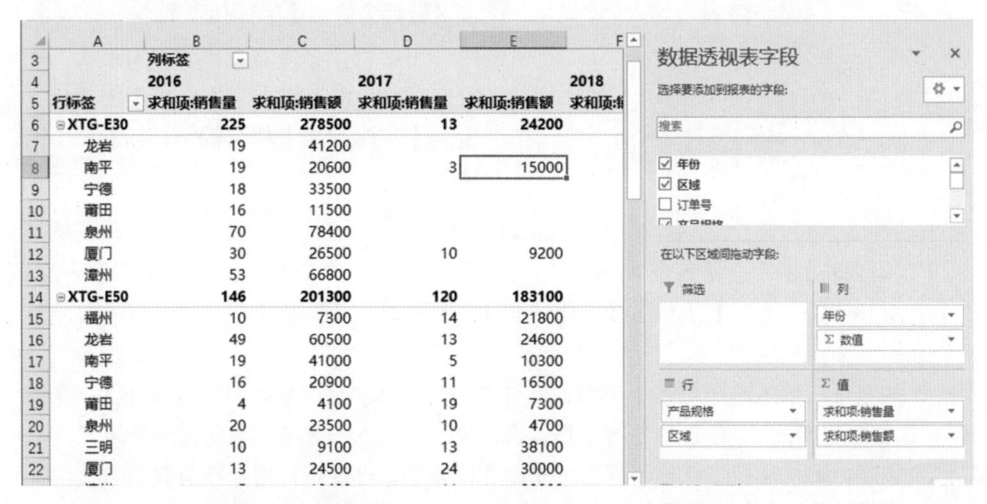

	A	B	C	D	E	F
3		列标签				
4		2016		2017		2018
5	行标签	求和项:销售量	求和项:销售额	求和项:销售量	求和项:销售额	求和项:销
6	XTG-E30	225	278500	13	24200	
7	龙岩	19	41200			
8	南平	19	20600	3	15000	
9	宁德	18	33500			
10	莆田	16	11500			
11	泉州	70	78400			
12	厦门	30	26500	10	9200	
13	漳州	53	66800			
14	XTG-E50	146	201300	120	183100	
15	福州	10	7300	14	21800	
16	龙岩	49	60500	13	24600	
17	南平	19	41000	5	10300	
18	宁德	16	20900	11	16500	
19	莆田	4	4100	19	7300	
20	泉州	20	23500	10	4700	
21	三明	10	9100	13	38100	
22	厦门	13	24500	24	30000	

(3) **行区域字段顺序会影响表格结构**。例如，调换上图“产品规格”和“区域”字段的顺序，如下图所示，表格字段的级别发生了改变，表格的外观也随之改变。

不同的字段，顺序不同就可得到不同的数据报表，从而得到不同的分析结论，如上图可以分析出不同产品的地区差异，而下图则很容易看出同一地区的产品差异，所以应当根据实际的分析需求调整字段顺序。

	A	B	C	D	E	
3		列标签				
4		2016		2017		2018
5	行标签	求和项:销售量	求和项:销售额	求和项:销售量	求和项:销售额	求和项
6	福州	37	47100	22	38100	
7	XTG-E50	10	7300	14	21800	
8	XTG-P60			5	14800	
9	XTG-P70	27	39800			
10	XTG-W20			3	1500	
11	龙岩	93	150300	76	98100	
12	XTG-E30	19	41200			
13	XTG-E50	49	60500	13	24600	
14	XTG-P60			8	3100	
15	XTG-P70	15	30600	37	45800	
16	XTG-W20	5	10000	18	24600	
17	XTG-W30	5	8000			
18	南平	73	121200	146	199900	
19	XTG-E30	19	20600	3	15000	
20	XTG-E50	19	41000	5	10300	
21	XTG-P60			47	54400	
22	XTG-W20	3	4300	91	120200	

行
产品规格
区域

行
区域
产品规格

6.2.2 列区域

列区域的使用规则与行区域相同。例如，将“区域”字段放到列区域，“产品规格”字段拖入行区域，“销售额”拖入值区域，得到的表格如下图所示。这样的汇总表看起来比单独使用行区域更加合理。合理分配字段可以将一张复杂的源表格瞬间变成人人都能看懂的简单报表。

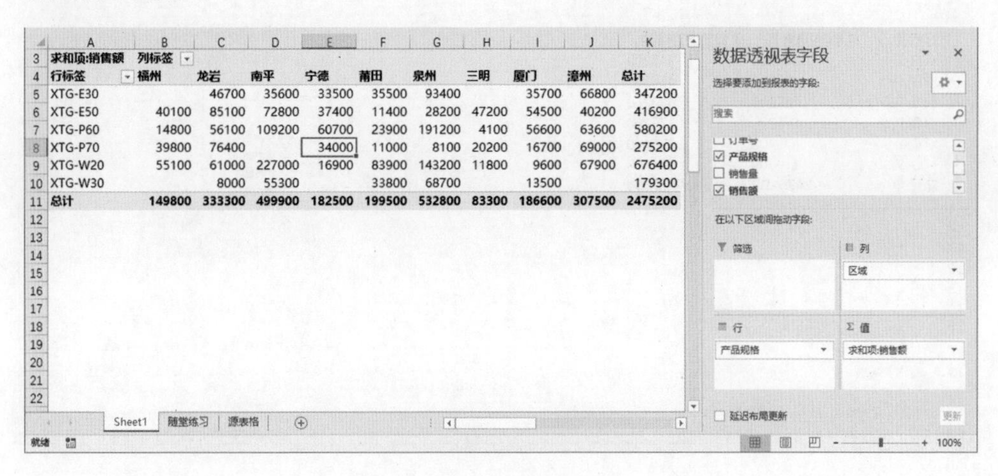

求和项:销售额	列标签									
行标签	福州	龙岩	南平	宁德	莆田	泉州	三明	厦门	漳州	总计
XTG-E30		46700	35600	33500	35500	93400		35700	66800	347200
XTG-E50	40100	85100	72800	37400	11400	28200	47200	54500	40200	416900
XTG-P60	14800	56100	109200	60700	23900	191200	4100	56600	63600	580200
XTG-P70	39800	76400		34000	11000	8100	20200	16700	69000	275200
XTG-W20	55100	61000	227000	16900	83900	143200	11800	9600	67900	676400
XTG-W30		8000	55300		33800	68700		13500		179300
总计	149800	333300	499900	182500	199500	532800	83300	186600	307500	2475200

总结说明

(1) 同行区域一样，列区域的字段顺序也会影响表格结构。

(2) 根据常人的使用习惯，将字段放到行区域看着顺眼一些，列区域看着别扭一些，所以行区域使用频率更高。可以试试将两个字段都放到列区域查看结果。

(3) 列区域的作用不可或缺，它一般用于辅助数据交叉分析，如上图的汇总表比前面两个表格更合理。

(4) 文本字段一般放入行区域和列区域，数值类字段通常放入值区域。

6.2.3 值区域

值区域的作用是汇总数据，设置好行列区域后，值区域就负责将数字以不同的方式呈现。与其他几个区域不同的是，值区域可以允许重复字段，不仅可以改变值的汇总方式，还可以改变值的显示方式，下面通过案例来了解一下。

1. 允许重复字段

如下图所示，在行区域中拖入“产品规格”字段，值区域中拖入两个“销售额”字段，此时数据透视表出现了两个“销售额”标题。但是重复字段有何意义？这么做不是多余吗？且往下看。

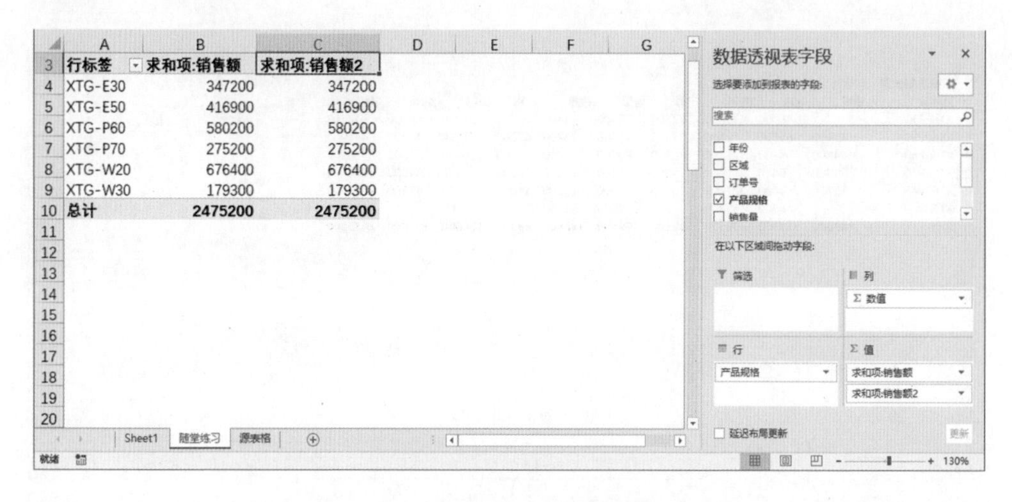

2. 改变值的汇总方式

值区域中的同一字段可以有不同的汇总方式，操作方式如下。

Step1：

单击值区域中任意一个“销售额”字段的下拉按钮，如下图所示，选择【值字段设置】。

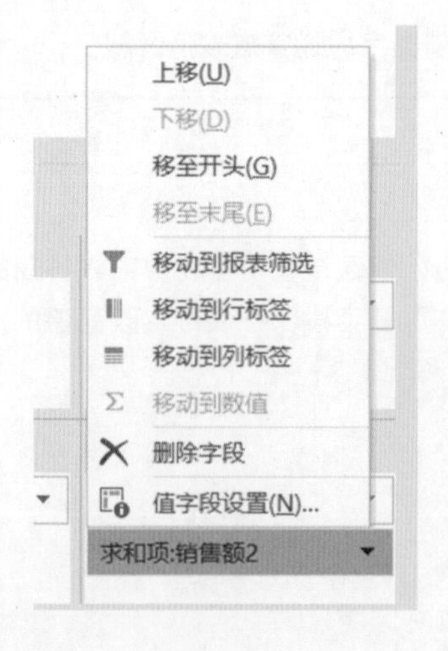

Step2：

在【值字段设置】对话框中，【计算类型】选择【计数】，【自定义名称】改为【销售额计数】，单击【确定】按钮，“销售额”字段在表格中的汇总方式变为计算订单的数量。

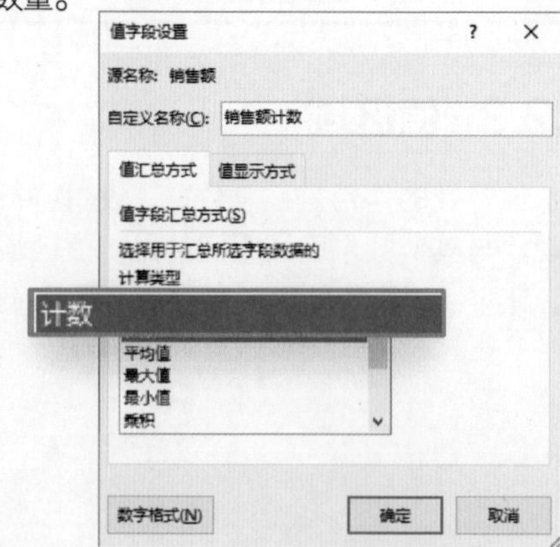

如果是文本字段，则默认【计算类型】为【计数】，此外可供选择的【计算类型】还有【平均值】、【最大值】、【最小值】、【乘积】、【标准偏差】等，数据透视表的功能可以代替很多统计函数。

3. 改变值的显示方式

如需统计不同产品在总销售中的占比，也就是以百分比的形式来进行呈现，则可改变【值显示方式】，具体的操作步骤如下。

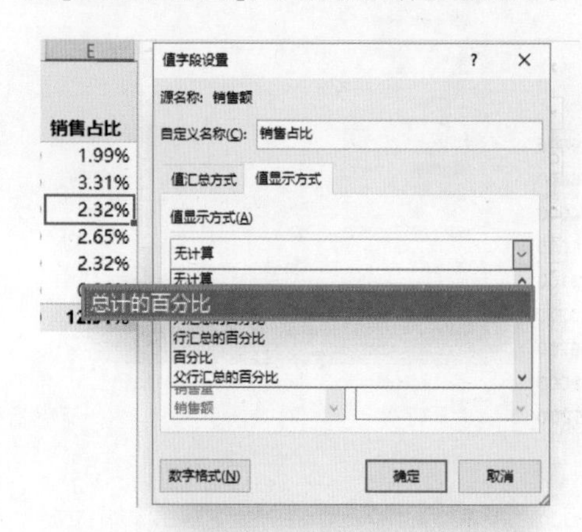

Step1：

选择【值字段设置】，方法同上。

Step2：

如左图所示，选择【值显示方式】，单击下拉按钮，选择【总计的百分比】，单击【确定】按钮，该字段在表格中的显示方式变为百分数形式。

思考题

【值显示方式】提供了十五种方式，给数据呈现提供了更多的选择，如果要统计出不同产品规格在不同地区的销售占比，如下图所示，那么该如何设置字段呢？

	A	B	C
3	行标签	求和项:销售额	求和项:销售额2
4	⊟福州	149800	6.05%
5	XTG-E50	40100	26.77%
6	XTG-P60	14800	9.88%
7	XTG-P70	39800	26.57%
8	XTG-W20	55100	36.78%
9	⊟龙岩	333300	13.47%
10	XTG-E30	46700	14.01%
11	XTG-E50	85100	25.53%
12	XTG-P60	56100	16.83%
13	XTG-P70	76400	22.92%

6.2.4 筛选区域

顾名思义，筛选区域作用类似筛选，它可以将二维表格变成三维表格。将“产品规格”拖入筛选区域，“区域”拖入行区域，“年份”拖入列区域，“销售额”拖入值区域，单击单元格B1的下拉按钮，筛选不同的产品规格，可得到对应的报表，结果如下图所示。

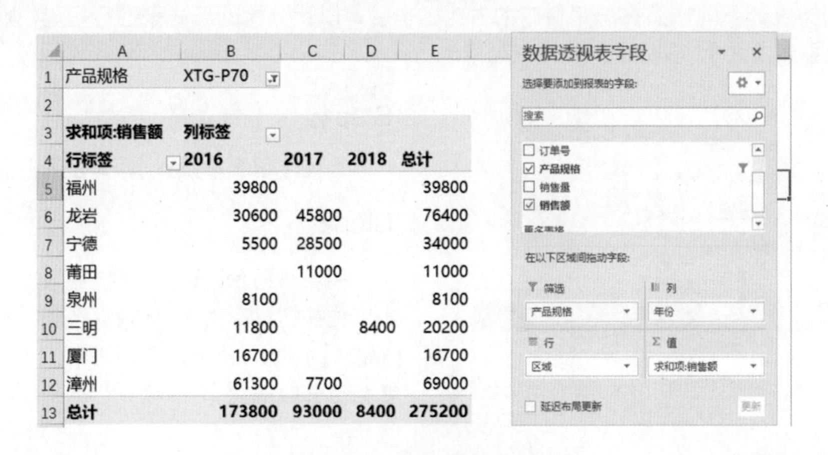

	A	B	C	D	E
1	产品规格	XTG-P70			
2					
3	求和项:销售额	列标签			
4	行标签	2016	2017	2018	总计
5	福州	39800			39800
6	龙岩	30600	45800		76400
7	宁德	5500	28500		34000
8	莆田		11000		11000
9	泉州	8100			8100
10	三明	11800		8400	20200
11	厦门	16700			16700
12	漳州	61300	7700		69000
13	总计	173800	93000	8400	275200

总结说明

想清楚以下几个问题，就可以掌握数据透视表四个区域的使用。

（1）统计维度和统计值：将统计维度的字段放到行区域和列区域，统计值放到值区域。

（2）根据统计维度的字段的顺序，相应调整行区域和列区域的字段顺序。

（3）统计值以什么方式汇总、以什么方式显示，同一个字段可以重复使用。

（4）如果需要更多维度的分析，则可使用筛选区域。

6.3 给你的数据透视表整整容

数据透视表是分析的“一把好手”，默认生成的表格在外观上是比较“素”的，以上一节的源表格为例，将“年份”和“区域”拖入行区域，“产品规格”拖入列区域，“销售额”拖入值区域，得到一张未经任何修饰的原始的数据透视表，如下图所示。

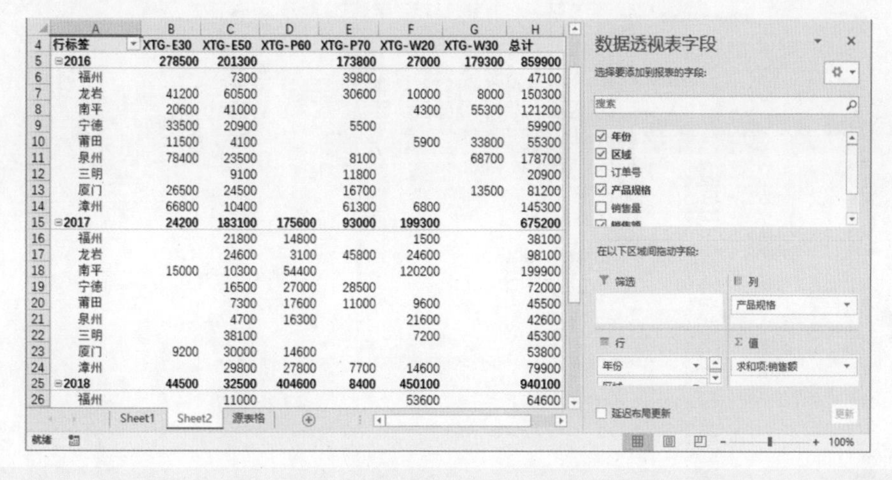

行标签	XTG-E30	XTG-E50	XTG-P60	XTG-P70	XTG-W20	XTG-W30	总计
⊟2016	278500	201300		173800	27000	179300	859900
福州		7300		39800			47100
龙岩	41200	60500		30600	10000	8000	150300
南平	20600	41000			4300	55300	121200
宁德	33500	20900		5500			59900
莆田	11500	4100			5900	33800	55300
泉州	78400	23500		8100		68700	178700
三明		9100		11800			20900
厦门	26500	24500		16700		13500	81200
漳州	66800	10400		61300	6800		145300
⊟2017	24200	183100	175600	93000	199300		675200
福州		21800	14800		1500		38100
龙岩		24600	3100	45800	24600		98100
南平	15000	10300	54400		120200		199900
宁德		16500	27000	28500			72000
莆田		7300	17600	11000	9600		45500
泉州		4700	16300		21600		42600
三明		38100			7200		45300
厦门	9200	30000	14600				53800
漳州		29800	27800	7700	14600		79900
⊟2018	44500	32500	404600	8400	450100		940100
福州		11000			53600		64600

这样的表格显然算不上美观，表格布局看起来也略有不适，可通过下面几个步骤给数据透视表“整整容”，让它变得好看一些。

6.3.1 套用样式

Excel内置了一些现成的数据透视表样式，分为浅色、中等色和深色三大类共计121种，选择其一直接套用就可以快速更改数据透视表的整体外观。具体操作方法如下。

鼠标置于表内任意一个单元格，单击【数据透视表工具】→【设计】→【数据透视表样式】的下拉按钮，选择其中一种，如下图所示。

建议使用浅色和中等色样式，这些样式的标题和数据部分对比明显，颜色比较柔和，而深色样式颜色较重，不适合长时间观看。以中等色第一行第二个浅蓝色样式为例，看起来商务简约，效果如下图所示，一键就让表格大变样。

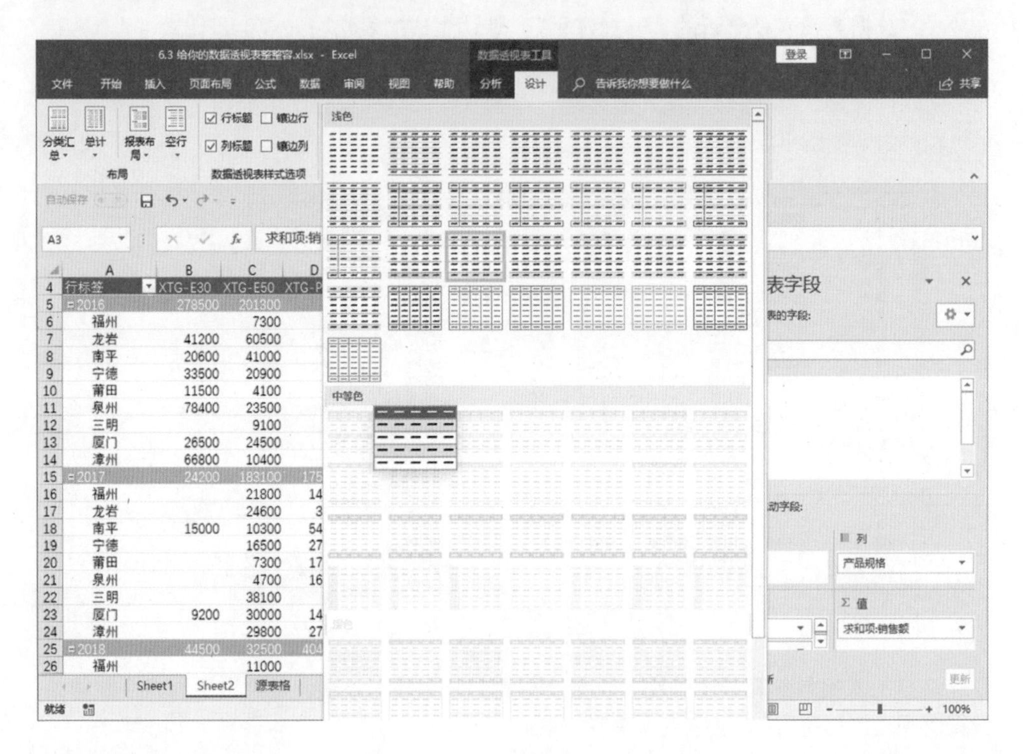

6.3.2 修改布局

接下来修改报表布局，跟布局有关的功能都在【数据透视表工具】下的【设计】选项卡中，如下图所示，其主要包含【分类汇总】、【总计】、【报表布局】、【空行】这几种布局方式。

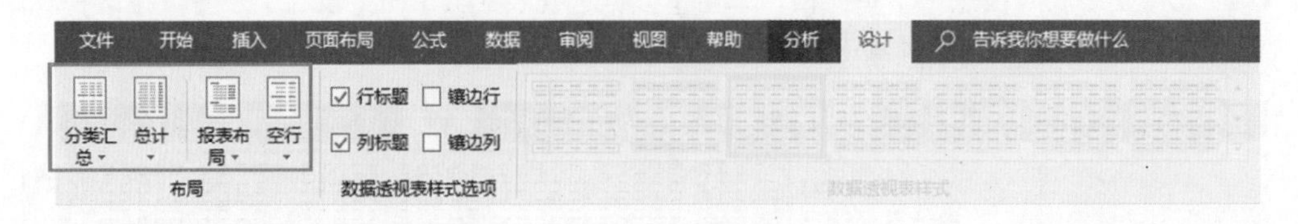

1. 修改【分类汇总】方式

在报表顶部，每一年度都有分类汇总，如果不需要，则可单击【设计】下的【分类汇总】下拉按钮，选择【不显示分类汇总】，效果如下图所示，但在本例中建议显示分类汇总。

【分类汇总】可以选择在组的底部或顶部显示，并选择汇总方式，具体要看报表的要求。

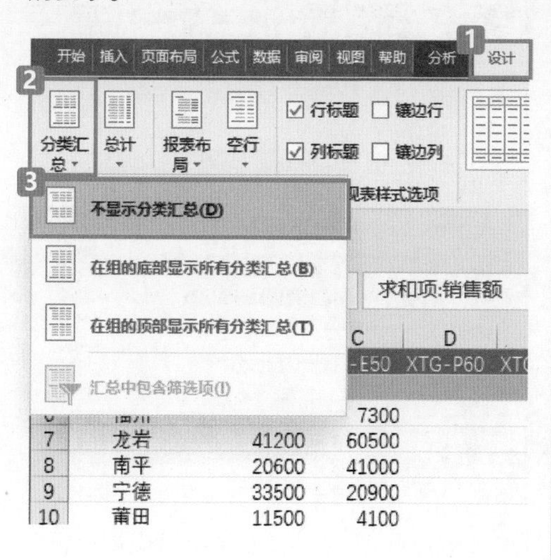

2. 修改【总计】设置

表格的最右方和最下方通常会显示行或列总计，有些总计显得并不是那么必要。例如，本表中，关注的是不同产品的年度或区域销售情况，最底下的列总计有些多余。

单击【设计】→【总计】→【仅对行启用】，可以把底部关于列的总计隐藏起来，如下图所示。

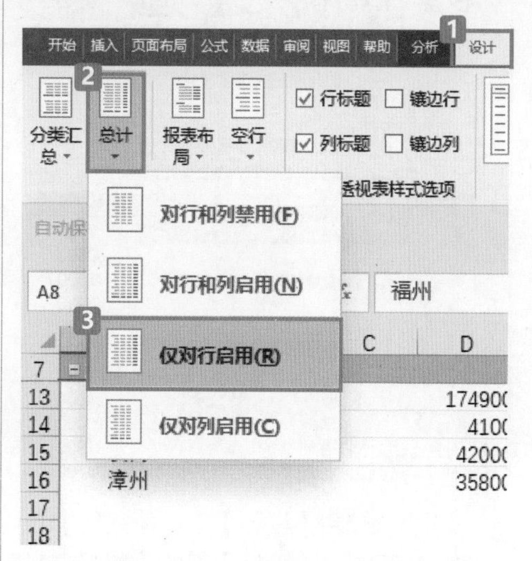

3. 修改【报表布局】

对比观察源表格和报表的字段设置可发现，源表格的“年份”作为单独一个字段显示，而报表中的“年份”和“区域”却合并在同一列，难怪看起来有些怪怪的，如下图所示。

	A	B	C	D	E	F
1	年份	区域	订单号	产品规格	销售量	销售额
2	2016	南平	2006-001	XTG-E50	5	11600
3	2016	龙岩	2006-002	XTG-E50	9	12000
4	2016	龙岩	2006-003	XTG-P70	7	14800
5	2016	龙岩	2006-004	XTG-E50	4	11000
6	2016	厦门	2006-005	XTG-P70	8	10000
7	2016	漳州	2006-006	XTG-E30	10	2900
8	2016	莆田	2006-007	XTG-E50	4	4100
9	2016	莆田	2006-008	XTG-W30	5	9200

如何把它变为规范的形式呢？按以下步骤操作即可。

Step1:

单击【设计】→【报表布局】→【以表格形式显示】，如下图所示，此时“年份”单独作为一个字段，报表变为常见的表格形式，汇总行也从顶部移到了底部。

Step2:

“年份”列仍有许多空单元格，单击【设计】→【报表布局】→【重复所有项目标签】，就可以填满所有重复项目，如下图所示。

此外，使用【设计】下的【空行】功能可增加或删除空行；如果要突出或弱化行列标题，则可更改【设计】下的【数据透视表样式选项】。例如，“年份”列填充了浅蓝色显得有些突兀，取消【行标题】前面的勾选就可改为无色填充，如下图所示。

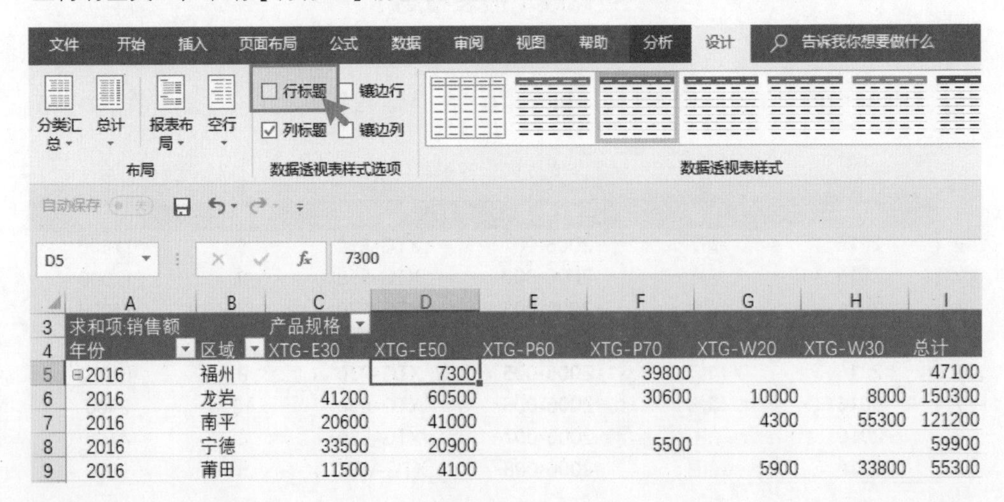

6.3.3　其他显示方式的修改

经过上面的美化后报表已经近乎完美了，但在细节上还可以稍做润色。例如，存在许多空单元格，字段标题太生硬，+/－按钮有些碍眼等，下面逐一击破。

1. 空单元格补“0”

空单元格补“0”，这个咱们之前不是学过么，全选表格，用【定位】选择空值，按快捷键 Ctrl + Enter 批量填充“0”。可惜数据透视表是不允许这么操作的！

正确方法如下。选择表格内任意一个单元格→右击→【数据透视表选项】→【布局和格式】中勾选【对于空单元格，显示】→方框内输入“0”→单击【确定】按钮，结果如下图所示。

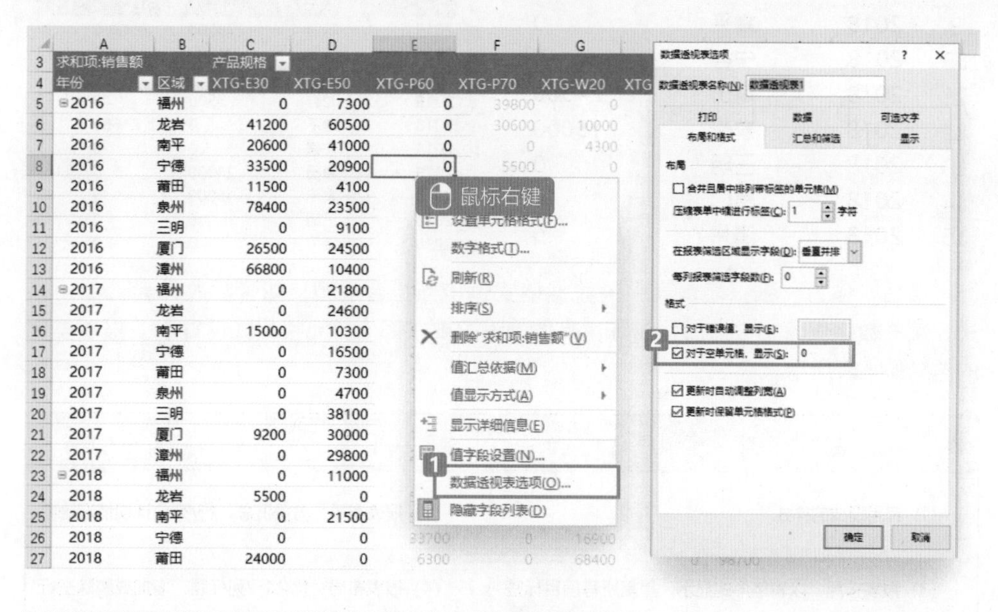

2. 修改字段标题

报表左上角的标题“求和项：销售额”显得非常生硬，可将该标题改为“销售额”，但直接修改是不允许的，因为表中有“销售额”字段，数据透视表中不允许标题和字段名称重复。

解决的方法是在“销售额”前面或后面加一个空格，当然也大可不必钻牛角尖，改成“年度销售额”“销售额汇总”都可以，只要不跟现有字段重复就行。

3. 去除【 +/－ 按钮】（折叠按钮）

每个年份的第1个单元格都有一个【+/－】按钮（折叠按钮），折叠按钮用起来还是很方便的，如下图所示，汇报时可以轻松地收起或展开每一年度的数据。

	A	B	C
4	年份	区域	XTG-E30
5	⊞2016		278500
6	⊞2017		24200
7	⊟2018	福州	0
8	2018	龙岩	5500
9	2018	南平	0
10	2018	宁德	0
11	2018	莆田	24000
12	2018	泉州	15000
13	2018	三明	0
14	2018	厦门	0
15	2018	漳州	0

如果真的觉得一定要删掉它，则可单击【分析】选项卡下靠右侧的【+/－按钮】，就可以隐藏折叠按钮，如下图所示。

插入　页面布局　公式　数据　审阅　视图　帮助　分析　设计

选择　移动数据透视表　操作　字段、项目和集　OLAP 工具　关系　计算　数据透视图　推荐的数据透视表　工具　+/- 按钮

	A	B	C	D
4	年份	区域	XTG-E30	XTG-E50
5	2016		278500	201300
6	2017		24200	183100
7	2018	福州	0	11000
8	2018	龙岩	5500	0
9	2018	南平	0	21500
10	2018	宁德	0	0
11	2018	莆田	24000	0
12	2018	泉州	15000	0
13	2018	三明	0	0
14	2018	厦门	0	0

最后，作为一张报表，表中的数据格式也应当符合规范，如金额改为会计专用格式，某些数字保留小数点后两位等，具体的设置要求同【单元格格式设置】。报表美化的总结如下表所示。

报表美化	
(1) 套用现成的样式	(2) 报表布局：分类汇总，行/列总计视情况隐藏
(3) 报表布局：以表格形式显示，重复所有项目标签	(4) 报表布局：优化行/列标题，增加或删除空行
(5) 单元格补"0"、修改字段标题、隐藏【+/-】按钮	(6) 修改单元格格式

6.4 四个技巧带你掌握数据透视表

一个好的演员不只会演一种角色，一个全面的员工不只会一种技能，同样，数据透视表分析数据绝不仅有字段的搭配组合，它其实还可以扮演更多角色，下面介绍四种技巧让大家更深入地掌握数据透视表。

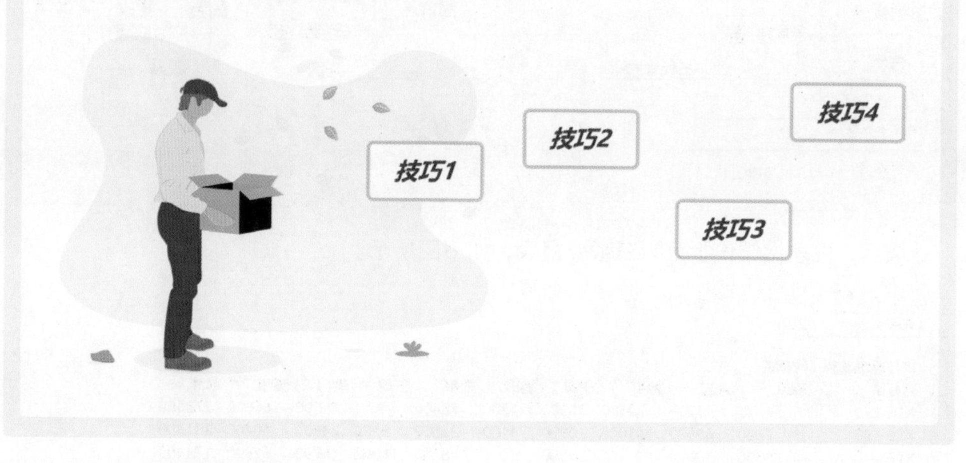

6.4.1 一表拆成多表

数据透视表可以按照某个字段自动生成分页报表，如按照年份或区域生成对应的报表。在下图所示的数据透视表的四个区域中分别拖入“年份”“区域”“产品规格”“销售额”这四个字段。**请注意：想要拆分的字段一定要拖入筛选区域。**

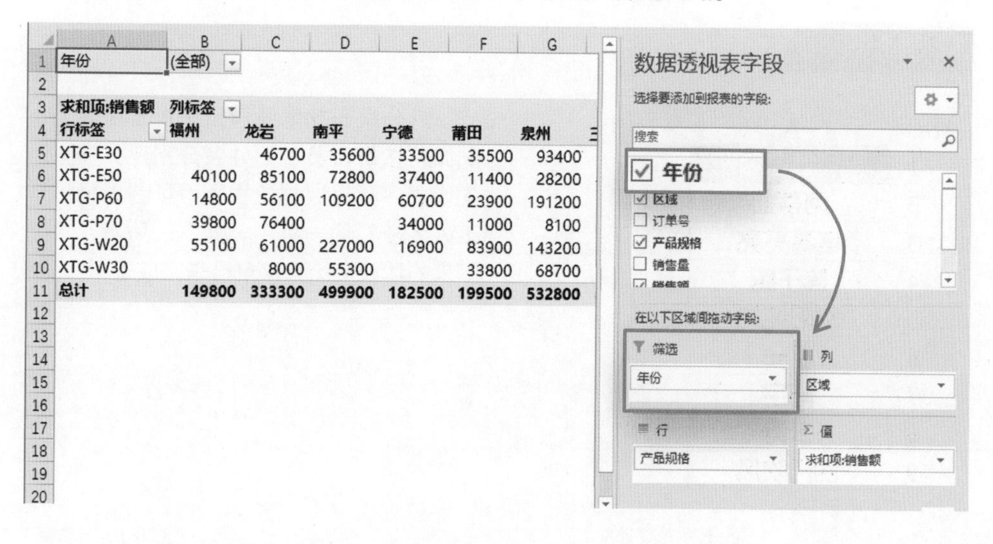

年份	(全部)					
求和项:销售额	列标签					
行标签	福州	龙岩	南平	宁德	莆田	泉州
XTG-E30		46700	35600	33500	35500	93400
XTG-E50	40100	85100	72800	37400	11400	28200
XTG-P60	14800	56100	109200	60700	23900	191200
XTG-P70	39800	76400		34000	11000	8100
XTG-W20	55100	61000	227000	16900	83900	143200
XTG-W30		8000	55300		33800	68700
总计	149800	333300	499900	182500	199500	532800

接下来到了见证奇迹的时刻：单击【分析】选项卡→【选项】下拉按钮→【显示报表筛选页】→弹出的【显示报表筛选页】对话框中默认“年份”→单击【确定】按钮，如下图所示。

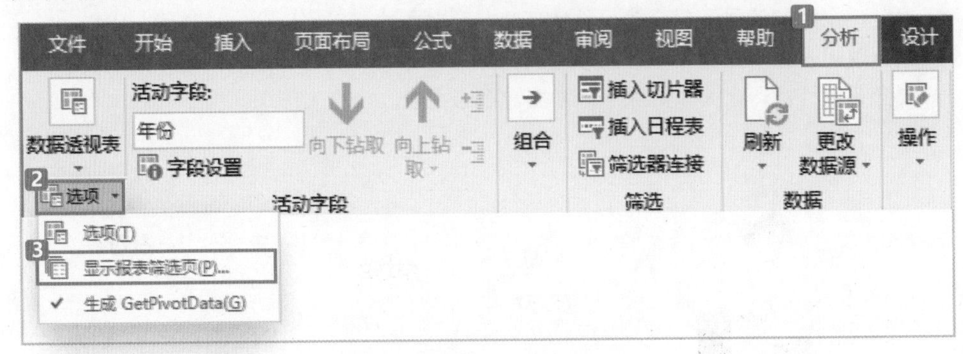

最后，报表按年份拆分为三张分报表，如下图所示。

	A	B	C	D	E	F	G	H	I	J	K
1	年份	2016									
2											
3	求和项:销售额	列标签									
4	行标签	福州	龙岩	南平	宁德	莆田	泉州	三明	厦门	漳州	总计
5	XTG-E30		41200	20600	33500	11500	78400		26500	66800	278500
6	XTG-E50	7300	60500	41000	20900	4100	23500	9100	24500	10400	201300
7	XTG-P70	39800	30600		5500		8100	11800	16700	61300	173800
8	XTG-W20		10000	4300		5900				6800	27000
9	XTG-W30		8000	55300		33800	68700		13500		179300
10	总计	47100	150300	121200	59900	55300	178700	20900	81200	145300	859900

Sheet | 2016 | 2017 | 2018 | Sheet1 | 源表格1

思考题

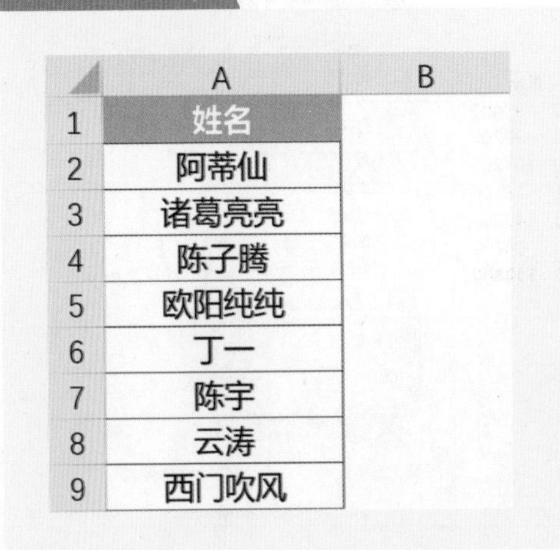

	A	B
1	姓名	
2	阿蒂仙	
3	诸葛亮亮	
4	陈子腾	
5	欧阳纯纯	
6	丁一	
7	陈宇	
8	云涛	
9	西门吹风	

拆分报表功能还可用来批量建表。例如，按每位员工的姓名分别建立一张工作表，利用数据透视表，可首先将员工姓名放在同一列中，如左图所示，接下来的活就交给大家自己来完成了！

6.4.2 多表合并

不仅是一表拆多表，反过来多张表格合并成一张，也可以利用数据透视表来完成！假设2016年、2017年、2018年三年的数据源表格分别位于三张工作表中，具体合并方法如下。

Step1:

依次按快捷键Alt+D+P弹出【数据透视表和数据透视图向导】对话框，选择【多重合并计算数据区域】，报表类型选择【数据透视表】，单击【下一步】按钮，如下图所示，在弹出的【数据透视表和数据透视图向导】对话框中选择【自定义页字段】，再单击【下一步】按钮。

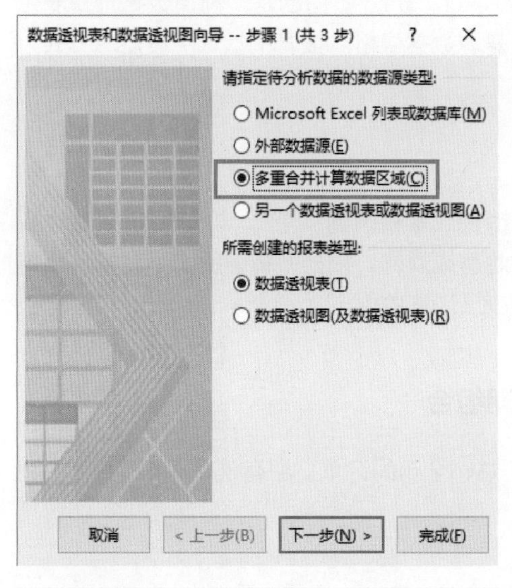

Step2:

添加数据区域，首先选择 2016年表→全选表格→单击【添加】按钮，2017表、2018表也如法炮制，如下图所示。

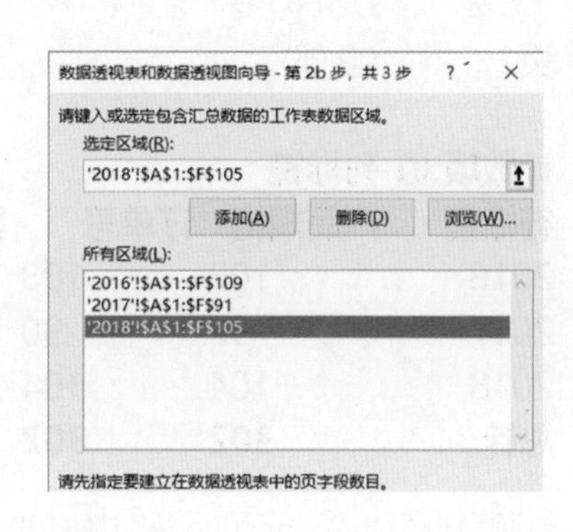

Step3:

添加页字段标签，【请先指定要建立在数据透视表中的页字段数目。】选择【1】，单击上方“‘2016’!$A$1:$F$109”区域，在【字段1】中输入“2016”，依次单击另外两个区域，在【字段1】中依次输入“2017”和“2018”，然后单击【下一步】按钮，如下图所示。

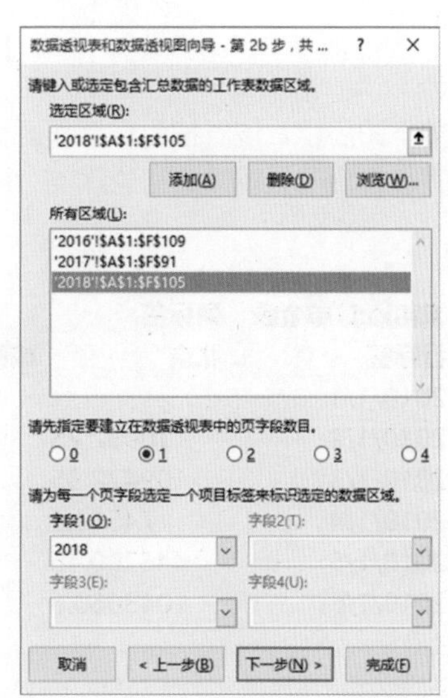

Step4:

弹出的【数据透视表和数据透视图向导】对话框中选择【新工作表】，单击【确定】按钮，汇总的表格如下图所示。

	A	B	C	D	E	F	G
1	页1	(全部)					
2							
3	**计数项:值**	**列标签**					
4	**行标签**	**产品规格**	**订单号**	**区域**	**销售额**	**销售量**	**总计**
5	2016	108	108	108	108	108	540
6	2017	90	90	90	90	90	450
7	2018	104	104	104	104	104	520
8	**总计**	**302**	**302**	**302**	**302**	**302**	**1510**

前面学过利用Power Query合并多表，跟Power Query不同的是，利用数据透视表生成的是一张报表，而Power Query合并后仍然是源数据表格。报表中默认字段汇总方式为【计数】，可视具体情况修改区域汇总方式。

6.4.3 组合功能

一般来说，源表格中的数据很详细，如销售数量精确到"个"，订单的日期具体到"某月""某日"，而数据透视表呈现的是某种趋势或规律，数据太精确反而不利于得出结论。这时候，可将某些项目进行合并，以便从更宏观的角度进行分析。

1. 按日期组合

如下图所示，该表按照日期和区域进行汇总，全年的订单日期有300多条，看上去并不能直接得出什么规律或结论。

	A	B	C	D	E	F
3	**求和项:订单金额**	**列标签**				
4	**行标签**	**北京**	**成都**	**上海**	**深圳**	**总计**
5	2010/1/1		913661.98			913661.98
6	2010/1/2	10032.25	34628.21		21977.86	66638.32
7	2010/1/3	109472.35				109472.35
8	2010/1/4	74514.5				74514.5
9	2010/1/5	446700.46				446700.46
10	2010/1/6	1043660.6	163856.25	864040.17	765336.21	2836893.23

如果按照月份或季度来汇总则明朗很多，具体操作步骤如下。在任意一个日期单元格上右击，选择【组合】功能，【起始于】和【终止于】选择默认（也可以根据需求填入），【步长】选择【月】，单击【确定】按钮，如下图所示。

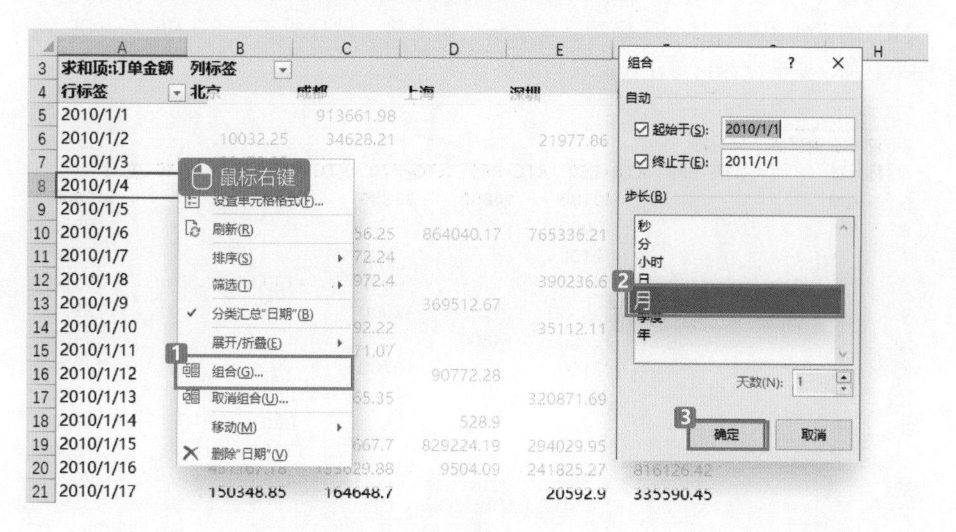

	A	B	C	D	E	F
3	求和项:订单金额	列标签				
4	行标签	北京	成都	上海	深圳	总计
5	1月	8403696.29	3980231.47	2921904.63	4601112.85	19906945.24
6	2月	7867993.87	3556552.66	5748963.26	5649553.47	22823063.26
7	3月	9075656.38	3399802.04	6219526.37	4586104.62	23281089.41
8	4月	6254997.08	5494326.81	3984794.7	2783500.88	18517619.47
9	5月	6557695.02	4118574.55	9150709.86	5338209.03	25165188.46
10	6月	6925064.49	3720736.48	7753575.48	983853.09	19383229.54
11	7月	11620417.61	4744182.09	5717253.36	1751008	23832861.06
12	8月	7831669.46	4755312.86	8913567.49	2844518.16	24345067.97
13	9月	5475793.71	4070834.86	4880912.23	2065322.3	16492863.1
14	10月	6936277.74	5688948.4	8784643.38	782290.98	22192160.5
15	11月	9518174.96	2660745.31	5124063.29	2099325.16	19402308.72
16	12月	7808837.05	3755024.06	5489520.22	3149074.78	20202456.11
17	**总计**	**94276273.66**	**49945271.59**	**74689434.27**	**36633873.32**	**255544852.8**

按月份组合的数据透视表如上图，这就是组合的威力，现实生活中我们也经常采用分类整理的方法，将相近的事物摆放到一起，可以节约空间和时间，提升美感。

2. 按数量组合

再来看一个例子，下图按照区域和销售量生成数据透视表，表中罗列了销售额“1~10”的销售明细，整个表格看起来很长，如果将销量分成“1~5”和“6~10”两个区间来汇总，则会简约许多（区间可根据需要划分）。

	A	B	C	D	E	F	G	H
3	求和项:销售额	列标签						
4	行标签	XTG-E30	XTG-E50	XTG-P60	XTG-P70	XTG-W20	XTG-W30	总计
5	⊟福州		40100	14800	39800	55100		149800
6	1		10000					10000
7	2		2100					2100
8	3				9200	11300		20500
9	4				12900			12900
10	5		18600	14800				33400
11	6		2100		10700			12800
12	7					12500		12500
13	8					8800		8800
14	9					7800		7800
15	10		7300		7000	14700		29000

操作方法同上面类似。在任意一个销售额单元格上右击，选择【组合】功能，在弹出的【组合】对话框中，【起始于】填入“1”，【终止于】填入“10”，【步长】填入“5”，组合功能相当于编队，可以明显提升数据的阅读效率，如下图所示。

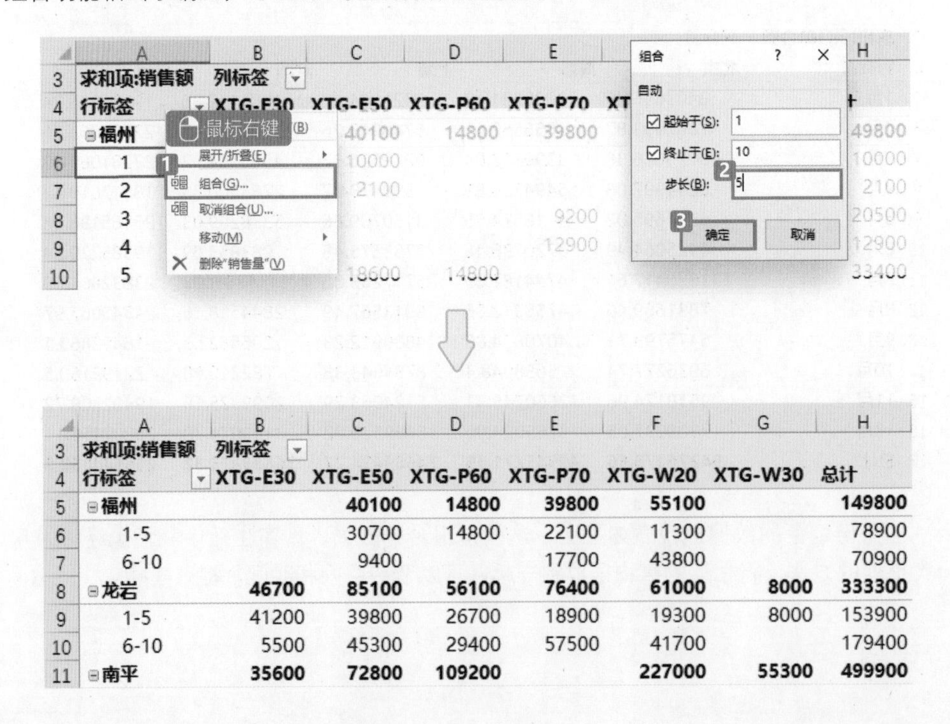

	A	B	C	D	E	F	G	H
3	求和项:销售额	列标签						
4	行标签	XTG-E30	XTG-E50	XTG-P60	XTG-P70	XTG-W20	XTG-W30	总计
5	⊟福州		40100	14800	39800	55100		149800
6	1-5		30700	14800	22100	11300		78900
7	6-10		9400		17700	43800		70900
8	⊟龙岩	46700	85100	56100	76400	61000	8000	333300
9	1-5	41200	39800	26700	18900	19300	8000	153900
10	6-10	5500	45300	29400	57500	41700		179400
11	⊟南平	35600	72800	109200		227000	55300	499900

6.4.4　切片器

数据透视表可以将字段拖入各个区域，对数据施加强大的分析，但是用多个字段筛选数据时，总感觉还不够方便。从Excel 2010版本开始，数据透视表新增了“切片器”让多字段的组合更为便捷。

何谓“切片”？就是随心所欲地切、切、切，把数据分割成各种片段，再随心所欲地排列组合分析汇总，这个功能使得数据透视表的能力更上一层楼，推荐必学。

Step1:

使用切片器的前提是创建一张数据透视表，如右图所示，将“区域”和“销售额”字段分别拖入行区域和值区域，创建一张关于销售额的最简单的数据透视表。

	A	B
3	行标签	求和项:销售额
4	福州	149800
5	龙岩	333300
6	南平	499900
7	宁德	182500
8	莆田	199500
9	泉州	532800
10	三明	83300
11	厦门	186600
12	漳州	307500
13	总计	2475200

Step2:

选择透视表内任意一个单元格→【分析】→【插入切片器】→在【插入切片器】对话框中选择所需的字段，如选择【年份】和【区域】，单击【确定】按钮即可插入“年份”切片器和“区域”切片器（不需要的切片器可右击选择删除），如下图所示。

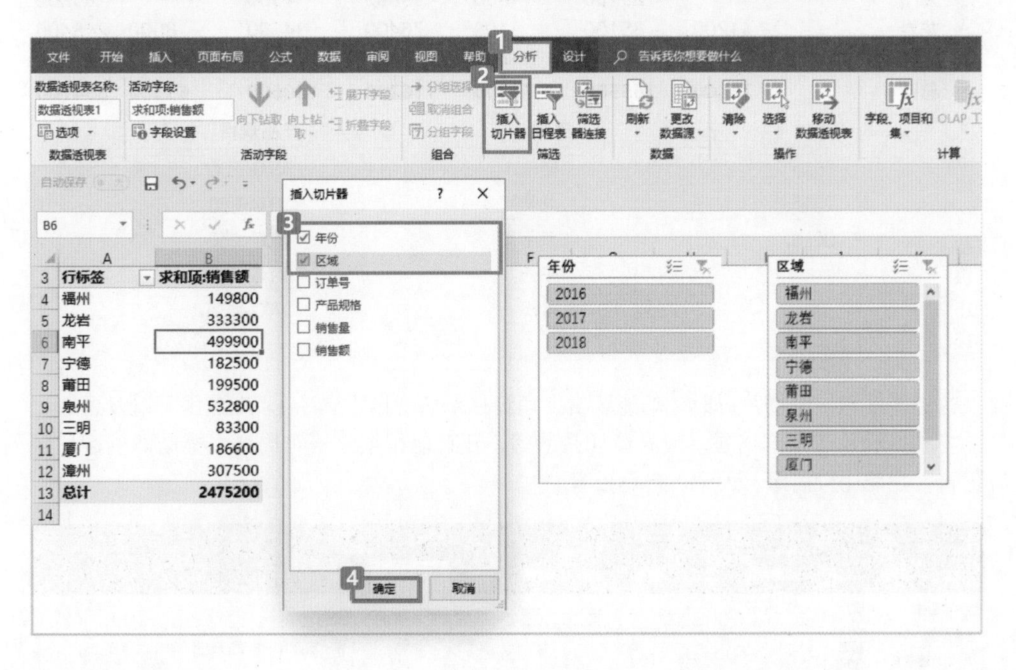

Step3：

切片器非常直观，在“年份”切片器中可以直接选择任意年份，在“区域”切片器中可以任意选择一个或多个地区，按住Ctrl键可同时选择多个时间或区域。例如，同时选择2016年和2017年，福州、龙岩、南平三个区域，左侧立即生成对应的数据汇总，如下图所示。

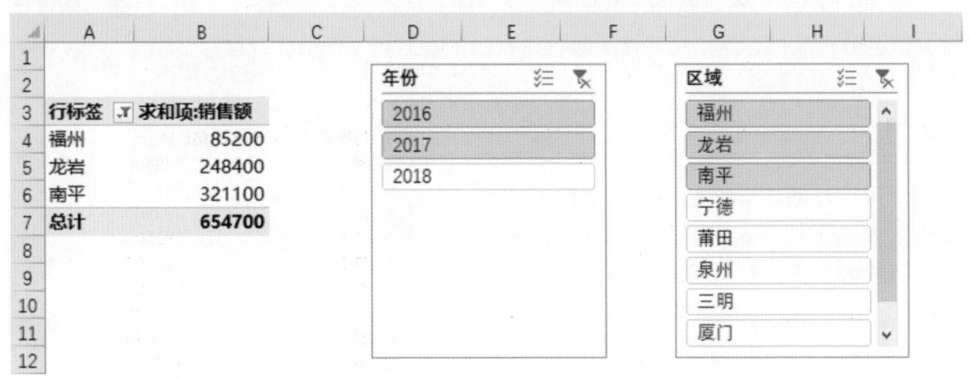

行标签	求和项:销售额
福州	85200
龙岩	248400
南平	321100
总计	654700

又例如，增加“产品规格”切片器，并将该字段放入列区域，选择产品规格，结果如下图所示。真可谓，指哪打哪，想怎么显示就怎么显示，多数据联动的效果十分过瘾。

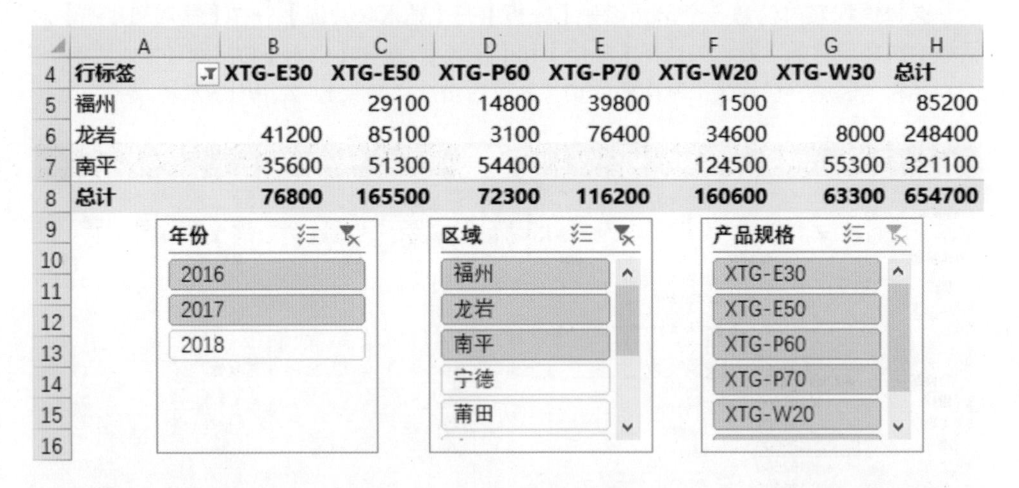

行标签	XTG-E30	XTG-E50	XTG-P60	XTG-P70	XTG-W20	XTG-W30	总计
福州		29100	14800	39800	1500		85200
龙岩	41200	85100	3100	76400	34600	8000	248400
南平	35600	51300	54400		124500	55300	321100
总计	76800	165500	72300	116200	160600	63300	654700

选择任意一个切片器时，功能区右上角会显示切片器【选项】，在这里可以设置切片器样式，利用选择窗格显示或隐藏切片器等，还可以根据表格布局自由拖动调整切片器位置，功能比较简单，大家可自行摸索。

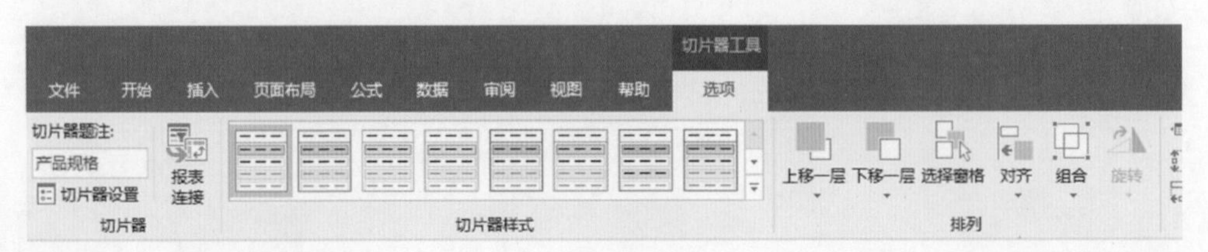

6.5 综合分析全年销售数据无压力

学完前面的知识，相信大家对数据透视表的使用已经了然于心。掌握数据透视表固然值得欣喜，会解读数据才是真正的本事，数据分析绝不仅仅是拖拖字段，透过数据看本质，这才是“数据透视”真正的含义，接下来一起来看看如何从企业的视角，用数据透视表读懂上千行的年度销售表。

6.5.1 区域销售情况

首先创建一张数据透视表，将“区域”和“订单金额”分别拖入行区域和值区域，生成一张最简单的报表，如下图所示。

	A	B
3	行标签	求和项:订单金额
4	北京	94276273.66
5	成都	49945271.59
6	上海	74689434.27
7	深圳	36633873.32
8	**总计**	**255544852.8**

可以看到，北京和上海这两个城市占据了全年的大部分销售额。因为每个区域数据都是千万级别，数字上难以看出各区域对销售的贡献占比，所以可以再拖一个“订单金额”到值区域，将该字段的【值显示方式】改为【总计】的【百分比】，如下图所示。

	A	B	C
3	行标签	求和项:订单金额	百分比
4	北京	94276273.66	36.89%
5	成都	49945271.59	19.54%
6	上海	74689434.27	29.23%
7	深圳	36633873.32	14.34%
8	**总计**	**255544852.8**	**100.00%**

北京和上海的总销售额占全年总销售额的66%以上，此时，各区域的销售分析就不再只是感觉上的多或少，而是精准的量化。作为企业，可以根据薪酬激励制度对各地区的主管或业务员进行奖励。但是，仅有以上的区域分析是远远不够的，还应该再深入挖掘：为什么这两个地区的销售会比较好呢？是否跟品牌或其他因素有关呢？可以再进一步分析。

6.5.2 品牌销售情况

从源表格可获知，该表一共包含八个品牌，所以还可以分析品牌销售情况，将“品牌”“区域”“订单金额”分别拖入行区域、列区域和值区域，得到数据透视表如下图所示。

	A	B	C	D	E	F
3	求和项:订单金额	列标签				
4	行标签	北京	成都	上海	深圳	总计
5	品牌八	3007937.72	1954576.57	4271972.58	646824.69	9881311.56
6	品牌二	3999433.28	4608039.67	6129563.95	2348680.65	17085717.55
7	品牌六	31931367.37	19208619.77	24717402.53	13723567.89	89580957.56
8	品牌七	817350.91	1260079.43	1907146.43	1057789.74	5042366.51
9	品牌三	9134382.39	6479837.98	8336970.1	1923510.31	25874700.78
10	品牌四	338200.71	422551.36	516209.31	347070.71	1624032.09
11	品牌五	1134075.51	1480354.64	1792010.79	285683.16	4692124.1
12	品牌一	43913525.77	14531212.17	27018158.58	16300746.17	101763642.7
13	总计	94276273.66	49945271.59	74689434.27	36633873.32	255544852.8

同样，因为金额较大不容易看出区域品牌的占比关系，所以可将“订单金额”的【值显示方式】改为【总计】的【百分比】，结果如下图所示。

	A	B	C	D	E	F
3	求和项:订单金额	列标签				
4	行标签	北京	成都	上海	深圳	总计
5	品牌八	1.18%	0.76%	1.67%	0.25%	3.87%
6	品牌二	1.57%	1.80%	2.40%	0.92%	6.69%
7	品牌六	12.50%	7.52%	9.67%	5.37%	35.05%
8	品牌七	0.32%	0.49%	0.75%	0.41%	1.97%
9	品牌三	3.57%	2.54%	3.26%	0.75%	10.13%
10	品牌四	0.13%	0.17%	0.20%	0.14%	0.64%
11	品牌五	0.44%	0.58%	0.70%	0.11%	1.84%
12	品牌一	17.18%	5.69%	10.57%	6.38%	39.82%

品牌一和品牌六的订单金额加起来占到了全年总销售额的75%左右，说明这两个品牌决定了公司的营收能力，应总结分析以便制定下一年的销售策略和指标。如果品牌较多，则可在“总计”列上单击右键→【排序】→【降序】，让数据从高到低排列，如下图所示。

	A	B	C	D	E	F
3	求和项:订单金额	列标签				
4	行标签	北京	成都	上海	深圳	总计
5	品牌一	17.18%	5.69%	10.57%	6.38%	39.82%
6	品牌六	12.50%	7.52%	9.67%	5.37%	35.05%
7	品牌三	3.57%	2.54%	3.26%	0.75%	10.13%
8	品牌二	1.57%	1.80%	2.40%	0.92%	6.69%
9	品牌八	1.18%	0.76%	1.67%	0.25%	3.87%
10	品牌七	0.32%	0.49%	0.75%	0.41%	1.97%
11	品牌五	0.44%	0.58%	0.70%	0.11%	1.84%
12	品牌四	0.13%	0.17%	0.20%	0.14%	0.64%

此外还可以插入“区域”切片器，利用切片器可以在不同城市分报表中快速切换，简直“溜到飞起”。例如，在“区域”切片器中选择【成都】，每个品牌在成都区域的销售占比一目了然，如下图所示。

	A	B	C
3	求和项:订单金额	列标签	
4	行标签	成都	总计
5	品牌六	38.46%	38.46%
6	品牌一	29.09%	29.09%
7	品牌三	12.97%	12.97%
8	品牌二	9.23%	9.23%
9	品牌八	3.91%	3.91%
10	品牌五	2.96%	2.96%
11	品牌七	2.52%	2.52%
12	品牌四	0.85%	0.85%
13	总计	100.00%	100.00%

区域

- 北京
- 成都
- 上海
- 深圳

6.5.3 业务员销售业绩

公司无论取得什么样的成绩都离不开主管业务的人，所以有必要分析业务员的销售情况，论功行赏，将“业务员”和“订单金额”分别拖入行区域和值区域，以百分比形式显示。

可以看到每个业务员全年对公司的贡献占比，如右图所示。其中，大部分业务员的占比都在9%~12%，张盼盼的贡献是所有业务员中最低的。

3	行标签	求和项:订单金额
8	马宏	10.24%
9	王大大	12.07%
10	吴发财	9.37%
11	张宁	10.82%
12	张盼盼	5.13%
13	郑经	9.21%
14	总计	100.00%

根据上表的数据不足以找到原因，所以可将“日期”和“业务员”分别拖入行区域和列区域，得到如下图所示的报表。

	A	B	C	D	E	F	G	H	I	J	K	L
3	求和项:订单金额	列标签										
4	行标签	陈桂林	陈祖尔	李添一	刘一平	马宏	王大大	吴发财	张宁	张盼盼	郑经	总计
5	2010/1/1	0.00%	0.00%	0.00%	0.29%	0.00%	0.00%	0.00%	0.07%	0.00%	0.00%	0.36%
6	2010/1/2	0.00%	0.00%	0.00%	0.00%	0.00%	0.00%	0.00%	0.01%	0.01%	0.00%	0.03%
7	2010/1/3	0.00%	0.00%	0.00%	0.00%	0.00%	0.04%	0.00%	0.00%	0.00%	0.00%	0.04%
8	2010/1/4	0.00%	0.00%	0.03%	0.00%	0.00%	0.00%	0.00%	0.00%	0.00%	0.00%	0.03%
9	2010/1/5	0.17%	0.00%	0.00%	0.00%	0.00%	0.01%	0.00%	0.00%	0.00%	0.00%	0.17%
10	2010/1/6	0.31%	0.00%	0.10%	0.00%	0.19%	0.00%	0.15%	0.06%	0.30%	0.00%	1.11%
11	2010/1/7	0.00%	0.00%	0.00%	0.00%	0.00%	0.00%	0.00%	0.10%	0.00%	0.00%	0.10%
12	2010/1/8	0.00%	0.00%	0.00%	0.00%	0.00%	0.00%	0.00%	0.04%	0.15%	0.00%	0.20%
13	2010/1/9	0.00%	0.14%	0.15%	0.00%	0.00%	0.00%	0.00%	0.00%	0.00%	0.00%	0.29%
14	2010/1/10	0.00%	0.00%	0.00%	0.00%	0.00%	0.10%	0.00%	0.00%	0.00%	0.01%	0.12%
15	2010/1/11	0.00%	0.00%	0.00%	0.07%	0.00%	0.00%	0.00%	0.00%	0.00%	0.00%	0.07%
16	2010/1/12	0.00%	0.04%	0.00%	0.00%	0.00%	0.36%	0.00%	0.00%	0.00%	0.00%	0.40%

如果日期太细数据太多，则可用组合功能合并日期，操作步骤如下。在任意一个日期上单击鼠标右键，选择【组合】→弹出的【组合】对话框中起止日期选择默认→按住 Ctrl 键，【步长】同时选择【月】和【季度】，如下图所示，就可以得到以“月”和“季度”显示的透视表了。

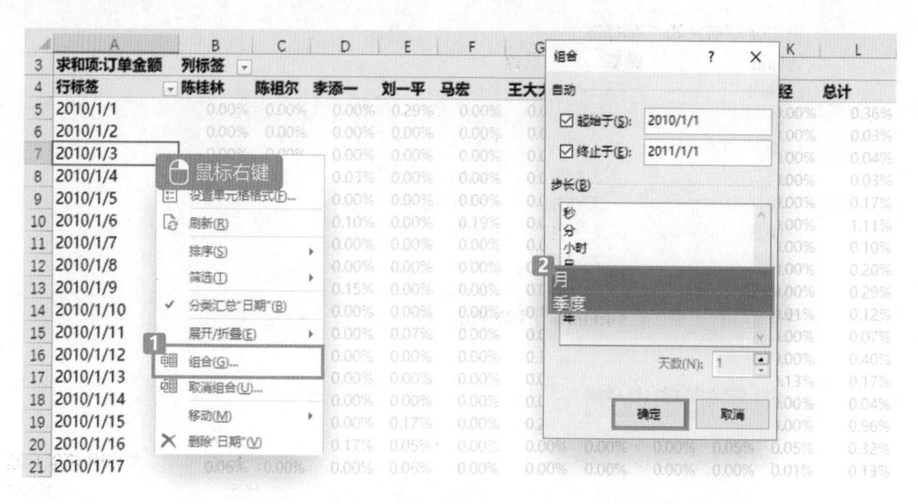

	A	B	C	D	E	F	G	H	I	J	K	L
3	求和项:订单金额	列标签										
4	行标签	陈桂林	陈祖尔	李添一	刘一平	马宏	王大大	吴发财	张宁	张盼盼	郑经	总计
5	**⊟第一季**	**3.12%**	**2.08%**	**2.40%**	**2.28%**	**1.38%**	**4.41%**	**2.38%**	**2.00%**	**2.81%**	**2.99%**	**25.83%**
6	1月	1.26%	0.51%	0.67%	0.80%	0.26%	1.36%	0.38%	0.76%	1.15%	0.65%	7.79%
7	2月	1.11%	0.62%	0.64%	0.73%	0.74%	1.34%	0.89%	0.66%	0.99%	1.22%	8.93%
8	3月	0.76%	0.95%	1.09%	0.74%	0.37%	1.71%	1.11%	0.59%	0.68%	1.12%	9.11%
9	**⊟第二季**	**2.27%**	**1.89%**	**2.83%**	**2.81%**	**3.92%**	**2.63%**	**2.36%**	**2.40%**	**1.36%**	**2.21%**	**24.68%**
10	4月	0.58%	0.29%	0.88%	1.14%	0.35%	0.99%	0.92%	1.01%	0.52%	0.57%	7.25%
11	5月	0.91%	0.99%	1.22%	0.77%	2.17%	0.44%	0.43%	0.84%	0.84%	1.25%	9.85%
12	6月	0.78%	0.62%	0.73%	0.90%	1.40%	1.20%	1.02%	0.55%	0.00%	0.39%	7.59%
13	**⊟第三季**	**3.80%**	**3.36%**	**3.35%**	**2.09%**	**1.54%**	**2.60%**	**2.73%**	**3.22%**	**0.00%**	**2.61%**	**25.31%**
14	7月	1.95%	1.74%	1.47%	0.65%	0.17%	1.13%	0.33%	1.20%	0.00%	0.69%	9.33%
15	8月	1.13%	1.18%	1.25%	0.79%	0.84%	0.68%	1.47%	1.07%	0.00%	1.11%	9.53%
16	9月	0.72%	0.45%	0.62%	0.64%	0.53%	0.80%	0.93%	0.95%	0.00%	0.81%	6.45%
17	**⊟第四季**	**3.38%**	**2.29%**	**3.68%**	**1.55%**	**3.40%**	**2.43%**	**1.90%**	**3.19%**	**0.95%**	**1.41%**	**24.18%**
18	10月	0.82%	1.00%	1.33%	0.46%	1.79%	0.56%	0.65%	1.77%	0.14%	0.17%	8.68%
19	11月	2.04%	0.48%	1.16%	0.28%	0.87%	0.52%	0.66%	0.76%	0.44%	0.38%	7.59%
20	12月	0.51%	0.81%	1.19%	0.81%	0.75%	1.35%	0.59%	0.66%	0.38%	0.85%	7.91%
21	**总计**	**12.57%**	**9.62%**	**12.26%**	**8.73%**	**10.24%**	**12.07%**	**9.37%**	**10.82%**	**5.13%**	**9.21%**	**100.00%**

由此可见，报表的可读性明显提升，通过观察发现，张盼盼在6月~9月这四个月份的销售都为“0”，接下来，可以结合该员工的出勤或具体销售情况进一步分析其销售低迷的原因。

根据不同分析要求，利用不同的字段组合和工具，可以得到不同的报表，一张数据透视表能做的远远不止这些，希望大家可以活学活用，根据实际工作的需要，充分发挥它强大的数据分析能力。

第7章

可视化图表：数据呈现的“轻型武器”

图形是人类的共同语言，最早的文字就是象形文字，而图表是数据的共同语言。

曾经有位同事跟我开玩笑说：“把数据分析学好就可以啦，我们要让老板看到实实在在的数字，还用学什么图表，都是一些花哨不实用的东西。”我笑着问他：“一张铺满数字的表格和一张图表，你会记住哪一张呢?”

7.1 图表类型介绍

图表是可视化的利器，它利用图形的形式直观地呈现数据间的规律和联系，轻量化地表达繁杂的数据。一张表格很难一眼就看懂，而一张图表却能做到。在制作图表之前，最重要的是选择正确的图表类型，如果选错了类型，则效果就很可能事与愿违。

在微软Excel 2016版本中包含了柱形图、折线图、条形图、饼图、面积图、散点图等17种图表类型，如右图所示，其中新增了地图、树状图、旭日图、直方图、箱形图、瀑布图、漏斗图这7种图表类形。

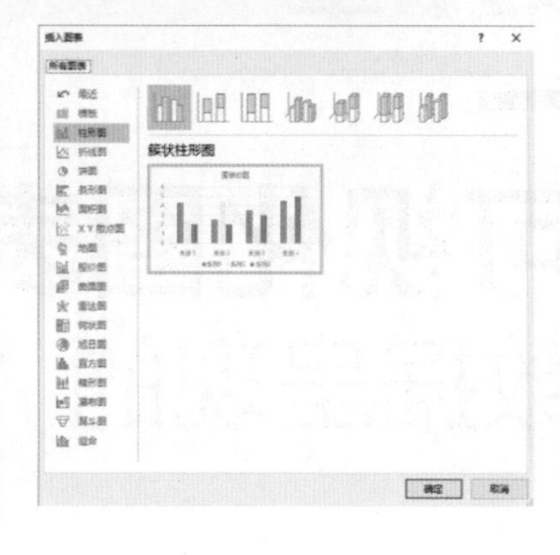

虽然Excel内置了如此多的图表类型，但是使用频率最高的还是折线图、饼图这几种，这些图表确实很简单，但是越简单的图表也意味着越容易理解，最易懂的图表才是“数据可视化”的目标，这才是我们制作图表的初心。本节将介绍一些最常见的基本图表类型。

7.1.1 柱形图

柱形图也叫“簇状柱形图”，它是最常见、最易懂、使用最广泛的图表之一，似乎什么数据都可以用它来展示，“什么都能插一脚”成为了它的标签，但是太全面的事物往往特点不够突出，所以这也成为了它的缺点，柱形图有时也可以用其他的图表来代替。

1. 柱形图的特点

如下图所示是三位员工的半年销售汇总表。

	A	B	C	D	E	F	G
1	半年销售汇总表（单位：万元）						
2	姓名	1月	2月	3月	4月	5月	6月
3	陈桂林	780.98	778.24	630.67	393.8	302.03	513.42
4	陈祖尔	164.72	66.72	742.4	491.36	584.94	418.16
5	李添一	375.08	459.1	350.09	755.92	781.28	296.46

鼠标选择表内任意一个单元格→右击→【插入】→【推荐的图表】→选择默认的簇状柱形图，即可得到半年销售汇总的柱形图，如下图所示。

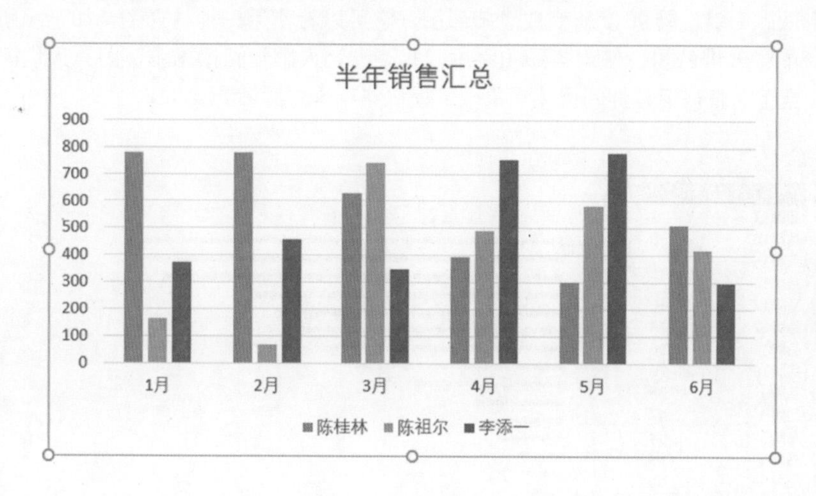

人眼对柱子高度的差异是敏感的，所以辨识效果不错，如果继续增加X轴的数据，则图表将往右侧一直延伸，辨识效果就会越来越差，因为人们的阅读习惯是从上往下的（所以大部分人都习惯使用竖表），一旦柱子很多，给人的感觉就是密密麻麻，无从下手，哦不，“无从下眼”。上图中有十几根“柱子”，阅读起来就稍感费劲了，假设只对三个员工半年的销售总额制作柱形图，对比一下，看下图所示。

姓名	总计
陈桂林	3399.14
陈祖尔	2468.3
李添一	3017.93

很明显，减少“柱子”之后，眼睛的负担一下子就少了，很容易抓住图表的重点。那么，是不是“柱子”比较多就真的不能使用柱形图了？可以换一种形式：用条形图。

2. 条形图

柱形图顺时针旋转90度就变成了条形图，它可以看作另一种柱形图，如下图所示是一张品牌的评分排名图，使用条形图之后，并不会让人感觉阅读困难，因为人们已经习惯了由上至下一直往下延伸阅读（想象一下手机瀑布流式阅读方式）。

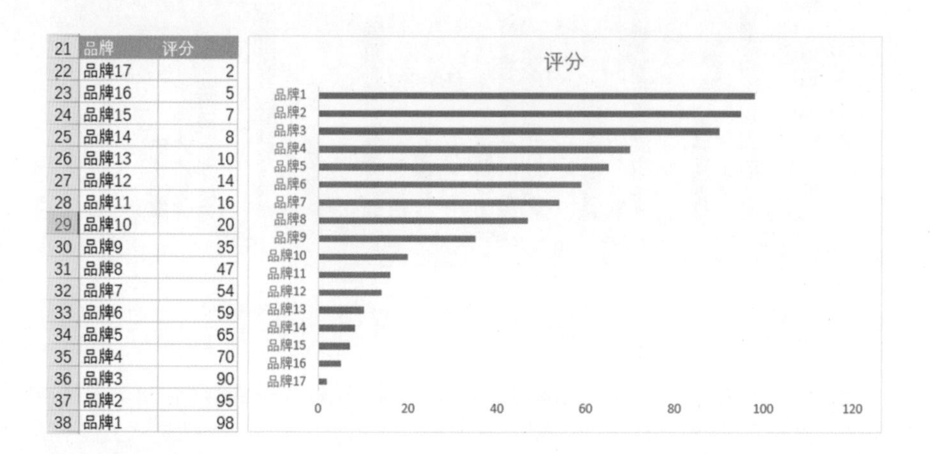

21	品牌	评分
22	品牌17	2
23	品牌16	5
24	品牌15	7
25	品牌14	8
26	品牌13	10
27	品牌12	14
28	品牌11	16
29	品牌10	20
30	品牌9	35
31	品牌8	47
32	品牌7	54
33	品牌6	59
34	品牌5	65
35	品牌4	70
36	品牌3	90
37	品牌2	95
38	品牌1	98

7.1.2 折线图

跟柱形图表现数据的高低对比不一样，折线图主要用来表现趋势，在折线图里，趋势比单个的数据点更为重要。将上面的销售汇总表做成折线图，如下图所示，在上半年，两位员工的销售呈上升趋势，一位呈下降趋势，当然呈下降趋势的员工并非业绩不好，而是因为前几个月的销售额太高的缘故，结合之前的柱形图，她（陈桂林）的销售总额仍然是最高的，所以分析数据也要从多维度进行综合判断。

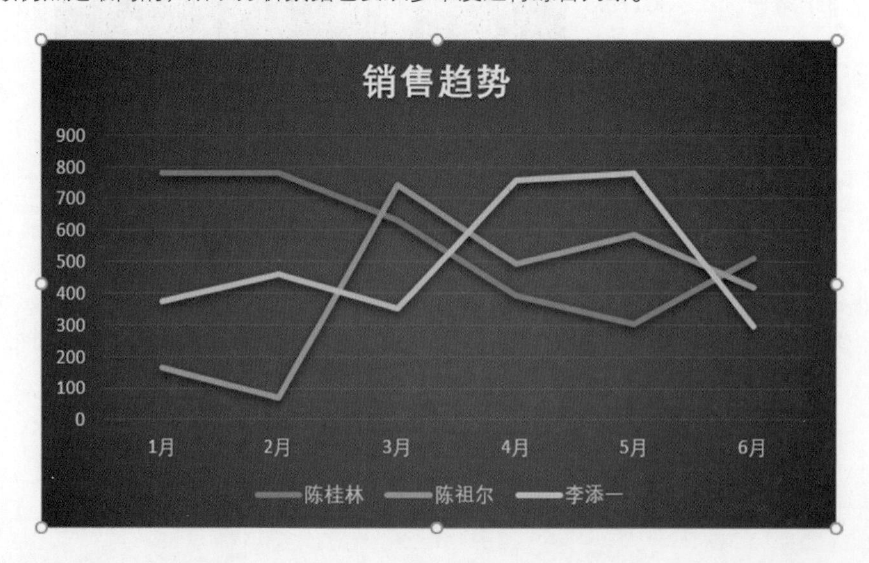

折线图同样有一种变形，这就是面积图。面积图除反映趋势外，还可以反映部分与整体的占比关系，而且它更侧重于后者。因为图形覆盖的关系，底层的趋势可能会被上层遮挡，这时可对形状填充设置透明度，这也是一种折中的解决方法，如下图所示。

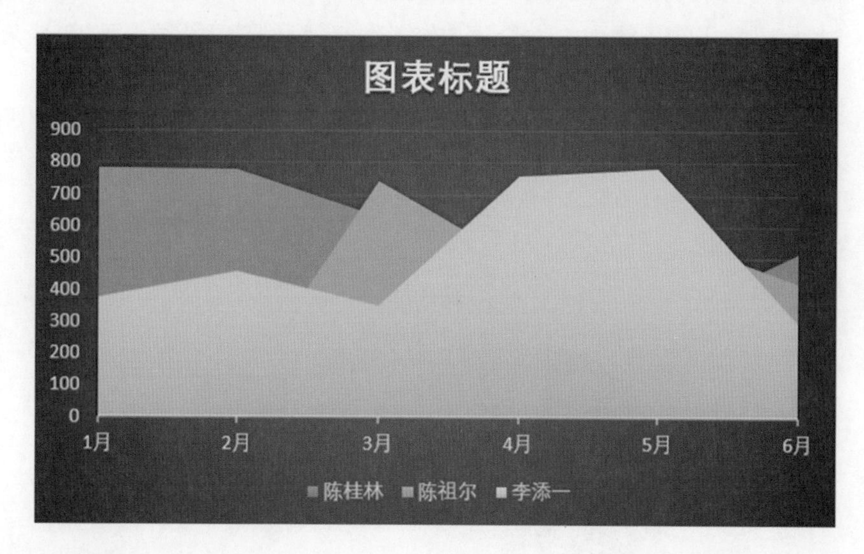

7.1.3 饼图

饼图和柱形图合称“饼柱双雄”，饼图的“上镜”频率也是超级高的，而它的“拿手绝活”就是表现数据的占比关系。例如，将陈桂林六个月的销售数据制成饼图，如下图所示。

陈桂林
图表区
绘图区
15%
23%
9%
12%
23%
18%
1 2 3 4 5 6

饼图的每个扇区实际上不需要那么大的面积，所以可以用环形图来代替饼图，色块面积的减少可以让图表看起来更简约一些，如下图所示。

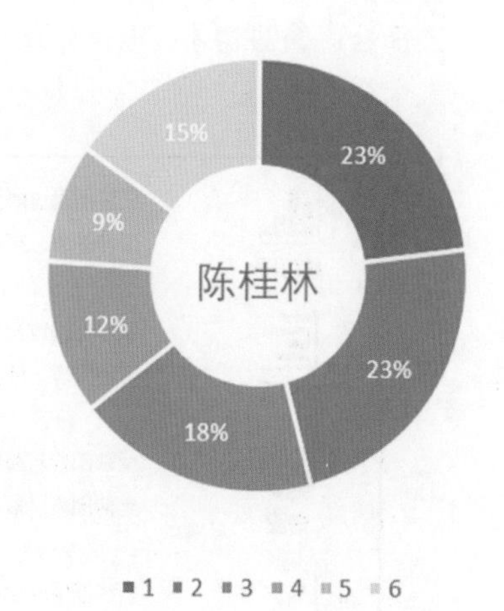

使用饼图需要注意以下几点。

（1）在饼图中，一般不出现具体数字，只出现百分比，特别是数字比较长的情况，放在饼图中不仅不美观，而且还影响阅读效率。

（2）人眼对面积是不敏感的，如上图中你能看出23%和18%面积的差别吗？感觉上是差不多的，所以这种情况下，换成柱状图就比较明显。

（3）饼图中色块的数量以6个以内比较适宜，如果色块很多，但是又必须使用饼图，则可以考虑使用复合饼图，复合饼图的效果如下图所示，它的作用就是将一些扇形合并到一起，然后用柱状图作为第二个系列来呈现更详细的数据对比信息。

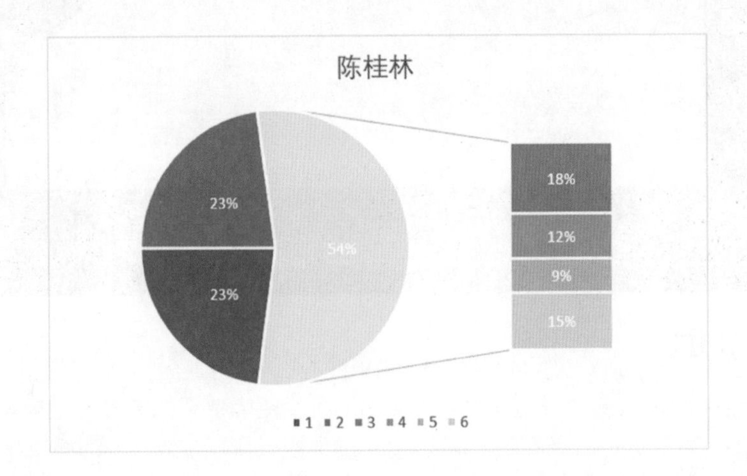

总结：同样的一张表格可以用柱形图、折线图、饼图来呈现，要采用何种形式完全取决于数据的展现目的。通常，数字对比用柱形，销售趋势用折线，贡献占比用饼图。因此，选择合适的图表才能准确呈现数据之间的关系。关于基本图表的使用，总结成下表，供大家参考使用。

柱形图	柱形图通过高度比较各个项目的多少。 延伸图表：簇状柱形图、堆积柱形图、百分比堆积柱形图
条形图	条形图通过长度比较各个项目的多少。 延伸图表：簇状条形图、堆积条形图、百分比堆积条形图
饼图	反映部分与整体之间的关系。 延伸图表：复合饼图、圆环图
折线图	折线图反映项目随时间发展的趋势，一般横轴为时间。 延伸图表：堆积折线图、百分比堆积折线图

其他的图表类型。例如，XY散点图和气泡图显示了多个之间的关系，多用在科学数据、统计数据和工程数据中；雷达图一般用于分析多项指标，体现整体的情况，如NBA统计球员各项能力数据时候经常用到，我的小伙伴吴沛文拍摄的《PPT通关秘籍》视频课中也用到了雷达图，如下图所示。

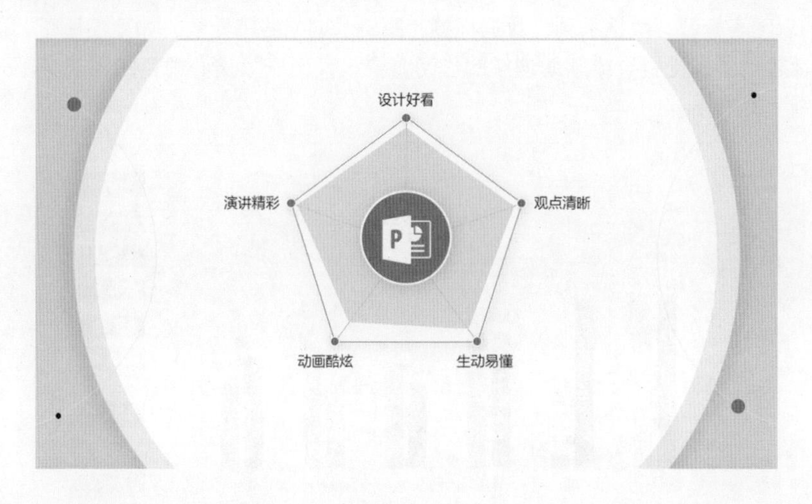

在Excel 2016中新增了旭日图、直方图、瀑布图等图表，出现率不高，不过也很有意思，使用它们往往有出其不意的效果，大家如有兴趣可加以研究。

7.2 图表的组成元素

一张图表通常由某些固定的元素组成，如图表区、绘图区、水平轴（垂直轴）、图表标题、数据系列、数据标签、图例、网格线等元素，如下图所示，这些元素起到了视觉引导或辅助理解的作用，要设计出一张赏心悦目的图表离不开这些细节的雕琢。

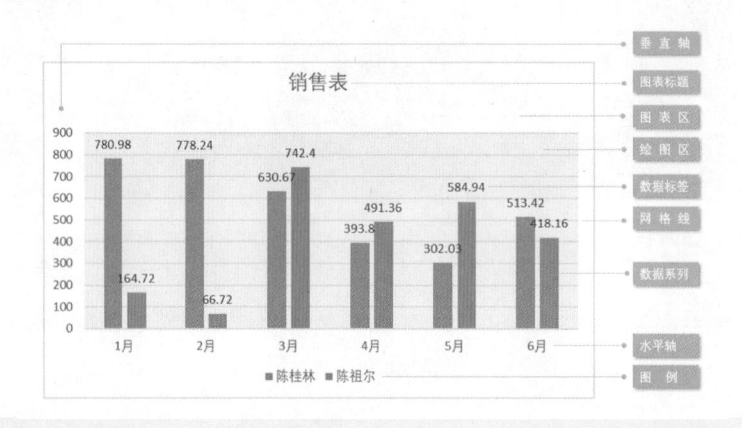

知识补充

有些人看到这么多元素可能就着急了，这得记住多个按钮呀？其实，只需记住一个操作：右击某个元素→【设置某某格式】，就可调出对应的设置菜单。形状填充、文本等通用设置都位于右上角的【格式】选项卡中。

7.2.1 图表区和绘图区

图表区包含了整张图表的所有元素，选择并拖曳图表右上角的空白区域就可拖曳整个图表。Excel内置了一些现成的“图表样式”，其中不乏一些美观的样式，可根据实际需求来选择不同风格的样式。

例如，选择图表→【设计】选项卡→单击图表样式的下拉按钮，选择第二排第五个样式，就得到了一张酷酷的黑色背景科技感图表，如下图所示。

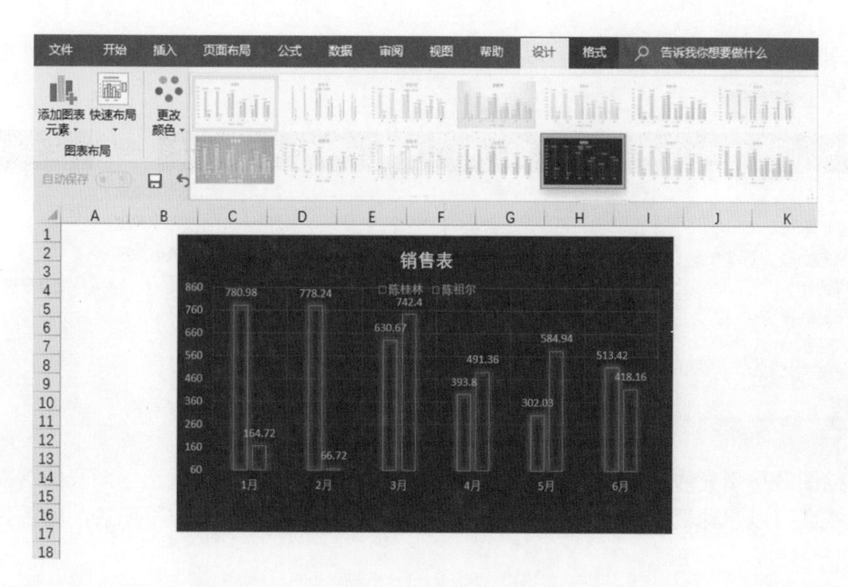

图表中包含柱形、数据标签、网格线的区域称作绘图区。左键单击可选择绘图区，瞄准绘图区中的横线再单击，可选择网格线（网格线的两端出现小圆点，表示已经被选中），如下图所示。

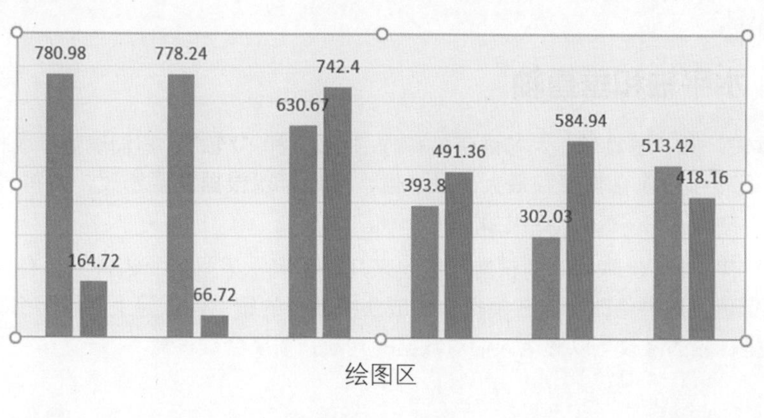

绘图区

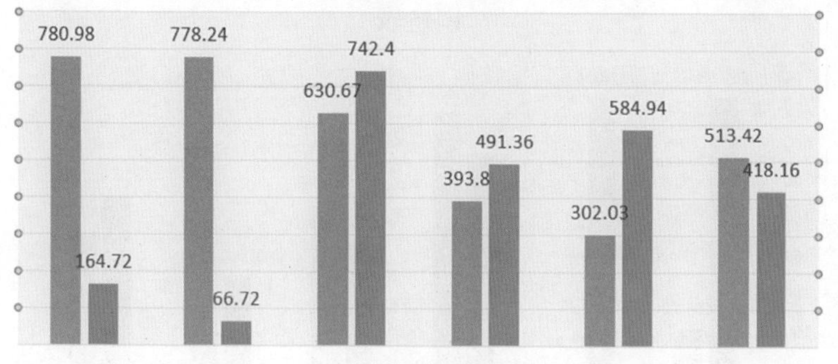

选择网格线

如果使用鼠标不方便选择，可以在【格式】选项卡的最左边，快速选择各种图表元素，如下图所示。

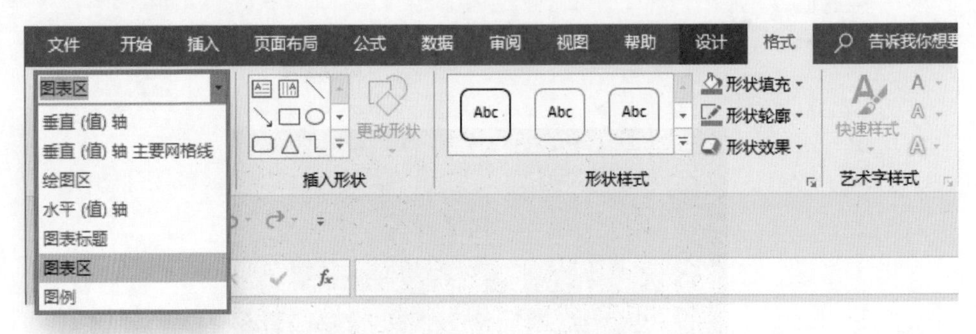

绘图区可填充浅色背景，以便和图表的白色背景区分开，既营造了图表的层次感，也让视线可以迅速聚焦到这个区域，增强了图表的可读性，如上一页图表的绘图区填充了浅灰色。

网格线一般会被填充为更浅的颜色，或者直接删除，它并没有什么实际的意义，太显眼反而喧宾夺主，不利于数据的阅读。想象一下，模特拍照时，是纯色的背景能突出模特，还是放一大堆条条框框能突出模特呢？在本书7.5节的商业图表制作中，也将运用到这个知识点。

7.2.2 水平轴和垂直轴

"水平轴"和"垂直轴"又被通俗地称作"X轴"和"Y轴"，它们确定了表格的两个维度，坐标轴一般包含刻度和最大、最小值，它们可以根据需要修改，如将表格中"Y轴"的最小刻度改为"60"，结果如下图所示。

这样一来，2月份陈祖尔的销售额看起来几乎没有，因为他的销售额只有66.72，非常接近最低值，这种修改可以在视觉上造成业绩很差的错觉，实际上并没那么差，是不是？因此坐标轴的修改可以影响人们对数据的判断，需要合理设置。

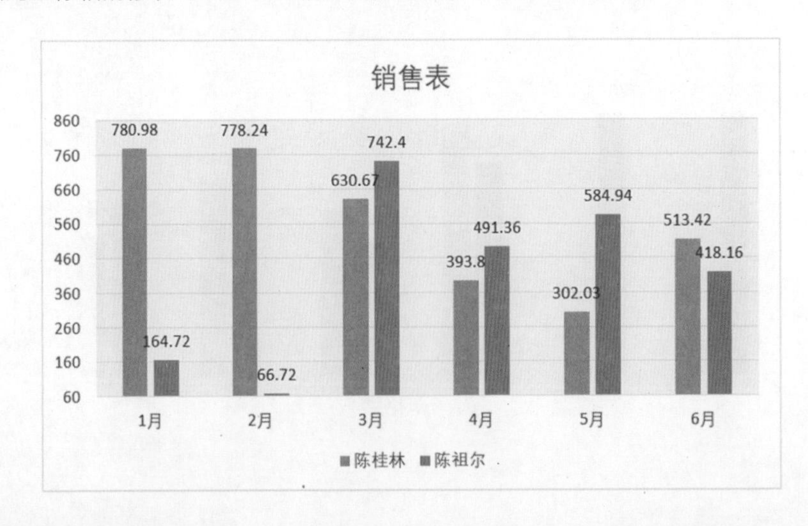

修改刻度、最大值和最小值的方法如下。选择Y轴→右击→【设置坐标轴格式】，在Excel表格右侧就会弹出相应的设置界面，修改相应值即可，如下图所示。

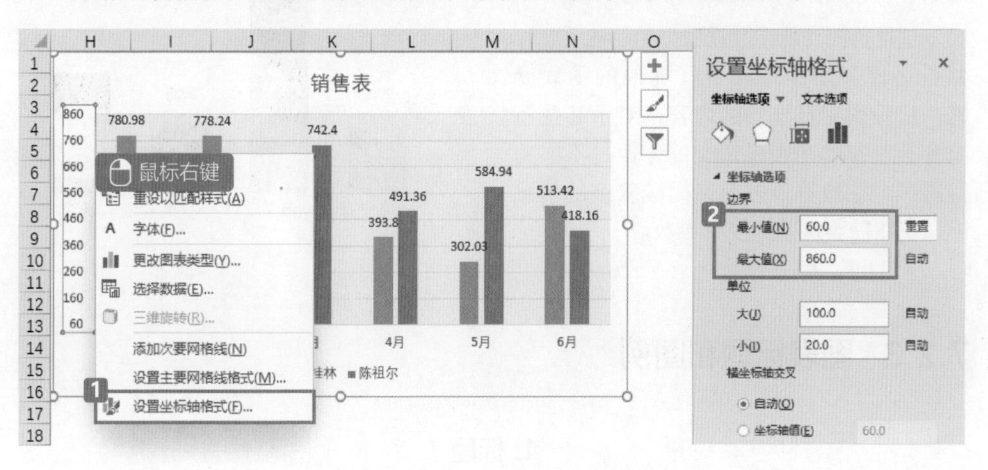

某些图表中还包含了次坐标轴。例如，将上图改为“簇状柱形图-次坐标轴上的折线图”，结果如下图所示，图表的右侧就多出一条Y轴，这两条Y轴的刻度并不一样，这种双Y轴的图表适合于单位差距很大的两个数据集。

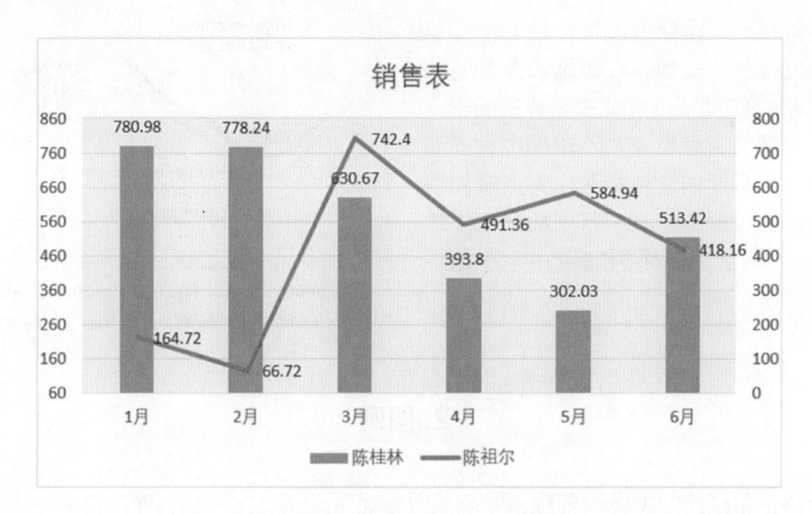

还有一些可视化的图表会将多余元素最大可能地去除，如右图所示，

这里用图片填充数据系列的“柱子”，并且去掉了坐标轴和一些其他的图表元素，只保留了最核心的内容，对于某些不是那么复杂的图表是适用的，但是不必盲目跟风，在数据较多而又比较复杂的情况下，仍然需要保留刻度等参数。

7.2.3 图表标题和图例

1. 标题

图表标题位于图表区顶部正中，起引导说明的作用，字号突出醒目即可，如“XX部门上半年资金回笼表”。

某些专业的报纸杂志将标题的作用和形式都发挥到了极致，右图是伦敦著名的商业杂志《经济学人》中比较经典的图表，它的标题就非常有特点，不是居中对齐而是左对齐，标题的红色矩形作为点缀和视觉引导，大标题下还有一行副标题用作注释说明，字号的大小对应标题的主次关系。

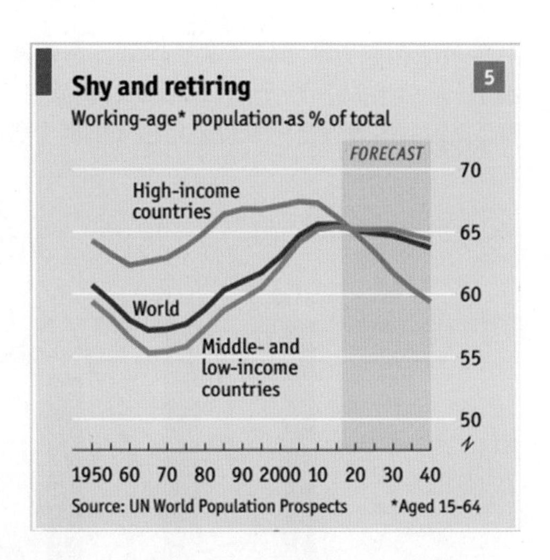

2. 图例

图例用于标识图表数据系列，图例的设置如下。选择图表后，图表区右上角会出现一个绿色的十字（几乎所有的图表元素都可以在这里进行快速设置），点开它，勾选【图例】，可以设置图例在图表中的位置，如下图所示。通常来说，图例需要保留，特别是多系列的情况。

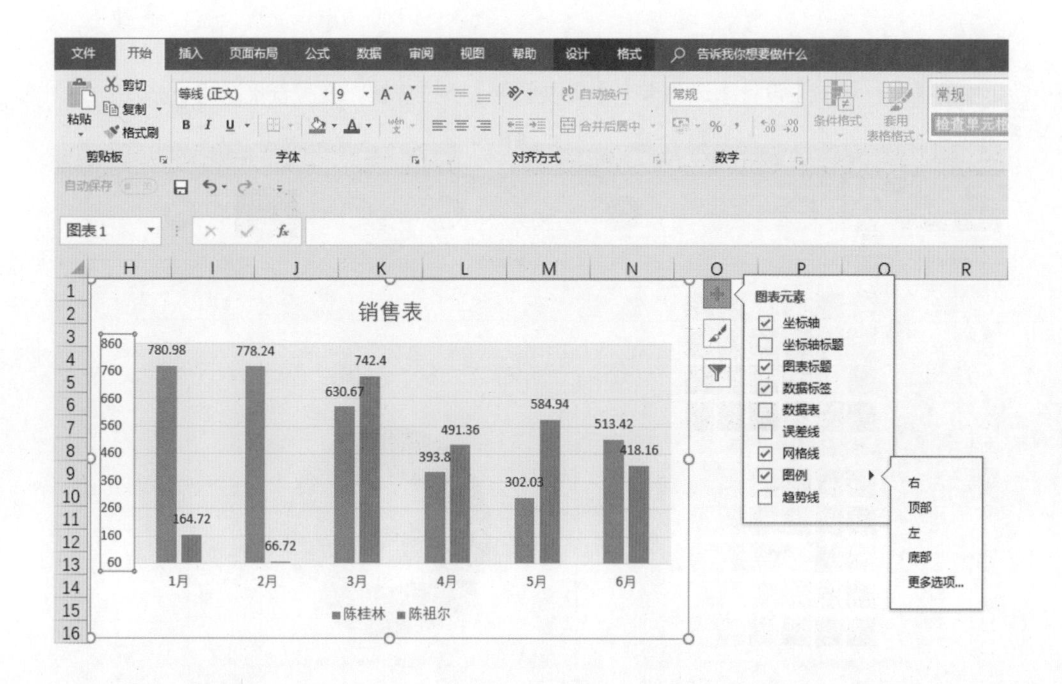

7.2.4 数据系列

图表中的柱形、扇形、折线……就是数据系列，数据系列最醒目的属性就是颜色，建议采用清爽的配色。例如，同色渐变或彩色与灰度搭配，如下图所示，重点数据可以用醒目的彩色标出，如果不是设计高手，那么“大红”“大绿”请谨慎使用。

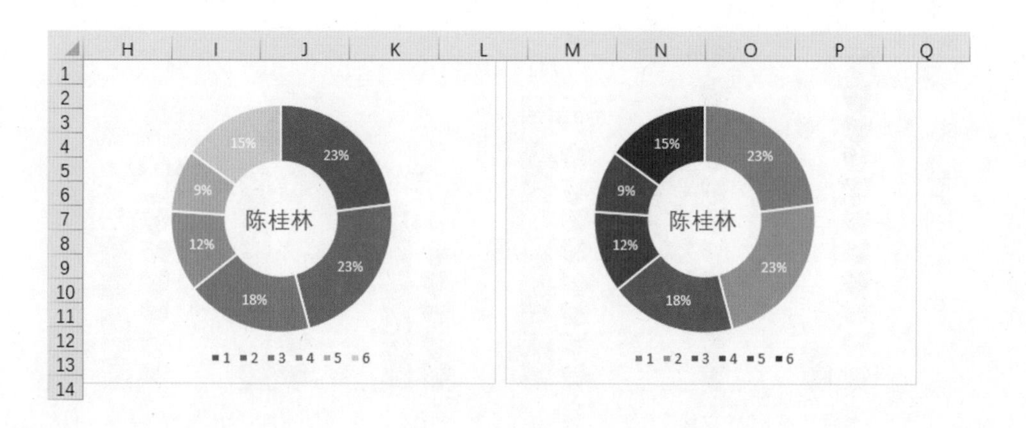

对于多数人来说，配色是一个头痛的问题，Excel内置了一些不错的配色，如下图所示中的搭配，单击【设计】选项卡下【更改颜色】下拉按钮，就可直接选用了。

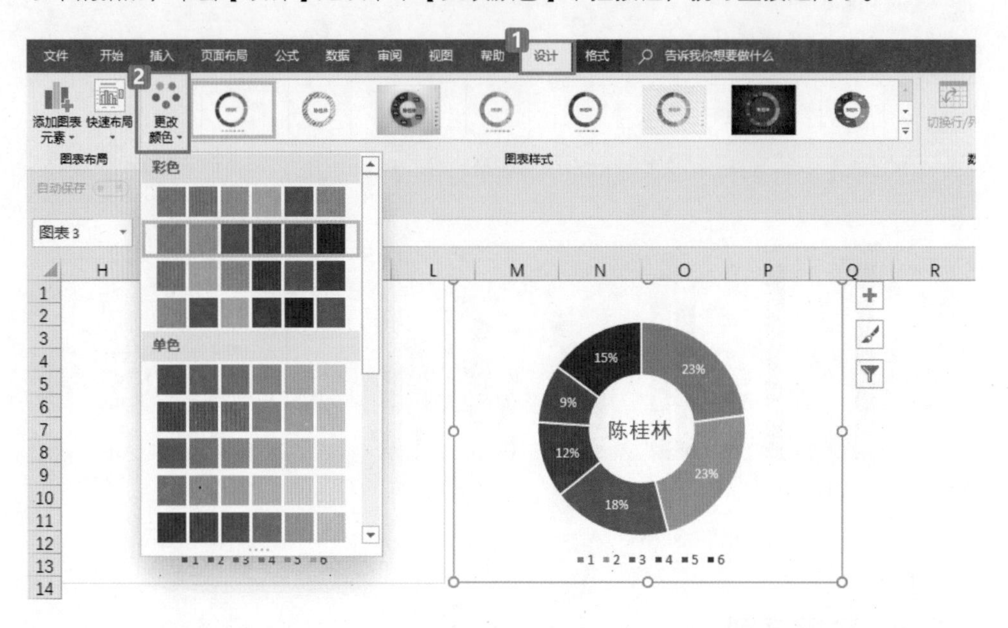

数据系列还可以做一些可视化的修饰，如将系列填充为爱心，如下图所示。

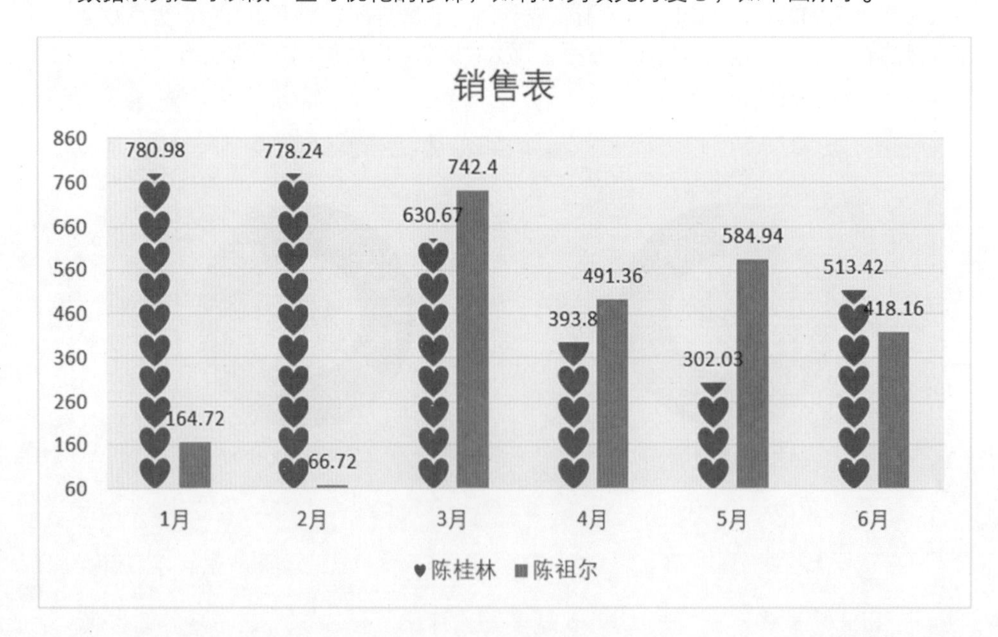

具体设置步骤如下。

Step1：

单击【插入】选项卡→【形状】选择爱心图标（插入和拉伸时都要按住 Shift 键，这样才能保证爱心图标不变形）→【格式】选项卡→【形状填充】将爱心图标填充为红色→【形状轮廓】设置为无色，结果如下图所示。

Step2：

选择爱心→按快捷键 Ctrl + C 复制→选择某个柱形数据系列→按快捷键 Ctrl + V 粘贴，此时填充的爱心图标是变形的，如下图所示，还要进一步设置。

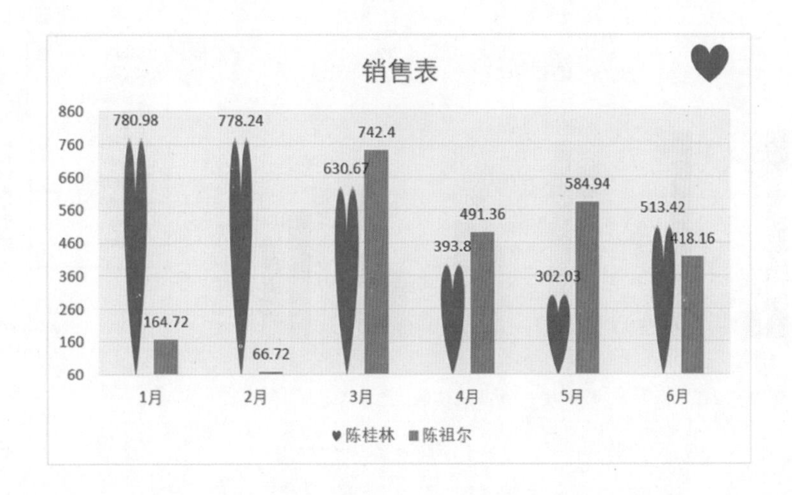

Step3：

选择填充了爱心图标的数据系列→右击→选择【设置数据系列格式】→选择【填充】选项，将填充方式改为【层叠】，如下图所示。

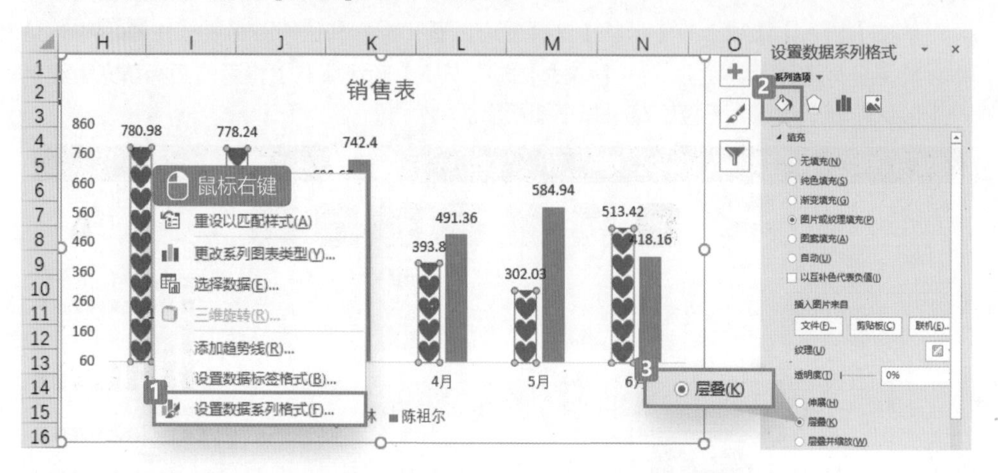

填充时还可以使用计算机中已经下载好的图片，在【填充】选项中，选择【图片或纹理填充】，单击【插入图片来自】中的【文件】即可。

7.2.5 数据标签

数据标签就是图表中一串串的数字，标签位置不合理会让图表看起来很杂乱，单击图表右上角的【图表元素】按钮可修改标签的位置，如下图所示。鼠标单击某个标签可选择整个系列的标签，再次单击则选择单个标签。

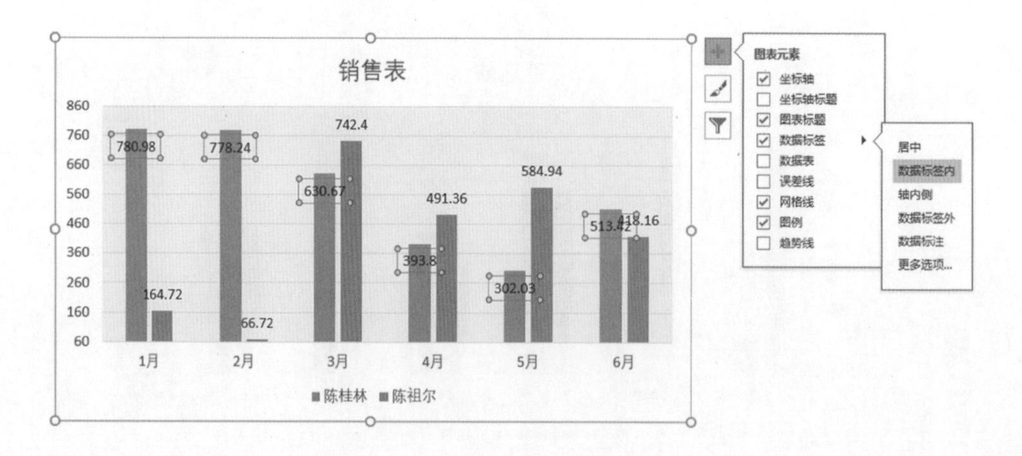

数据标签的字体颜色也同样重要，在饼图和圆环图中，扇形都是彩色，标签文字默认为黑色，一般来说，彩色色块搭配白色文字会美观一些。

饼图可展示的面积有限，所以饼图标签通常隐藏具体数值，只显示百分比，设置方法如下。首先右击某个标签，选择【设置数据标签格式】，勾选【百分比】，如下图所示。饼图标签的值、类别名称、系列名称可根据实际情况来设置，如果文字较多，则可将标签放到饼图之外的区域。

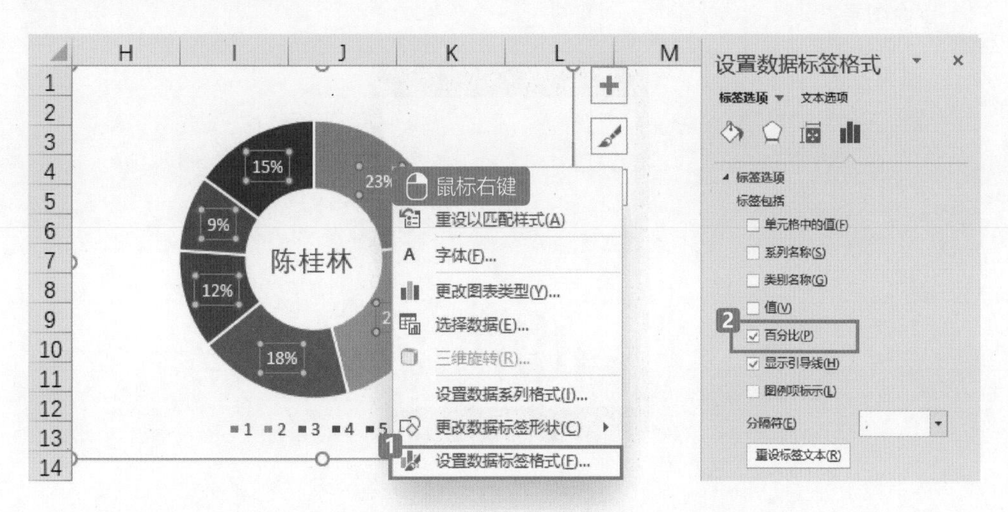

7.3 组合图表制作

单一的图表制作比较简单，仅需在制作时选择正确的图表类型，套用图表样式，再注意一些细节就能完成。由于数据的多样性和复杂性，单一图表并不能胜任所有情况，所以在数据展现时还经常用到组合图表，本节将重点介绍如何制作组合图表。

什么是组合图表呢？一张图表中，既有柱形图，又有折线图，甚至还有更多类型的图，这样的图表称为组合图表，它可以包含更多的信息，充分利用空间，让传达数据更高效。

7.3.1 簇状柱形图—折线图

如右图所示是某地上半年月均房价，要求在用图表体现房屋价格的同时，还要体现单月价格和上半年均价的对比。正常来说需要两个图表来完成，房屋价格可以用簇状柱形图，均价可以制作成折线图，两张图表叠加可实现对比效果。

1	月份	房价（元/平方米）
2	1月	28011
3	2月	29420
4	3月	31753
5	4月	33489
6	5月	34145
7	6月	36100

分析完毕，接下来开始制作图表，在Excel 2013版本之前，组合图表需经过多步设置，而在Excel 2013之后的版本可直接选择组合图表类型。

Step1：

C列增加辅助列，输入函数 =AVERAGE($B$2:$B$7)，然后按住鼠标下拉填充，计算出6个月的平均价格，如右图所示。

	A	B	C
1	月份	房价（元/平方米）	半年均价
2	1月	28011	32153
3	2月	29420	32153
4	3月	31753	32153
5	4月	33489	32153
6	5月	34145	32153
7	6月	36100	32153

Step2：

单击【插入】→【推荐的图表】→【所有图表】→【组合】默认选择【簇状柱形图－折线图】，单击【确定】按钮，即插入了一张组合图表，如下图所示。此时的图表还比较粗糙，有待进一步加工。

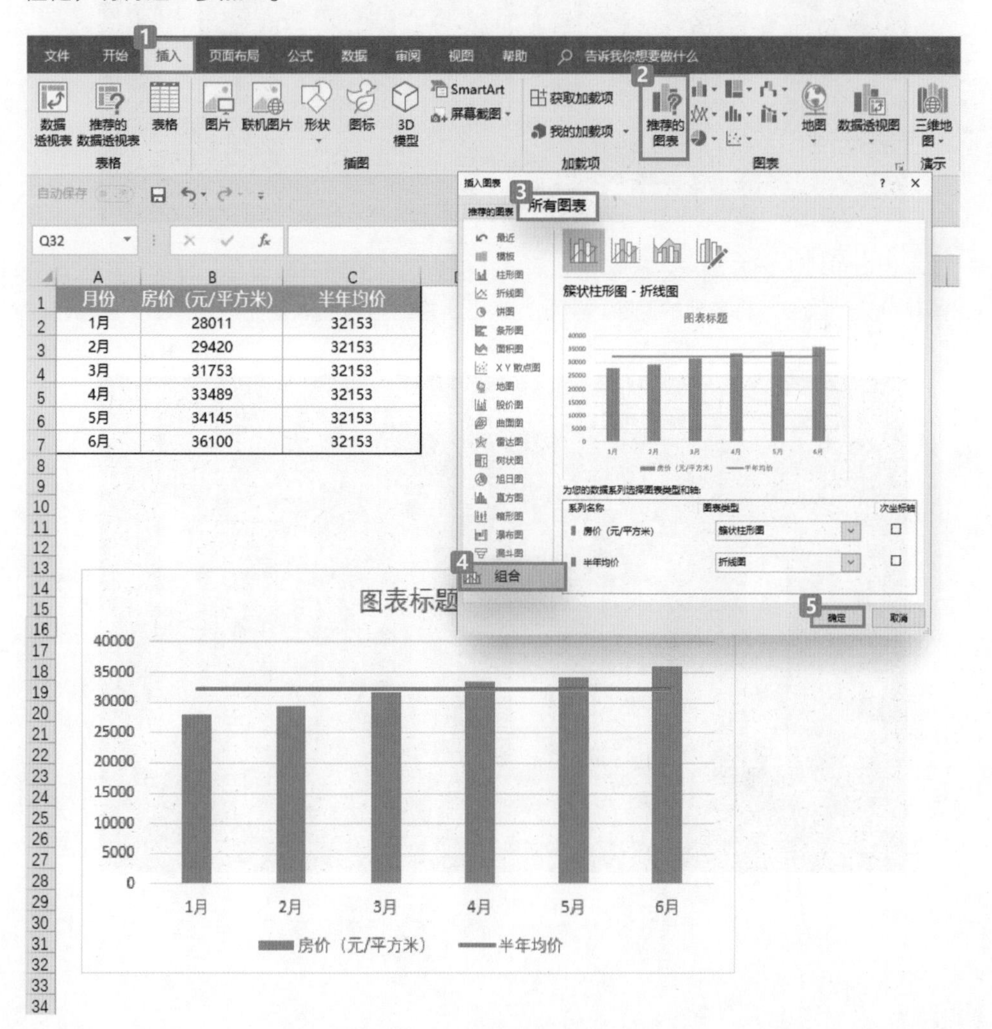

Step3：美化细节

（1）套用内置的图表样式。

（2）修改图表标题，如“上半年房价走势图”。

（3）形状无法表现精确的数值，因此可加上数据标签，完成的效果如下图所示。

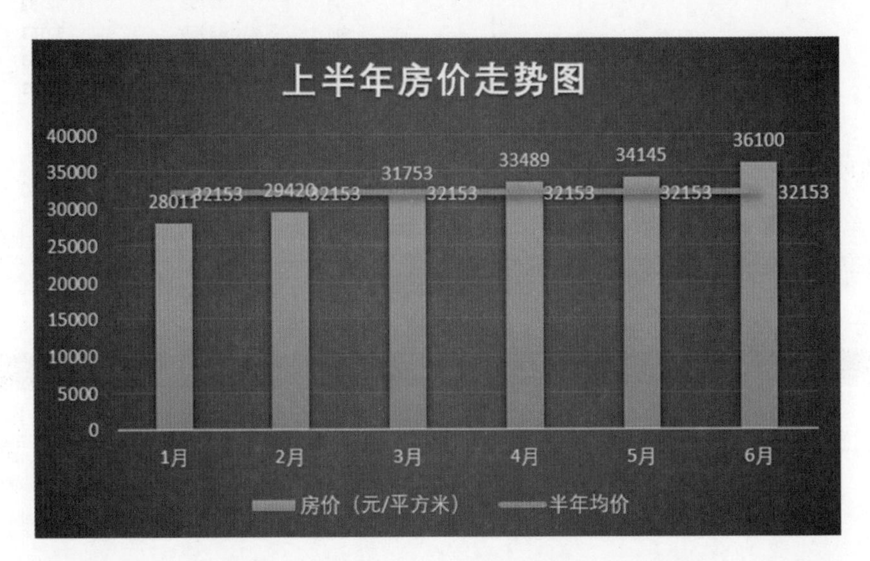

平均值折线上的数据标签太多影响阅读，因为均价的所有数值是一样的，所以可只保留其中一个数值，将其他的删除，至此，一张合格的组合图表就完成了，如下图所示。

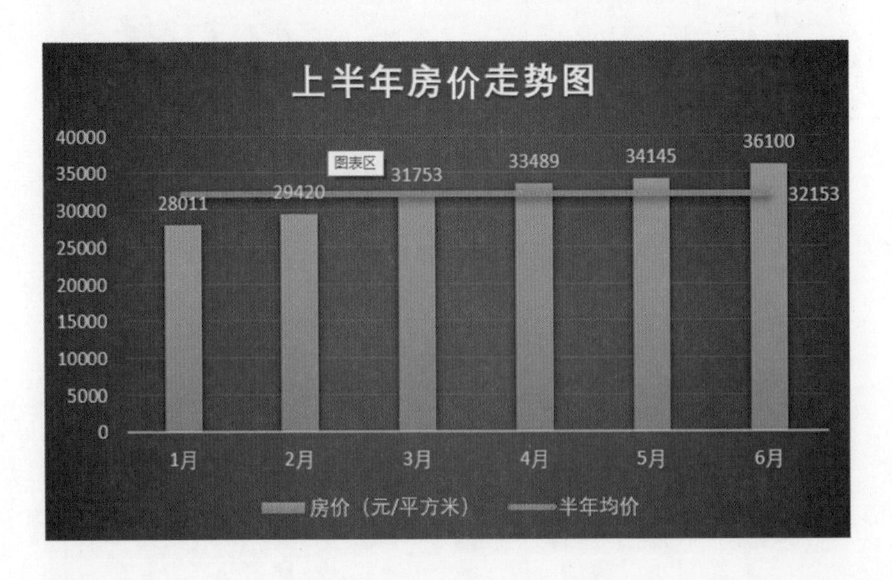

知识补充

组合图表默认包含了【簇状柱形图—折线图】【簇状柱形图—次坐标轴上的折线图】【堆积面积图—簇状柱形图】这三种，如下图所示。

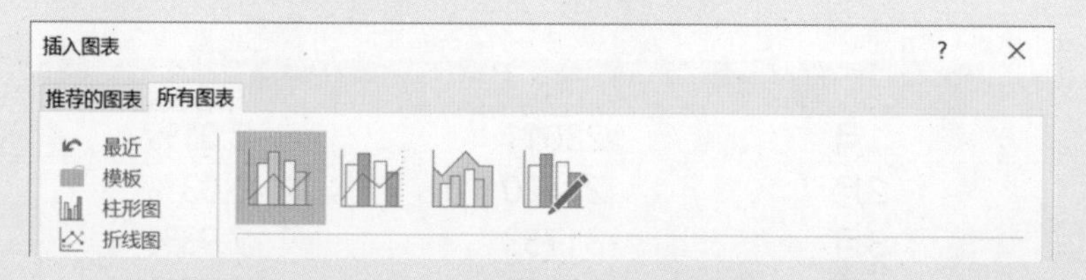

仅有三种组合图表还远远不能满足用户的使用的需求，所以Excel还提供了【自定义组合】，在组合图表对话框的下方可以自由选择、搭配图表类型，如下图所示。

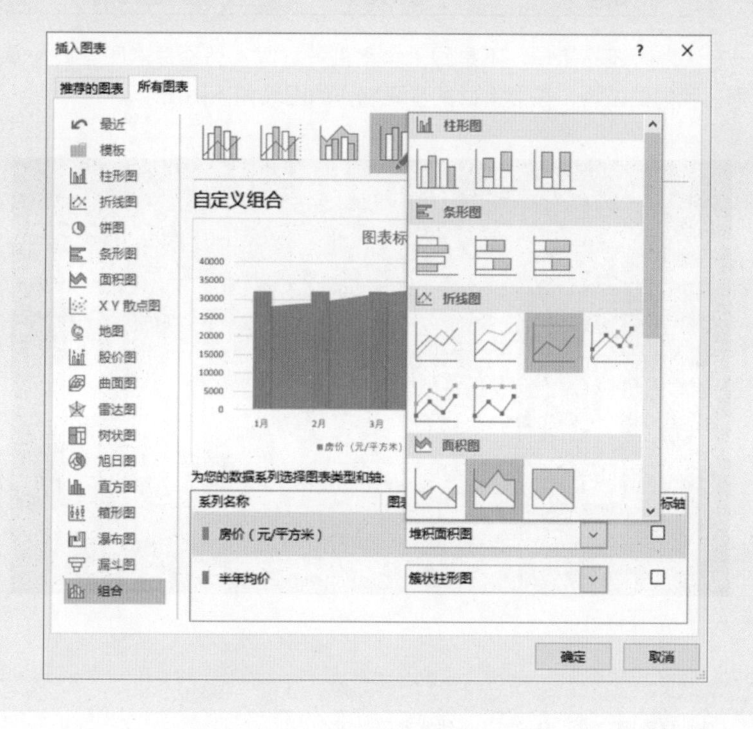

7.3.2 簇状柱形图—次坐标轴上的折线图

组合图表也需要根据实际情况选择类型，如表格变成如下图所示，要求图表同时呈现房价和增长率。

	A	B	C
1	月份	房价（元/平方米）	增长率
2	1月	28011	3.01%
3	2月	29420	5.03%
4	3月	31753	7.93%
5	4月	33489	5.47%
6	5月	34145	1.96%
7	6月	36100	5.73%

大家一定认为这还不简单，不是跟上个案例一样吗？房价柱形图，增长率折线图，Perfect！那么我们试试看，按照上面的步骤制作的图表如下图所示。

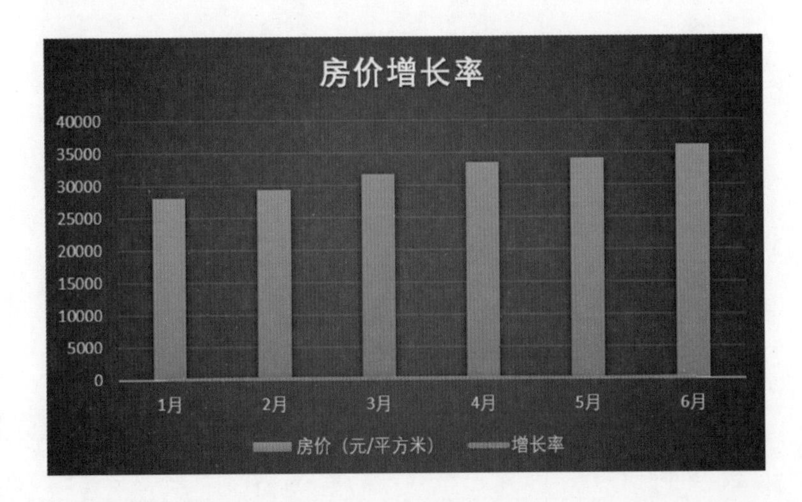

咦！是我眼花吗？增长率的折线跑哪里去了？

哦，原来它平平地躺在最底下，要不是折线有颜色，还真找不到它。

房价的数值是大几万，刻度是5000，而增长率才百分之几，连1都不到，在同一种坐标轴刻度下，当然只能躺地下了……

解决方法：插入组合图表时，类型选择“簇状柱形图—次坐标轴上的折线图”，其原理是使用主次两条Y轴，次坐标轴上的单位刻度和主坐标轴不一样，这样就可完美地呈现不同刻度的两条曲线，操作步骤同上，结果如下图所示。

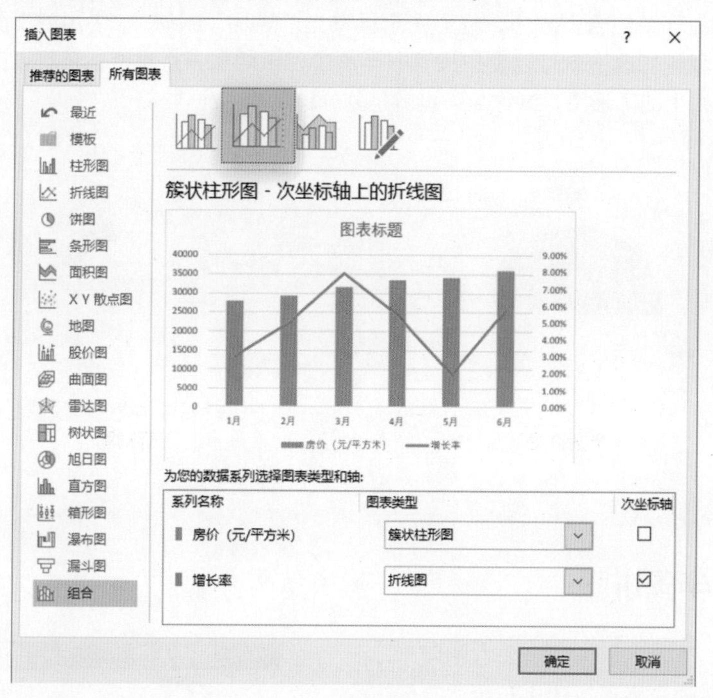

每张表格数据不同，要求不同，所以图表的细节设置并无固定要求。例如，在上图中，生成的图表后，3月份增长率和价格的数据标签会有部分重叠，可选择单个标签，手动调整位置，将增长率的标签往上挪一些，结果如下图所示。

数据标签的颜色也可以动一点“小心机”，将其改成对应数据系列的颜色，这样视觉上就容易逐一对应和区分，如将增长率的标签填充为黄色，字体颜色改为白色，这样，橙色和蓝色两组系列标签读起来就毫不费力了。

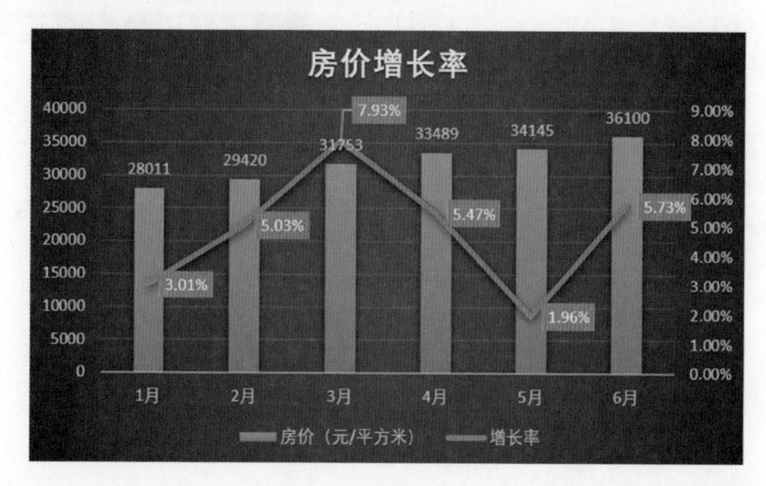

7.4 半圆饼图和非闭合圆环图制作 

在上一节组合图表中，柱形图全程曝光“赚足了眼球”，饼图就不服了：论花样，我稍加改造就可以变成只有一半的饼，再增加一点难度，还可以变成下面这种高大上的环形图，制作起来也就是分分钟的事。

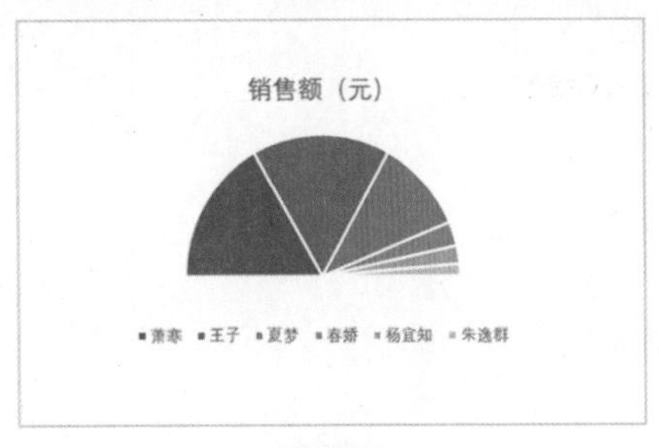

半圆饼图

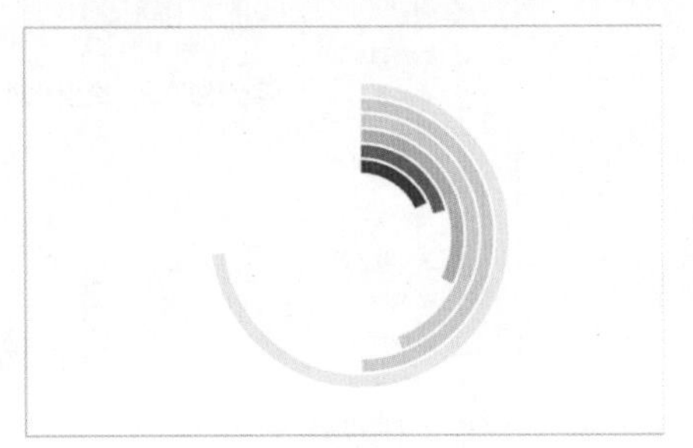

环形图

7.4.1 半圆饼图

某公司员工销售统计表如右图所示，此类数据不多的表格用饼图比较合适。传统的饼图大家已经司空见惯，稍微花点小心思制作成半圆饼图感觉就完全不一样啦。

	销售人员	销售额（元）
2	萧寒	¥600,000.00
3	王子	¥575,000.00
4	夏梦	¥382,400.00
5	春娇	¥97,200.00
6	王宜知	¥72,900.00
7	陈逸群	¥47,500.00

具体的设置步骤如下。

Step1：

制作辅助细节。将“销售额”按降序排列，底部新增“总计”行，计算出销售总额，如右图所示。降序的作用是将销售额从高到低排列，对应饼图的扇区也从大到小依次排列，较为美观。为什么要计算销售总额？继续往下看。

	销售人员	销售额（元）
2	萧寒	¥600,000.00
3	王子	¥575,000.00
4	夏梦	¥382,400.00
5	春娇	¥97,200.00
6	王宜知	¥72,900.00
7	陈逸群	¥47,500.00
8	总计	¥1,775,000.00

Step2：

插入饼图，选择第一种类型。在【设计】选项卡下更改配色，这里选择的是【单色】的第一种，单色渐变看起来较为严谨和商务，如下图所示。

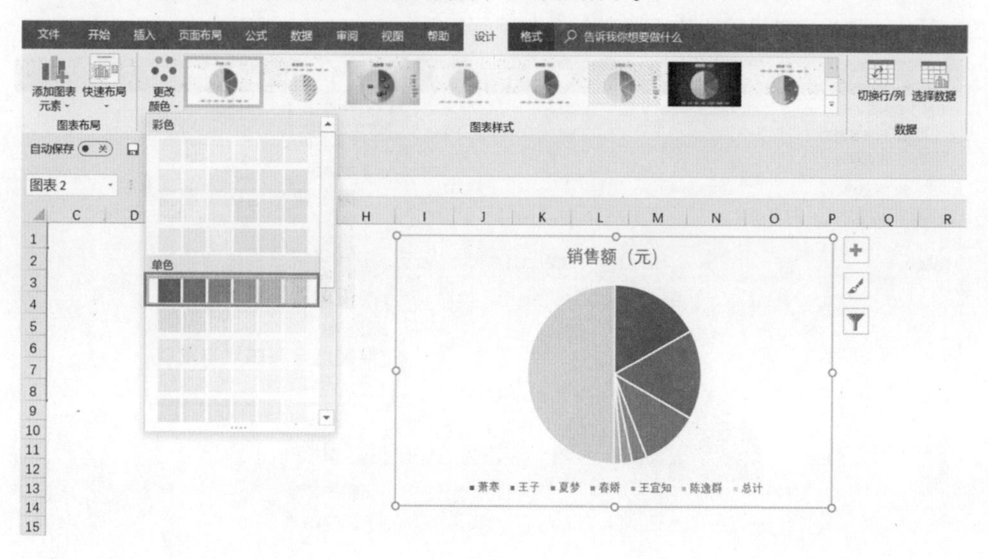

Step3：

选择饼图→右击→【设置数据系列格式】，在右侧弹出的设置选项中，将【第一扇区起始角度】改为“270°”，此时，面积最大的扇形（半圆）就“乖乖”地转到了底部，如下图所示。

看到这里大家应该明白了，半圆就是Step1 中的销售总额，它等于上面所有扇区之和，刚好占据了总面积的50%，将它转到底部，上面的部分就是我们想要的半圆饼图。

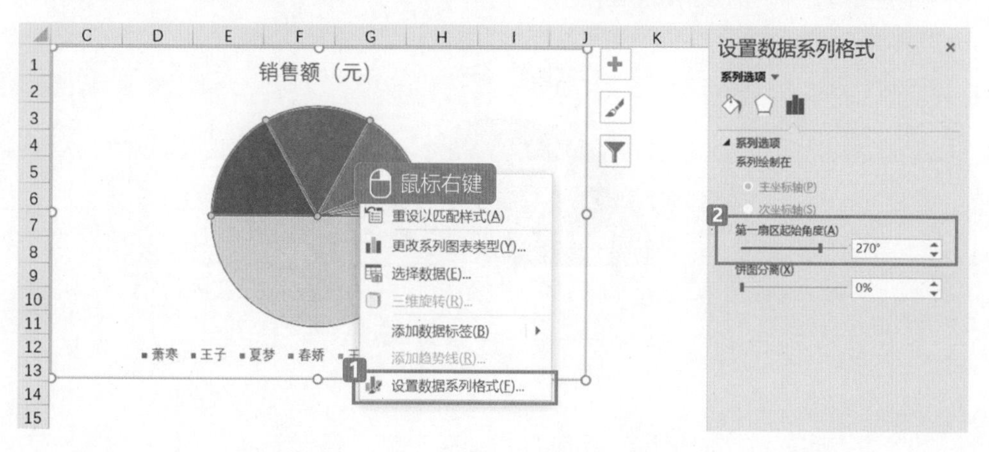

Step4：

越来越接近最后的目标了，接下来，要让半圆隐形（是隐形而不是删除）。选择半圆扇区（选择圆后再单击）→【格式】选项卡→【形状填充】设置为【无填充】(如果轮廓有颜色，则也将其设置为【无填充】)，如下图所示。

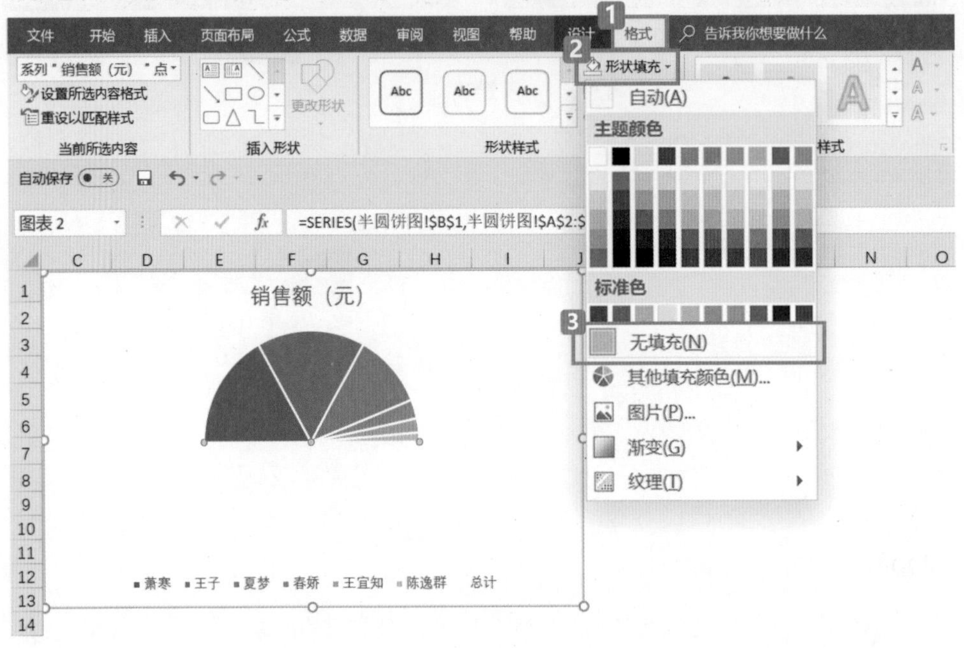

Step5：

最后,进行细节上的调整。例如，将半圆拉大并居中，删除图例中的“总计”，调整图例的位置等，最后的效果如下图所示。

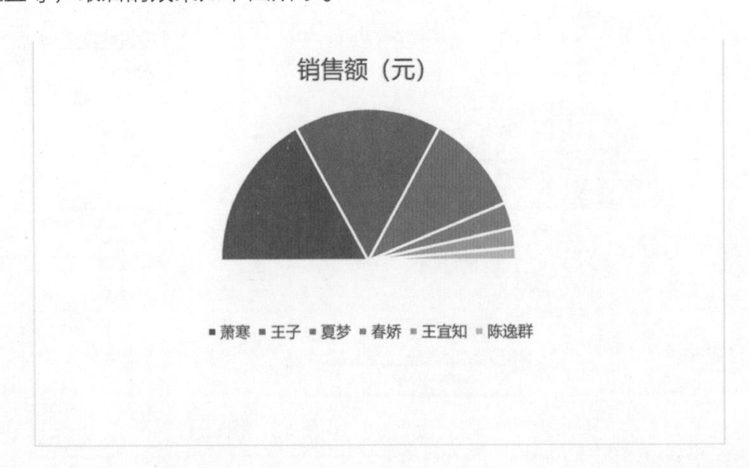

7.4.2 非闭合圆环图

一鼓作气来看看“非闭合圆环图”，此图看起来不知如何下手，其实它也是饼图家族中的一员，由环形图衍生而来。首先观察如右图所示的源数据表格，这是一张区域销售增长率表，数据不多，圆环图可适用。个人认为圆环图比饼图适用的数据量更多一些，10个以内的数据都没有太大问题。

	A	B
1	区域	增长率
2	莆田	18.39%
3	漳州	20.89%
4	泉州	32.85%
5	宁德	44.53%
6	龙岩	50.02%
7	厦门	73.19%

具体制作步骤如下。

Step1：

新增辅助列，在C2单元格输入 =1-B2 ，并下拉鼠标拖曳填充。将B列数据从低到高排列，如右图所示。

说明：B2+C2=1 的意思是对B、C列分别设置扇区，这两个扇区刚好成为一个闭环。

	A	B	C
1	区域	增长率	辅助列
2	莆田	18.39%	81.61%
3	漳州	20.89%	79.11%
4	泉州	32.85%	67.15%
5	宁德	44.53%	55.47%
6	龙岩	50.02%	49.98%
7	厦门	73.19%	26.81%

Step2：

选择第一个区域的数据（莆田A2:C2），单击【插入】选项卡，单击饼图的下拉按钮选择插入圆环图，此时插入的只是单一圆环，如下图所示。

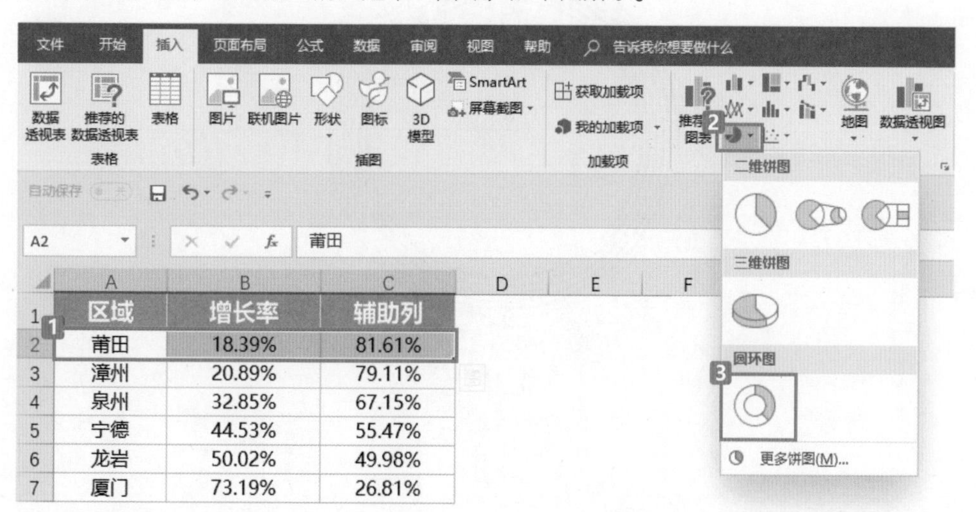

Step3：

选择漳州区域的数据（A3:C3）→按快捷键 Ctrl + C 复制→选择圆环→按快捷键 Ctrl + V 粘贴，此时在上一个环的外侧新增了一环，如下图所示。

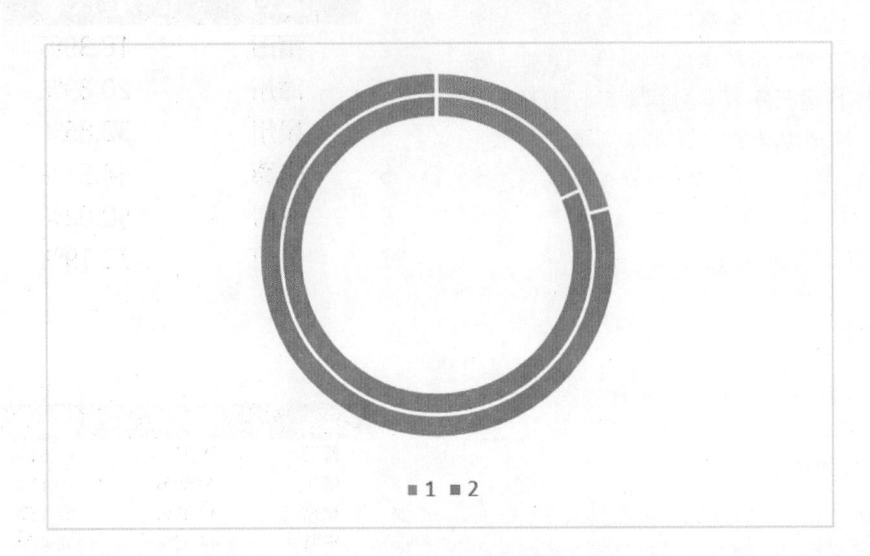

接下来重复上述步骤，将所有区域的数据都添加到图表中，有几个区域就生成几个环，结果如下图所示。此时的圆环宽度很窄，看起来非常密集，非常压抑，还需进一步调整。

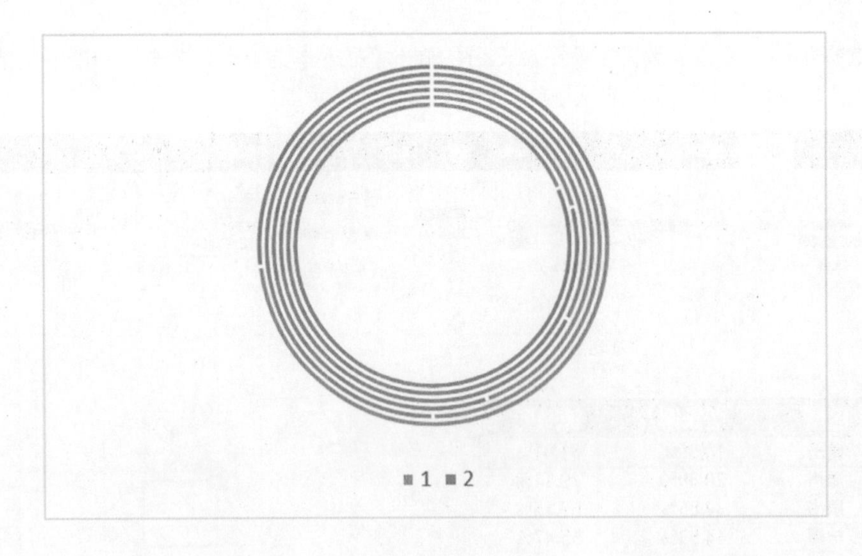

Step4：

选择圆环→右击→【设置数据系列格式】→在右侧弹出的设置选项中，将【圆环图内径大小】设置为“40%”，如下图所示。内径可根据具体的情况来设置，并无固定数值。

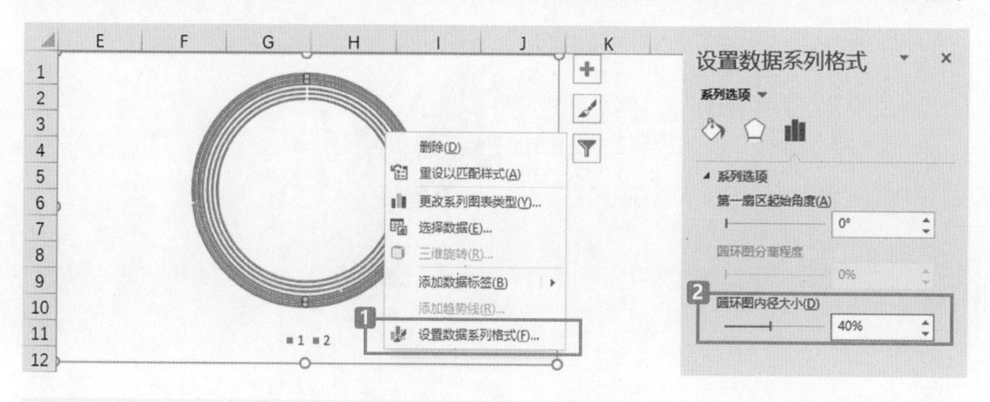

Step5：

接下来的操作和半圆饼图有些相似，就是将橙色部分的扇区隐形起来，每个扇设置为“无色填充”，效果如下图所示。一张完美的图表就完成喽！

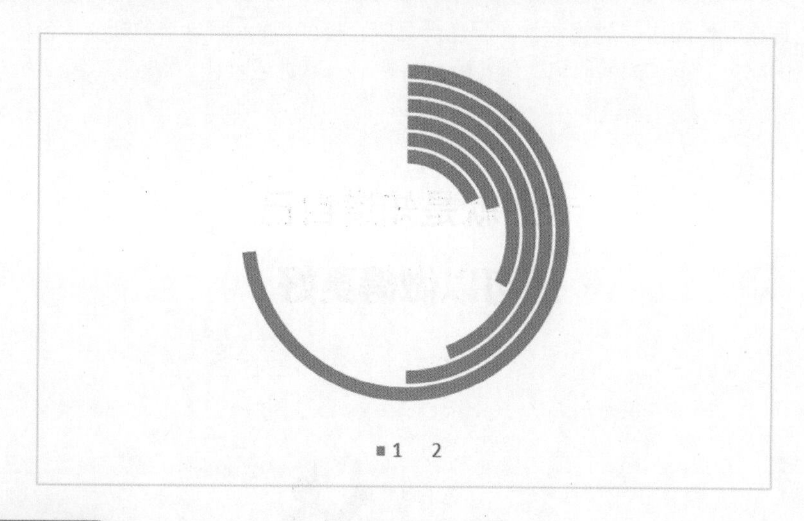

知识补充

设置扇区【无色填充】时，无法同时选择所有橙色扇区，所以只能选择一个设置一次，要善于利用快捷键F4，设置完一个扇区【无色填充】之后，再选择下一个扇区按快捷键F4，就可重复上一操作，从而可以减少重复工作量。

Step6：

最后调整细节，如修改配色、增加数据标签、删除图例等，结果如下图所示。

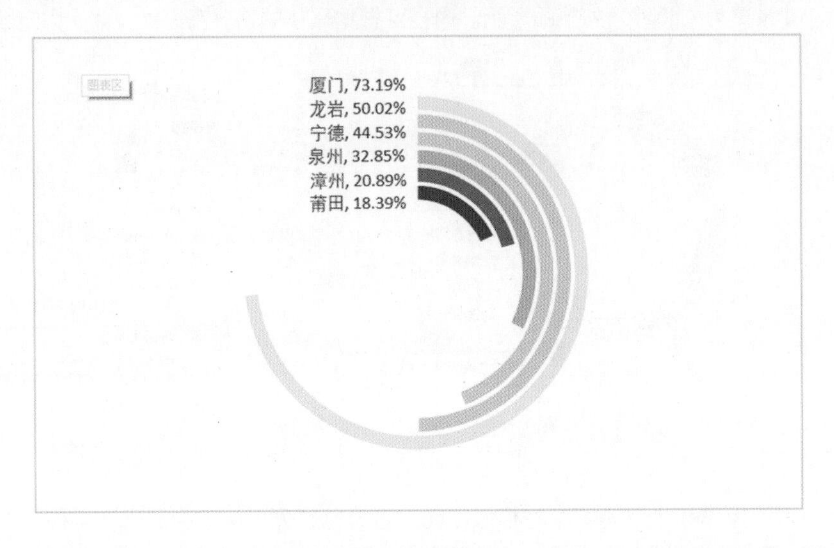

由于圆环比较紧凑，所以数据标签都堆积到一起，需要耐心地手动调整，调整细节的时间也许比制作图表的时间还长。配色既可以直接使用Excel自带的渐变配色，也可以借鉴好看的配色方案，如何取色、借鉴配色将在下一节讲述哦！

专业就是知道自己

还可以做得更好

7.5 专业商务图表制作

高版本的Excel已经让图表美化变得相当便捷，Excel自带的配色和样式也越来越好看，完全可以胜任一般性工作的要求。不过，重复使用这些内置的样式难免产生审美疲劳，限制了美化的上限，也缺乏独特性。如果还想更进一步，让图表看起来更专业一些，那么就需要学习借鉴更好的作品，如《经济学人》和《商业周刊》里的经典图表，如下图所示。

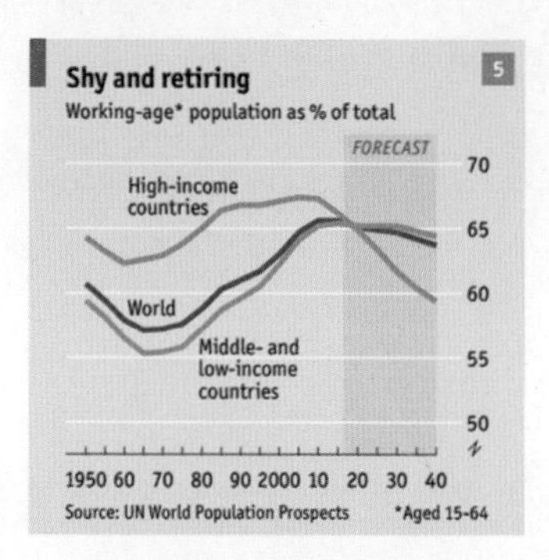

《经济学人》经典图表

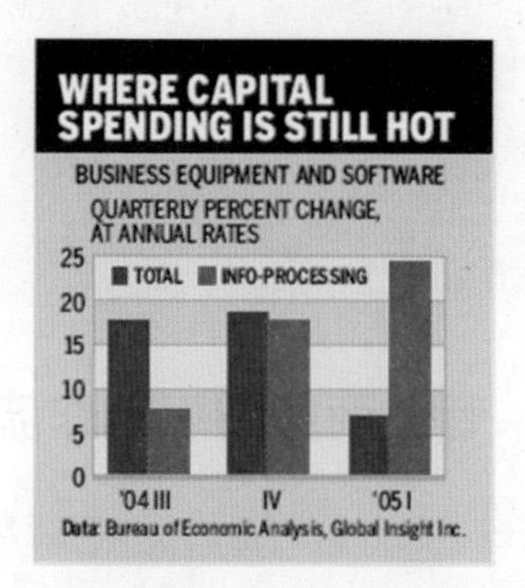

《商业周刊》经典图表

《经济学人》和《商业周刊》都是在商业领域备受推崇的知名杂志，这两个杂志里的图表风格比较接近，给人的感觉是严谨、商务、简约，没有多余的元素，信息呈现一目了然。因此，这两个杂志的图表也被Excel领域的专业人士奉为标杆。

7.5.1 专业商务图表的特点

下面以《经济学人》的经典图表为模板，分析它们是如何做出专业范儿的，如右图所示。

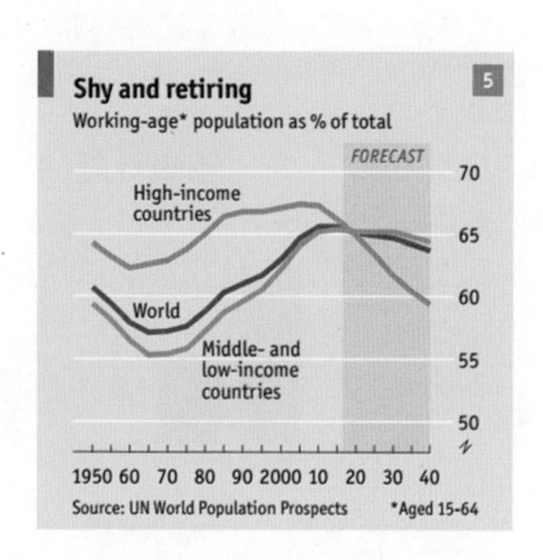

(1)主标题突出，可快速了解整张表的主题，主标题一般用黑体、微软雅黑这些容易识别的字体。

主标题下还有副标题，字号小一些，字体细一些，主要用来解释说明细节。例如，主标题是“害羞和孤僻”，副标题是“工作年龄的人口占世界总人口的百分之几”，这两个标题概括了图表要说明的问题。

(2)在排版上，标题没有采用传统的居中对齐，而是左对齐，还配以红色方块修饰，起到了醒目的作用。符合从左到右、从上到下的视觉习惯。

(3)省略了图例，在曲线旁直接标注数据系列名称，更节约阅读时间。如果需要图例，则应当尽量和数据线（系列）靠近，方便逐一对照。

(4)在配色上，背景采用浅蓝灰色，网格线也采用浅色，弱化了背景，最大限度地突出了前景的数据系列。数据线都是蓝色，与浅蓝灰色的背景属于同一色系，既相互呼应又相互区别。

(5)水平轴的坐标将“1950、1960……”简写为“1950 60 70……”，垂直轴由左侧挪到了右侧，个人猜测是因为大家都习惯看完曲线，再对应刻度，置于右侧比较符合阅读习惯。

(6)图表底部标注了数据来源，对于权威杂志或学术期刊来说是很有必要的，体现了作者的严谨。

7.5.2 专业商务图表制作流程

参照以上的分析结论，我们可以着手制作专业商务图表了，在开始之前首先要学习一个重要技能：精准取色。

1. 精准取色

在之前的图表设计中，配色都是套用Excel内置的样式或自带的配色，如果借鉴配色，那么就需要“TakeColor”插件来辅助设计（如右图所示）。Takecolor翻译过来就是“取色”的意思。这个插件体积很小，即开即用，无须安装，非常方便。

例如，现将一张柱形图的系列颜色，更改为与右侧《商业周刊》图表中的颜色相同的颜色，如下图所示。

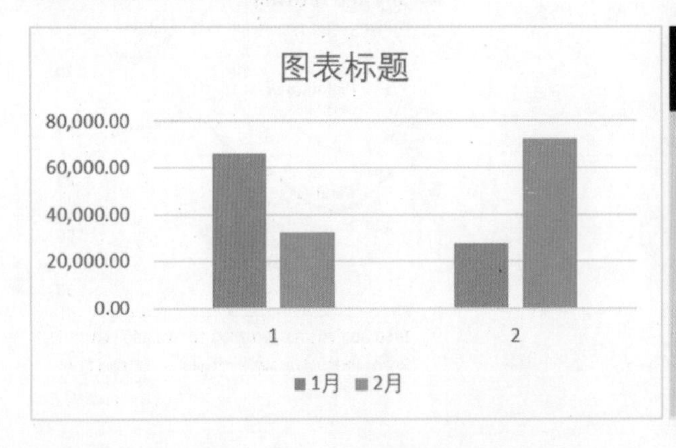

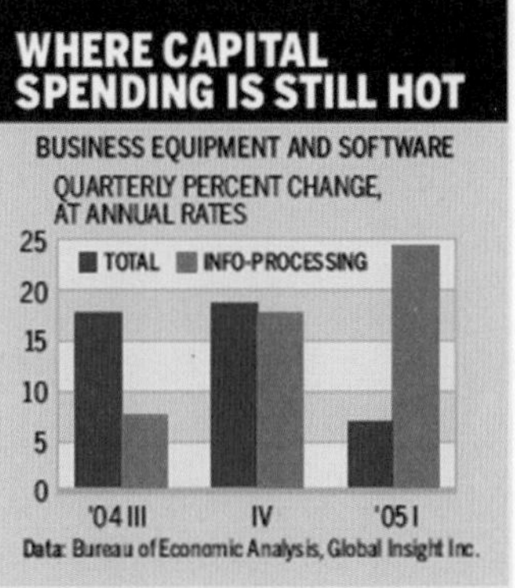

Step1：

双击打开TakeColor插件，界面如下图所示，插件左下方是取色模式，默认为【RGB】，当鼠标移动到计算机屏幕任意一个色块上时，在插件左上方将显示鼠标指向的色块，色块下方第二排的数值就是该颜色的RGB值。例如，将鼠标置于《商业周刊》图表的蓝色块上，该颜色对应的RGB数值为（0,59,112），可按快捷键Alt+C将RGB值复制到Excel或记事本中备用。

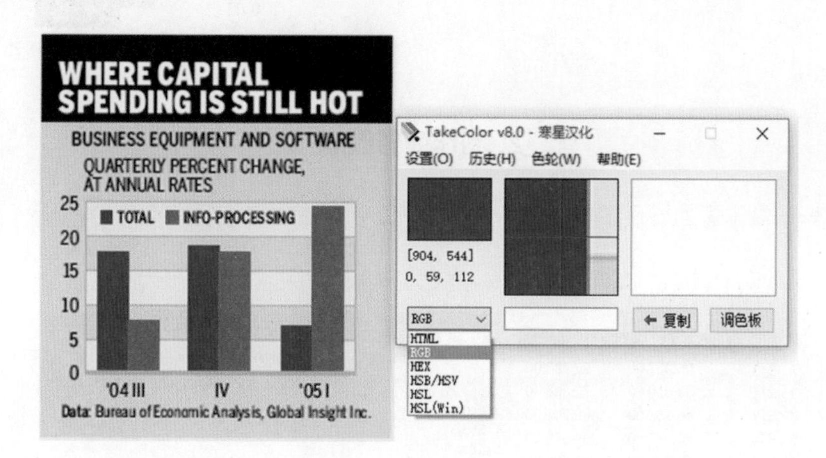

Step2：

选择第一系列的柱形→【格式】选项卡→【形状填充】→【其他填充颜色】，在弹出的【颜色】对话框中选择【自定义】→【颜色模式】选择【RGB】→依次输入Step1 中记录的RGB值（0,59,112），该系列的柱形就变为了深蓝色，再重复一次将第二系列设置为红色，如下图所示。

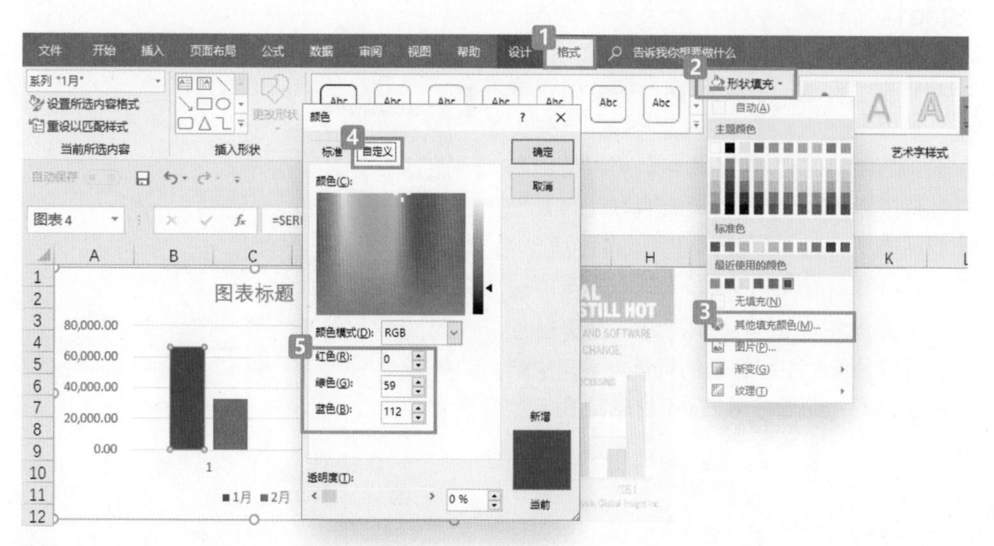

取色的步骤简单地讲就是：通过TakeColor插件吸取RGB值，再对应修改图表的RGB值。

其实，QQ、微信电脑版的截图操作也兼有取色功能，截图时鼠标的右下方可即时显示RGB值，如右图所示。

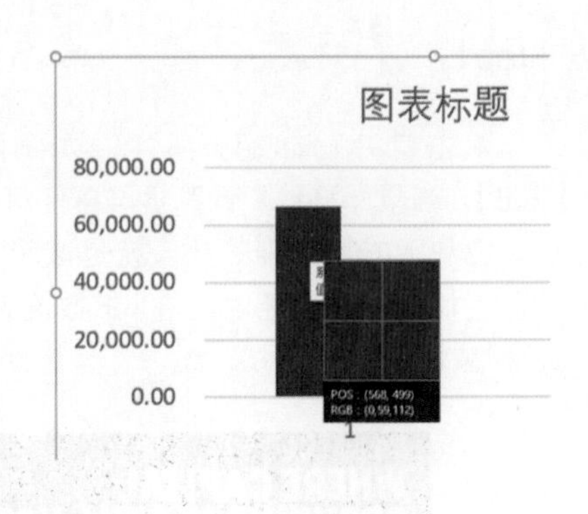

2. 制作商务图表

以一张最常见的普通图表为例，如下图所示，看看如何修改为《经济学人》的图表风格。

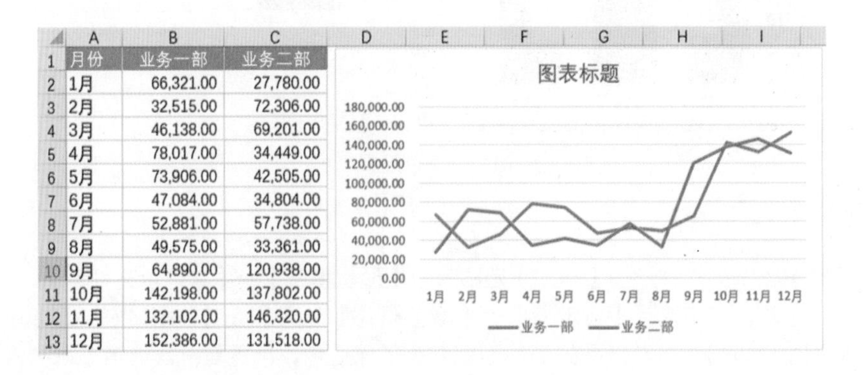

	A	B	C
1	月份	业务一部	业务二部
2	1月	66,321.00	27,780.00
3	2月	32,515.00	72,306.00
4	3月	46,138.00	69,201.00
5	4月	78,017.00	34,449.00
6	5月	73,906.00	42,505.00
7	6月	47,084.00	34,804.00
8	7月	52,881.00	57,738.00
9	8月	49,575.00	33,361.00
10	9月	64,890.00	120,938.00
11	10月	142,198.00	137,802.00
12	11月	132,102.00	146,320.00
13	12月	152,386.00	131,518.00

Step1：

修改主标题，字号为14，颜色为深黑色；插入一个文本框，输入副标题，字号为8号，颜色为中等灰度的黑色，可以使主副标题形成对比。插入一个矩形色块（可置于图表区的左上角），取色值RGB（227,0,15）填充，轮廓颜色设置为无色，如右图所示。

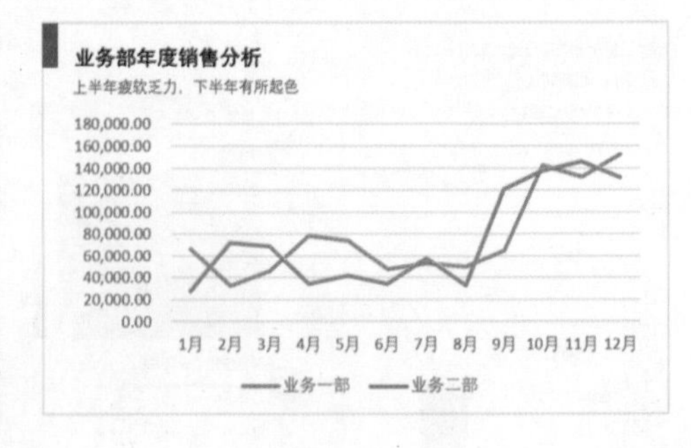

下方绘图区适当缩小，为标题腾出位置；注意色块和主副标题的位置关系，主副标题左对齐；绘图区最左边的Y轴刻度与标题左对齐。

Step2：

选择图表区，在【格式】选项卡中，取色 RGB（217,229,236）填充背景，轮廓颜色设置为无色；选择网格线，轮廓颜色设置为最浅的灰色（白色太亮，故采用了亮度稍低的灰色），如下图所示。

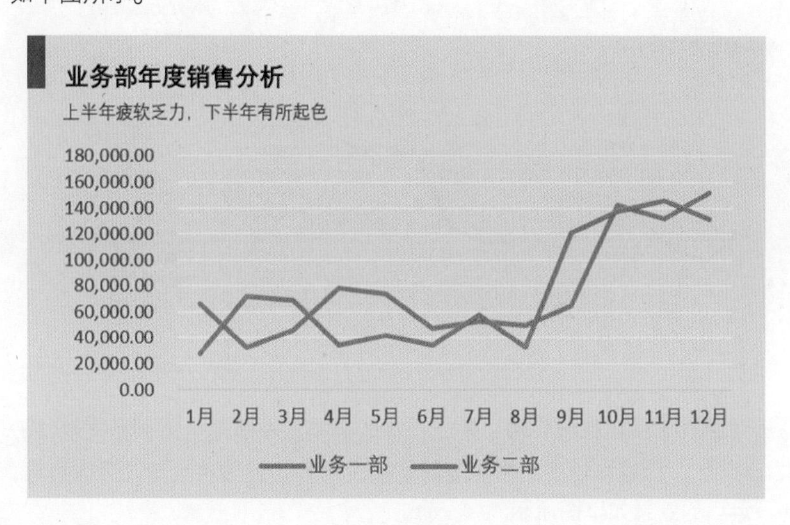

Step3：

选择“业务一部”折线，轮廓颜色取深蓝色 RGB（0,77,102）；选择“业务二部”折线，轮廓颜色取浅蓝色 RGB（0,152,213）。专业图表的颜色经过设计师反复验证和筛选，搭配出来的效果商务范儿十足。

因为两条曲线比较贴近，不适宜单独标注，所以此处保留了图例，没有采用《经济学人》中删除图例的做法，如果将图例放在侧，效果也是不错的。

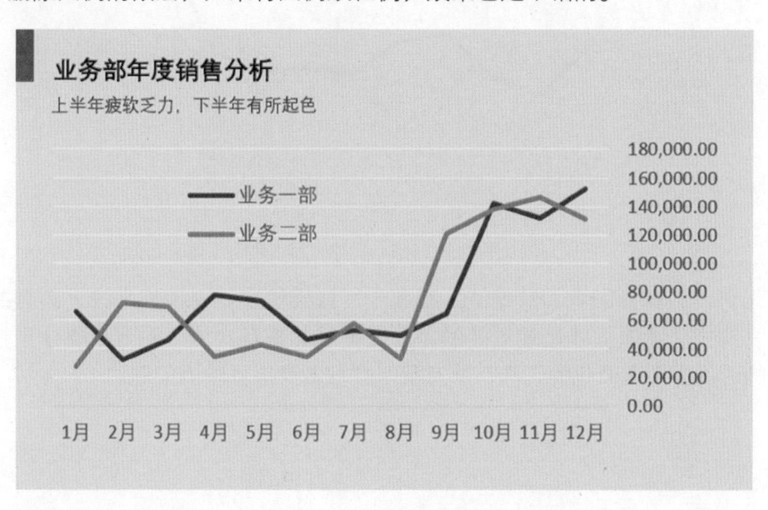

Step4：

选择X轴→右击→【设置坐标轴格式】→在右侧弹出的设置选项中，选择【最大分类】，Y轴就挪到了右侧。

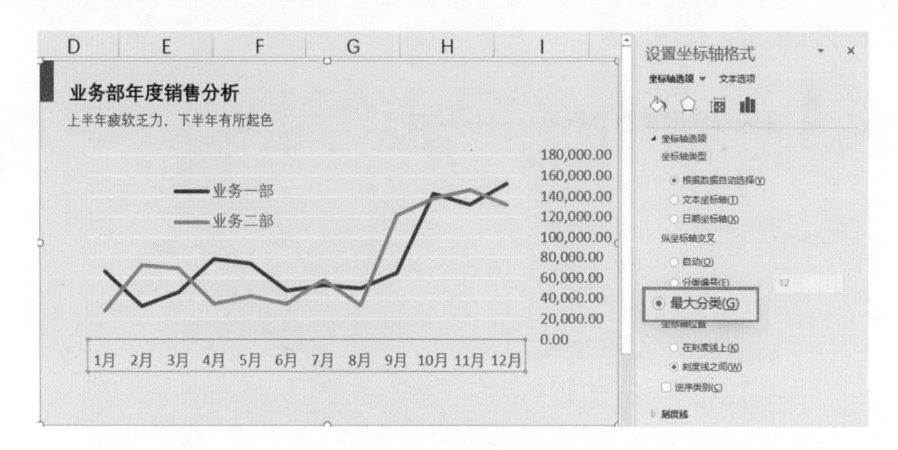

其他细节要具体问题具体分析。例如，企业的图表视情况来决定是否标注数据来源；Y轴移到右侧之后，标题和绘图区需要重新调整左对齐；还可将绘图区适当拉高，填补底部的空间。最后的效果如下图所示。

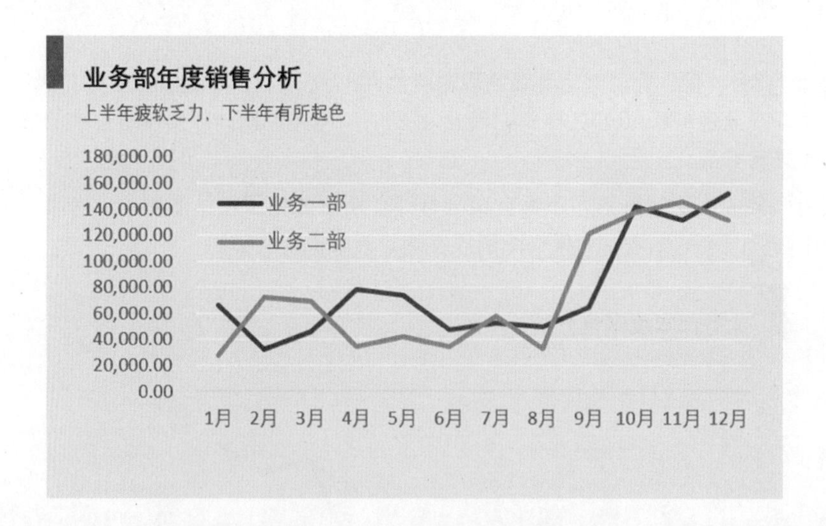

通常来讲，认真看图表和数据的人都属于严谨理性型，对他们来说，数据的简洁、可读性、真实性、还原度才是最重要的，图表美不美是其次的。千万不要让用户觉得你花了过多的时间去做表面化的工作，却忽视了数据本身应反映的问题。

7.6 一目了然的表格呈现

早两年，有位同事拿了一份数据给领导做汇报，才讲了5分钟，就被领导批评了，说他的汇报表中数据太多，汇报时间太长。

怎样能让数据一目了然、节约时间呢？给大家支个招，用【条件格式】给数据润润色，让领导瞟一眼就能看出数据趋势，Excel 2013或Excel 2016版本【开始】选项卡的中部位置就可以找到【条件格式】，如下图所示。

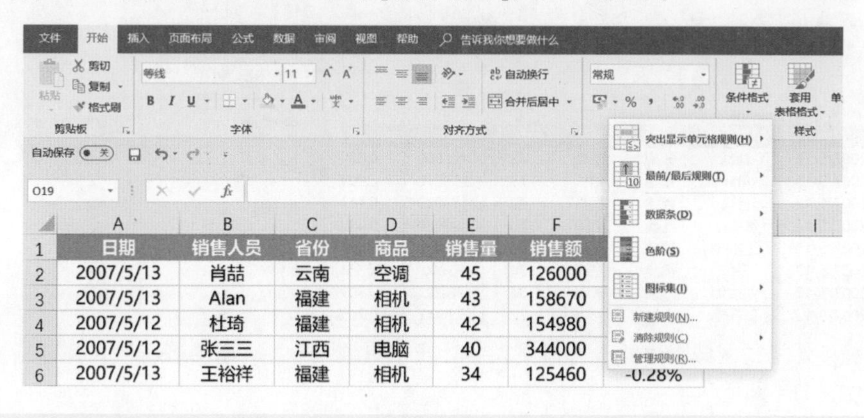

【条件格式】包含了【突出显示单元格规则】、【最前/最后规则】、【数据条】、【色阶】、【图标集】等功能，还可根据不同的要求选择【新建规则】、【管理规则】、【清除规则】。例如，3.3节新建了函数规则，可自动显示临近到期的单元格，本节主要介绍【条件格式】中数据可视化相关功能。

7.6.1 数据条和色阶显示

下图是一张家电销售表，总共20行左右，如果用数据透视表，则好像“杀鸡用牛刀”，如果直接阅读数据，又显得有些费劲，此时利用【条件格式】再合适不过了。

	A	B	C	D	E	F	G
1	日期	销售人员	省份	商品	销售量	销售额	同比增长率
11	2007/5/12	朱逸	河南	冰箱	27	70200	-0.24%
12	2007/5/14	林巧	福建	彩电	30	69000	0.05%
13	2007/5/12	李燕	福建	冰箱	24	62400	0.22%
14	2007/5/13	潇潇	湖南	彩电	23	52900	0.13%
15	2007/5/13	李建	深圳	彩电	20	46000	0.21%
16	2007/5/13	徐丽	宁夏	冰箱	16	41600	-0.32%
17	2007/5/12	董格	福建	彩电	13	29900	-0.14%

1. 数据条显示

选择销售额数据（F2:F17）→选择【条件格式】中【数据条】功能→选择“绿色数据条”，效果如下图所示，这就好比在每个单元格插入了一个条形图，一眼就能看出哪个单元格的数据最大，哪个单元格的数据最小，添加【条件格式】后更易于阅读了。

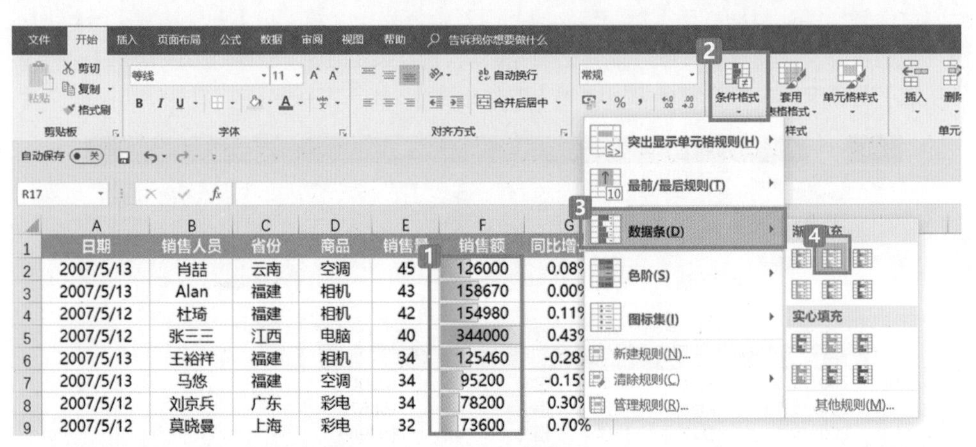

将条件格式区域降序或升序排列，会让表格更顺眼一些，既整齐美观，还兼顾了实用方便，如下图所示。

	A	B	C	D	E	F	G
1	日期	销售人员	省份	商品	销售量	销售额	同比增长率
2	2007/5/12	张三三	江西	电脑	40	344000	0.43%
3	2007/5/13	Alan	福建	相机	43	158670	0.00%
4	2007/5/12	杜琦	福建	相机	42	154980	0.11%
5	2007/5/13	肖喆	云南	空调	45	126000	0.08%
6	2007/5/13	王裕祥	福建	相机	34	125460	-0.28%
7	2007/5/13	陈慈荣	北京	电脑	13	111800	0.39%
8	2007/5/13	马悠	福建	空调	34	95200	-0.15%
9	2007/5/12	刘京兵	广东	彩电	34	78200	0.30%
10	2007/5/12	莫晓曼	上海	彩电	32	73600	0.70%
11	2007/5/12	陈逸群	河南	冰箱	27	70200	-0.24%
12	2007/5/14	林巧	福建	彩电	30	69000	0.05%
13	2007/5/12	李燕	福建	冰箱	24	62400	0.22%
14	2007/5/13	潇潇	湖南	彩电	23	52900	0.13%
15	2007/5/13	李建	深圳	彩电	20	46000	0.21%
16	2007/5/13	徐丽	宁夏	冰箱	16	41600	-0.32%
17	2007/5/12	李四海	福建	彩电	13	29900	-0.14%

2. 色阶显示

利用【条件格式】可以将表格制作为色阶样式，是不是感觉数据更有感染力了？最棒的数据是火红色，而销售额低的数据则老老实实地用冷色调显示了。效果如下图所示！

	A	B	C	D	E	F	G
1	日期	销售人员	省份	商品	销售量	销售额	同比增长率
2	2007/5/12	张三三	江西	电脑	40	344000	0.43%
3	2007/5/13	Alan	福建	相机	43	158670	0.00%
4	2007/5/12	杜琦	福建	相机	42	154980	0.11%
5	2007/5/13	肖喆	云南	空调	45	126000	0.08%
6	2007/5/13	王裕祥	福建	相机	34	125460	-0.28%
7	2007/5/13	陈慈荣	北京	电脑	13	111800	0.39%
8	2007/5/13	马悠	福建	空调	34	95200	-0.15%
9	2007/5/12	刘京兵	广东	彩电	34	78200	0.30%
10	2007/5/12	莫晓曼	上海	彩电	32	73600	0.70%
11	2007/5/12	陈逸群	河南	冰箱	27	70200	-0.24%
12	2007/5/14	林巧	福建	彩电	30	69000	0.05%
13	2007/5/12	李燕	福建	冰箱	24	62400	0.22%
14	2007/5/13	潇潇	湖南	彩电	23	52900	0.13%
15	2007/5/13	李建	深圳	彩电	20	46000	0.21%
16	2007/5/13	徐丽	宁夏	冰箱	16	41600	-0.32%
17	2007/5/12	李四海	福建	彩电	13	29900	-0.14%

Step1：

首先清除之前的条件格式，否则两种效果将叠加在一起。选择数据区域→【条件格式】→【清除规则】→【清除所选单元格的规则】，如下图所示。

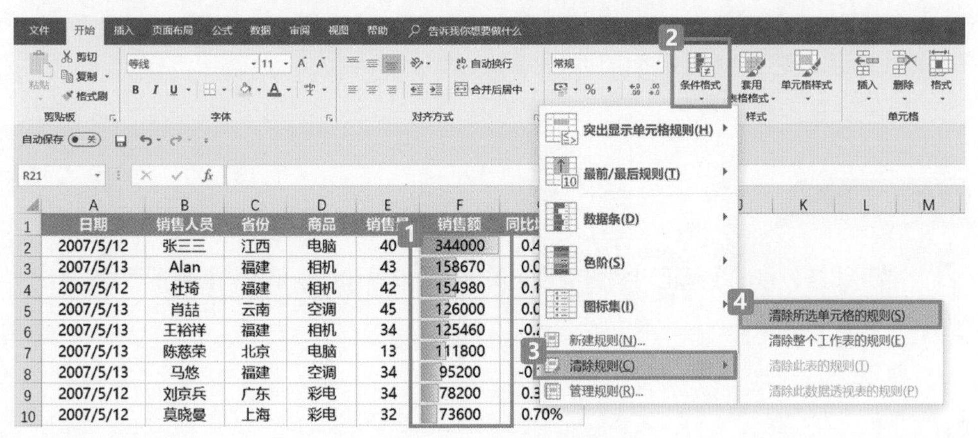

Step2：

单击【条件格式】→【色阶】→选择第一排第二个“红－黄－绿色阶”，如下图所示。

	A	B	C	D	E	F	G
1	日期	销售人员	省份	商品	销售量	销售额	同
2	2007/5/12	张三三	江西	电脑	40	344000	
3	2007/5/13	Alan	福建	相机	43	158670	0
4	2007/5/12	杜琦	福建	相机	42	154980	0
5	2007/5/13	肖喆	云南	空调	45	126000	0
6	2007/5/13	王裕祥	福建	相机	34	125460	-0
7	2007/5/13	陈慈荣	北京	电脑	13	111800	0
8	2007/5/13	马悠	福建	空调	34	95200	-0
9	2007/5/12	刘京兵	广东	彩电	34	78200	0
10	2007/5/12	莫晓曼	上海	彩电	32	73600	0.70%
11	2007/5/12	陈逸群	河南	冰箱	27	70200	-0.24%
12	2007/5/14	林巧	福建	彩电	30	69000	0.05%
13	2007/5/12	李燕	福建	冰箱	24	62400	0.22%
14	2007/5/13	潇潇	湖南	彩电	23	52900	0.13%
15	2007/5/13	李建	深圳	彩电	20	46000	0.21%
16	2007/5/13	徐丽	宁夏	冰箱	16	41600	-0.32%
17	2007/5/12	李四海	福建	彩电	13	29900	-0.14%

【突出显示单元格规则】和【最前/最后规则】功能还可以用来显示某些特定的数据、重复值、包含某些特定文本的数据、特定日期区间的数据等，既可以提高阅读数据的效率，也自带美化效果，一举两得。

知识补充

【条件格式】可以被复制，选择带有条件格式的区域，使用格式刷，或者复制、粘贴，都可以将已经设置好的条件格式Copy过去。

思考题

请用【条件格式】标记出销售额位列前30%的数据和低于平均销售额的数据。

7.6.2 使用图标集

G列中的“同比增长率”也可以利用【条件格式】加以修饰，增长率有正有负，如果用颜色就显得不够精确，则可使用【图标集】来标注正负值，如下图所示。

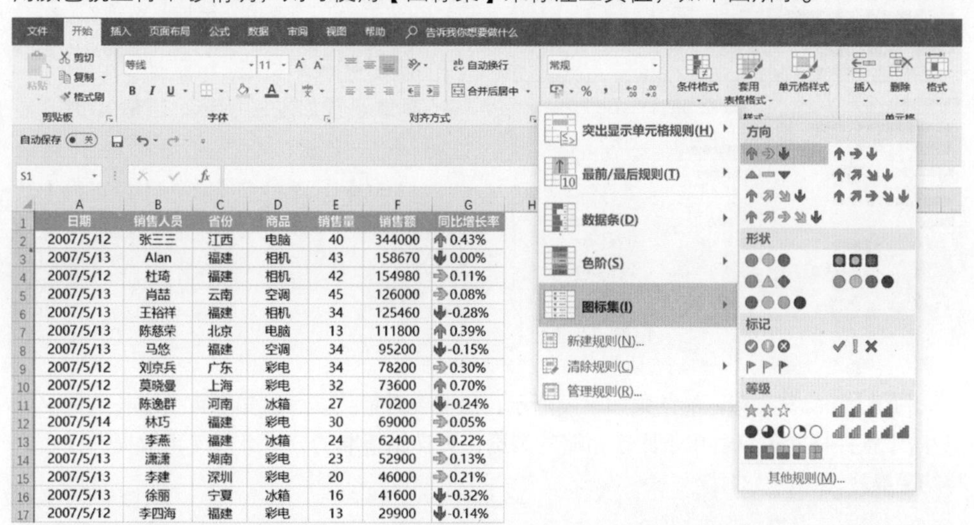

日期	销售人员	省份	商品	销售量	销售额	同比增长率
2007/5/12	张三三	江西	电脑	40	344000	0.43%
2007/5/13	Alan	福建	相机	43	158670	0.00%
2007/5/12	杜琦	福建	相机	42	154980	0.11%
2007/5/13	肖喆	云南	空调	45	126000	0.08%
2007/5/13	王裕祥	福建	相机	34	125460	-0.28%
2007/5/13	陈慈荣	北京	电脑	13	111800	0.39%
2007/5/13	马悠	福建	空调	34	95200	-0.15%
2007/5/12	刘京兵	广东	彩电	34	78200	0.30%
2007/5/12	莫晓曼	上海	彩电	32	73600	0.70%
2007/5/12	陈逸群	河南	冰箱	27	70200	-0.24%
2007/5/14	林巧	福建	彩电	30	69000	0.05%
2007/5/12	李燕	福建	冰箱	24	62400	0.22%
2007/5/13	潇潇	湖南	彩电	23	52900	0.13%
2007/5/13	李建	深圳	彩电	20	46000	0.21%
2007/5/13	徐丽	宁夏	冰箱	16	41600	-0.32%
2007/5/12	李四海	福建	彩电	13	29900	-0.14%

Excel默认的【图标集】好像跟正负值并不对应，没有什么规律，需要手动设置规则。具体操作如下。

Step1：

默认使用之前设置的【图标集】，单击【条件格式】→【管理规则】→弹出【条件格式规则管理器】对话框，如下图所示。

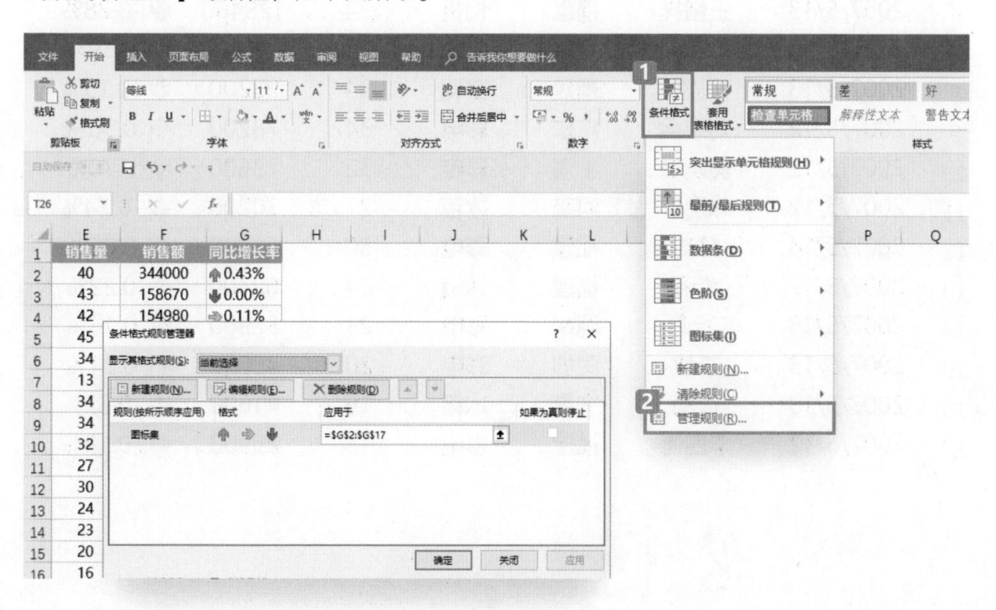

Step2：

单击【编辑规则】，修改图标规则，假设最后效果是：绿色向上的箭头表示正值，黄色向右的箭头表示0，红色向下的箭头表示负值。

具体设置如左图所示，当值>0时，显示为；当值<=0且>=0时显；当值<0时显示。请注意【类型】设置为【数字】。当值<=0且>=0，则相当于值=0 。

利用【图标集】标记的结果如下图所示，只需要看箭头就可以知道正负增长的情况。当然，【条件格式】仅适用于比较粗略的浏览，更详细精准的分析必须使用数据透视表这样的工具。

	A	B	C	D	E	F	G
1	日期	销售人员	省份	商品	销售量	销售额	同比增长率
2	2007/5/12	张三三	江西	电脑	40	344000	0.43%
3	2007/5/13	Alan	福建	相机	43	158670	0.00%
4	2007/5/12	杜琦	福建	相机	42	154980	0.11%
5	2007/5/13	肖喆	云南	空调	45	126000	0.08%
6	2007/5/13	王裕祥	福建	相机	34	125460	-0.28%
7	2007/5/13	陈慈荣	北京	电脑	13	111800	0.39%
8	2007/5/13	马悠	福建	空调	34	95200	-0.15%
9	2007/5/12	刘京兵	广东	彩电	34	78200	0.30%
10	2007/5/12	莫晓曼	上海	彩电	32	73600	0.70%
11	2007/5/12	陈逸群	河南	冰箱	27	70200	-0.24%
12	2007/5/14	林巧	福建	彩电	30	69000	0.05%
13	2007/5/12	李燕	福建	冰箱	24	62400	0.22%
14	2007/5/13	潇潇	湖南	彩电	23	52900	0.13%
15	2007/5/13	李建	深圳	彩电	20	46000	0.21%
16	2007/5/13	徐丽	宁夏	冰箱	16	41600	-0.32%
17	2007/5/12	李四海	福建	彩电	13	29900	-0.14%

文不如表

表不如图

图表是最直白的语言

第8章

效率倍增的五个操作：让你不再抓狂

降维打击的概念出自科幻小说《三体》，它的意思是“用更高的能力，去做更低维度的事情，这样你可以很容易超越对手。”下面将介绍一些特殊的工具和技能，也许可以让你实现效率上的“降维打击”哦！

8.1 一步调用功能

功能区下面这一排按钮区域叫作“快速访问工具栏”，其实它默认在功能区上方，笔者习惯将其置于下方，调整位置的方法如下：在功能区右下方空白处单击鼠标右键，选择【在功能区上方显示快速访问工具栏】。

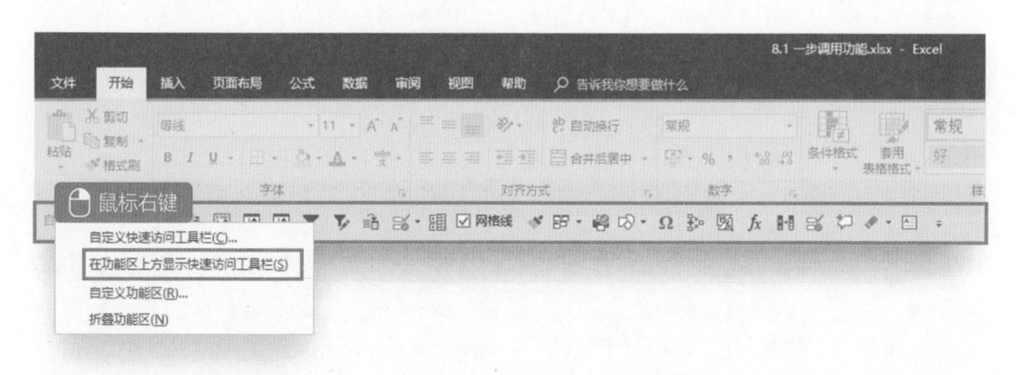

“快速访问工具栏”默认只有【新建】、【保存】、【打开】这几个命令，平时大家对它视而不见，实际上所有的高手都可以非常熟练地使用这个工具，会不会使用“快速访问工具栏”是操作的“分水岭”。

我会将平时工作中最常用的命令放在此节，特别是一些无法使用快捷键的命令，如排序、筛选、网格线、插入文本框、插入图形等。想象一下，别人需要点击3~5次才能调用的命令，你只需点击1~2次，这种效率的差别显而易见。一排小小的工具栏包含的玄机不少，让“老司机”为你详细讲解一下。

8.1.1 自定义快速访问工具栏

根据个人的操作习惯定义“快速访问工具栏”中的命令，称为“自定义快速访问工具栏”，其实就是将命令按钮添加到“快速访问工具栏”中，通常有两种方式。

1. 单个快速添加命令

在功能区找到需要添加的命令，如【页面布局】中的【打印标题】，在该按钮上右击，选择【添加到快速访问工具栏】，如下图所示，“快速访问工具栏”中就多出了“打印标题”按钮。

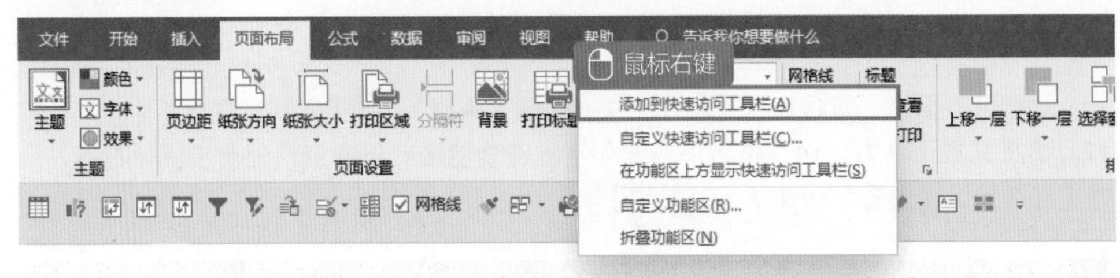

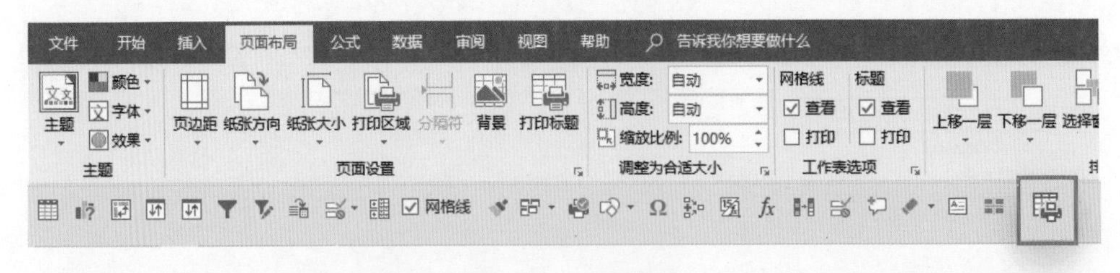

“单个添加”的优点是想到什么就可以马上添加，操作简单，添加的命令默认置于“快速访问工具栏”的最后，缺点是无法指定按钮的顺序。下面这个方法可以让你自由地调整按钮位置。

2. 多个批量添加命令

在功能区右下方任意空白处单击鼠标右键，选择【自定义快速访问工具栏】，弹出【Excel选项】对话框，选择【快速访问工具栏】，如下图所示。

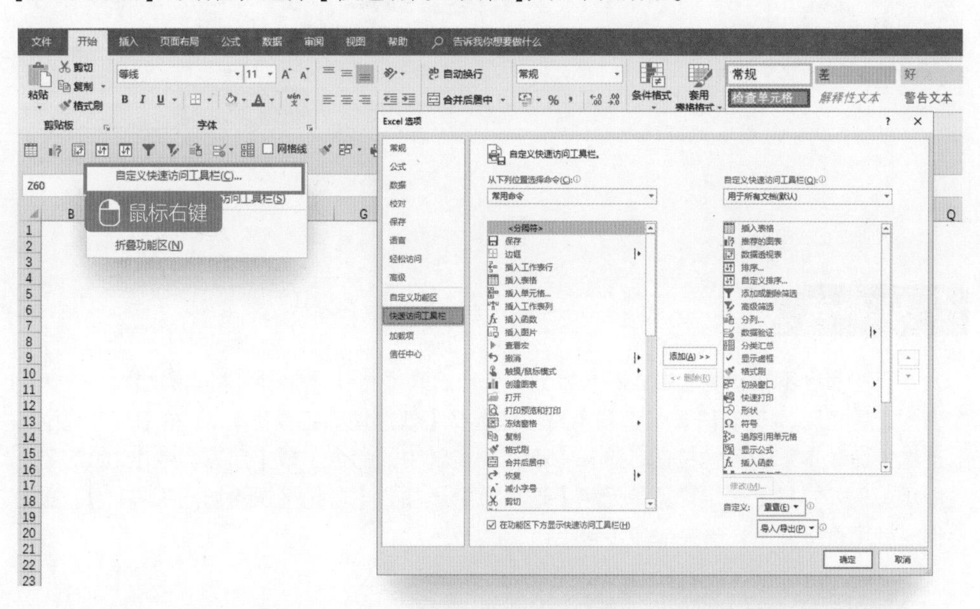

该对话框的左侧罗列了一些常用命令，选择某一命令，如【求和】，单击中间的【添加】按钮，可将该命令添到【自定义快速访问工具栏】中。右侧是已经添加好的命令，可选择某一命令，利用中间的【删除】按钮删除，还可以利用最右侧中部的上/下按钮调整命令的顺序，如下图所示。

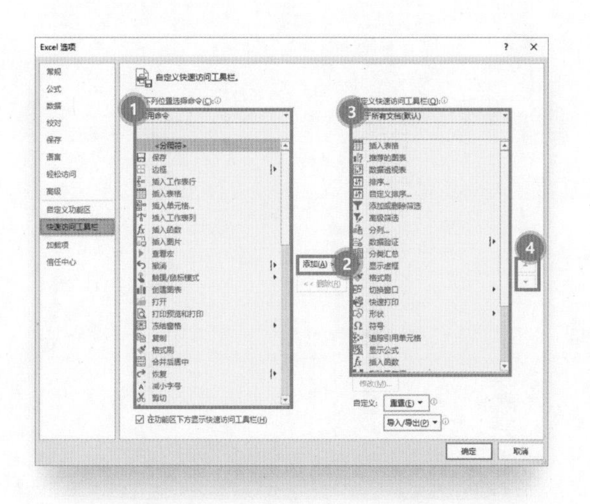

1. 可以在该区域里找到Excel中所有的命令/功能。
2. 单击中间的【添加】按钮就能够将该命令/功能添加至工具栏中。
3. 已经添加的命令/功能会在展示在这块区域。
4. 单击上/下按钮可以用来调整已添加的命令/功能的顺序。

对于“快速访问工具栏”中已经存在的命令，只需在该命令上单击鼠标右键→选择【从快速访问工具栏删除】即可删除，如下图所示。

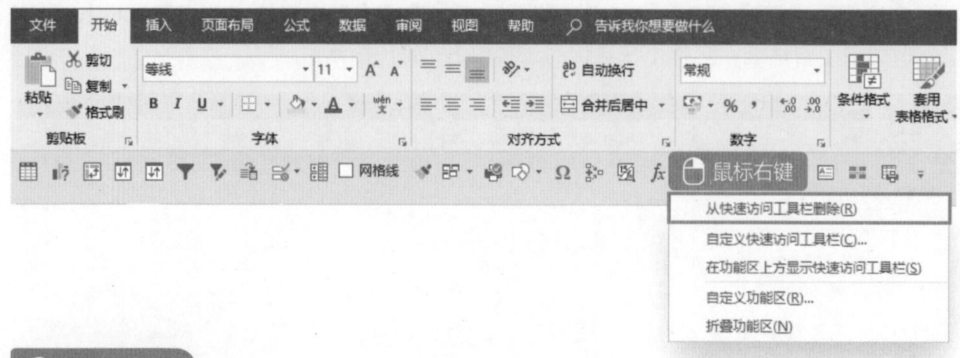

知识补充

有些命令不在功能区中或不易找到，使用起来很费劲，此时可将其添加到“快速访问工具栏”。打开【Excel选项】对话框选择【快速访问工具栏】，单击【从下列位置选择命令】下的下拉按钮，选择【不在功能区中的命令】或【所有命令】，如下图所示。例如，将【选定可见单元格】这个命令添加到【自定义快速访问工具栏】，操作时就可直接调用，省去很多步骤哦！

8.1.2 保存自定义设置

“快速访问工具栏”确实方便，可惜换了计算机或系统重装，这些自定义设置就没有了，所有命令都要重新添加一遍，实在是太烦了！！！Excel早就替我们想到了：可将自定义设置保存为文件，只要有这个文件，仅需5秒钟就让Excel重新变成你的“地盘”。导出方法如下。

Step1：

在功能区下方任意空白处，单击鼠标右键，选择【自定义快速访问工具栏】，如下图所示，弹出【Excel选项】设置对话框。

Step2：

选择【快速访问工具栏】，单击右下角的【导入/导出】按钮，选择【导出所有自定义设置】，如下图所示。

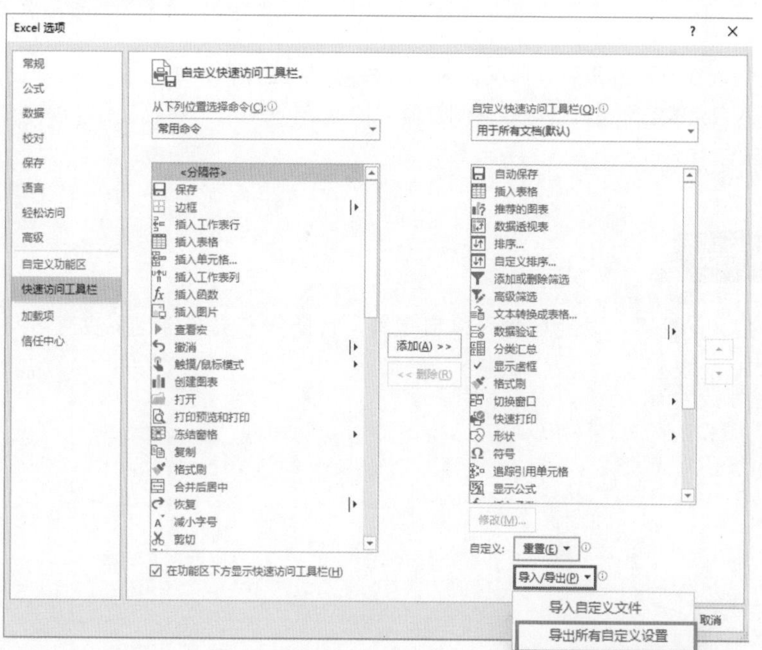

Step3：

将导出的文件重命名，并保存在计算机中的指定位置，如下图所示。该文件体积小，可复制一份至移动设备或网络云端，既方便携带又可防止因计算机出现意外而丢失自定义文件。

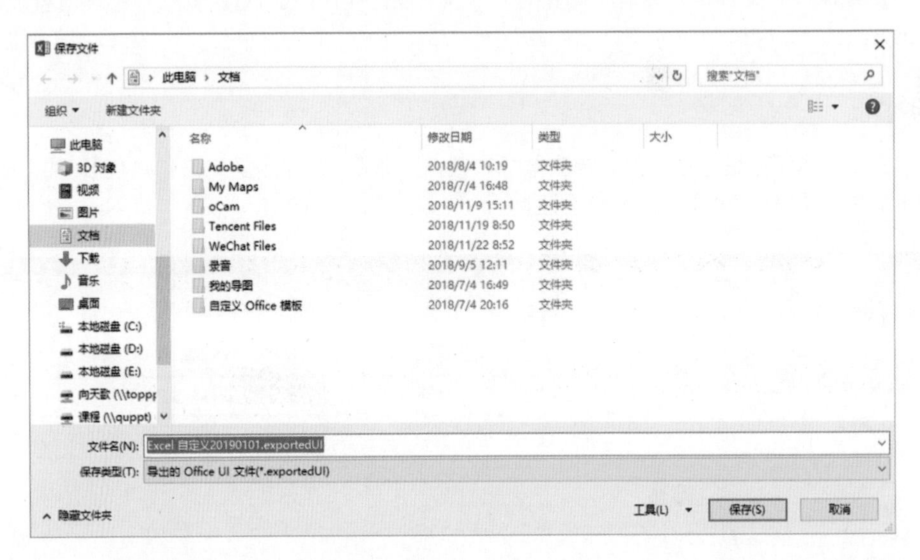

定义文件名默认为“Excel 自定义.exportedUI”，保存时可在文件名后加上日期便于整理，如“Excel 自定义20190101.exportedUI”。

Step4：

如遇到软件或系统重装等情况，则只需按照Step2操作，单击【导入/导出】按钮，选择【导入自定义文件】，就可以瞬间恢复“快速访问工具栏”了。

知识补充

自定义功能区：功能区也可以自定义，其操作方法与自定义快速访问工具栏相似。

8.2 行 / 列的批量操作

在Excel的操作界面中，功能区占据了20%~30%的面积，其余的区域几乎都是表格区，表格区共计1048576行、16384列，成千上万行的表格也只占其一隅。

许多命令都需要选定区域才能执行，所以选择表格是否熟练自然成为限制效率的一个重要因素。首先来回顾选择表格有哪些技巧。

(1)按快捷键 Ctrl + A 可全选表格，但是对于不连续的表格这个方法可能不太好使。

(2)行数不多时，可用鼠标拖曳选择。

(3)首先定位到A1 单元格，用快捷键 Ctrl + →↓ 来选择，空行多的话 ↓ 键需要多按几次。

(4)首先定位到A1 单元格，按住 Shift 键，然后单击表格最右下角的单元格，即可选择整张表。

(5)命名法：为某个区域命名，在左上角的名称框选择名称，即可直接选择该区域。如下图所示，选择B2:B20，名称框中将该区域命名为“姓名”，只要选择“姓名”这个名称，就可自动定位B2:B20区域。

姓名　× ✓ fx　张跃平

高等数学
会计学原理
计算机
姓名
学号
英语

	A	B	C	D	E	F
	号	姓名	英语	会计学原理	高等数学	计算机
	01212	张跃平	87	85	80	81
	01213	李丽	90	82	78	84
	01214	陈慧君	76	81	56	87
5	200401215	吴丽萍	85	91	74	78
6	200401216	杨林	67	78	95	79
7	200401217	宋斌	80	76	87	56
8	200401218	刘毅	82	76	78	76
9	200401219	刘莉莉	56	77	74	77
10	200401220	李青红	88	78	78	66
11	200401221	侯冰	98	79	80	73
12	200401222	王凯伊	66	79	77	68
13	200401223	赵晓东	82	52	79	68
14	200401224	马蔚为	66	86	76	99

对于行/列也有非常多的便捷操作，笔者整理了七个最常用的技巧与大家一起分享。

1. 选择行/列

鼠标左键单击行号/列号就可选择该行/列，如单击行号“7”，就可选中第7行。按住Ctrl键，依次单击鼠标左键可同时选中多行/列，按住Shift键则可选取连续区域。

学号	姓名	英语	会计学原理	高等数学	计算机
200401212	张跃平	87	85	80	81
200401213	李丽	90	82	78	84
200401214	陈慧君	76	81	56	87
200401215	吴丽萍	85	91	74	78
200401216	杨林	67	78	95	79
200401217	宋斌	80	76	87	56
200401218	刘毅	82	76	78	76
200401219	刘莉莉	56	77	74	77

表格中可用标题为列命名，通过“名称框”快速选取指定列，操作如下。

Step1：

选择整张表格→【公式】→【根据所选内容创建】→勾选【首行】→单击【确定】按钮，如下图所示。

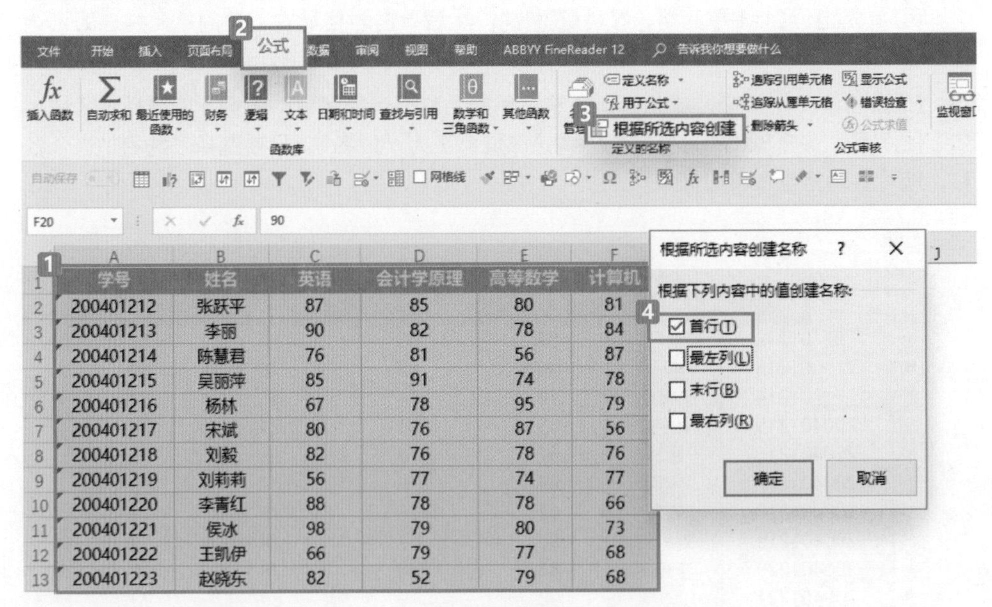

Step2：

在左上角“名称框”选择对应名称，可快速选取指定列，如下图所示。

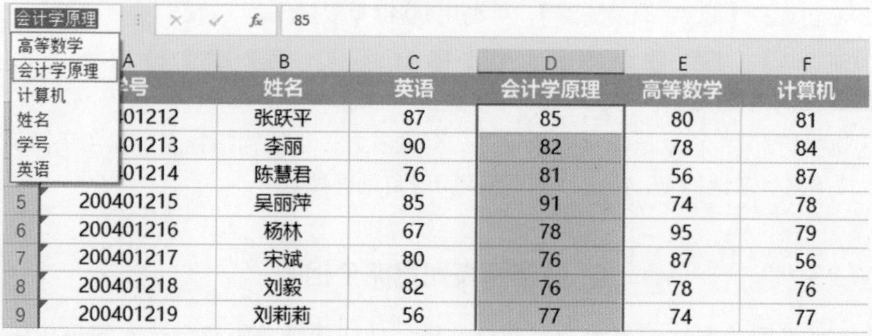

会计学原理　×　✓　fx　85

高等数学
会计学原理
计算机
姓名
学号
英语

	A	B	C	D	E	F
	学号	姓名	英语	会计学原理	高等数学	计算机
	401212	张跃平	87	85	80	81
	401213	李丽	90	82	78	84
	401214	陈慧君	76	81	56	87
5	200401215	吴丽萍	85	91	74	78
6	200401216	杨林	67	78	95	79
7	200401217	宋斌	80	76	87	56
8	200401218	刘毅	82	76	78	76
9	200401219	刘莉莉	56	77	74	77

2. 行/列移动

通常有以下两种做法。

(1) **常规法**：复制/剪切行/列，在目标位置单击鼠标右键插入。

(2) **鼠标拖动法**：选择需要移动或复制的行/列，将鼠标置于该行/列边缘的位置，当鼠标指针变为黑色带箭头的十字时，按住鼠标左键拖曳。按住 Shift 拖曳可移动该行/列，如果同时按住 Ctrl + Shift 拖曳则可复制该行/列。

3. 插入行/列

插入行/列也有多种方法。

(1) 直接单击鼠标右键→【插入】，可插入一行/列，接着按下 F4 键则可重复插入行/列。

(2) 选择多行/列，如三行，再单击鼠标右键插入，则可以一次性插入三行（多行）。

(3) 使用快捷键 Ctrl + Shift + = 插入行/列，使用快捷键 Ctrl + - 删除行/列。

4. 自适应调整行高/列宽

选择行/列，移动鼠标至行最下方或列最右方，当鼠标指针变为黑色带箭头的十字时，双击鼠标即可自动适应内容大小。

如需将多行/列设置为同样的高度或宽度，则可同时选择多行/列，移动鼠标至该区域最右方或最下方，当鼠标指针变为黑色带箭头的十字时，按住鼠标左键调整行高/列宽，即可统一调整。

5. 隐藏行/列

隐藏行/列的方法包括常规法、快捷键和拖动法。

(1)右击选择【隐藏/取消隐藏】，可利用 F4 键重复操作。

(2)快捷键：Ctrl+9 隐藏行，Ctrl+0 隐藏列；Ctrl+Shift+9 取消隐藏行，Ctrl+Shift+0 取消隐藏列。

(3)选择行/列，移动鼠标至行最下方或列最右方，当鼠标指针变为黑色带箭头的十字时，按下鼠标左键拖曳，行高或列宽变为0时自动隐藏。

6. 调整两表列宽完全相同

将两张不同的表格调整为列宽完全一致：按快捷键 Ctrl+A 全选左表→按快捷键 Ctrl+C 复制→全选右表→右键单击→在弹出的【选择性粘贴】对话框中选择【列宽】即可，如下图所示。

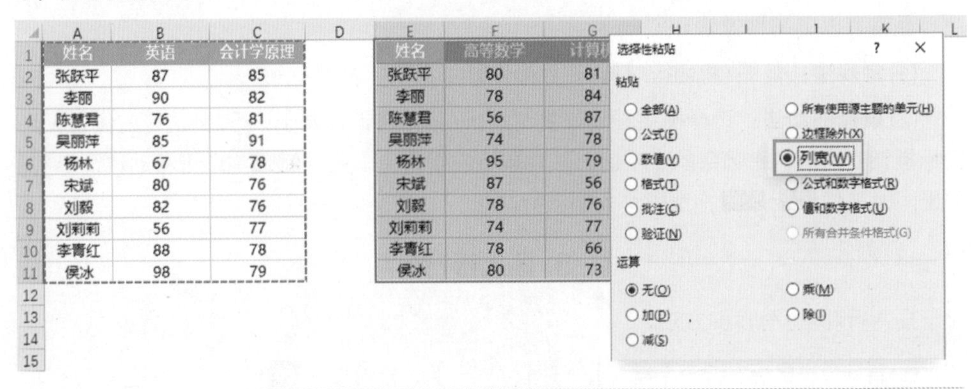

7. 行/列互换

全选表格→按快捷键 Ctrl+C 复制→右键单击→在弹出的【选择性粘贴】对话框中勾选【转置】，如下图所示。

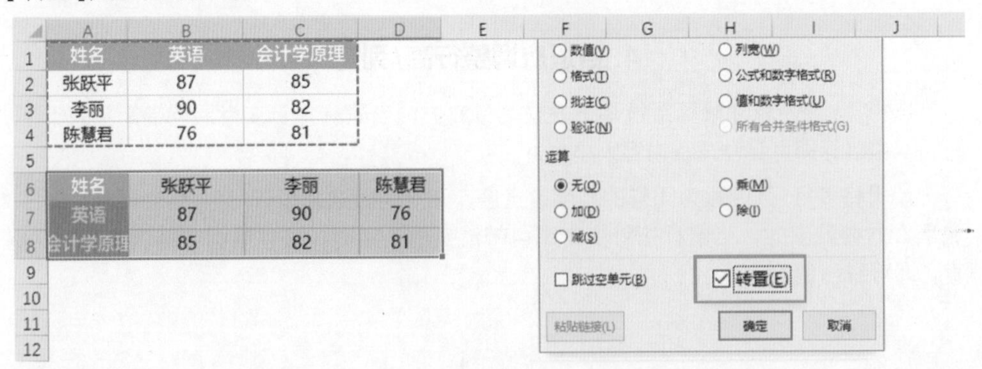

8.3 快速浏览的秘技

面对一张张表格，难免会困顿乏累，唯有提升浏览效率，缓解双眼疲劳，才能持续地工作。与浏览相关的功能都在【视图】选项卡中，其中包含了【工作簿视图】、【显示】、【显示比例】、【窗口】这几个命令组，如下图所示。下面来看看这些命令组都有什么神奇的功效。

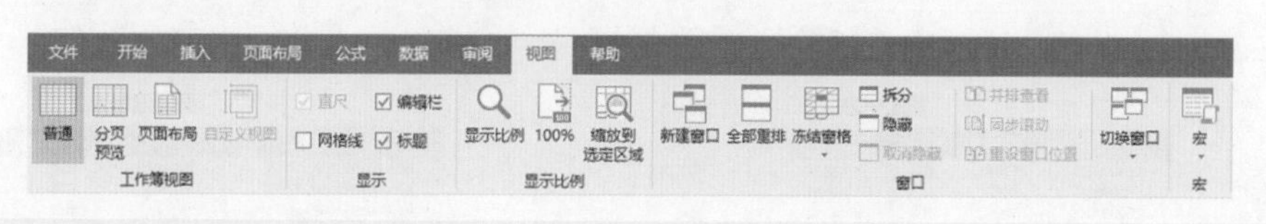

8.3.1 工作簿视图

【工作簿视图】命令组下包含了【普通视图】、【分页预览】、【页面布局】和【自定义视图】这四个命令。Excel界面的右下角可以找到这几个视图模式的快捷按钮。

(1)【普通视图】：Excel默认界面就是普通视图。

(2)【分页预览】实际上是为了打印而设置，有时表格大、内容多，无法预知打印区域，单击【分页预览】后，蓝色虚线就是分页的位置，并且标注了打印的页号，如下图所示，鼠标拖曳蓝色虚线可调整打印页面的区域，单击【普通视图】可退出【分页预览】。

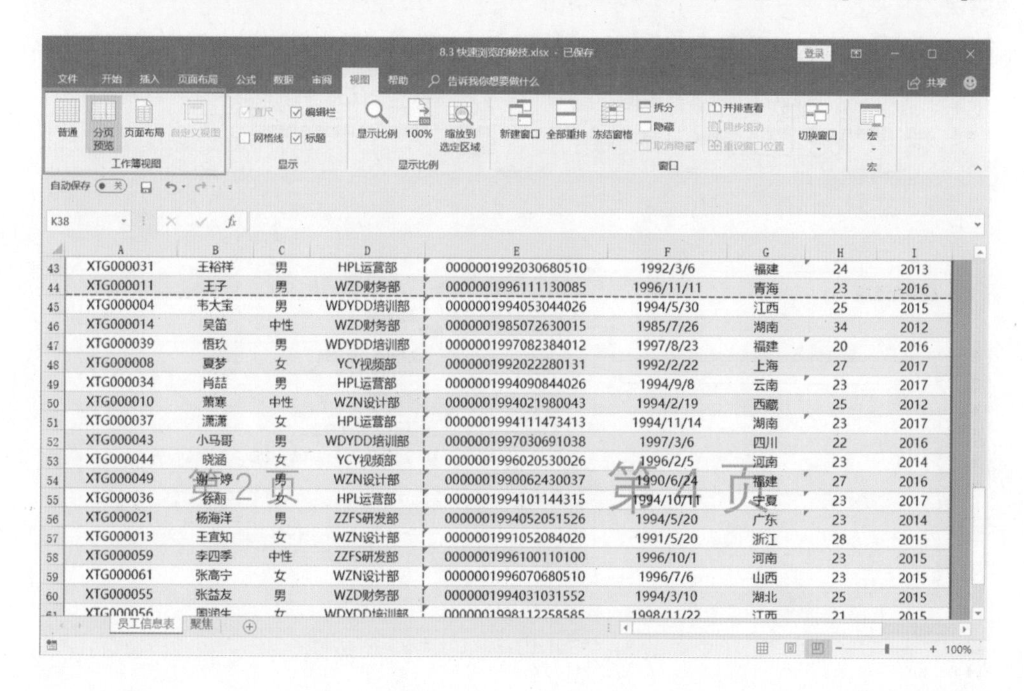

	A	B	C	D	E	F	G	H	I
43	XTG000031	王裕祥	男	HPL运营部	0000001992030680510	1992/3/6	福建	24	2013
44	XTG000011	王子	男	WZD财务部	0000001996111130085	1996/11/11	青海	23	2016
45	XTG000004	韦大宝	男	WDYDD培训部	0000001994053044026	1994/5/30	江西	25	2015
46	XTG000014	吴笛	中性	WZD财务部	0000001985072630015	1985/7/26	湖南	34	2012
47	XTG000039	悟玖	男	WDYDD培训部	0000001997082384012	1997/8/23	福建	20	2016
48	XTG000008	夏梦	女	YCY视频部	0000001992022280131	1992/2/22	上海	27	2017
49	XTG000034	肖喆	男	HPL运营部	0000001994090844026	1994/9/8	云南	23	2017
50	XTG000010	萧寒	中性	WZN设计部	0000001994021980043	1994/2/19	西藏	25	2012
51	XTG000037	潇潇	女	HPL运营部	0000001994111473413	1994/11/14	湖南	23	2017
52	XTG000043	小马哥	男	WDYDD培训部	0000001997030691038	1997/3/6	四川	22	2016
53	XTG000044	晓涵	女	YCY视频部	0000001996020530026	1996/2/5	河南	23	2014
54	XTG000049	谢一婷	男	WZN设计部	0000001990062430037	1990/6/24	福建	27	2016
55	XTG000036	徐丽	女	HPL运营部	0000001994101144315	1994/10/11	宁夏	23	2017
56	XTG000021	杨海洋	男	ZZFS研发部	0000001994052051526	1994/5/20	广东	23	2014
57	XTG000013	王宜知	女	WZN设计部	0000001991052084020	1991/5/20	浙江	28	2015
58	XTG000059	李四季	中性	ZZFS研发部	0000001996100110100	1996/10/1	河南	23	2015
59	XTG000061	张高宁	女	WZN设计部	0000001996070680510	1996/7/6	山西	23	2015
60	XTG000055	张益友	男	WZD财务部	0000001994031031552	1994/3/10	湖北	25	2015
61	XTG000056	周润生	女	WDYDD培训部	0000001998112258585	1998/11/22	江西	21	2015

(3) 在【页面布局】中可以浏览分页，但是无法直接打印边界，它最大的用途是设置页眉、页脚及排版打印参数，如下图所示，单击【普通视图】可以退出【页面布局】。

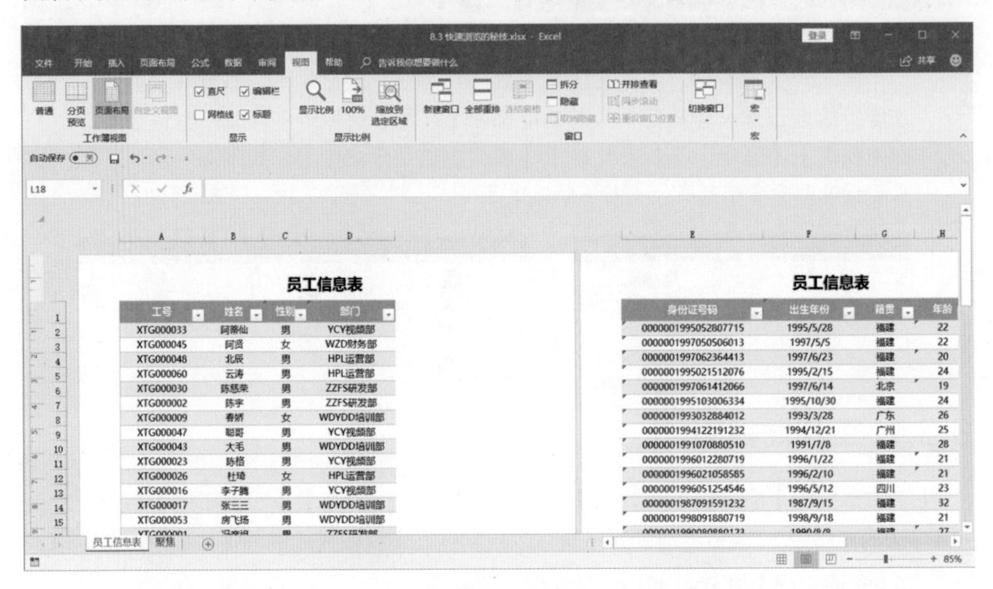

(4)【自定义视图】可以用来保存特定视图，需要时可一键调用。例如，通过筛选等操作，得到运营部人员的名单，单击【自定义视图】→在弹出的【视图管理器】对话框中单击【添加】按钮，如下图所示，视图【名称】输入“运营部”，这样，当前的视图就被保存下来。

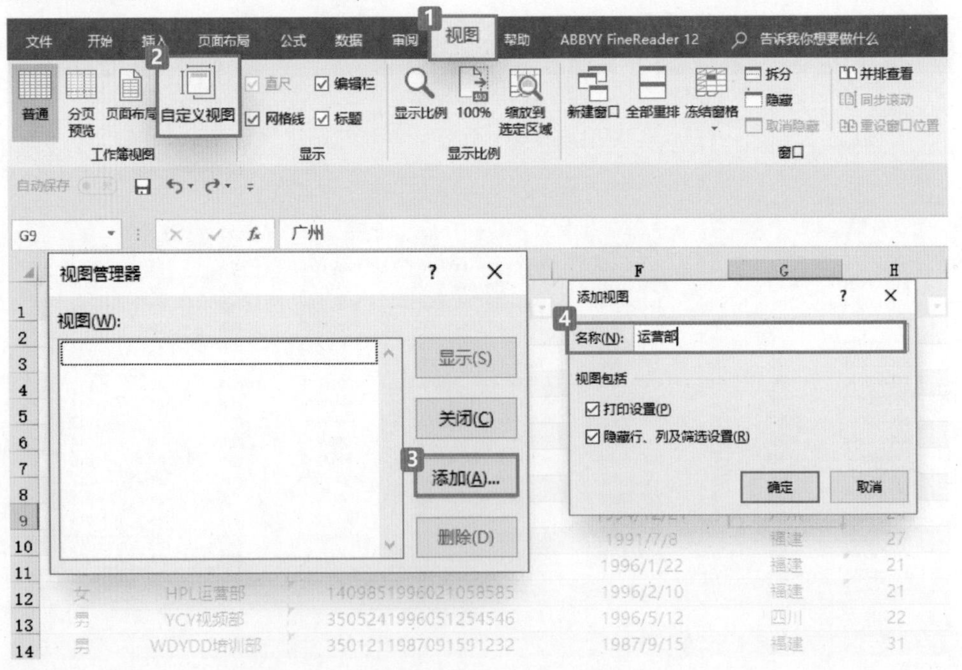

单击【自定义视图】→选择“运营部”→单击【显示】按钮，就可直接调用之前保存的视图，如下图所示。

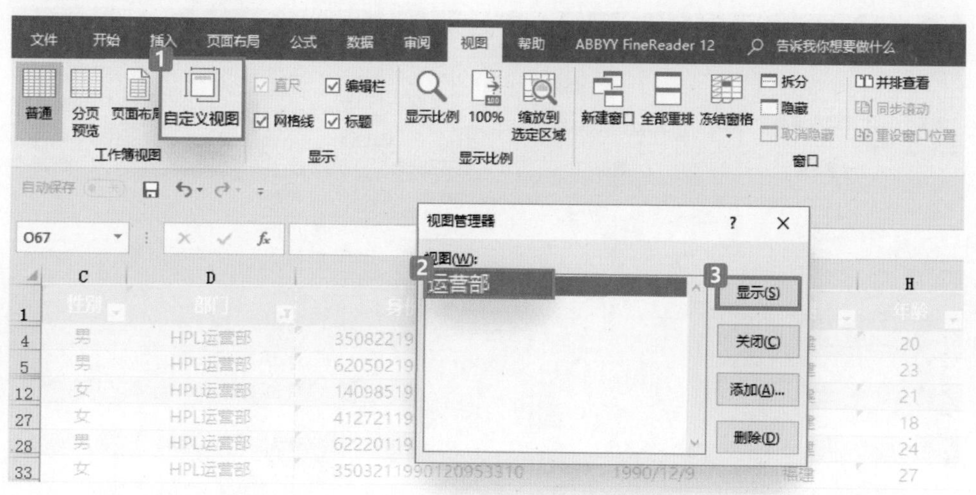

需要注意的是，如果套用了【设计】选项卡中的图表样式，则【自定义视图】按钮会显示为灰色，此时需要将表格转换为区域才能使用。

8.3.2 显示

在【显示】命令组中可根据需要选择是否显示标题、网格线、编辑栏等，当Excel视图中这些元素突然消失，可尝试从这里找回。

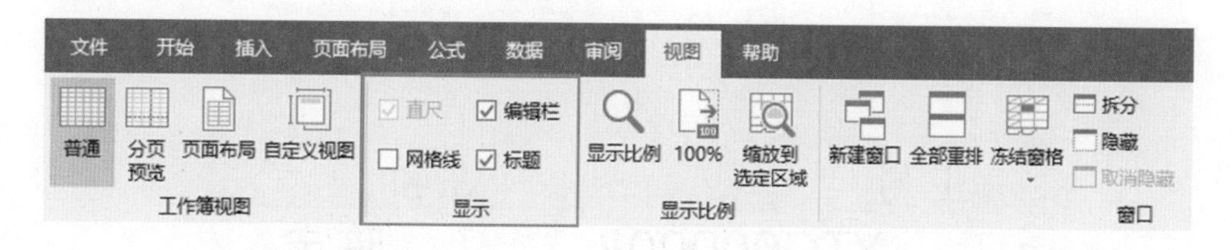

8.3.3 显示比例

使用Excel表格进行一对一沟通，或者投影演示的时候，为了能够清晰展示，可将表格比例放大：按住 Ctrl 键滑动鼠标滚轮，可以快速放大缩小表格；也可用【显示比例】命令组中的三个按钮。

(1)单击左侧的【显示比例】按钮，可精准调节缩放比例，如下图所示。

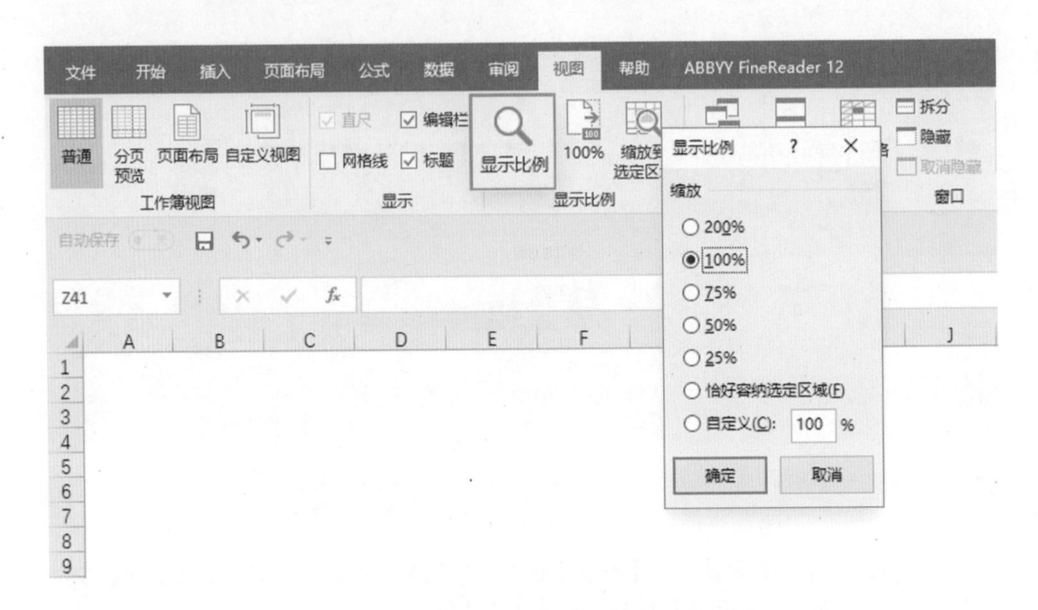

(2)单击中间的【100%】按钮，可让视图迅速恢复100%的大小。

(3)单击右侧的【缩放到选定区域】按钮可瞬间放大选定的区域，如下图所示，使用的时候千万不要吓一跳哦！单击【100%】按钮就可还原。

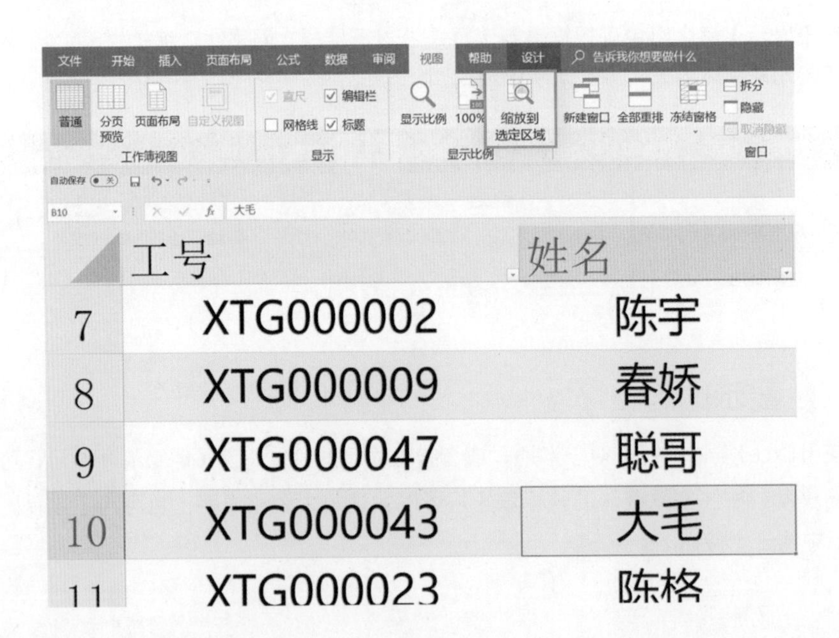

8.3.4 窗口

在【窗口】功能中，使用最多的是【冻结窗格】功能，通过第1章的学习相信大家对它印象深刻。下面介绍【拆分】和【切换窗口】命令。

(1)例如，在员工信息表中，需要对比A（王子）和B（韦大宝）的信息，但是两位员工的位置相隔比较远，此时可用到“拆分”命令。操作如下。

鼠标定位在任意一个单元格→单击【拆分】，表格被分为上下两部分，两部分都可以显示完整的表格信息，分别滚动上下两个部分，让A、B所在的行相邻就可以对比信息了，如下图所示。

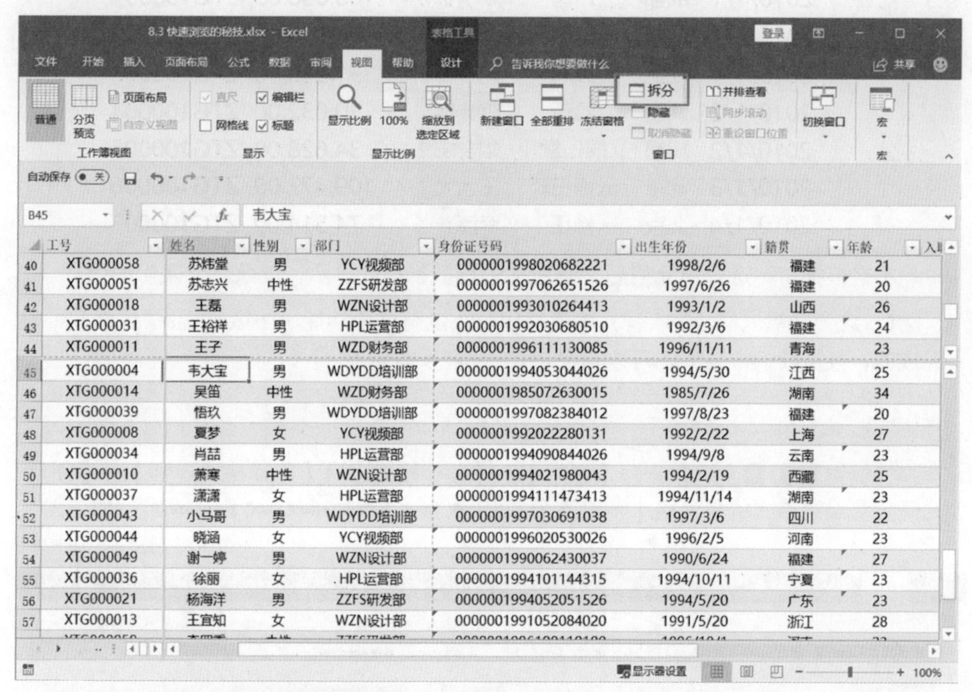

	工号	姓名	性别	部门	身份证号码	出生年份	籍贯	年龄
40	XTG000058	苏炜堂	男	YCY视频部	000000199802068221	1998/2/6	福建	21
41	XTG000051	苏志兴	中性	ZZFS研发部	0000001997062651526	1997/6/26	福建	20
42	XTG000018	王磊	男	WZN设计部	0000001993010264413	1993/1/2	山西	26
43	XTG000031	王裕祥	男	HPL运营部	0000001992030680510	1992/3/6	福建	24
44	XTG000011	王子	男	WZD财务部	0000001996111130085	1996/11/11	青海	23
45	XTG000004	韦大宝	男	WDYDD培训部	0000001994053044026	1994/5/30	江西	25
46	XTG000014	吴笛	中性	WZD财务部	0000001985072630015	1985/7/26	湖南	34
47	XTG000039	悟玖	男	WDYDD培训部	0000001997082384012	1997/8/23	福建	20
48	XTG000008	夏梦	女	YCY视频部	0000001992022280131	1992/2/22	上海	27
49	XTG000034	肖喆	男	HPL运营部	0000001994090844026	1994/9/8	云南	23
50	XTG000010	萧寒	中性	WZN设计部	0000001994021980043	1994/2/19	西藏	25
51	XTG000037	潇潇	女	HPL运营部	0000001994111473413	1994/11/14	湖南	23
52	XTG000043	小马哥	男	WDYDD培训部	0000001997030691038	1997/3/6	四川	22
53	XTG000044	晓涵	女	YCY视频部	0000001996020530026	1996/2/5	河南	23
54	XTG000049	谢一婷	男	WZN设计部	0000001990062430037	1990/6/24	福建	27
55	XTG000036	徐丽	女	HPL运营部	0000001994101144315	1994/10/11	宁夏	23
56	XTG000021	杨海洋	男	ZZFS研发部	0000001994052051526	1994/5/20	广东	23
57	XTG000013	王宜知	女	WZN设计部	0000001991052084020	1991/5/20	浙江	28

(2)【切换窗口】类似浏览器的多标签功能，打开多张工作簿时，可单击【切换窗口】下拉按钮，如下图所示，此时想选哪张表就选哪张表。

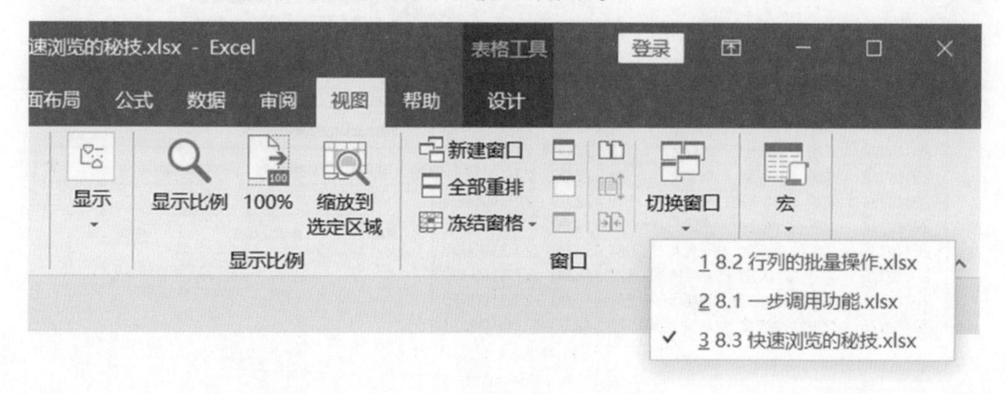

8.3.5 聚焦功能

“国产神器”WPS给大家提供了一种“阅读模式”，具体效果如下图所示。

	A	B	C	D	E	F
1	日期	区域	品牌	业务员	订单金额/元	订单ID
2	2010/1/1	成都	广药	张宁宁	168,036.00	ZTG100001
3	2010/1/1	成都	云南白药	刘一平	354,376.00	ZTG100002
4	2010/1/1	成都	三九	刘一平	391,248.00	ZTG100003
5	2010/1/2	北京	哈药	陈桂林	10,032.00	ZTG100004
6	2010/1/2	成都	同仁堂	张宁宁	34,628.00	ZTG100005
7	2010/1/3	北京	云南白药	王大大	109,472.00	ZTG100006
8	2010/1/4	北京	修正	李添一	74,514.00	ZTG100007

是不是很神奇？选择单元格后，其所在的行列都标红显示，就像灯光聚焦的效果。

But，这个功能只有WPS才有，微软的Office没有这个功能……微软说：“虽然我们没有现成的，可是我们很强大，可以自己造！”设置步骤如下。

Step1：

按快捷键 Ctrl+A 全选数据→【开始】→【条件格式】→【新建格式规则】→【使用公式确定要设置格式的单元格】→输入公式 =(cell("row")=row())+(cell("col")=column())，如下图所示。

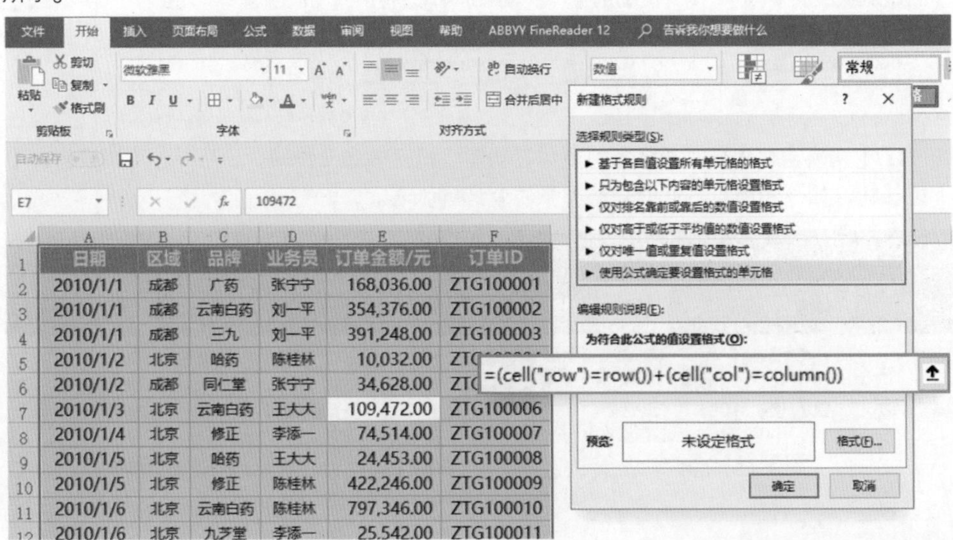

Step2：

单击【格式】按钮→【填充】，选择颜色（如红色），如下图所示。完成这两步，选择任意一个单元格再按 F9 键，就可以出现聚焦效果啦！如果不想每次都按 F9 键，那么还可以接着做Step3。

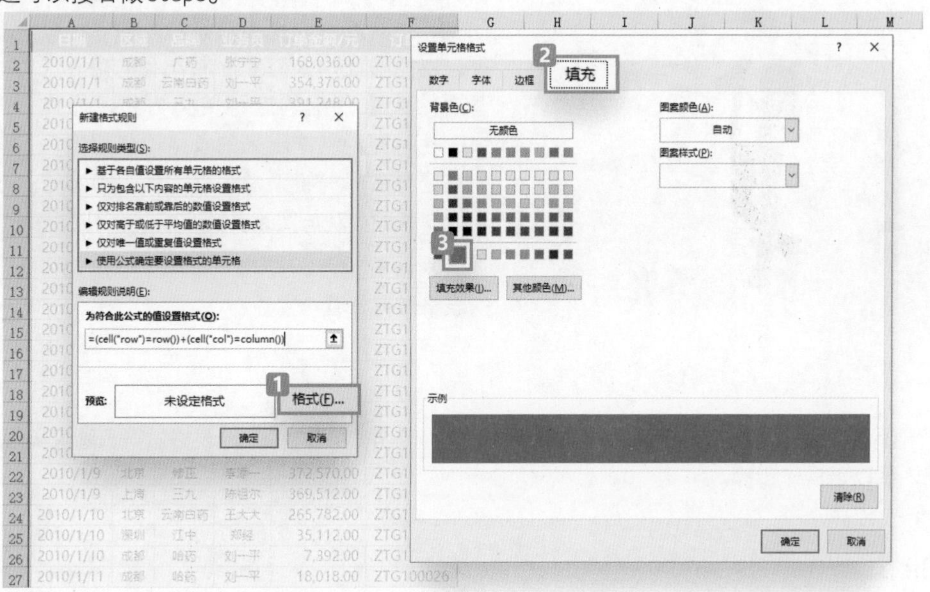

Step3：

如下图所示，在工作表名称上右击选择【查看代码】（或者按快捷键 Alt + F11 ）进入VBA代码编辑器→左侧选择“Sheet2（聚焦）”这个工作表→选择【Worksheet】，在“End Sub”上方输入“Calculate”，保存。以后无论你点哪里都会出现聚焦效果了。

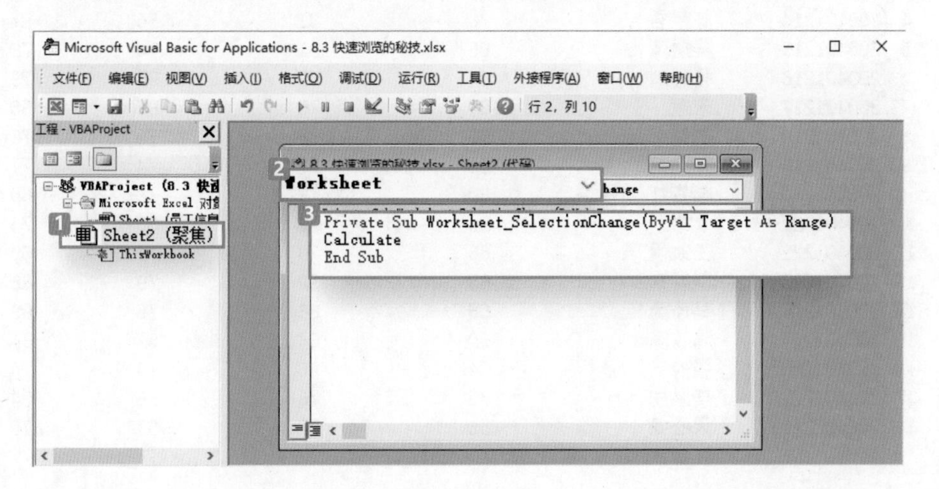

8.4 30秒美化表格

虽说数据不追求“花哨”，但是施点“淡妆”，既能够表现出对看表人的一种尊重，也能够让别人感受出制作者的用心。下面给大家介绍的这种美化方法，操作快、耗时短，制作出来的表格不仅好看，而且还具备了一键汇总、平均值、筛选等功能，兼顾美观与实用。

来看看如何30秒将一张“土不拉几”的表格做得好看一点。

不能因为它是表格，就认为它与美无关，如何在短时间内将一份表格做得清晰又美观呢，看以下操作步骤。

Step1：

删除表格所有边框和填充底色，取消合并单元格，得到一张干净的表格，如下图所示。

	A	B	C	D	E	F
1	学号	姓名	英语	会计学原理	高等数学	计算机
2	200401212	张跃平	87	85	80	81
3	200401213	李丽	90	82	78	84
4	200401214	陈慧君	76	81	56	87
5	200401215	吴丽萍	85	91	74	78
6	200401216	杨林	67	78	95	79
7	200401217	宋斌	80	76	87	56
8	200401218	刘毅	82	76	78	76
9	200401219	刘莉莉	56	77	74	77
10	200401220	李青红	88	78	78	66
11	200401221	侯冰	98	79	80	73
12	200401222	王凯伊	66	79	77	68
13	200401223	赵晓东	82	52	79	68
14	200401224	马蔚为	66	86	76	99
15	200401225	陈钦陈	50	64	87	64
16	200401226	张力	84	96	74	74
17	200401227	李鹏民	45	76	56	84
18	200401228	天心龙	55	87	63	70

Step2：

选择表格内的任意一个单元格，在【插入】选项卡中选择【表格】(按快捷键 Ctrl + T)，默认选择整个表格区域（也可手动选择），单击【确定】按钮后生成一张默认样式的表，如下图所示，有些书中将其称为“超级表”，这张表格自带格式，默认标题行为蓝色，数据区域隔行填充浅蓝色。

	A	B	C	D	E	F
1	学号	姓名	英语	会计学原理	高等数学	计算机
2	200401212	张跃平	87	85	80	81
3	200401213	李丽	90	82	78	84
4	200401214	陈慧君	76	81	56	87
5	200401215	吴丽萍	85	91	74	78
6	200401216	杨林	67	78	95	79
7	200401217	宋斌	80	76	87	56
8	200401218	刘毅	82	76	78	76
9	200401219	刘莉莉	56	77	74	77
10	200401220	李青红	88	78	78	66

Step3：

一张美观的表格就做好了，如果对默认的样式不满意，则可在【设计】选项卡中套用其他样式，如改成橙色的样式（注意：选择表格内单元格，右上角才会出现【设计】选项卡）。

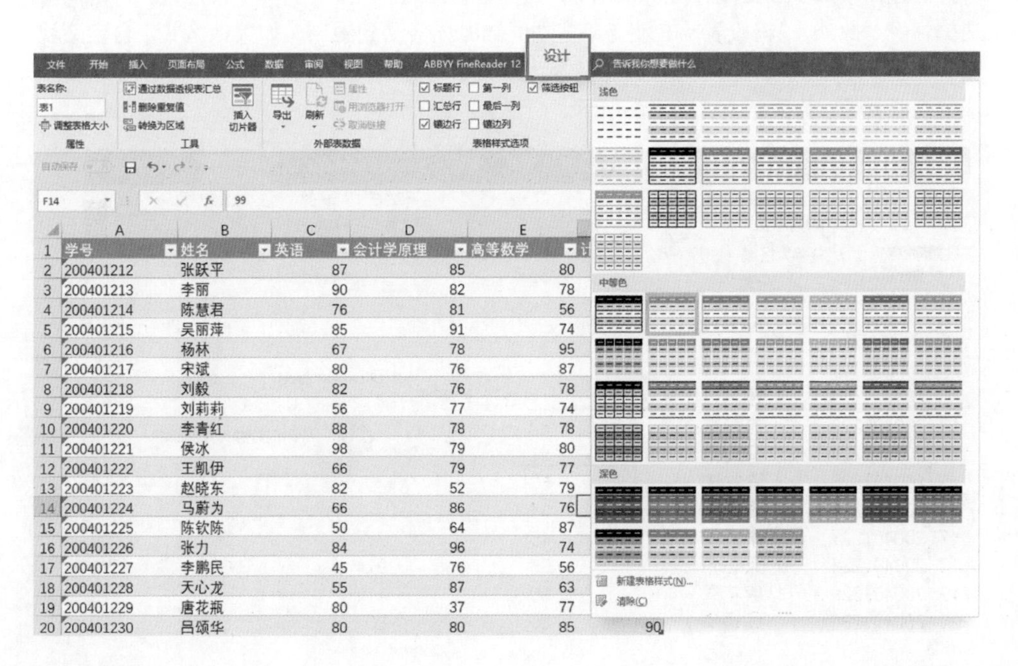

	A	B	C	D	E
1	学号	姓名	英语	会计学原理	高等数学
2	200401212	张跃平	87	85	80
3	200401213	李丽	90	82	78
4	200401214	陈慧君	76	81	56
5	200401215	吴丽萍	85	91	74
6	200401216	杨林	67	78	95
7	200401217	宋斌	80	76	87
8	200401218	刘毅	82	76	78
9	200401219	刘莉莉	56	77	74
10	200401220	李青红	88	78	78
11	200401221	侯冰	98	79	80
12	200401222	王凯伊	66	79	77
13	200401223	赵晓东	82	52	79
14	200401224	马蔚为	66	86	76
15	200401225	陈钦陈	50	64	87
16	200401226	张力	84	96	74
17	200401227	李鹏民	45	76	56
18	200401228	天心龙	55	87	63
19	200401229	唐花瓶	80	37	77
20	200401230	吕颂华	80	80	85

Step4：

在【设计】选项卡中选择【汇总行】，可执行一键求和、查看计数、求平均值、最大值、最小值、方差等操作，如下图所示，除自动汇总外，还可选择【筛选】、【插入切片器】等功能。

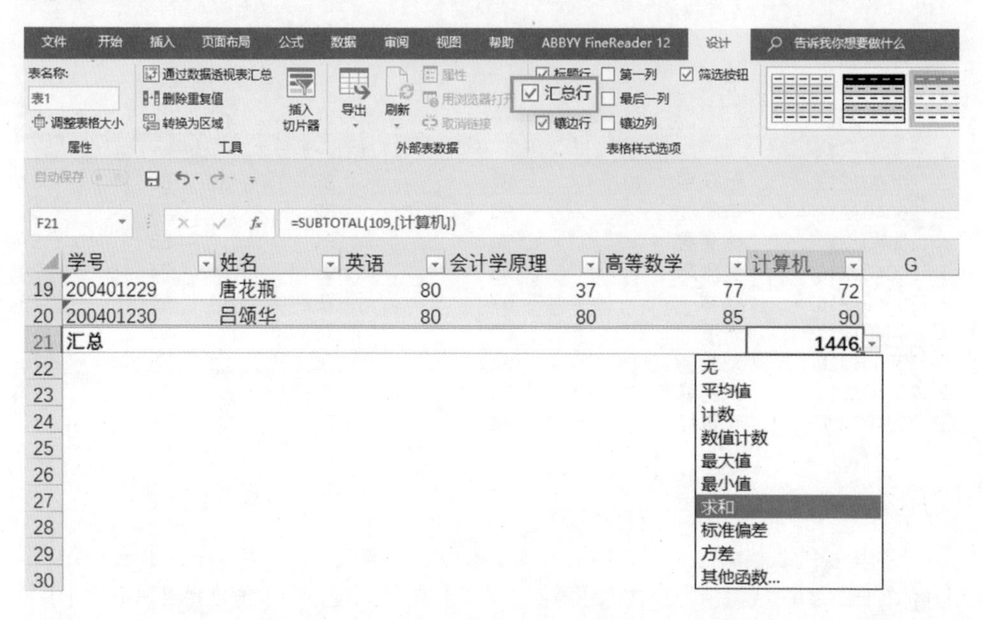

通过简单四步加工使表格焕然一新，这种套路式的操作比较适用于加急赶工等时间紧迫的情况。此外，“超级表”在使用某些功能的时候会受到限制，如条件格式，自定义视图等，遇到这些情况时，可以使用【转换为区域】功能，将它转换为一张普通的表格，相应的功能就可以恢复正常，如下图所示。

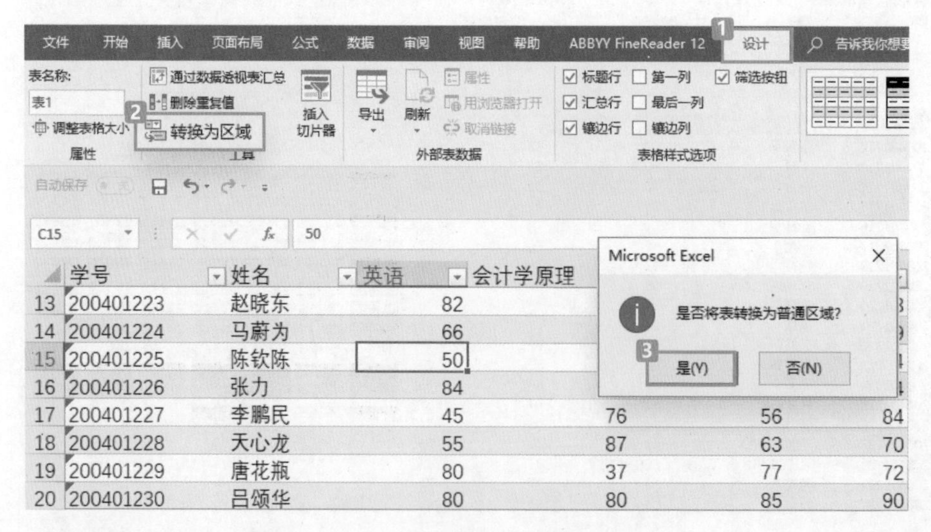

8.5 快速打印的技巧

打印表格是上班族的必备技能，Excel 的表格不像Word那样看到的纸张就是打印范围，它的横向/纵向区域几乎无限大，打印时可能会出现各种突发状况。例如，某一行/列孤零零地显示在单独一页，多页表格只存在一行标题等，本节就来帮大家解决打印的烦恼。

8.5.1 打印缩放，节省纸张人人爱

例如，有如下图所示销售报表。

	A	B	C	D	E	F	G	H	I	J	K	L	M	N
1	2012年洗涤用品月销售报表													
2	月份	洗发水		洗发水月销售额	沐浴露		沐浴露月销售额	洗面奶		洗面奶月销售额	香皂		香皂月销售额	月销售总额
3		单价	销售量		单价	销售量		单价	销售量		单价	销售量		
4	1月	¥36	300	¥10,800	¥28	400	¥11,200	¥54	350	¥18,900	¥8	344	¥2,580	¥43,480
5	2月	¥35	231	¥8,085	¥29	335	¥9,715	¥46	204	¥9,384	¥6	431	¥2,586	¥29,770
6	3月	¥33	230	¥7,590	¥35	250	¥8,750	¥34	340	¥11,560	¥5	300	¥1,500	¥29,400
7	4月	¥24	151	¥3,624	¥28	321	¥8,988	¥50	250	¥12,500	¥8	261	¥1,958	¥27,070
8	5月	¥30	352	¥10,560	¥29	325	¥9,425	¥46	345	¥15,870	¥6	172	¥1,032	¥36,887
9	6月	¥30	123	¥3,690	¥28	243	¥6,804	¥56	198	¥11,088	¥7	195	¥1,365	¥22,947
10	7月	¥36	163	¥5,868	¥28	263	¥7,364	¥54	333	¥17,982	¥8	463	¥3,473	¥34,687
11	8月	¥35	562	¥19,670	¥29	462	¥13,398	¥46	500	¥23,000	¥6	573	¥3,438	¥59,506
12	9月	¥36	540	¥19,440	¥28	590	¥16,520	¥56	640	¥35,840	¥7	370	¥2,590	¥74,390
13	10月	¥36	230	¥8,280	¥28	450	¥12,600	¥46	330	¥15,180	¥8	650	¥4,875	¥40,935
14	11月	¥37	456	¥16,872	¥29	456	¥13,224	¥46	456	¥20,976	¥6	234	¥1,404	¥52,476
15	12月	¥36	481	¥17,316	¥30	481	¥14,430	¥56	481	¥26,936	¥7	560	¥3,920	¥62,602

打印图所示中的销售报表：单击左上角的【文件】选项，选择【打印】（快捷键 Ctrl + P ），如下图所示。

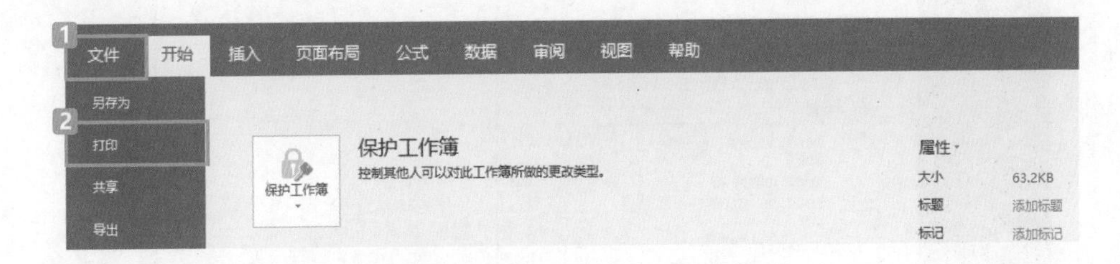

在【打印】窗口右侧可以看到打印预览，如下图所示。因为表格太宽，所以有两列被放到了第二页打印。

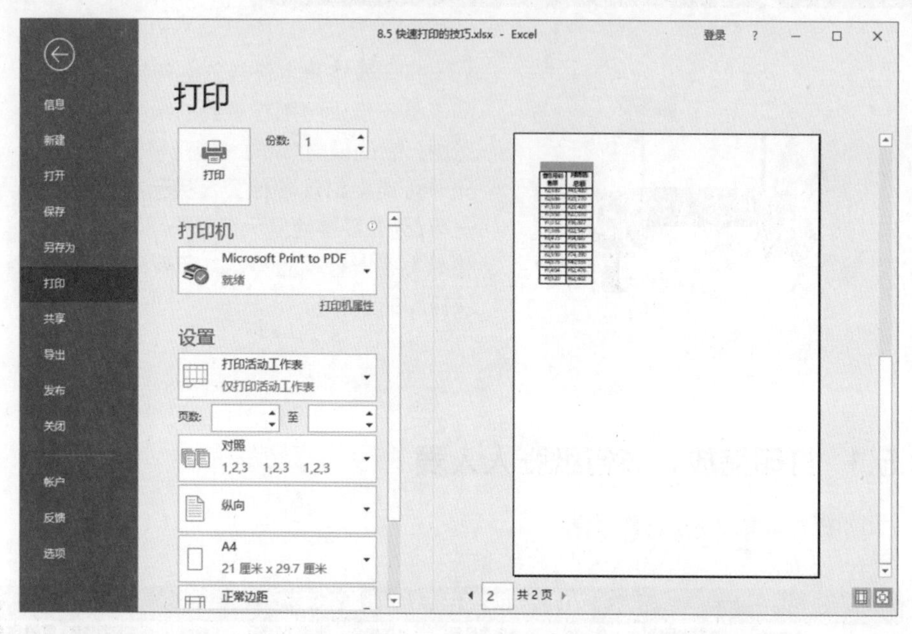

这样做既浪费纸张也不利于翻阅，本书提供三种方法供大家选择。

(1)在【打印设置】最下方的【缩放选项】，选择【将工作表调整为一页】，调整后无论表格多宽、多高都会被压缩成一页打印，如下图所示。在【缩放选项】中还可以选择【将所有列调整为一页】或【所有行调整为一页】。

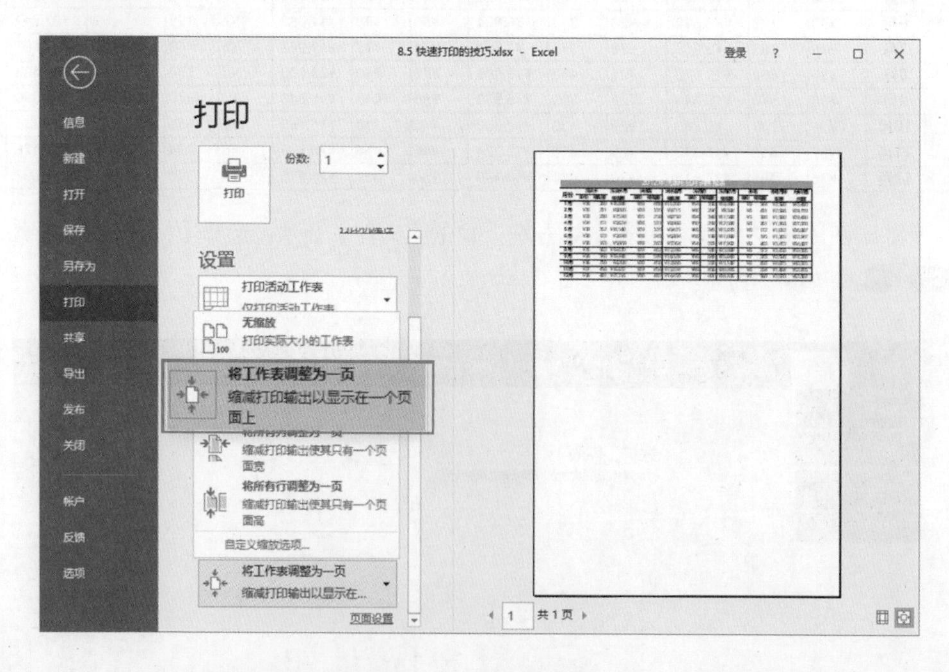

⑵上述方法虽然达成了目的，可惜表格横向方向被压缩得很厉害，所以可以在打印设置中选择【横向】打印，如下图所示。到底选择横向和纵向哪种打印方式，可根据表格的宽度和高度来决定。

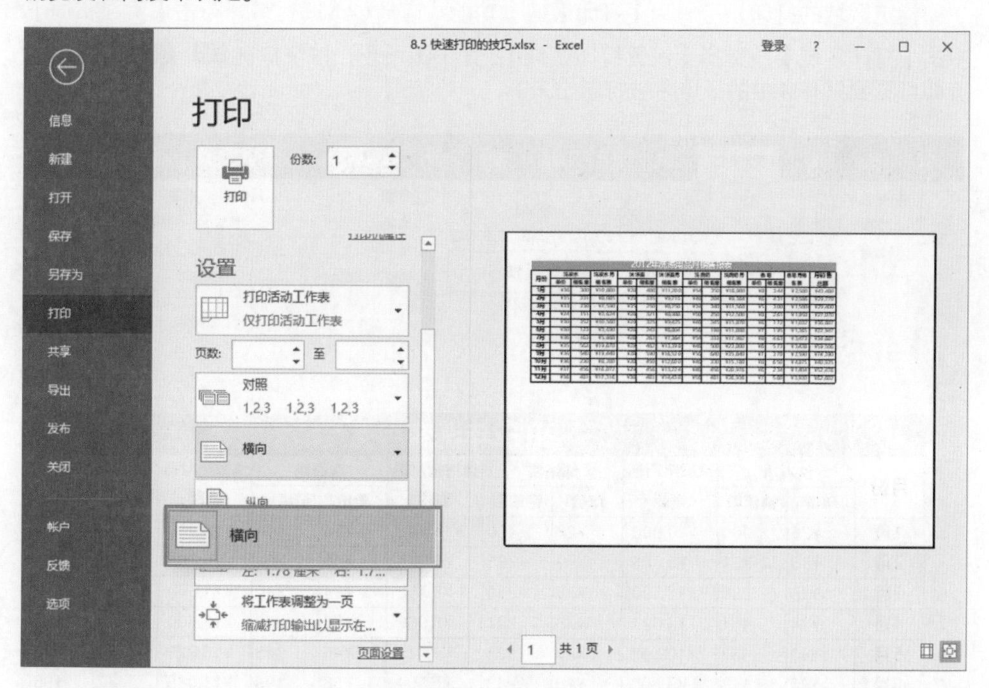

⑶与打印相关的设置在【页面布局】选项卡中通通可以找到。例如，单击【纸张方向】按钮就可设置【横向】打印或【纵向】打印；还可自由设置宽度和高度、打印页数和缩放比例，如下图所示。有了这样的设置，无论打印时使用什么尺寸的纸张都不用发愁了。需要注意的是，只有当宽度和高度都设置为【自动】时，才可以调整缩放比例。

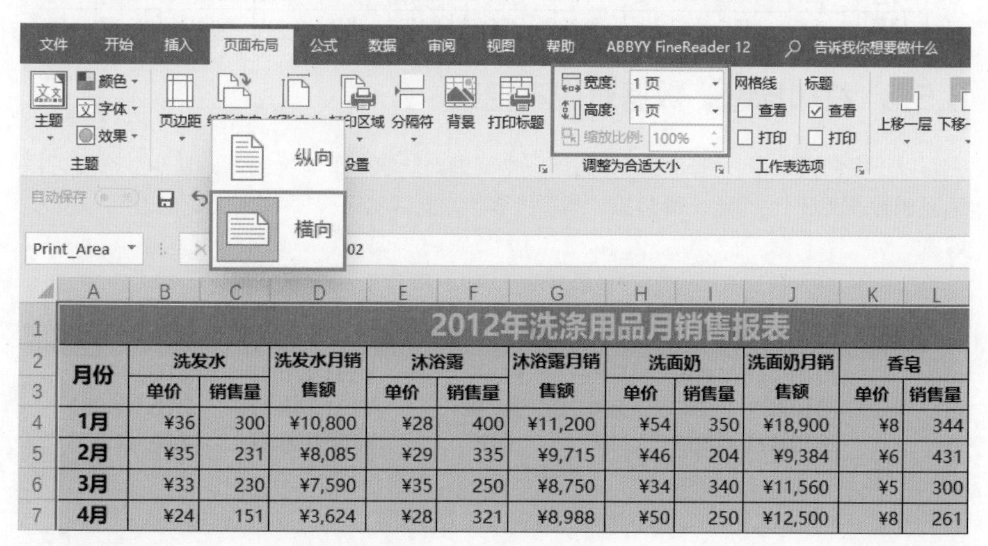

月份	洗发水		洗发水月销售额	沐浴露		沐浴露月销售额	洗面奶		洗面奶月销售额	香皂	
	单价	销售量		单价	销售量		单价	销售量		单价	销售量
1月	¥36	300	¥10,800	¥28	400	¥11,200	¥54	350	¥18,900	¥8	344
2月	¥35	231	¥8,085	¥29	335	¥9,715	¥46	204	¥9,384	¥6	431
3月	¥33	230	¥7,590	¥35	250	¥8,750	¥34	340	¥11,560	¥5	300
4月	¥24	151	¥3,624	¥28	321	¥8,988	¥50	250	¥12,500	¥8	261

8.5.2 打印区域，想打哪里打哪里

上图中，如果只打印“洗发水”和“沐浴露”的销售数据，该怎么办呢？

指定区域的打印，可采用【打印区域】功能：选择A2:G15区域→单击【页面布局】中的【打印区域】→选择【设置打印区域】，如下图所示，按快捷键 Ctrl + P 弹出打印预览即可看到只有选中的区域才被打印出来。

	A	B	C	D	E	F	G	H	I	J	K	L
1	2012年洗涤用品月销售报表											
2	月份	洗发水		洗发水月销售额	沐浴露		沐浴露月销售额	洗面奶		洗面奶月销售额	香皂	
3		单价	销售量		单价	销售量		单价	销售量		单价	销售量
4	1月	¥36	300	¥10,800	¥28	400	¥11,200	¥54	350	¥18,900	¥8	344
5	2月	¥35	231	¥8,085	¥29	335	¥9,715	¥46	204	¥9,384	¥6	431
6	3月	¥33	230	¥7,590	¥35	250	¥8,750	¥34	340	¥11,560	¥5	300
7	4月	¥24	151	¥3,624	¥28	321	¥8,988	¥50	250	¥12,500	¥8	261
8	5月	¥30	352	¥10,560	¥29	325	¥9,425	¥46	345	¥15,870	¥6	172
9	6月	¥30	123	¥3,690	¥28	243	¥6,804	¥56	198	¥11,088	¥7	195
10	7月	¥36	163	¥5,868	¥28	263	¥7,364	¥54	333	¥17,982	¥8	463
11	8月	¥35	562	¥19,670	¥29	462	¥13,398	¥46	500	¥23,000	¥6	573
12	9月	¥36	540	¥19,440	¥28	590	¥16,520	¥56	640	¥35,840	¥7	370
13	10月	¥36	230	¥8,280	¥28	450	¥12,600	¥46	330	¥15,180	¥8	650
14	11月	¥37	456	¥16,872	¥29	456	¥13,224	¥46	456	¥20,976	¥6	234
15	12月	¥36	481	¥17,316	¥30	481	¥14,430	¥56	481	¥26,936	¥7	560

8.5.3 打印标题，数据对应不犯晕

对于很多人来说，打印多页会遇到一个问题：除第一页有标题外，其他页都没有，后面的数据对不上标题，看起来“晕乎乎的”。此时给每一页都加上标题就可以完美解决。

	A	B	C	D	E	F
1	日期	区域	品牌	业务员	订单金额	订单ID
2	2010/1/1	成都	品牌一	刘一平	¥354,376.89	ZTG100001
3	2010/1/1	成都	品牌二	刘一平	¥391,248.17	ZTG100002
4	2010/1/1	成都	品牌三	张宁	¥168,036.92	ZTG100003

Step1：

如下图所示，单击【页面布局】中的【打印标题】，如下图所示，在弹出的【页面设置】对话框中进行设置。

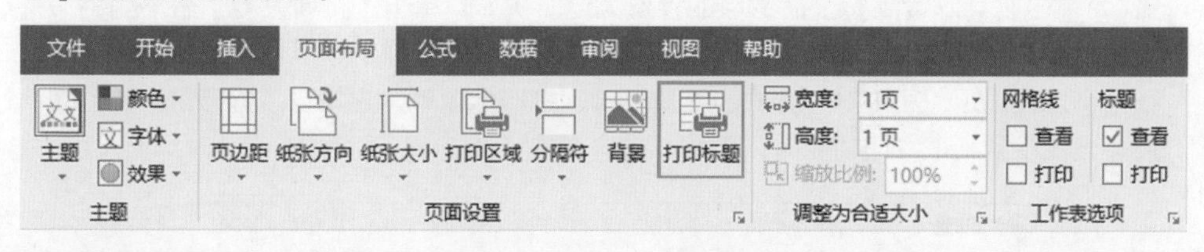

Step2：

鼠标定位于“打印区域”，返回到表格，按快捷键Ctrl+A选择整张表；接着用鼠标定位于【顶端标题行】，返回表格选择第一行，单击【确定】按钮。设置好之后，打开打印预览，可看到每一页顶部都加上了标题，如下图所示。

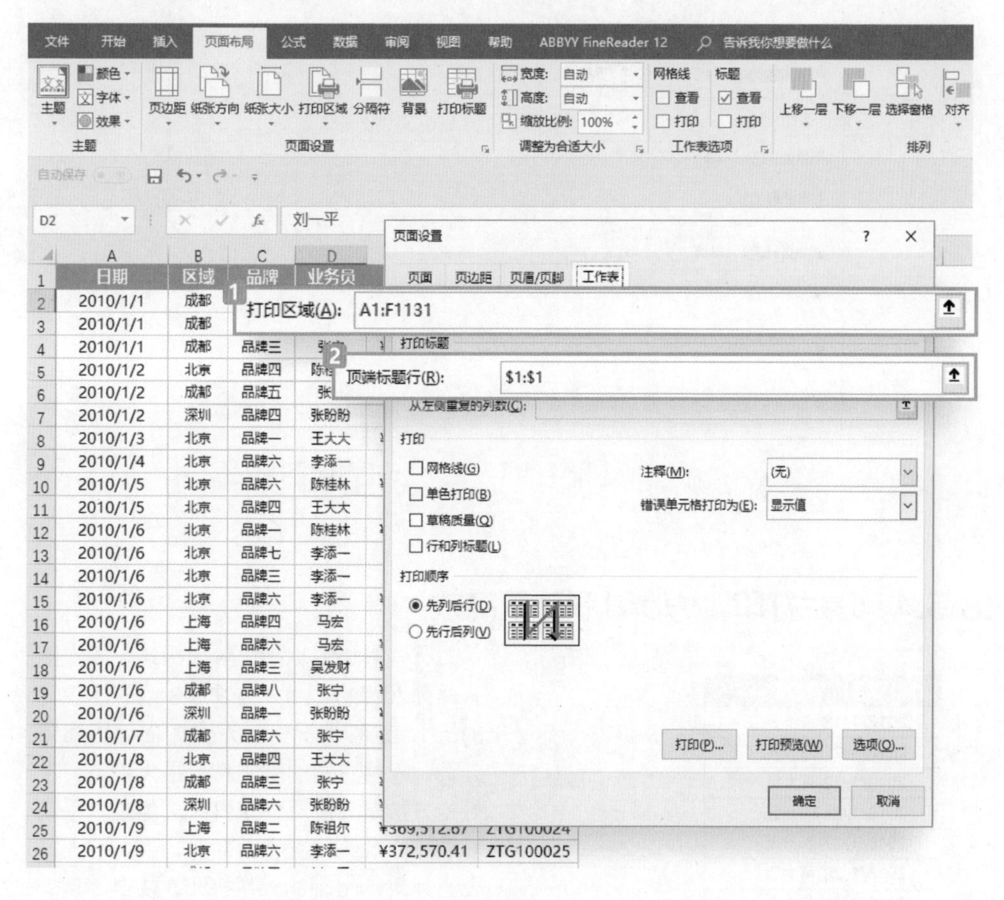

知识补充

在每个命令组的右下角都有一个按钮，这个按钮有个专业名称叫“命令启动器”，单击它可以看到整个命令组的设置大全。例如，单击【页面设置】右下角的命令启动器，弹出的对话框如下图所示，在这里可以设置页面的横纵向、缩放比例、纸张大小、页边距、居中对齐方式、页眉页脚、打印标题等，它集合了打印最常用的功能，当找不到某个打印功能时，不妨单击这个按钮试试。

8.5.4 分栏打印，Word联动更高效

	A	B	C	D
1	订购日期	姓名		
70	2018/1/18	李一天		
71	2018/1/21	陈五五		
72	2018/1/22	黄太急		
73	2018/1/24	陈五五		
74	2018/1/27	李一天		
75	2018/1/28	黄太急		
76	2018/1/30	黄太急		
77	2018/1/2	王伟炜		

有些表格的宽高比较为极端，如左图有两列70多行（为了方便展示隐藏了中间的行），这种情况下，无论如何地压缩或分页，表格右侧的空间都是极大浪费，最好的方法是分成两栏来打印。但是，手动复制分栏既不精准也很耗时，下面给大家介绍利用Word辅助分栏打印，快得不是一点点。

Step1：

复制Excel表格到一个空白Word文档中，如下图所示。

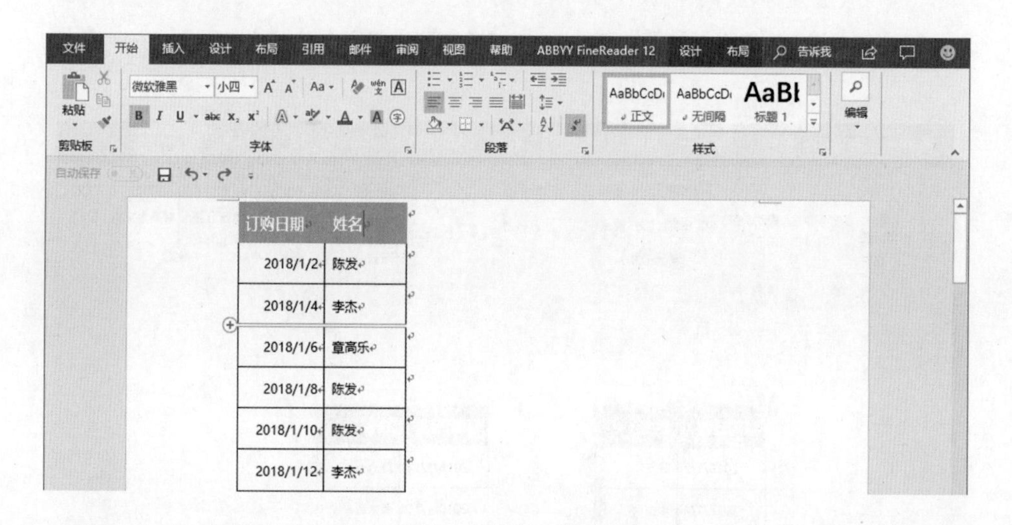

Step2：

在Word【布局】选项卡下设置分成两栏或多栏，如下图所示。

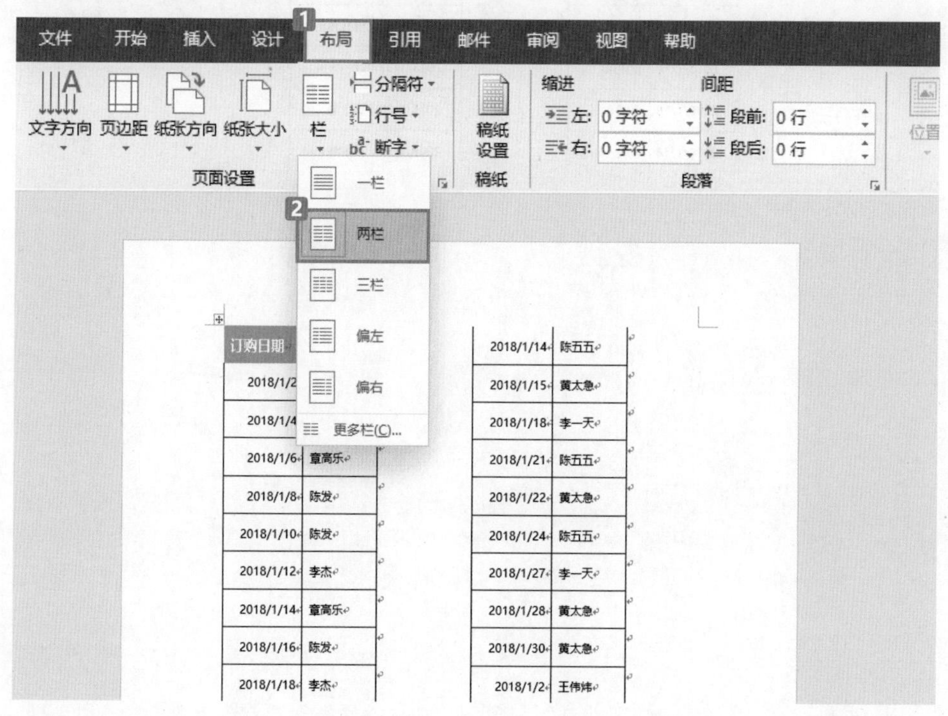

Step3：

分栏后，右侧的表格没有标题，可以将光标定位在标题行→单击右上角的【布局】选项卡→单击【重复标题行】，搞定，如下图所示。

请注意：Step3中的【布局】和Step2中的【布局】是两个不同的选项卡。

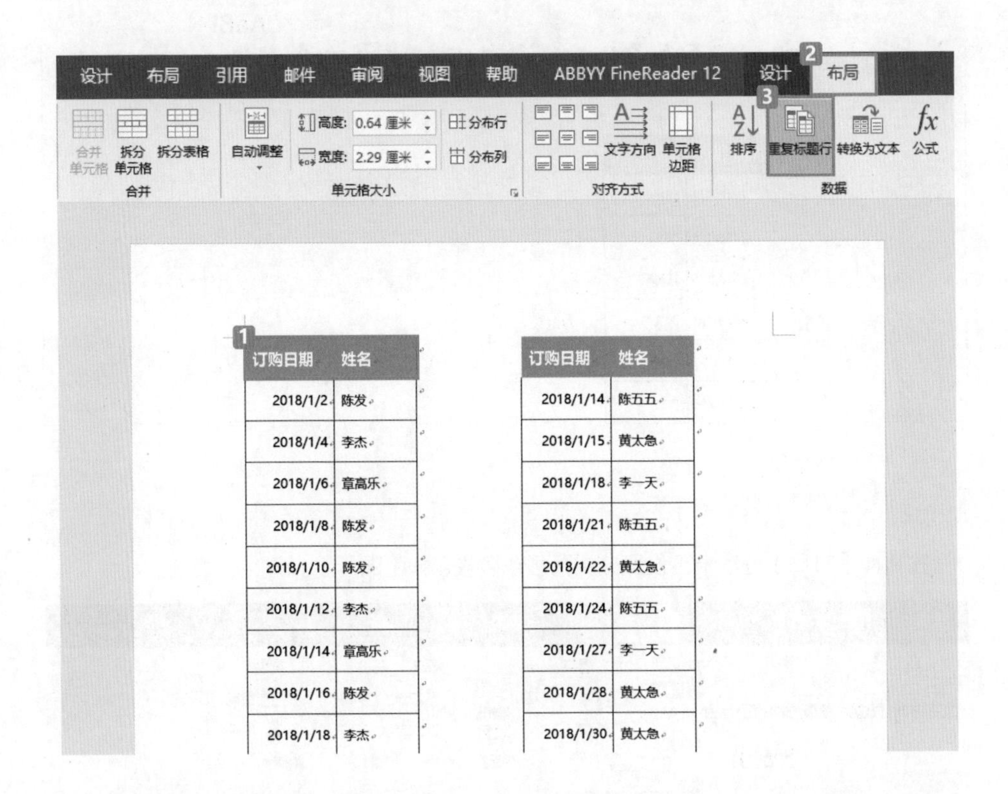